中学生数学思维方法丛书

1 研究特例

冯跃峰 著

中国科学技术大学出版社

内容简介

本书介绍了数学思维方法的一种形式:研究特例.其中许多内容都是本书首次提出的.比如,寻找关键元素、寻找关键步骤、寻找关键子列、增设条件化归、命题分解化归、操作变换化归、状态通式、结构通式、模式通式等,这是本书的特点之一.本书首次用"研究特例"来代替"特殊化"的表述,旨在强调如何对特例进行研究、研究什么,以及研究过程对解决一般问题有何作用.书中选用了一些数学原创题,这些问题难度适中而又生动有趣,有些问题还是第一次公开发表,这是本书的另一特点.此外,书中对问题求解过程的剖析尚能给读者以思维方法的启迪:对每一个问题,并不是直接给出解答,而是详细分析如何发现其解法,这是本书的又一特点.

本书适合高等院校数学系师生、中学数学教师、中学生和数学爱好者阅读.

图书在版编目(CIP)数据

研究特例/冯跃峰著.—合肥:中国科学技术大学出版社,2015.11(2023.12重印)

(中学生数学思维方法丛书)

ISBN 978-7-312-03759-7

Ⅰ.研… Ⅱ.冯… Ⅲ.中学数学课—教学参考资料 Ⅳ.G634.603

中国版本图书馆 CIP 数据核字(2015)第 264897 号

出版	中国科学技术大学出版社
	安徽省合肥市金寨路 96 号,230026
	http://press.ustc.edu.cn
	https://zgkxjsdxcbs.tmall.com
印刷	安徽省瑞隆印务有限公司
发行	中国科学技术大学出版社
开本	880 mm×1230 mm 1/32
印张	14.875
字数	386 千
版次	2015 年 11 月第 1 版
印次	2023 年 12 月第 4 次印刷
定价	36.00 元

序

问题是数学的心脏,学数学离不开解题.我国著名数学家华罗庚教授曾说过:如果你读一本数学书,却不做书中的习题,那就犹如入宝山而空手归.因此,如何解题,也就成为了一个千古话题.

国外曾流传着这样一则有趣的故事,说的是当时数学在欧几里得的推动下,逐渐成为人们生活中的一个时髦话题(这与当今社会截然相反),以至于托勒密一世也想赶这一时髦,学点数学.虽然托勒密一世见多识广,但在学数学上却很吃力.一天,他向欧几里得请教数学问题,听了半天,还是云里雾里不知所云,便忍不住向欧几里得要求道:"你能不能把问题讲得简单点呢?"欧几里得笑着回答:"很抱歉,数学无王者之路."欧几里得的意思是说,要想学好数学,就必须扎扎实实打好基础,没有捷径可走.后来人们常用这一故事讥讽那些凡事都想投机取巧之人.但从另一个角度想,托勒密一世的要求也未必过分,难道数学就只能是"神来之笔",不能让其思路来得更自然一些吗?

记得我少年时期上学,每逢学期初发新书的那个时刻是最令我兴奋的,书一到手,总是迫不及待地看看书中有哪些新的内容,一方面是受好奇心的驱使,另一方面也是想测试一下自己,看能不能不用老师教也能读懂书中的内容.但每每都是失望而终:尽管书中介绍的知识都弄明白了,书中的例题也读懂了,但一做书中的练习题,却还

是不会.为此,我曾非常苦恼,却又万思不得其解.后来上了大学,更是对课堂中老师那些"神来之笔"惊叹不已,严密的逻辑推理常常令我折服.但我未能理解的是,为什么会想到这么做呢?

20世纪中叶,美国数学教育家 G. Polya 的数学名著《怎样解题》风靡全球,该书使我受益匪浅.这并不是说,我从书中学到了"怎样解题",而是它引发了我对数学思维方法的思考.

实际上,数学解题是一项系统工程,有许许多多的因素影响着它的成败.本质的因素有知识、方法(指狭义的方法,即解决问题所使用的具体方法)、能力(指基本能力,即计算能力、推理能力、抽象能力、概括能力等)、经验等,由此构成解题基础;非本质的因素有兴趣、爱好、态度、习惯、情绪、意志、体质等,由此构成解题的主观状态;此外,还受时空、环境、工具的约束,这些构成了解题的客观条件.但是,具有扎实的解题基础,且有较好的客观条件,主观上也做了相应的努力,解题也不一定能获得成功.这是因为,数学中真正标准的、可以程序化的问题(像解一元二次方程)是很少的.解题中,要想把问题中的条件与结论沟通起来,光有雄厚的知识、灵活的方法和成功的解题经验是不够的.为了判断利用什么知识,选用什么方法,就必须对问题进行解剖、识别,对各种信息进行筛选、加工和组装,以创造利用知识、方法和经验的条件.这种复杂的、创造性的分析过程就是数学思维过程.这一过程能否顺利进行,取决于思维方法是否正确.因此,正确的思维方法亦是影响解题成败的重要因素之一.

经验不止一次地告诉我们:知识不足还可以补充,方法不够也可以积累,但若不善思考,即使再有知识和方法,不懂得如何运用它们解决问题,也是枉然.与此相反,掌握了正确的思维方法,知识就不再是孤立的,方法也不再是呆板的,它们都建立了有血有肉的联系,组成了生机勃勃的知识方法体系,数学思维活动也就充满了活力,得到了更完美的发挥与体现.

序

　　G. Polya 曾指出,解题的价值不是答案本身,而在于弄清"是怎样想到这个解法的"、"是什么促使你这样想、这样做的".这实际上都属于数学思维方法的范畴.所谓数学思维方法,就是在基本数学观念系统作用下进行思维活动的心理过程.简单地说,数学思维方法就是找出已有的数学知识和新遇的数学问题之间联系的一种分析、探索方法.在一般情况下,问题与知识的联系并非是显然的,即使有时能在问题中看到某些知识的"影子",但毕竟不是知识的原形,或是披上了"外衣",或是减少了条件,或是改变了结构,从而没有现成的知识、方法可用,这就是我在学生时代"为什么知识都明白了,例题也看懂了,还是不会做习题"的原因.为了利用有关的知识和方法解题,就必须创造一定的"条件",这种创造条件的认识、探索过程,就是数学思维方法作用的过程.

　　但是,在当前数学解题教学中,由于"高考"指挥棒的影响,教师往往只注重学生对知识方法掌握的熟练程度,不少教师片面地强调基本知识和解决问题的具体方法的重要性,忽视思维方法方面的训练,造成学生解决一般问题的困难.为了克服这一困难,各种各样的、非本质的、庞杂零乱的具体解题技巧统统被视为规律,成为教师谆谆告诫的教学重点,学生解题也就试图通过记忆、模仿来补偿思维能力的不足,利用胡猜乱碰代替有根据、有目的的探索.这不仅不能提高学生的解题能力,而且对于系统数学知识的学习,对于数学思维结构的健康发展都是不利的.

　　数学思维方法通常又表现为一种解题的思维模式.例如,G. Polya就在《怎样解题》中列出了一张著名的解题表.容许我们大胆断言,任何一种解题模式均不可能囊括人们在解题过程中表现出来的各种思维特征,诸如观察、识别、猜想、尝试、回忆、比较、直觉、顿悟、联想、类比、归纳、演绎、想象、反例、一般化、特殊化等.这些思维特征充满解题过程中的各个环节,要想用一个模式来概括,那就像用

数以千计的思维元件来构造一个复杂而庞大的解题机器.这在理论上也许是可行的,但在实际应用中却很不方便,难以被人们接受.更何况数学问题形形色色,任何一个模式都未必能适用所有的数学问题.因此,究竟如何解题,其核心内容还是学会如何思考.有鉴于此,笔者想到写这样一套关于数学思维方法的丛书.

本丛书也不可能穷尽所有的数学思维方法,只是选用一些典型的思维方法为代表做些介绍.这些方法,或是作者原创发现,或是作者从一个全新的角度对其进行了较为深入的分析与阐述.

囿于水平,书中观点可能片面武断,错误难免,敬请读者不吝指正.

冯跃峰

2015 年 1 月

目　　录

序 ··· (ⅰ)

1　寻找关键元素 ··· (001)
　1.1　寻找破坏有关性质的元素 ································ (001)
　1.2　寻找具有共同特征的元素 ································ (018)
　1.3　寻找具有独特性质的元素 ································ (039)
　1.4　寻找确定有关状态的元素 ································ (048)
　1.5　寻找需要补充的相关元素 ································ (053)
　习题 1 ·· (060)
　习题 1 解答 ··· (061)

2　寻找关键步骤 ··· (069)
　2.1　寻找产生重要方法的步骤 ································ (069)
　2.2　寻找产生重要结论的步骤 ································ (078)
　2.3　寻找具有一般规律的步骤 ································ (096)
　2.4　寻找具有固定程序的步骤 ································ (115)
　2.5　寻找可以反复进行的步骤 ································ (126)
　习题 2 ·· (135)
　习题 2 解答 ··· (137)

3　寻找关键子列 ··· (158)
　3.1　寻找具有共同特征的子列 ································ (158)

3.2 寻找包含目标元素的子列 …………………………… (165)
3.3 寻找符合目标特征的子列 …………………………… (180)
3.4 寻找分段型子列 ……………………………………… (190)
3.5 寻找周期型子列 ……………………………………… (195)
习题 3 ……………………………………………………… (200)
习题 3 解答 ………………………………………………… (202)

4 化归 ………………………………………………………… (213)
4.1 增设条件化归 ………………………………………… (213)
4.2 命题分解化归 ………………………………………… (221)
4.3 操作变换化归 ………………………………………… (239)
习题 4 ……………………………………………………… (261)
习题 4 解答 ………………………………………………… (264)

5 建立递归关系 ……………………………………………… (291)
5.1 "进式"递归 …………………………………………… (291)
5.2 "退式"递归 …………………………………………… (306)
习题 5 ……………………………………………………… (333)
习题 5 解答 ………………………………………………… (335)

6 归纳通式 …………………………………………………… (344)
6.1 数值通式 ……………………………………………… (344)
6.2 状态通式 ……………………………………………… (362)
6.3 结构通式 ……………………………………………… (382)
6.4 模式通式 ……………………………………………… (405)
习题 6 ……………………………………………………… (427)
习题 6 解答 ………………………………………………… (433)

1 寻找关键元素

"研究特例",就是考察当前问题的一些特殊情形,由此发现规律,进而找到解决一般问题的途径.

一般地说,解决"特例"并不难,难的是如何将"特例"的处理方式迁移到一般问题中去.因此,对特例的处理,不仅仅是给出一个解答,而是要对"特例"进行"研究".

如何研究?本章介绍研究特例的一种方式:寻找关键元素.

在探索解题的过程中,我们时常发现题目涉及的元素中,有些元素表现出来的特征或性质在解题中起着决定性的作用,我们把这一类元素称为关键元素.

关键元素可以是一个,也可以是多个;可以是某个确定的具体数,也可以是具有某种特征的一类元素.将关键元素迁移到一般问题中去,通过对其性质的研究,找到解题途径,是一种常用的思维方法.

1.1 寻找破坏有关性质的元素

数学解题中,我们常常要证明某些对象具有某种性质,此时,通过研究特例,发现哪些元素对相关性质具有最大的破坏力,由此找到一般问题中的关键元素,使问题迎刃而解.

例1 给定正整数 $n(n \geqslant 3)$,将若干个互异的正整数排在一个

圆周上,使任何相邻两数之积小于 n,问圆周上最多有多少个数. (原创题)

分析与解 设圆周上任何相邻两数之积小于 n 时,圆周上数的个数最大值为 $f(n)$.

先取 n 的一些特殊值来研究. 当 $n=3,4,5,6$ 时,易知
$$f(3) = f(4) = f(5) = f(6) = 2.$$

发现上述结论很容易,但如何证明 $f(n)=2(n\leqslant 6)$,且其证明方法能够迁移到一般情况才是关键.

由于 n 较小,最容易想到的证明方法是穷举法.

但值得指出的是:"穷举法"往往难以迁移到一般情况,除非"穷举"中包含有"大类"(即包含绝大部分元素的类). 如果"穷举"过程不包含"大类",则须另找方法.

所以难点在于:对于简单情况不仅仅要给出一个证明,更重要的是要找到一个适应一般情况的证明.

对于本题,直接证明比较困难,可尝试反证法.

假设 $n\leqslant 6$ 时,圆周上至少有 3 个数.

这一假设含有不确定因素:圆周上数的个数究竟是多少并不确定,因而不好利用假设,为此,一般有两种处理办法:

方案 1:引入"容量"参数,设有 $t(t\geqslant 3)$ 个数;

方案 2:取极端,取出其中 3 个数 $a,b,c(a<b<c)$.

通常优先考虑方案 2,但对于本题,若采用"取出 3 个数"的方法,则其证明是不严格的:

不妨取出其中 3 个数 $a,b,c(a<b<c)$,则 $a\geqslant 1$,进而 $b\geqslant 2$,$c\geqslant 3$,于是 $bc\geqslant 2\times 3=6\geqslant n$,但 b,c 在圆周上相邻(3 个数中任何两个都相邻),矛盾.

这里,"b,c 在圆周上相邻"并非必然,因为当数的个数多于 3 时,b,c 之间还可以插入其他数,从而它们在圆周上可能不相邻!

1 寻找关键元素

严格的证明是引入"容量"参数,设圆周上有 t 个数($t \geqslant 3$),按逆时针方向依次为 $a_1, a_2, \cdots, a_t$,不妨设 a_1 最小,则 $a_1 \geqslant 1$,于是 $a_2 a_3 \geqslant 2 \cdot 3 = 6 \geqslant n$,但 a_2, a_3 在圆周上相邻,矛盾.

显然,上述证明过程中的关键元素是 a_2, a_3,进一步发现,关键元素是除 a_1 外的其他所有元素:$a_2, a_3, \cdots, a_t$,因为这些元素中任何两个不能相邻.

如何将这些关键元素迁移到一般情况中去?

我们需要研究这些元素的特征,因为大多数情况下,具体数值是无法迁移的,只有"特征元素"才有可能迁移.

$a_2, a_3, \cdots, a_t$ 具有怎样的特征?

从数值特征上看,$a_2, a_3, \cdots, a_t \in A = \{x \in \mathbf{N} \mid x \geqslant 2\}$.

从位置(关系、结构)特征上看,$a_2, a_3, \cdots, a_t$ 在圆周上两两不相邻.

于是,令 $A = \{x \in \mathbf{N} \mid x \geqslant 2\}$,则 A 中的元素都是"关键元素".为叙述问题方便,我们称 A 中的数为"大数",其他的数为"小数".

对一般情况,我们要找到相应的 A,使 A 中任何两个数在圆周上不能相邻(否则破坏题目目标所要求的性质),为此,我们要对"大数""小数"给出一个一般性的定义.

容易看出,如果一个数为大数,则比它大的数都是大数,我们只需定义谁是最小的大数即可.假定 k 是最小的大数,则 $k, k+1$ 不能相邻,即 $k(k+1) \geqslant n$,由此可得到大数的定义.

定义 如果 $k(k+1) \geqslant n$,则称 k 为"大数",否则称为"小数".

找到了关键元素,则容易得到相关的范围估计.

实际上,设圆周上共有 s 个小数,t 个大数,则圆周上的 t 个大数形成了 t 个"空"(相邻两个大数之间的位置),每个空中至少有一个小数,从而至少有 t 个小数,所以 $t \leqslant s$.

因此圆周上数的个数 $f = s + t \leqslant 2s$.

现在的问题是,对给定的 n,哪些数是大数? 哪些数是小数?

显然,如果一个数为小数,则比它小的数都是小数,我们只需找到谁是最大的小数即可.

假定 k 是最大的小数,则 $k(k+1) < n \leqslant (k+1)(k+2)$.

那么,对给定的正整数 n,能否找到 k,使 $k(k+1) < n \leqslant (k+1)(k+2)$? 答案是肯定的.

用数列 $a_k = k(k+1)(k \in \mathbf{N})$ 将所有自然数划分为若干组 $\bigcup\limits_{k=1}^{\infty}(a_k, a_{k+1}]$,对题给的 n,由于 $a_k \to \infty$,所以 n 必定属于其中的一个组,即介于该数列的两个相邻数之间.

不妨设 $k(k+1) < n \leqslant (k+1)(k+2)$,则 $1, 2, \cdots, k$ 都是小数, $k+1, k+2, \cdots$ 都是大数,于是,$s \leqslant t$,所以

$$f = s + t \leqslant 2s \leqslant 2k. \qquad ①$$

等号能否成立? 直接考虑一般情况,其构造存在困难,我们再考察一个特例.

取 $n = 7$,此时小数只有 $1, 2$,其余的都是大数,从而 $f(7) \leqslant 2 \cdot 2 = 4$.

能否有 $f(7) = 4$? 通过具体构造,发现圆周上排 4 个数是不行的.

实际上,假定圆周上有 4 个数,则只能是两个大数与两个小数. 设两个大数为 $a, b (a < b)$,则 $a \geqslant 3, b \geqslant 4$,现在要在 a, b 之间插入 2 个小数 $1, 2$ 来分隔 a, b,其中 1 可插入,但 2 无法插入,这是因为 2 与 a, b 中较大的那一个(b)的积

$$2b \geqslant 2 \cdot 4 = 8 > 7 = n,$$

矛盾.

所以 $f(7) \leqslant 3$,又 3 个数显然是可能的,故 $f(7) = 3$.

这个特例使我们发现,对一般的情形,不仅要考虑哪些数为"小数"(第 1 类关键元素),还要考虑最大的那个"小数"(第 2 类关键元

素)是否能与其相邻的数的积小于 n. 由于
$$k(k+1) < n \leqslant (k+1)(k+2),$$
可知 k 是最大的小数. 如果 $f = 2k$, 则不等式①等号成立, 从而 $s = t = k$, 此时圆周上有 k 个大数、k 个小数, 且只能是"大数""小数"交替排列.

考察最大的那个"小数" k 所在的位置, 因为"小数" k 的两侧各有一个大数, 设为 a, b, 其中 $a < b$, 则
$$a \geqslant k+1, \quad b \geqslant k+2,$$
从而有
$$bk \geqslant k(k+2).$$

此时, 若 $k(k+2) \geqslant n$ (一个新的分界点), 则因 b 与 k 相邻, 而
$$bk \geqslant k(k+2) \geqslant n,$$
与题意矛盾, 所以 $f \neq 2k$, 从而有
$$f \leqslant 2k - 1.$$

因此, 上面的不等式①应细化为:

当 $k(k+1) < n \leqslant k(k+2)$ 时, $f \leqslant 2k-1$.

当 $k(k+2) < n \leqslant (k+1)(k+2)$ 时, $f \leqslant 2k$.

易知, 这两种情况都存在适当的排列使等式成立.

(1) 当 $k(k+1) < n \leqslant k(k+2)$ 时, 先将 $1, 2, 3, \cdots, k-1, k$ 按顺时针方向依次排在圆周上(图 1.1), 然后在形成的 k 个空中依次插入 $k-1$ 个数: $2k-1, 2k-2, \cdots, k+1$(其中最大的大数 $2k-1$ 插入最小的小数 $1, 2$ 为边界的空, 最后一个空不插入数), 得到圆排列
$$1, 2k-1, 2, 2k-2, 3, \cdots, k-1, k+1, k.$$

此时相邻两数之积为
$$1 \cdot k (< n),$$
或
$$f(i) = (2k-i)i \quad (1 \leqslant i \leqslant k-1),$$

或
$$g(i) = (2k-i)(i+1) \quad (1 \leqslant i \leqslant k-1).$$
因为
$$f(i) < g(i) = (2k-i)(i+1) = -i^2 + (2k-1)i + 2k,$$
而 $g(i)$ 的对称轴为 $i = \dfrac{2k-1}{2}$,最大的积
$$g(k) = g(k-1) = k(k+1) < n,$$
构造合乎要求,所以
$$f_{\max} = 2k-1.$$

(2) 当 $k(k+2) < n \leqslant (k+1)(k+2)$ 时,先将 $1, 2, 3, \cdots, k-1, k$ 按顺时针方向依次排在圆周上(图 1.2),然后在形成的 k 个空中依次插入 k 个数:$2k, 2k-1, 2k-2, \cdots, k+1$(其中最大的大数 $2k$ 插入最小的小数 $1, 2$ 为边界的空),得到圆排列
$$1, 2k, 2, 2k-1, 3, 2k-2, \cdots, k-1, k+2, k, k+1.$$

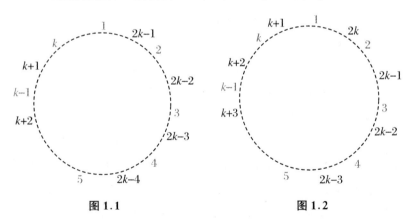

图 1.1 　　　　　　　　　图 1.2

同上可证,此时最大的相邻两数之积为 $k(k+2) < n$,所以 $f_{\max} = 2k$.

综上所述,当 $k(k+1) < n \leqslant k(k+2)$ 时,$f_{\max} = 2k-1$;

当 $k(k+2) < n \leqslant (k+1)(k+2)$ 时,$f_{\max} = 2k$.

例 2 将正整数 $1,2,\cdots,64$ 填入 8×8 的方格棋盘中,每个方格填一个数,使得对任何 $1\leqslant i\leqslant 64$,i 和 $i+1$ 都填在两个相邻(具有公共边)的方格中,其中的数按模 64 理解. 求棋盘对角线上 8 个方格中所填数的和的最大值.(2014 年美国哈佛-麻省理工数学竞赛试题)

分析与解 因为 8×8 的方格棋盘填数较多,我们先考虑简单情形.

考察 2×2 的棋盘,此时本质上只有唯一的填数方法.

当只有唯一合乎条件的构造时,通常需要引起我们的高度重视,因为这种构造往往都隐含着各种情形的构造的共性.

此时,棋盘对角线上的数为 1,3 或 2,4,你是否发现对角线上的数有何特点?——奇偶性相同.

这是一个简单但却非常重要的发现,因为它将给我们估计对角线上数的和的取值范围带来许多方便.

对于一般的棋盘,按题中规则填数,对角线上填数的奇偶性是否相同?回答是肯定的.

实际上,将棋盘的方格都染黑白 2 色之一,使相邻方格异色.因为 i 和 $i+1$ 的奇偶性不同,从而任何相邻格填的数奇偶性不同,同色方格中的数的奇偶性相同,所以对角线上填数的奇偶性相同.

这样,要使对角线上数的和最大,一种自然的想法是:能否将最大的那些偶(奇)数都填在对角线上.

对于 2×2 的棋盘,最大的 2 个偶数为 4,2,它们都可填在对角线上.

对于 3×3 的棋盘,不存在合乎题目规则的填数,这是因为,根据题目规则,1 与 $3^2=9$ 所在的格相邻,但 1 与 9 同奇偶,它们只能填入相同颜色的格中,矛盾.进一步发现,对任何奇数 n,都不存在合乎题目规则的 $n\times n$ 数表.

考察 4×4 的棋盘,此时最大的 4 个偶数为 16,14,12,10,但经过实验,发现不论如何按题中规则填数,都不能将它们都填在对角线上.

现在我们要研究 4×4 棋盘中,为什么 $16,14,12,10$ 不能都填在对角线上,由此找到关键元素,并将其迁移到 8×8 的棋盘中.

假设将 $16,14,12,10$ 都填在 4×4 棋盘的对角线上(图 1.3),下面依次考察 $1,2,3,\cdots$ 的填入,不妨设 1 填在对角线下方,根据题目规则,$1,2,3\cdots$ 要依次相邻,如果对角线上的数都比它们大,则它们都无法越过对角线(证明见后),从而它们只能都填在对角线的同一侧.

显然,比对角线上的所有数都小的数是 $1,2,\cdots,9$(关键元素),这些数都只能填在对角线的下方,但对角线下方只有 6 个空格,所以这 9 个数不能全部填入,矛盾.

所以,最大的 4 个偶数 $16,14,12,10$ 不能都填在 4×4 棋盘的对角线上.

考虑将对角线上填的数修改为 $16,14,12,8$(图 1.4),则此时的关键元素(比对角线上的数都小的数)是 $1,2,\cdots,7$,同理,它们只能都填在对角线的同一侧.但对角线一侧只有 6 个空格,所以 $1,2,\cdots,7$ 这 7 个数不能全部填入,矛盾.

再将对角线上填的数修改为 $16,14,12,6$,则存在合乎要求的填法(图 1.5).

图 1.3

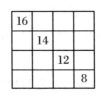

图 1.4

图 1.5

注意上述所谓"比对角线上的所有数都小",它等价于比对角线上最小的数还小.于是,上述过程可以简化,我们只需考察对角线上最小的数(另一种关键元素),设为 a,则易知 $1,2,\cdots,a-1$ 都必须填在对角线的同一侧,但对角线的同一侧只有 $1+2+3=6$ 个格,所以 $a-1\leqslant 6$,得 $a\leqslant 7$.

如果 a 为奇数,则对角线上的数都是奇数,此时,对角线上的数的和

$$S\leqslant 15+13+11+a\leqslant 15+13+11+7=46.$$

如果 a 为偶数,则对角线上的数都是偶数,此时,对角线上的数的和

$$S\leqslant 16+14+12+a\leqslant 16+14+12+6=48.$$

所以 S 的最大值是 48.

以上特例已表现出一般规律,如果你的感觉还不强烈,可再研究一下 $n=6$ 的情形.

现在回到原来的问题,对于 8×8 棋盘,设其对角线上填的最小数为 a(关键元素),则 $1,2,\cdots,a-1$(比对角线上的数都小的数)都只能填在对角线的同一侧.

实际上,若 $1,2,\cdots,a-1$ 未全部填在对角线的同一侧,设其中与 1 不在同一侧的最小数为 x,即 $1,2,\cdots,x-1$ 都填在对角线的同一侧,而 x 填在对角线的另一侧,那么 $x-1$ 与 x 所在方格不相邻,矛盾.

因为 8×8 棋盘的对角线一侧只有 $1+2+\cdots+7=28$ 个空格,而比 a 小的 $a-1$ 个数 $1,2,\cdots,a-1$ 都只能填在对角线的同一侧,所以 $a-1\leqslant 28$,即 $a\leqslant 29$.

如果 a 为奇数,则对角线上所填的数都是奇数,从而对角线上所填的数的和 S 满足

$$S\leqslant 29+63+61+59+57+55+53+51=428.$$

如果 a 为偶数,则对角线上所填的数都是偶数,从而对角线上所填的数的和 S 满足

$$S\leqslant 28+64+62+60+58+56+54+52=434.$$

若 $S=434$,则 $a=28$,上述不等式等号成立,从而对角线上所填的数分别为 $28,64,62,60,58,56,54,52$.

注意到 $64,62$ 都必须与 63 相邻,从而 64 与 62 只能在对角线的两个连续格中,如此下去可知,$64,62,60,58,56,54,52$ 只能在对角线上连续排列,不妨设 $64,62,60,58,56,54,52$ 在对角线上从上到下依次排列,则 28 只能填入对角线上最上端或最下端的一个格,先假定 28 填入对角线最下端一个格(图 1.6).

图 1.6

记第 i 行第 j 列的格为 (i,j),由于 64 与 $1,63$ 都相邻,不妨设 1 填入 $(2,1)$,63 填入 $(1,2)$.

此时,$1,2,\cdots,27$ 都填在对角线下方,而 27 与 28 相邻,所以 27 只能填入 $(8,7)$,进而 29 只能填入 $(7,8)$.

又 $51,53$ 都必须与 52 所在的格相邻,从而 $51,53$ 中必有一个填入 $(7,6)$,这样一来,对角线下方已填入一个大于 28 的数,除 $(7,6)$ 外,对角线下方剩下 27 个格,只能恰好填 $1,2,\cdots,27$,即对角线下方不能再填大于 28 的数.

考察棋盘中的 3 个数 x,y,z(图 1.6),由于 61 与 60 所在格相邻,而 $x\neq 61$,所以 $y=61$.

注意到 $2\leqslant z\leqslant 59$,于是 z 与 y 不是两个连续自然数,z 与 63 也不是两个连续自然数,这样 $z-1,z+1$ 至少有一个与 z 所在格不相邻,矛盾.

如果 28 填入对角线最上端一个格,则可类似得到矛盾.

所以 $a\leqslant 26$,$S\leqslant 26+64+62+60+58+56+54+52=432$.

综上所述,不论什么情况,都有 $S\leqslant 432$.

下面构造一个数表,使 $S=432$.

1 寻找关键元素

首先,因为 1 与 64 相邻,不妨设 1 在 (2,1) 中,则 $1,2,\cdots,25$ 都在对角线下方,所以 25 只能填入 (8,7),27 只能填入 (7,8).

此外,63,61,59,57,55,53,51 只能在对角线旁边.若在同一侧,构造无法完成,于是将其安排在对角线两侧上下交替排列:由于 63 只能排在上方,于是,61 在下方,59 在上方……53 在下方,51 在上方.

接着,在对角线下方按图 1.7 中折线的方向依次填入 $1,2,\cdots,25$,每次尽可能走完左边每一列(以便走到 25 的邻格穿过对角线),再在对角线上方按图中折线的方向依次填入 $28,29,\cdots,50$,每次尽可能走完上边每一行(以便最后走到 51 的邻格交替穿过对角线).

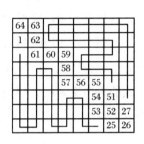

图 1.7

最后得到的合乎要求的填数如图 1.8 所示,此时 $S = 432$,故 S 的最大值为 432.

注 我们的构造比原解答中的构造(图 1.9)更自然些.

64	63	38	37	36	35	34	33
1	62	39	40	41	42	43	32
2	61	60	59	46	45	44	31
3	12	13	58	47	48	49	30
4	11	14	57	56	55	50	29
5	10	15	20	21	54	51	28
6	9	16	19	22	53	52	27
7	8	17	18	23	24	25	26

图 1.8

64	63	38	37	36	35	34	33
1	62	39	40	41	46	47	32
2	61	60	59	42	45	48	31
3	12	13	58	43	44	49	30
4	11	14	57	56	55	50	29
5	10	15	20	21	54	51	28
6	9	16	19	22	53	52	27
7	8	17	18	23	24	25	26

图 1.9

以上解法,我们只利用了对角线一侧方格的数量特征(共有 28 个格),如果我们结合考虑对角线一侧方格的结构特征(相邻方格异色),便可得到如下简单的解法.

另解 设对角线上最小的数为 a,同上分析,比 a 小的 $a-1$ 个数 $1,2,\cdots,a-1$ 都只能填在对角线的同一侧.

尽管对角线的同一侧有 28 个空格,但其中有 $1+3+5+7=16$ 个方格是某一种颜色,设为黑色,从而白色的格只有 $28-16=12$ 个.

注意到 $1,2,\cdots,a-1$ 所在的格构成一个长为 $a-1$ 的黑白交替的方格链,但 12 个白格与 16 个黑格构成的黑白交替的方格链的长度不大于 $2\cdot 12+1=25$,所以 $a-1\leqslant 25$,即 $a\leqslant 26$.(下略)

这种解法可以将原问题推广.

考察 10×10 棋盘,对角线的同一侧有 $1+3+5+7+9=25$ 个方格是某一种颜色,而 $2+4+6+8=20$ 个方格是另一种颜色,由它们构成的黑白交替的方格链最多有 $20+21=41$ 个格,所以 $a-1\leqslant 41$,即 $a\leqslant 42$.

如果 a 为奇数,则对角线上所填的数都是奇数,从而对角线上所填的数的和 S 满足
$$S\leqslant 41+99+97+\cdots+83=860.$$

如果 a 为偶数,则对角线上所填的数都是偶数,从而对角线上所填的数的和 S 满足
$$S\leqslant 42+100+98+96+94+92+90+88+86+84=870.$$

又如图 1.10 所示,存在合乎条件的填法,其中 1 填入格 $(2,1)$,然后沿折线依次填入 $2,3,\cdots,41$,使 41 填入格 $(10,9)$.

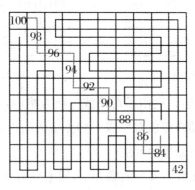

图 1.10

实际上,第 1 列折线经过 9 个格,第 2,3 列折线都经过 7 个格,第 4,5 列折线都经过 5 个格,第 6,7 列折线都经过 3 个格,第 8,9 列折线都经过 1 个格,从而对角线下方的折线共经过 $9+2(7+5+3+1)=41$ 个格,从而该折线上最后填入的是 41.

进而,将 43 填入格 $(9,10)$,然后沿折线依次填入 $44,45,\cdots,83$,使 83 填入格 $(10,9)$.

实际上,最后边 1 列折线经过 9 个格,去掉这一列,则第 1,2 行折线都经过 7 个格,第 3,4 行折线都经过 5 个格,第 5,6 行折线都经过 3 个格,第 7,8 行折线都经过 1 个格,从而对角线上方的折线共经过 $9+2(7+5+3+1)=41$ 个格,从而该折线上最后填入的是 $42+41=83$.

最后,在格 $(9,8)$ 中填入 85,然后沿折线跳跃性地填入 $87,89,91,93,95,97,99$,其填数合乎条件,此时 $S=870$.

故 S 的最大值为 870.

一般地,对 $2k\times 2k$ 棋盘,对角线的同一侧有 $1+3+5+\cdots+(2k-1)=k^2$ 个方格是某一种颜色,而 $2+4+6+\cdots+(2k-2)=k(k-1)$ 个方格是另一种颜色,由它们构成的黑白交替的方格链最多有 $(k^2-k)+(k^2-k+1)=2k^2-2k+1$ 个格,所以
$$a-1\leqslant 2k^2-2k+1,$$
即 $a\leqslant 2k^2-2k+2$. 所以
$$\begin{aligned}S&\leqslant(2k^2-2k+2)+4k^2+(4k^2-2)\\&\quad+(4k^2-4)+\cdots+(4k^2-4k+4)\\&=(2k^2-2k+2)+(4k^2-2k+2)(2k-1)\\&=(2k^2-2k+2)+((2k^2-2k+2)+2k^2)(2k-1)\\&=(2k^2-2k+2)2k+2k^2(2k-1)\\&=2k((2k^2-2k+2)+k(2k-1))\\&=2k(4k^2-3k+2).\end{aligned}$$

另一方面,在对角线上从上到下依次填入 $4k^2, 4k^2-2, 4k^2-4,$ $\cdots, 4k^2-4k+4$,最后一个方格填入 $2k^2-2k+2$.

仿照前面的构造画出类似的折线,则对角线两侧的折线都共经过

$$2k-1+2(2k-3+2k-5+\cdots+5+3+1)=2k^2-2k+1$$

个格.

将 1 填入格 $(2,1)$,然后沿对角线下方的折线依次填入 $2,3,\cdots,$ $2k^2-2k+1$,其中 $2k^2-2k+1$ 恰好填入格 $(2k,2k-1)$.

进而,将 $2k^2-2k+3$ 填入格 $(2k-1,2k)$,然后沿对角线上方的折线依次填入 $2k^2-2k+4, 2k^2-2k+5,\cdots$,该折线上最后填入的数是 $(2k^2-2k+2)+(2k^2-2k+1)=4k^2-4k+3$,它恰好与 $4k^2-4k+4$ 所在的格相邻.

最后,在格 $(2k-1,2k-2)$ 中填入 $4k^2-4k+5$,然后沿折线跳跃性地填入 $4k^2-4k+7, 4k^2-4k+9, \cdots, 4k^2-1$,其填数合乎条件,此时 $S=2k(4k^2-3k+2)$.

故 S 的最大值为 $2k(4k^2-3k+2)$.

例 3 设平面上有 $n(n\geqslant 3)$ 个点,其中任何 3 个点都可以用一个半径为 1 的圆覆盖,求能覆盖所有这样的 n 点的圆的最小半径.

分析与解 考察最坏情形,n 个点在什么情况下最难覆盖?

先看 $n=3$ 的特例,此时,最难覆盖的 3 个点是一个"最大"的但被单位圆覆盖的正三角形的三顶点,该正三角形的外接圆半径为 1,而覆盖此三角形的最小圆就是它的外接圆.

由此发现关键元素是构成"最大"正三角形的 3 个顶点,于是,取这样的合乎题目要求的 n 个点,使其中有 3 点 A,B,C 构成一个边长为 $\sqrt{3}$ 的正三角形,则 $\triangle ABC$ 的外接圆半径为 1 时,此时,覆盖 $A,$ B,C 这三点的圆的半径至少为 1,所以 $r\geqslant 1$.

我们猜想 $r_{\min}=1$,这只需证明:对满足题设条件的任意的

$n(n \geqslant 3)$ 个点,可用一个半径为 1 的圆覆盖.

先证明如下的引理.

引理 对任何锐角 $\triangle ABC$,覆盖 $\triangle ABC$ 的最小圆是它的外接圆.

实际上,假定圆 O 覆盖了锐角 $\triangle ABC$,适当移动圆 O,使之过点 B,C,且仍覆盖 $\triangle ABC$.

延长 BA,交圆 O 于 A',则 $\angle A' \leqslant \angle BAC < 90°$(图 1.11),由正弦定理得,圆 O 的直径

$$d = \frac{BC}{\sin \angle A'} \geqslant \frac{BC}{\sin \angle BAC} = R \quad (\triangle ABC \text{ 的外接圆直径}).$$

解答原题 对任何 n 点组,设圆 O 是覆盖它们的最小圆,半径为 r,我们证明 $r \leqslant 1$.

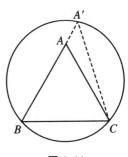

图 1.11

(1) 如果圆 O 上没有已知点,则固定圆心 O,不断缩小半径,直至圆周第一次遇到已知点为止,这时的圆仍覆盖所有的已知点,但半径比原来的小,与圆 O 的最小性矛盾.

(2) 如果圆 O 上只有 1 个已知点 A,则平移圆 O,使圆心 O 在 OA 上,直至圆 O 第一次遇到已知点为止,设此时的圆心为 O'. 再将圆 O 的圆心平移至 OO' 的中点,则圆 O 仍覆盖所有的已知点,但圆周上没有已知点,由(1)可知,半径还可缩小,与圆 O 的最小性矛盾.

(3) 如果圆 O 上至少有 2 个已知点,则取圆 O 上相距最远的 2 个已知点 A,B.

(i) 如果 AB 为圆 O 的直径,此时依题意,A,B 被一个半径为 1 的圆覆盖,于是 AB 不大于此圆的直径,即 $AB \leqslant 2$,所以 $r \leqslant 1$.

(ii) 如果 AB 不为圆 O 的直径,则圆 O 的优弧 AB 上至少有 1

个已知点,否则,作 $OM \perp AB$ 于 M,平移圆 O,使圆心 O 在线段 OM 上移动,直至圆 O 第一次遇到已知点为止,设此时的圆心为 O'.

再将圆 O 的圆心平移至 OO' 的中点(图 1.12),则圆 O 仍覆盖所有的已知点,但圆周上没有已知点,由(1)可知,半径还可缩小,与圆 O 的最小性矛盾.

于是,可取圆 O 的优弧 AB 上的已知点 C(图 1.13),则 $\angle ACB$ 为锐角,但 A,B 是相距最远的 2 个已知点,从而 $\angle ACB$ 是 $\triangle ABC$ 的最大内角,所以 $\triangle ABC$ 为锐角三角形,由引理,圆 O 是覆盖 A,B,C 这 3 个点的最小圆,而由题目条件,这 3 个点可以被一个半径为 1 的圆覆盖,所以圆 O 的半径 $r \leqslant 1$.

综上所述,$r_{\min} = 1$.

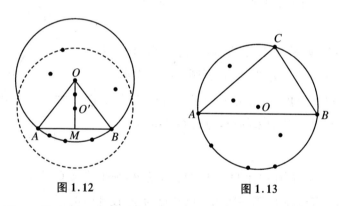

图 1.12　　　　　　图 1.13

例 4　给定平面上的有限个点,任何两点之间的距离不大于 1,求证:可以用一个半径为 $\dfrac{\sqrt{3}}{3}$ 的圆覆盖这些点.

分析与解　先考察特例,平面上有三个点,任何两点之间的距离不大于 1,则易知,覆盖这 3 个点的最小圆的半径不大于 $\dfrac{\sqrt{3}}{3}$.

对一般情形,需要对所有的 3 点组都找一个覆盖圆.

对题中任意 3 点,作一个最小的圆覆盖它,由上述结论,最小圆

的半径不大于 $\frac{\sqrt{3}}{3}$.

考察这些"最小圆"中的一个最大的圆 K,我们证明圆 K 覆盖了所有的点.

圆 K 的位置有如下两种情形:

(1) 圆 K 以 AB 为直径,其中 A,B 都是已知点.

下面证明圆 K 覆盖了所有点,用反证法.

设 C 是任意一个已知点,如果点 C 在圆 K 外,则 $\angle ACB < 90°$ (图 1.14).

若 $\triangle ABC$ 是钝角或直角三角形,则 AB 不是最大边,从而最大边大于 AB,所以覆盖 A,B,C 的圆的直径大于 AB,这与圆 K 是所有覆盖 3 点的圆中的最大圆矛盾;若 $\triangle ABC$ 是锐角三角形,则覆盖 A,B,C 的圆是 $\triangle ABC$ 的外接圆 J,此时 AB 是圆 J 的非直径的弦,从而圆 J 的直径大于 AB,这与圆 K 是所有覆盖 3 点的圆中的最大圆矛盾.

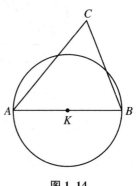

图 1.14

(2) 圆 K 是 $\triangle ABC$ 的外接圆,其中 A,B,C 都是已知点,且 AB,BC,CA 都非直径(此时 $\triangle ABC$ 必为锐角三角形).

设 P 在圆外(图 1.15),导出矛盾的一个充分条件是 $\triangle PAB$ 为锐角三角形,因为此时覆盖 $\triangle PAB$ 的最小圆是其外接圆 J,而 $2R_J = \frac{AB}{\sin \angle 1} > \frac{AB}{\sin \angle 2} = 2R_K$,其中显然有 $\angle 1 < \angle 2 < 90°$,从而与 R_K 的最大性矛盾.

下面证明 $\angle PAB, \angle PBA$ 为锐角,由对称性,只需证明 $\angle PAB$ 为锐角.

为此,我们将∠PAB 与直角比较,从而想到找对径点(构造直径).

设 A,B,C 的对径点为 A',B',C'(图 1.15),3 条直径 AA',BB',CC' 将平面划分为 6 个区域,不妨设 P 在∠$B'KC$ 内(如果 P 在∠$B'KA$ 中,则考察△PBC 等).

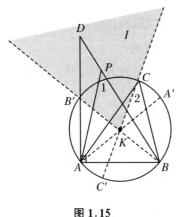

图 1.15

设 BP 交 AB' 于点 D,因为 $P\in$ 区域 I,从而射线 $PD\in$ 区域 I,于是 $D\in$ 区域 I,从而 $D\in$ 线段 AB' 的延长线,$BD > BB' \geqslant BP$(若 $BB' < BP$,则覆盖 PB 的圆大于圆 K,矛盾),于是 P 在线段 BD 上,从而 P 在∠DAB 内,所以∠$PAB <$ ∠$DAB = 90°$.

同理,∠$DBA < 90°$,所以△PAB 是锐角三角形,矛盾.

综上所述,圆 K 覆盖了所有的点.由特例中的结论,圆 K 的半径不大于 $\frac{\sqrt{3}}{3}$,于是可作一个半径为 $\frac{\sqrt{3}}{3}$ 的圆覆盖圆 K,从而覆盖了所有的点,证毕.

1.2 寻找具有共同特征的元素

有些问题中,涉及的元素较多,这时候,我们可以寻找具有一些共同特征的元素,进而研究这些元素对问题结论的作用,使问题获解.

例 1 设 $n(n\geqslant 3)$ 是给定的自然数,记 $A=\{1,2,\cdots,n\}$,又给定多项式 $f(x)$,其系数都是小于 n 的自然数,按下述规则对 A 中的数依次染色:如果某一次染色的数是 i,则下一次染色的数是 $f(i)$,其中的数按模 n 理解(即大于 n 的数换成模 n 的正余数).如果可适当选取第一次染色的数,按上述规则经过 n 次染色后, A 中的所有数都被染色,则称多项式 $f(x)$ 是关于模 n 的完整多项式,此时, A 中的数按染色的先后顺序排成的序列称为完整序列.

(1) 试问:是否存在正整数 n,使 $f(x)=2x$ 是关于模 n 的完整多项式?

(2) 是否存在正整数 $k,b,n(k\geqslant 2,n\geqslant 3)$,使 $f(x)=kx+b$ 是关于模 n 的完整多项式?

(原创题)

分析与解 本题的条件包含较多的信息,我们要善于抓主要部分. 题给的主要信息是:如果某次对 i 染色,则下次染色的数为 $f(i)$.

由此可见,如果第一次染色的数是 i,则所有染色的数依次为
$$i, f(i), f^{(2)}(i), f^{(3)}(i), \cdots,$$
我们称之为染色数列.

再看题目的目标,给定了多项式 $f(x)=2x$,于是,从 i 开始染色的染色数列为
$$i, 2i, 2^2 i, 2^3 i, \cdots.$$

我们的目标是:确定是否存在某个染色数列包含 n 个正整数 $1,2,\cdots,n$.

先看特例:当 $n=3$ 时,所有染色数列如表 1.1 所示.

表 1.1

a_1	a_2	a_3	a_4	a_5	a_6	a_7	a_8	$\cdots$	未染
1	2	1	2	1	2	1	2	$\cdots$	3
2	1	2	1	2	1	2	1	$\cdots$	3
3	3	3	3	3	3	3	3	$\cdots$	3 以外

所以, $n=3$ 不合乎要求.(观察各染色数列,发现关键元素是最大数 3:要么不染 3,要么只染 3.)

当 $n=4$ 时,染色数列如表 1.2 所示.

表1.2

a_1	a_2	a_3	a_4	a_5	a_6	a_7	a_8	…	未染
1	2	4	4	4	4	4	4	…	3(奇)
2	4	4	4	4	4	4	4	…	1(奇)
3	2	4	4	4	4	4	4	…	1(奇)
4	4	4	4	4	4	4	4	…	1(奇)

所以,$n=4$不合乎要求.

这两个特例,染色序列没有共同规律,似乎还难以发现其关键元素是什么,所以我们再多考察两个特例.

当$n=5$时,染色数列如表1.3所示.

表1.3

a_1	a_2	a_3	a_4	a_5	a_6	a_7	a_8	…	未染
1	2	4	3	1	2	4	3	…	5
2	4	3	1	2	4	3	1	…	5
3	1	2	4	3	1	2	4	…	5
4	3	1	2	4	3	1	2	…	5
5	5	5	5	5	5	5	5	…	5以外

当$n=6$时,染色数列如表1.4所示.

表1.4

a_1	a_2	a_3	a_4	a_5	a_6	a_7	a_8	…	未染
1	2	4	2	4	2	4	2	…	3(奇)
2	4	2	4	2	4	2	4	…	3(奇)
3	6	6	6	6	6	6	6	…	1(奇)
4	2	4	2	4	2	4	2	…	1(奇)
5	4	2	4	2	4	2	4	…	1(奇)
6	6	6	6	6	6	6	6	…	1(奇)

所以，$n=6$ 不合乎要求．

观察各特例中的染色数列，发现它们并没有统一的关键元素．

但当 n 为奇数 $3,5$ 时，其关键元素比较明显，是最大数 n：要么染色数列中不含数 n（此时其他数构成一个循环圈）；要么染色数列中全为 n（此时数 n 单独构成一个循环圈）．

而当 n 为偶数 $4,6$ 时，其关键元素比较隐蔽，但若画一条铅直线把第一项与后面的项分开（分块观察），则可发现此时的关键元素是"偶数"：染色数列从第二项起都是偶数，从而被染色的数至多第一个数为奇数．

将上述关键元素迁移到一般情况中，便可完成解答：

(1) 我们证明，任何正整数 n 都不合乎要求．

考察任意一个正整数 n，分两种情况讨论：

（ⅰ）当 n 为奇数时，设第一次染色的数是 $i(1 \leqslant i \leqslant n)$．

若 $i = n$，那么，根据规则，下一个染色的数是 $2n \equiv n \pmod{n}$，从而后面染色的数都是 n，其他数都无法被染色；

若 $1 \leqslant i < n$，我们证明 n 不被染色．

实际上，根据规则，第二次染色的数 $f(i) = 2i$ 或 $2i - n$．

若 $f(i) = n$，则 $2i = n$ 或者 $2i - n = n$，于是，n 为偶数，或者 $n = i$，都与假设矛盾，所以 $f(i) \neq n$．

如此下去，数 n 永远无法被染色，从而 n 不合乎要求．

（ⅱ）当 n 为偶数时，设第一次染色的数是 $j(1 \leqslant j \leqslant n)$．

显然，第二次染色的数 $f(j) = 2j$ 或 $2j - n$．

因为 n 为偶数，所以 $2j, 2j - n$ 都是偶数，从而 $f(j)$ 为偶数．

如此下去，被染色的数最多除第一个外都是偶数．

又 $n \geqslant 3$，从而数 $1, 3$ 都在 $1, 2, \cdots, n$ 中，从而至少有一个奇数永远无法被染色，所以 n 不合乎要求．

综上所述，不存在正整数 n，使 $f(x) = 2x$ 是关于模 n 的完整多

项式.

(2) 容易发现,如果不限定 $k>1$,则当 $(b,n)=1$ 时,$(k,b,n)=(1,b,n)$ 合乎要求.

实际上,对于 $f(x)=x+b$,其以 i 为首项的染色序列为
$$i, i+b, i+2b, \cdots, i+(n-1)b,$$
又 $(b,n)=1$,所以 $i, i+b, i+2b, \cdots, i+(n-1)b$ 构成模 n 的完系,从而 $f(x)=x+b$ 是关于模 n 的完整多项式.

对于 $k>1$,我们曾猜想:关于模 n 的完整多项式 $f(x)=kx+b$ 不存在,但这一猜想是错误的.比如,我们有如下反例:

当 $n=9$ 时,$f(x)=7x+2$ 是关于模 9 的完整多项式,相应的完整序列为
$$1,9,2,7,6,8,4,3,5.$$
这表明,$(k,b,n)=(7,2,9)$ 是一组合乎条件的解.

这自然可提出如下的问题.

问题 1 求所有的正整数 $k,b,n(k\geqslant 2, n\geqslant 3)$,使 $f(x)=kx+b$ 是关于模 n 的完整多项式.

此题的容量较大,我们可以先研究它的如下特例.

问题 2 求出所有的正整数 k,b,使 $f(x)=kx+b$ 是关于模 9 的完整多项式.

对此特例,我们已经知道,$(k,b)=(1,1),(1,2),(1,4),(1,5),(1,7),(1,8),(7,1),(7,2),(7,4),(7,5)$ 都合乎要求.

此外,我们有如下的猜想.

猜想 1 设 $n=p_1^{a_1}p_2^{a_2}\cdots p_r^{a_r}$,若 $4\nmid n$,则当且仅当 $k=t\cdot p_1p_2\cdots p_r+1(t\in \mathbf{N})$ 时,$f(x)=kx+1$ 是关于模 n 的完整多项式.

若 $4|n$,则当且仅当 $k=2t\cdot p_1p_2\cdots p_r+1(t\in \mathbf{N})$ 时,$f(x)=kx+1$ 是关于模 n 的完整多项式.

希望读者能证明或否定这一猜想.

更一般地,我们可提出如下的问题.

问题 3 对给定的正整数 $n(n \geqslant 3)$,求出所有关于模 n 的完整多项式 $f(x)$.

不难看出,问题 3 是一个难度相当大的问题,希望读者能获得一些相关结果.以下两个例子是我们的初步结果.

例 2 求出所有的正整数 k,使存在正整数 n,使 $f(x)=kx$ 是关于模 n 的完整多项式.(原创题)

分析与解 显然 $k \neq 1$,又由上题,$k \neq 2$.下面考虑 $k=3$ 的情形.

通过实验,发现如下结论:

如果 n 是 3 的倍数,则关键元素是 3 的倍数:染色数列中从第二个起都是 3 的倍数.

如果 n 不是 3 的倍数,则关键元素是 n:染色数列中,若第一个数是 n,则每一个数都是 n;若第一个数不是 n,则每一个数都不是 n.

所以 $k=3$ 不合乎条件.

再考虑 $k=4$ 的情形.

通过实验,发现如下结论:

如果 n 是偶数,则关键元素是偶数:染色数列中从第二个起都是偶数.

如果 n 是奇数,则关键元素是 n:染色数列中,若第一个数是 n,则每一个数都是 n;若第一个数不是 n,则每一个数都不是 n.

由此发现,对一般情形,有如下结论:

如果 n 与 k 不互质,则关键元素是与 k 不互质的数:染色数列中从第二个起都是与 k 不互质的数;

如果 n 与 k 互质,则关键元素是 n:染色数列中,若第一个数是 n,则每一个数都是 n;若第一个数不是 n,则每一个数都不是 n.

实际上,考察任意一个多项式 $f(x) = kx$,以及任意一个正整数 n,有如下两种情况:

(1) $(k, n) = 1$(对应于 $k = 2$ 时的 n 为奇数).

若第一次染色的数是 n,那么,根据规则,后面染色的数只能是 n,其他数都无法被染色;

若第一次染色的数是 $i (1 \leqslant i < n)$,则第二次染色的数 $f(i) \equiv ki \pmod{n}$.

若 $f(i) = n$,则 $n \mid ki$,但 $(k, n) = 1$,所以 $n \mid i$,矛盾.

所以 $f(i) \neq n$,即 $1 \leqslant f(i) < n$. 如此下去,数 n 永远无法被染色.

(2) $(k, n) \neq 1$(对应于 $k = 2$ 时的 n 为偶数).

设第一次染色的数是 $j (1 \leqslant j \leqslant n)$,则第二次染色的数为 $f(j) \equiv kj \pmod{n}$,于是,$n \mid kj - f(j)$.

设 $(k, n) = d > 1$,则 $d \mid k$,且 $d \mid n$. 又 $n \mid kj - f(j)$,所以 $d \mid kj - f(j)$,$d \mid f(j)$,$(f(j), n) \neq 1$.

如此下去,被染色的数最多除第一个外,其余的数都与 n 不互质,从而数 $1, n - 1$ 中至少有一个永远无法被染色.

综上所述,对任何正整数 n,都不存在正整数 k,使 $f(x) = kx$ 是关于模 n 的完整多项式.

此外,我们可以证明如下结论:

不存在正整数 n,使多项式 $f(x) = 2x + 1$ 是关于模 n 的完整多项式.

实际上,当 n 为奇数时,若第一次染色的数是 $n - 1$,那么,根据规则,后面染色的数都只能是 $n - 1$.

若第一次染色的数是 $i (i \neq n - 1)$,则第二次染色的数为

$$f(i) = 2i + 1 \quad \text{或} \quad f(i) = 2i + 1 - n.$$

若 $f(i) = n - 1$,则 $2i + 1 = n - 1$ 或者 $2i + 1 - n = n - 1$,于是,n 为

偶数,或者 $i = n-1$,都矛盾,所以 $f(i) \neq n-1$.

如此下去,数 $n-1$ 永远无法被染色.

当 n 为偶数时,设第一次染色的数是 $i(1 \leqslant i \leqslant n)$,则根据规则,第二次染色的数为
$$f(i) = 2i+1 \quad \text{或} \quad f(i) = 2i+1-n.$$
因为 n 为偶数,所以 $f(i)$ 为奇数.

如此下去,被染色的数除第一个外都是奇数,从而数 2,4 中至少有一个永远无法被染色.

以上我们讨论的都是一次函数型完整多项式,那么是否存在二次函数型完整多项式?答案是肯定的,我们看下面的例子.

例 3 对 $n = 2, 3$,求出所有的自然数 a, c,使 $f(x) = ax^2 + c$ 是关于模 n 的完整多项式.(原创题)

分析与解 当 $n = 2$ 时,$a, c \in \{0, 1\}$,我们来穷举 a, c 的取值.

当 $a = 0$ 时,$f(x) = c$ 显然不是关于模 2 的完整多项式.

当 $a = 1, c = 0$ 时,$f(x) = x^2$,它对应的 2 个染色数列为 1,1;2,2,从而 $f(x) = x^2$ 不是关于模 2 的完整多项式.

当 $a = 1, c = 1$ 时,$f(x) = x^2 + 1$,它是关于模 2 的完整多项式,其完整序列为 1,2.

当 $n = 3$ 时,$a, c \in \{0, 1, 2\}$,我们来穷举 a, c 的取值.

当 $a = 0$ 时,$f(x) = c$ 显然不是关于模 3 的完整多项式.

当 $a = 1, c = 0$ 时,$f(x) = x^2$,它对应的 3 个染色数列为 1,1,1;2,1,1;3,3,3,从而 $f(x) = x^2$ 不是关于模 3 的完整多项式.

当 $a = 1, c = 1$ 时,$f(x) = x^2 + 1$,它是关于模 3 的完整多项式,其完整序列为 3,1,2.

当 $a = 1, c = 2$ 时,$f(x) = x^2 + 2$,它是关于模 3 的完整多项式,其完整序列为 1,3,2.

当 $a = 2, c = 0$ 时,$f(x) = 2x^2$,它对应的 3 个染色数列为 1,2,2;

$2,2,2;3,3,3$,从而 $f(x)=2x^2$ 不是关于模 3 的完整多项式.

当 $a=2,c=1$ 时,$f(x)=2x^2+1$,它是关于模 3 的完整多项式,其完整序列为 $2,3,1$.

当 $a=2,c=2$ 时,$f(x)=2x^2+2$,它是关于模 3 的完整多项式,其完整序列为 $3,2,1$.

当 $n \geqslant 4$ 时,其情况非常复杂,希望读者能深入讨论.

由此我们又可提出如下的猜想.

猜想 2 对任何正整数 r,都存在正整数 n,使 $f(x)$ 是关于模 n 的 r 次函数型的完整多项式.

如果我们在上述问题中规定第一染色的数为 1,则又可提出如下的问题.

例 4 设 $n(n \geqslant 3)$ 是给定的自然数,多项式 $f(x)$ 的系数都是小于 n 的自然数,记 $A=\{1,2,\cdots,n\}$,按下述规则对 A 中的数依次染色:第一次将"1"染色,此后,如果某一次染色的数是 i,则下一次染色的数是 $f(i)$,其中的数按模 n 理解(即大于 n 的数换成模 n 的正余数).如果经过 n 次染色后,A 中的所有数都被染色,则称多项式 $f(x)$ 是关于模 n 的严格完整多项式,此时,A 中的数按染色的先后顺序排成的序列称为严格完整序列.

试求出正整数 a,n,使 $f(x)=ax+1$ 是关于模 n 的严格完整多项式.

分析与解 本题是一个容量很大的问题,没有彻底解决,下面介绍我们的一些初步结论.

显然,$(a,n)=(1,n)$ 合乎条件.

此外,当 $a \neq 1$ 时,前 n 次染色依次染色的数分别为

$$1,a+1,a^2+a+1=\frac{a^3-1}{a-1},\cdots,\frac{a^n-1}{a-1},$$

于是,$f(x)=ax+1$ 是关于模 n 的严格完整多项式,等价于

$$1, \frac{a^2-1}{a-1}, \frac{a^3-1}{a-1}, \cdots, \frac{a^n-1}{a-1}$$

构成模 n 的完系,即对任何 $1 \leqslant i < j \leqslant n, \frac{a^i-1}{a-1}, \frac{a^j-1}{a-1}$ 关于模 n 不同余.

显然,$\frac{a^i-1}{a-1} \equiv \frac{a^j-1}{a-1} \pmod{n}$,等价于

$$a^i - 1 \equiv a^j - 1 \pmod{(a-1)n},$$

即

$$a^i \equiv a^j \pmod{(a-1)n},$$

由此可见,$f(x) = ax + 1$ 是关于模 n 的严格完整多项式,等价于 $a, a^2, a^3, \cdots, a^n$ 关于模 $(a-1)n$ 互不同余.

特别地,当 $(a-1, n) = 1$ 时,$f(x) = ax + 1$ 是关于模 n 的严格完整多项式,等价于 $a, a^2, a^3, \cdots, a^n$ 构成模 n 的完系.

比如,$n = 9$ 时,取 $a = 7$,此时 $(a-1, n) = (6, 9) \neq 1$,虽然 $7, 7^2, 7^3, \cdots, 7^9$ 不构成模 9 的完系,但 $7, 7^2, 7^3, \cdots, 7^9$ 模 $54((a-1)n = 6 \cdot 9 = 54)$ 互不同余,余数分别为

$$7, 49, 19, 25, 13, 37, 43, 31, 1,$$

所以 $f(x) = 7x + 1$ 是关于模 9 的严格完整多项式.相应的严格完整序列为

$$1, 8, 3, 4, 2, 6, 7, 5, 9.$$

所以 $(a, n) = (7, 9)$ 是一组合乎条件的解.

此外,容易发现 $(a, n) = (5, 16)$ 也是一组合乎条件的解,即 $f(x) = 5x + 1$ 是模 16 的严格完整多项式.

实际上,虽然 $(a-1, n) = (4, 16) \neq 1$,此时 $5, 5^2, 5^3, \cdots, 5^{16}$ 不构成模 16 的完系,但 $5, 5^2, 5^3, \cdots, 5^{16}$ 模 $64((a-1)n = 4 \cdot 16 = 64)$ 互不同余,余数分别为

$$5, 25, 61, 49, 53, 9, 45, 33, 37, 56, 29, 17, 21, 41, 13, 1,$$

所以 $f(x)=5x+1$ 是关于模 16 的严格完整多项式,相应的严格完整序列为

$$1,6,15,12,13,2,11,8,9,14,7,4,5,10,3,16.$$

现在的问题是,如何求 $a,a^2,a^3,\cdots,a^n$ 关于模 $(a-1)n$ 互不同余. 求出所有合乎要求的数对 (a,n),希望读者能有所发现.

注意到当 $n=9$ 时, $f(x)=7x+1$, $f(x)=7x+2$ 都是关于模 9 的严格完整多项式,我们自然会问,哪些正整数 b,使 $f(x)=7x+b$ 是关于模 9 的严格完整多项式?

直接验证可知,所有合乎条件的 $b \equiv 1,2,4,5,7,8 \pmod 9$.

实际上,当 $b=1,2,4,5,7,8$ 时, $f(x)=7x+b$ 关于模 9 的严格完整序列分别为

$$1,8,3,4,2,6,7,5,9 \quad (b=1);$$
$$1,9,2,7,6,8,4,3,5 \quad (b=2);$$
$$1,2,9,4,5,3,7,8,6 \quad (b=4);$$
$$1,3,8,7,9,5,4,6,2 \quad (b=5);$$
$$1,5,6,4,8,9,7,2,3 \quad (b=7);$$
$$1,6,5,7,3,2,4,9,8 \quad (b=8).$$

而 $b=3,6,9$ 时, $f(x)=7x+b$ 关于模 9 的染色序列分别为

$$1,1,1,\cdots \quad (b=3);$$
$$1,4,7,1,4,7,\cdots \quad (b=6);$$
$$1,7,4,1,7,4,\cdots \quad (b=9).$$

它们显然都不是完整序列.

再注意到 $b=1,2,4,5,7,8$ 时,都有 $(b,9)=1$,由此又得到如下的猜想.

猜想 3 如果 $f(x)=ax+1$ 是关于模 n 的严格完整多项式,则当 $(b,n)=1$ 时, $f(x)=ax+b$ 也是关于模 n 的严格完整多项式,反之亦然.

我们再用一个例子来验证此猜想.

前面我们已经知道 $f(x)=5x+1$ 是模 16 的严格完整多项式,相应的严格完整序列为

$$1,6,15,12,13,2,11,8,9,14,7,4,5,10,3,16.$$

又当 $b=3,5,7,9,11,13,15$ 时,有 $(b,16)=1$,可以直接验证,此时 $f(x)=5x+b$ 都是关于模 16 的严格完整多项式.实际上:

当 $b=3$ 时,$f(x)=5x+3$ 关于模 16 的严格完整序列为

$$1,8,11,10,5,12,15,14,9,16,3,2,13,4,7,6.$$

当 $b=5$ 时,$f(x)=5x+5$ 关于模 16 的严格完整序列为

$$1,10,7,8,13,6,3,4,9,2,15,16,5,14,11,12.$$

当 $b=7$ 时,$f(x)=5x+7$ 关于模 16 的严格完整序列为

$$1,12,3,6,5,16,7,10,9,4,11,14,13,8,15,2.$$

当 $b=9$ 时,$f(x)=5x+9$ 关于模 16 的严格完整序列为

$$1,14,15,4,13,10,11,16,9,6,7,12,5,2,3,8.$$

当 $b=11$ 时,$f(x)=5x+11$ 关于模 16 的严格完整序列为

$$1,16,11,2,5,4,15,6,9,8,3,10,13,12,7,14.$$

当 $b=13$ 时,$f(x)=5x+13$ 关于模 16 的严格完整序列为

$$1,2,7,16,13,14,3,12,9,10,15,8,5,6,11,4.$$

当 $b=15$ 时,$f(x)=5x+15$ 关于模 16 的严格完整序列为

$$1,4,3,14,5,8,7,2,9,12,11,6,13,16,15,10.$$

所以此时的猜想也成立.

最后,我们指出,虽然严格完整多项式一定是完整多项式,但反之不然.比如,$f(x)=2x^2+1$ 是关于模 3 的完整多项式,其完整序列为 $2,3,1$,但它不是关于模 3 的严格完整多项式,因为以 1 为首项的染色序列为 $1,3,1,3,\cdots$,它不是完整序列.

例 5 对给定的正整数 $m(m\geqslant 3)$,若存在大于 1 的正整数 n,使存在由 $1,2,\cdots,n$ 构成的 $m\times n$ 的连续等差数表(每行都是连续自

然数的一个排列,每列都是公差大于 0 的等差数列的一个排列),试证:$n \geq m$,且 $n \neq m + k (1 \leq k \leq m - 1)$.(原创题)

分析与证明 我们称公差大于 0 的等差数列为好数列,先证明 $n \geq m$.考察特例,取 $m = 3$.此时,我们要证明:$n \geq 3$.

用反证法:如果 $n \leq 2$,则每列 3 个数都属于 $\{1, 2\}$,由抽屉原理,必有两个相同数,从而该列中的数不构成好数列,矛盾.

显然,上述证明完全适用于一般情形.

再证明 $n \neq m + k (1 \leq k \leq m - 1)$.仍考察特例,取 $m = 3$,此时我们要证明:$n \neq 4, 5$,也可用反证法.

容易知道,当 $n = 4, 5$ 时长为 3 的好数列的公差 $d \leq 2$,其中当 d 只有唯一取值时,情况比较简单,可先考虑这一情况.

如果 $n = 4$,则每列 3 个数都属于 $\{1, 2, 3, 4\}$,其长为 3 的好数列只能是连续自然数,从而好数列要么是 1, 2, 3,要么是 2, 3, 4.

上述两个好数列的共同特征是都含有 2 与 3,我们只需利用每列都含有 3(关键元素)这一特点即可.

由于每一个列中都有 3,所以 3 至少出现 4 次,但数表只有 3 行,由抽屉原理,至少有一行含有 2 个 3,该行中的数不构成好数列,矛盾.

如果 $n = 5$,则每列 3 个数都属于 $\{1, 2, 3, 4, 5\}$,其长为 3 的好数列的公差只能是 1 或 2,而公差为 2 的好数列只有唯一一个:1, 3, 5.

如果有两个列都是 1, 3, 5,则第一行中有 2 个 1,该行中的数不构成好数列,矛盾.所以最多有一个列是 1, 3, 5,其余的 4 列都是连续自然数,这些列对应的好数列是 1, 2, 3;2, 3, 4;3, 4, 5.

上述 3 个好数列的共同特征是都含有 3(关键元素),所以 3 至少共出现 4 次,但数表只有 3 行,由抽屉原理,至少有一行含有 2 个 3,该行中的数不构成好数列,矛盾.

再取 $m = 4$,此时,我们要证明:$n \neq 5, 6, 7$,同样用反证法.

现证明 $n\neq 5,6,7$,同样用反证法.

如果 $n=5,6$,则每列 4 个数都属于 $\{1,2,3,4,5,6\}$,其长为 4 的好数列只能是连续自然数,从而好数列只能是 $1,2,3,4;2,3,4,5;3,4,5,6$.

上述 3 个好数列的共同特征是都含有 3 与 4,我们只需利用每列都含有 4(关键元素)这一特点即可.

由于每一个列中都有 4,所以 4 至少出现 $n>4$ 次,但数表只有 4 行,由抽屉原理,至少有一行含有 2 个 4,该行中的数不构成好数列,矛盾.

如果 $n=7$,则每列 4 个数都属于 $\{1,2,3,4,5,6,7\}$,其长为 4 的好数列的公差只能是 1 或 2,而公差为 2 的好数列只有唯一一个,为 $1,3,5,7$.

如果有两个列都是 $1,3,5,7$,则第一行中有 2 个 1,该行中的数不构成好数列,矛盾.所以最多有一个列是 $1,3,5,7$,其余的 6 列都是连续自然数,这些列对应的好数列是 $1,2,3,4;2,3,4,5;3,4,5,6;4,5,6,7$.

上述 4 个好数列的共同特征是都含有 4(关键元素),所以 4 至少出现 6 次,但数表只有 4 行,由抽屉原理,至少有一行含有 2 个 4,该行中的数不构成好数列,矛盾.

现在解决一般情形.

先证明 $n\geq m$,用反证法:如果 $n<m$,则每列 m 个数都属于 $\{1,2,\cdots,n\}$,由抽屉原理,必有两个相同数,从而该列中的数不构成好数列,矛盾.

再证明 $n\neq m+k(1\leq k\leq m-1)$,分两种情况.

(1) 当 $m+1\leq n\leq 2m-2$ 时,每列 m 个数都属于 $M=\{1,2,\cdots,2m-2\}$,由 M 中的数构成的公差大于 1 的等差数列最多有 $m-1$ 个项,比如:$1,3,5,\cdots,2m-3$ 及 $2,4,\cdots,2m-2$,从而 M 中长为 m 的好数列只能是连续自然数,从而好数列只能是 $1,2,\cdots,m;2,3,\cdots,m+$

$1;\cdots;m-1,m,\cdots,2m-2.$

上述 $m-1$ 个好数列的共同特征是都含有 $m-1$ 与 m,我们只需利用每列都含有 m(关键元素)这一特点即可.

由于每一个列中都有 m,所以 m 至少共出现 $n>m$ 次,但数表只有 m 行,由抽屉原理,至少有一行含有 2 个 m,该行中的数不构成好数列,矛盾.

(2) $n=2m-1$ 时,每列 m 个数都属于 $M=\{1,2,\cdots,2m-1\}$,由 M 中的数构成的公差大于 1 的等差数列只有唯一一个,为 $1,3,5,\cdots,2m-1$.

如果有两个列都是 $1,3,5,\cdots,2m-1$,则第一行中有 2 个 1,该行中的数不构成好数列,矛盾.所以最多有一个列是 $1,3,5,\cdots,2m-1$,其余的 $2m-2$ 列都是连续自然数,这些列对应的好数列只能是 $1,2,\cdots,m;2,3,\cdots,m+1;\cdots;m,m+1,\cdots,2m-1.$

上述 m 个好数列的共同特征是都含有 m,所以 m 至少出现 $2m-2=m+(m-2)>m$ 次,但数表只有 m 行,由抽屉原理,至少有一行含有 2 个 m,该行中的数不构成好数列,矛盾.

综上所述,命题获证.

例 6 已知 MO 牌足球由若干多边形皮块用 3 种不同的丝线缝制而成,且满足以下条件:

(1) 任何多边形皮块的一条边恰与另一多边形皮块的同样长的一条边用同一种丝线缝合;

(2) 足球上每一结点恰好是三个多边形的顶点,相会于同一结点的三条丝线不同色.

求证:可以在每个结点上放置一个不等于 1 的复数,使每个多边形结点上的数的积都为 1.(第 6 届中国数学奥林匹克试题)

分析与解 在当年参赛的近 90 名选手中,仅有 4 人做对了此题,得分率出乎意料的低,可见这一构造性问题有相当的难度.但它只要将几个简单特例中的关键元素迁移到一般情况中,便容易得出问题的答案.

考察四面体 $ABCD$,设四顶点所填的数分别为 a,b,c,d,则
$$abc = bcd = cda = dab = 1. \qquad ①$$
由 $abc=1$,得 $abcd=d$,同理,$a=abcd$,$b=abcd$,$c=abcd$. 所以 $a=b=c=d$. 将之代入式①,得 $a=b=c=d=w$ 或 w^2,其中 $w = \dfrac{-1+\sqrt{3}\mathrm{i}}{2}$.

对一般情况,各顶点所填的数未必相等,我们还需要研究一些特例.

再考察正方体,由于正方体有 12 条棱,染 3 色,至少有一种颜色染了 4 条棱.这四条棱不能相交,只能平行或异面.

进一步分析发现,这 4 条棱只能两两平行,染色方式如图 1.16 所示,其中 1,2,3 分别代表 3 种不同的颜色:竖直的 4 条棱先染 1 号色,再将任意一条棱染 2 号色,则其余棱的颜色唯一确定,因此,正方体各条棱的颜色本质上只有一种情形.

现在来构造正方体的填数.为了使其与四面体的填数方式一致,我们尝试能否在正方体各顶点上也放上 w 或 w^2,为此,我们穷举所有可能的填数方式.

显然,为了使每个面各顶点上的填数之积都为 1,则只能是每个面上有 2 个 w 和 2 个 w^2.

考察下底面的填数,如果有一条棱两端点填数相同,设 A,B 上都填 w(图 1.16),则 C,D 上都填 w^2,此时另外 4 顶点的填数唯一确定;

如果同一条棱两端点填数不同,设 A,B 上分别填 w,w^2,则 C,D 上

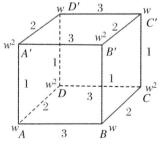

图 1.16

也分别填 w, w^2，此时另外 4 顶点的填数有 2 种方法，但其中有一种方法与图 1.16 的方法一致，于是也只有一种方法（图 1.17）.

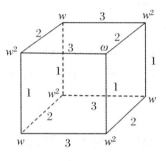

图 1.17

我们现在来研究这两种方法中哪一种与四面体的填数方法有相同的规律.

显然，后一种填数方法更具对称性：每个面正方形相对顶点上放的数相同，我们立足于发掘这一填数方法与四面体的填数方法的共同规律.

我们所关心的是，对一般情形，究竟哪些顶点上填数 w，哪些顶点上填数 w^2？这显然要研究正方体上放数 w 的顶点与放数 w^2 的顶点有何区别.

先观察放数 w 的顶点（图 1.18），从正方体外观察该顶点，则该顶点处 3 条棱的颜色按逆时针方向排列分别为 1,2,3 号色（我们称之为第一类顶点）. 而对于放 w^2 的顶点（图 1.19），其交汇于此点的 3 条棱的颜色按逆时针方向排列依次为 3,2,1 号色（我们称之为第二类顶点）.

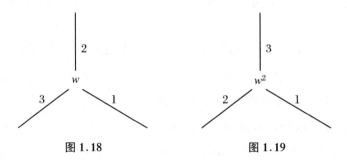

图 1.18 　　　　　　　　图 1.19

共同规律：这样放置在顶点的数 w^r 由顶点引出的边的颜色编号唯一确定：想象在多边形内按逆时针方向行走，经过的边为 a_1, $a_2, \cdots, a_k$，则

w 的指数 $r_i = a_i$(边 a_i 的颜色编号) $- a_{i+1}$(边 a_{i+1} 的颜色编号),注意其中 $w^{-1} = w^2$.

由此推广到一般多面体,同样在第一类顶点上放数 w,在第二类顶点上放数 w^2,设某面多边形各顶点按逆时针方向排列依次为 A_1,$A_2, \cdots, A_k$(图 1.20),边 A_iA_{i+1} 的颜色代号为 $a_i (i = 1, 2, \cdots, k)$,则 A_i 上放置的数是 $w^{a_i - a_{i+1}}$.

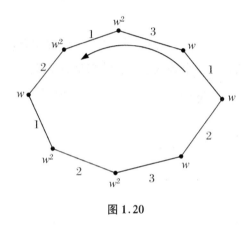

图 1.20

由此可见,多边形上各数的积为 $\prod_{i=1}^{k} w^{a_i - a_{i+1}} = w^0 = 1$.

综上所述,命题获证.

通过上面的分析,我们发现,本题可以改造为一个只需要初中知识就可解答的本质上与原问题一致的问题.

求证:可以在每个结点上放置一个不为 3 的倍数的数,使每个多边形结点上的数的和都为 3 的倍数.

例 7 有 n 个小孩一起做游戏,他们分别持有 $1, 2, \cdots, n$ 枚棋子,如果存在两个小孩,他们的棋子数至少相差 2,则这两个小孩中棋子数多的一个小孩将自己持有的棋子分一枚给棋子数较少的那个小孩,称为一次操作.求最少的操作次数,使各个小孩的棋子数达到一种平衡状态,即任何两个小孩的棋子数都至多相差 1.(原创题)

分析与解 用 $A=(a_1,a_2,\cdots,a_n)$ 表示 n 个小孩分别持有 a_1, $a_2,\cdots,a_n$ 枚棋子的状态，最初状态 $A_0=(1,2,3,\cdots,n)$，令 $S=a_1+a_2+\cdots+a_n$.

操作可以表示为 $(a,b)(b\geqslant a+2)\to(a+1,b-1)$，显然，此操作具有这样的不变性：使 A 中各数的和 S 保持不变.

尽管这一特征对计算操作次数没有作用，但可以用来研究最终状态的表现形式.

先研究一种最特殊的平衡状态：各棋子数都相等，我们称此时的状态为"全等状态". 设全等状态中各数都是 m，那么

$$mn=S=1+2+\cdots+n=\frac{n(n+1)}{2},$$

解得 $m=\frac{n+1}{2}$，从而 n 为奇数.

反之，当 n 为奇数时，我们证明各棋子数达到的平衡状态必定是全等状态.

实际上，令 $n=2k+1$，反设平衡状态 A 中恰有 2 个不同值，设 2 个不同值是 $a, a+1$.

若 $a\leqslant k$，则状态 A 中的数的和 S 满足

$$\begin{aligned}(k+1)(2k+1)&=\frac{n(n+1)}{2}=S\\&\leqslant a+(n-1)(a+1)\leqslant k+(n-1)(k+1)\\&<(k+1)+(n-1)(k+1)\\&=n(k+1)=(k+1)(2k+1),\end{aligned}$$

矛盾.

若 $a\geqslant k+1$，则状态 A_p 中的数的和 S 满足

$$\begin{aligned}(k+1)(2k+1)&=\frac{n(n+1)}{2}=S\geqslant(a+1)+(n-1)a\\&\geqslant k+2+(n-1)(k+1)\end{aligned}$$

$$> k+1+(n-1)(k+1)$$
$$=(k+1)(2k+1),$$

矛盾.

所以,当且仅当 n 为奇数时,平衡状态 A 中所有数都相等,此时
$$A=(k+1,k+1,\cdots,k+1),$$
其中 $k=\dfrac{n(n+1)}{2}$.

由全等状态这一特殊情形,我们发现应分 n 为奇数、偶数两种情况讨论.

(1) 当 n 为奇数时,令 $n=2k+1$,此时平衡状态:
$$A=(k+1,k+1,\cdots,k+1),$$
从而每个数都要操作到 A 中各数的平均值"$k+1$",这样,小于平均值的数都要增加,大于平均值的数都要减少. 进而发现,只需将所有小于平均值的数都增加到平均值"$k+1$"即可,此时,不能有大于 $k+1$ 的数,从而各数必定相等.

由此发现,关键元素是小于 A 中各数的平均值"$k+1$"的数,我们称为"轻数":每个轻数都必须增大到 $k+1$.

由于每次操作至多使一个"轻数"增加 1,而轻数 $1,2,\cdots,k$ 分别要增加 $k,k-1,\cdots,1$ 次方可达到平均值 $k+1$,于是,操作次数不少于
$$k+(k-1)+\cdots+1=\dfrac{k(k+1)}{2}.$$

另一方面,将 A 中除 $k+1$ 外的数分成 k 组:
$$(i,2k+2-i)\quad (i=1,2,\cdots,k),$$
对第 i 组连续操作 $k+1-i$ 次,使之变成 $(k+1,k+1)$,此时共操作
$$k+(k-1)+\cdots+1=\dfrac{k(k+1)}{2}$$
次,所以操作的最少次数为
$$\dfrac{k(k+1)}{2}=\dfrac{n^2-1}{8}\quad (n\ \text{为奇数}).$$

(2) 当 n 为偶数时,令 $n=2k$,此时由上面讨论可知,平衡状态 A 中恰有2个不同值,设2个不同值是 $a, a+1$.

若 $a \leqslant k-1$,则状态 A 中的数的和 S 满足

$$k(2k+1) = \frac{n(n+1)}{2} = S \leqslant a+(n-1)(a+1)$$
$$\leqslant k-1+(n-1)k = nk-1 < k(2k+1),$$

矛盾.

若 $a \geqslant k+1$,则状态 A 中的数的和 S 满足

$$k(2k+1) = \frac{n(n+1)}{2} = S \geqslant (a+1)+(n-1)a$$
$$\geqslant k+2+(n-1)(k+1) = nk+n+1 > k(2k+1),$$

矛盾.

所以 $a=k$,即2个不同值是 $k, k+1$.

设有 r 个 k,则有 $2k-r$ 个 $k+1$,于是

$$rk+(2k-r)(k+1) = S = k(2k+1),$$

解得 $r=k$. 此时

$$A = (\underbrace{k, k, \cdots, k}_{k \uparrow k}, \underbrace{k+1, k+1, \cdots, k+1}_{k \uparrow k+1}).$$

此时,类似称小于"k"的数为"轻数";每个轻数都必须增大到 k.

由于每次操作至多使一个"轻数"增加1,而轻数 $1, 2, \cdots, k-1$ 分别要增加 $k-1, k-2, \cdots, 1$ 次方可达到 k,于是,操作次数不少于

$$(k-1)+(k-2)+\cdots+1 = \frac{k(k-1)}{2}.$$

另一方面,将 S 中除 $k, k+1$ 外的数分成 $k-1$ 组:

$$(i, 2k+1-i) \quad (i=1,2,\cdots,k-1),$$

对第 i 组连续操作 $k-i$ 次,使之变成 $(k, k+1)$,此时共操作

$$(k-1)+(k-2)+\cdots+1 = \frac{k(k-1)}{2}$$

次,所以操作的最少次数为

$$\frac{k(k-1)}{2} = \frac{n^2-2n}{8} \quad (n \text{ 为偶数}).$$

1.3 寻找具有独特性质的元素

为了说明某种状态不能实现,往往只需发现一组具有独特性质的元素,由这组元素的性质与状态的特征相矛盾,从而可以断定其状态不能实现.而所找的一组元素应具有怎样的性质,哪些元素具有这样的性质,则可通过研究特例来发现.

例 1 凸 n 边形的各边和对角线都染上某些颜色之一,使任何有公共点的线段异色,问至少要多少种颜色?(第 19 届全苏数学奥林匹克试题)

分析与解 从简单情况入手.

对于三角形,它的 3 条边两两相交,所以至少染 3 色.

对于凸四边形 $A_1A_2A_3A_4$(图 1.21),可找到 4 条两两相交(独特性质)的线段 $A_1A_2, A_1A_3, A_1A_4, A_2A_4$,所以至少染 4 色.

对于凸五边形 $A_1A_2A_3A_4A_5$(图 1.22),可找到 5 条两两相交的线段 $A_1A_2, A_1A_3, A_1A_4, A_1A_5, A_2A_5$,所以至少染 5 色.

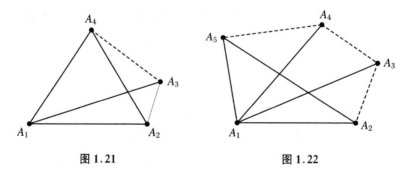

图 1.21　　　　图 1.22

如此下去,对凸 n 边形,亦可找到 n 条两两相交的线段,从而至少染 n 色.

设凸 n 边形为 $A_1A_2\cdots A_n$(图 1.23),因为 n 条线段 A_1A_2, $A_1A_3,\cdots,A_1A_n,A_2A_n$ 两两相交,所以至少染 n 色.

另一方面,n 种颜色是可行的.

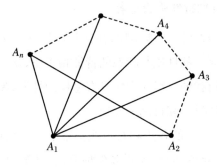

图 1.23

我们仍然从特例入手.

当 $n=3$ 时,染 3 色显然可以进行,每条边染一色即可.

当 $n=4$ 时,考察四边形 $A_1A_2A_3A_4$,先找到 4 条两两相交的线段 $A_1A_2,A_1A_3,A_1A_4,A_2A_4$,将它们分别染 1,2,3,4 这 4 种颜色,接下来,考察 A_2A_3,发现将其染 A_1A_4 所染的颜色即可.同样,A_3A_4 染 A_1A_2 所染的颜色即可.

于是 $n=4$ 时染色也可以进行.

其染色有何特点?为了叙述问题方便,不妨设四边形是正四边形,则染色的特点是所有同色的线段所在直线都平行,从而同色线段不相交.

当 $n=5$ 时,考察正四边形 $A_1A_2A_3A_4A_5$,先找到 5 条两两相交的线段 $A_1A_2,A_1A_3,A_1A_4,A_1A_5,A_2A_5$,将它们分别染 1,2,3,4,5 这 5 种颜色,我们称为相对于顶点 A_1 的 5 条线段都已染色.接下来,考察 A_2A_3,发现将其染 A_1A_4 所染的颜色即可.类似地,A_2A_4 染 A_1A_5 所染的颜色.注意到 A_2A_5,A_2A_1,A_1A_3 已染色,从而相对于顶点 A_2 的 5 条线段都已染色,且已染色的所有同色的线段所在直线都平行.

如此下去,不难发现 $n=5$ 时染色也可以进行.

一般地,不妨设 n 边形是正 n 边形 $A_1A_2\cdots A_n$,它的外接圆为 O,先将两两相交的 n 条线段 $A_1A_2,A_1A_3,\cdots,A_1A_n,A_2A_n$ 分别染 1 到 n 色,我们称此时的染色是相对于顶点 A_1 的 n 条线段进行的.再考察相对于顶点 A_2 的 n 条线段的染色,其中 A_2A_1,A_2A_n,A_1A_3 都已染色,对于 A_2A_j ($3\leqslant j\leqslant n-1$),考察四边形 $A_1A_2A_jA_{j+1}$(图 1.24),由于 A_1,A_2 在圆周上相邻,A_j,A_{j+1} 在圆周上相邻,$A_2A_j\parallel A_1A_{j+1}$,可将 A_2A_j 染 A_1A_{j+1} 所染的颜色,于是,相对于顶点 A_2 的 n 条线段的染色也可进行,而且所有已染色的线段中同色的线段所在直线都平行.

如此下去,相对于所有顶点的 n 条线段的染色都可进行,且所有染色的线段中同色的线段所在直线都平行.

又任何一条线段总是相对于它的一个端点的,从而所有线段都被染色.

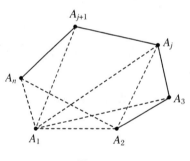

图 1.24

综上所述,所需颜色种数的最小值为 n.

我们还能这样染色:同样不妨设 n 边形是正 n 边形 $A_1A_2\cdots A_n$,它的外接圆为 O,则对于任何两个顶点 A_i,A_j,从 A_i 按逆时针方向到 A_j 跨过的边的条数为 $j-i\pmod n$,由此可见,对任何 4 个顶点 A_i,A_j,A_s,A_t,线段 A_iA_j,A_sA_t 平行的充分必要条件是 $s-i\equiv j-t\pmod n$,即 $s+t\equiv i+j\pmod n$,于是,对任何线段 A_iA_j,设 $i+j\equiv r\pmod n$,$1\leqslant r\leqslant n$,则将其染第 r 色,这样共染 n 色,且所有同色的线段所在直线都平行,从而染色合乎要求.

例2 对于正整数 m,n,若 $m\times n$ 数表的每一行都是 $1,2,\cdots,n$ 的一个排列,而每一列经过适当排列后是一个长为 m 的公差大于 0 的等差数列,则称该数表为一个 $m\times n$ 的连续等差数表.

求所有正整数 n,使存在 $3\times n$ 的连续等差数表.(原创题)

分析与解 我们称由正整数组成的公差大于 0 的等差数列为"好数列".

显然有 $n\geqslant 3$,这是因为在 $3\times n$ 的连续等差数表中,每列的 3 个数互不相同,从而数表中至少有 3 个不同的数.

$n=3$ 时合乎条件,相应的 3×3 的连续等差数表如下:

1	2	3
2	3	1
3	1	2

此外,若 $n=k$ 时合乎要求,则 $n=k+3$ 也合乎要求.

实际上,设 $n=k$ 时,$3\times k$ 的连续等差数表为 $\begin{pmatrix} a_1 & a_2 & \cdots & a_k \\ b_1 & b_2 & \cdots & b_k \\ c_1 & c_2 & \cdots & c_k \end{pmatrix}$,

则 $\begin{pmatrix} a_1 & a_2 & \cdots & a_k & k+1 & k+2 & k+3 \\ b_1 & b_2 & \cdots & b_k & k+2 & k+3 & k+1 \\ c_1 & c_2 & \cdots & c_k & k+3 & k+1 & k+2 \end{pmatrix}$ 是 $3\times(k+3)$ 的连续等差数表.

当 $n=4$ 时,若存在 3×4 的连续等差数表,则每一列都是由 $1,2,3,4$ 中 3 个数构成的长为 3 的好数列,这样的数列必定含有 2,于是 2 在每一列中出现(2 是具有独特性质"在各个列中出现"的关键元素),2 共出现 4 次,但数表只有 3 行,每个数只在同一行中出现一次,共出现 3 次,矛盾.

于是,$n=4$ 不合乎要求.

当 $n=5$ 时,若存在 3×5 的连续等差数表,则每一列都是由 $1,2,3,4,5$ 中 3 个数构成的长为 3 的好数列.

因为 1 在每一行中出现,共出现 3 次,从而有 3 个含有 1 的好数列. 而含有 1 的好数列必定含有 3,于是 3 在 3 个含有 1 的好数列中出现.

同样,含有 4 的好数列有 3 个,而含有 4 的好数列也必定含有 3,于是 3 在 3 个含有 4 的好数列中出现(3 是具有独特性质"既在含有 1 的好数列中出现,又在含有 4 的好数列中出现"的关键元素).

又一个好数列不能同时含有 1 和 4,从而 3 至少出现 6>3 次,矛盾.

于是,$n=5$ 不合乎要求.

以上 $n=4,5$ 两种情形都是由对应的关键元素 2,3 在数表中出现的次数超过 3 而导出矛盾.

进一步思考发现,这两种情形中的关键元素 2,3 可以统一为一个关键元素 3.

实际上,当 $n=4$ 时,每列中的好数列都含有 3,从而 3 至少出现 $n>3$ 次,矛盾;

当 $n=5$ 时,每列都是长为 3 的好数列,其中至多有一个公差大于 1 的好数列(1,3,5),从而至少有 $5-1=4$ 个公差等于 1 的好数列.

而每个公差等于 1 的好数列都含有 3,从而 3 至少出现 4>3 次,矛盾.

当 $n=6$ 时,由于 $n=3$ 合乎要求,从而 $n=3+3=6$ 也合乎要求.

当 $n=7$ 时,3×7 的连续等差数表如下:

1	2	3	4	5	6	7
3	4	2	6	7	5	1
5	6	1	2	3	7	4

当 $n=8$ 时,3×8 的连续等差数表如下:

1	2	3	4	5	6	7	8
2	5	1	7	6	8	3	4
3	8	2	1	4	7	5	6

由数学归纳法可知,存在 $3\times n$ 的连续等差数表的一切正整数 n 的集合为 $\{n\in \mathbf{Z}\mid n=3 \text{ 或 } n\geqslant 6\}$.

下一个问题我们没有彻底解决.

例 3 求所有正整数 n,使存在 $4\times n$ 的连续等差数表.(原创题)

分析与解 本题尽管只是将上题的数字 3 改为 4,但难度却大得多.

显然有 $n\geqslant 4$,这是因为每列的 4 个数互不相同,从而数表中至少有 4 个不同的数.

$n=4$ 时合乎条件,相应的 4×4 数表如下:

1	2	3	4
2	3	4	1
3	4	1	2
4	1	2	3

此外,若 $n=k$ 合乎要求,则 $n=k+4$ 也合乎要求.

实际上,设 $n=k$ 时,$4\times k$ 的连续等差数表为

1 寻找关键元素

$$\begin{pmatrix} a_1 & a_2 & \cdots & a_k \\ b_1 & b_2 & \cdots & b_k \\ c_1 & c_2 & \cdots & c_k \\ d_1 & d_2 & \cdots & d_k \end{pmatrix},$$

则

$$\begin{pmatrix} a_1 & a_2 & \cdots & a_k & k+1 & k+2 & k+3 & k+4 \\ b_1 & b_2 & \cdots & b_k & k+2 & k+3 & k+4 & k+1 \\ c_1 & c_2 & \cdots & c_k & k+3 & k+4 & k+1 & k+2 \\ d_1 & d_2 & \cdots & d_k & k+4 & k+1 & k+2 & k+3 \end{pmatrix}$$

是 $4\times(k+4)$ 的连续等差数表.

当 $n=5,6,7$ 时,$4<n<4+4$.

考察 $3\times n$ 数表中对应的情形:$3<n<3+3$,即 $n=4,5$ 的两种情形.如前所述,这两种情形有一个统一的关键元素 3.

将上述关键元素迁移到 $4\times n$ 数表,发现其关键元素是 4.

当 $5\leqslant n\leqslant 6$ 时,若存在 $4\times n$ 的连续等差数表,则每一列都是由 $1,2,\cdots,6$ 中的 4 个数构成的好数列,这样的好数列必定含有 4,于是 4 在每一个列中出现,至少出现 $n\geqslant 5$ 次,矛盾.

于是,$5\leqslant n\leqslant 6$ 时,n 不合乎要求.

当 $n=7$ 时,若存在 $4\times n$ 的连续等差数表,则每一列都是由 $1,2,\cdots,7$ 中的 4 个数构成的好数列.所有好数列可以分为两类,一类是公差大于 1 的好数列,这样的好数列只有唯一一个:(1,3,5,7).另一类是公差等于 1 的好数列.

因为含 2 的好数列必定含有 3,从而 3 在 4 个 2 所在的 4 个列中出现,已出现 4 次,所以各列中不能有(1,3,5,7)型的好数列,否则 3 至少出现 5 次,矛盾.这样,各列都是公差等于 1 的好数列.而每个公差等于 1 的好数列都必定含有 4,于是 4 在 7 个列中出现,出现 $7>4$ 次,矛盾.

另证:因为每个数在各行中恰出现一次,所以每个数在数表中都

恰出现 4 次. 考察数表中 4 个 2 和 4 个 6 这 8 个数, 将其归入数表的 7 个列, 由抽屉原理, 必定有一个列含有两个数, 又这两个数不能相同, 所以只能是 2 和 6 在同一列. 但 2 和 6 不能在 1, 2, ⋯, 7 中的 4 个数构成的同一个好数列中, 矛盾.

于是, $n = 7$ 不合乎要求.

当 $n = 8 = 4 + 4$ 时, 因为 $n = 4$ 合乎要求, 所以 $n = 8$ 合乎要求.

类比 $3 \times n$ 的连续等差数表的结果, 我们猜想:

存在 $4 \times n$ 的连续等差数表的一切正整数 n 的集合为 $\{n \in \mathbb{Z} \mid n = 4 \text{ 或 } n \geqslant 8\}$.

但上述猜想是错误的. 比如, $n = 9, 10, 11$ 都不合乎要求.

实际上, 当 $n = 9$ 时, 若存在 $4 \times n$ 的连续等差数表, 则每一列都是由 1, 2, ⋯, 9 中的 4 个数构成的好数列, 其中含 1 的好数列只能是 (1, 2, 3, 4) 与 (1, 3, 5, 7), 它们都含有 3.

由于每行一个 3, 所以 3 共出现 3 次, 从而 3 恰好在 4 个 1 所在的列中出现.

再考察含有 9 的好数列, 只能是 (6, 7, 8, 9) 与 (3, 5, 7, 9), 但由上面所述, 3 只出现在 1 所在的列中, 所以含有 9 的好数列不能是 (3, 5, 7, 9), 只能是 (6, 7, 8, 9), 所以数表中 4 个含有 9 的列都是 6, 7, 8, 9 的一个排列, 这样, 去掉这些列, 便得到 4×5 的连续等差数表, 矛盾.

当 $n = 10$ 时, 若存在 $4 \times n$ 的连续等差数表, 则每一列都是由 1, 2, ⋯, 10 中的 4 个数构成的公差大于 0 的等差数列, 其中含 2 的好数列只能是 (1, 2, 3, 4), (2, 3, 4, 5), (2, 4, 6, 8), 它们都含有 4, 从而 4 恰好在 4 个 2 所在的列中出现.

再考察含有 10 的好数列, 只能是 (7, 8, 9, 10), (4, 6, 8, 10), (1, 4, 7, 10), 但由上面所述, 4 只出现在 2 所在的列中, 所以含有 10 的好数列不能是 (4, 6, 8, 10) 与 (1, 4, 7, 10), 只能是 (7, 8, 9, 10), 所以

数表中 4 个含有 10 的列都是 7,8,9,10 的一个排列,这样,去掉这些列,便得到 4×6 的连续等差数表,矛盾.

当 $n=11$ 时,若存在 4×11 的连续等差数表,则每一列都是由 $1,2,\cdots,11$ 中的 4 个数构成的公差大于 0 的等差数列,其中含 1 的好数列只能是 $(1,2,3,4),(1,3,5,7),(1,4,7,10)$,它们都不含 6,于是,4 个 1 所在的列中都不含 6.

再考察含有 11 的好数列,只能是 $(8,9,10,11),(5,7,9,11)$,$(2,5,8,11)$,其中都不含 6,于是,4 个 11 所在的列中都不含 6.

由于同一个列不能同时含有 1 和 11,所以共有 8 个列中不含 6,这样,6 最多出现 $11-8=3$ 次,矛盾.

进一步,我们可将上面的猜想修改为:

存在 $4\times n$ 的连续等差数表的一切正整数 n 的集合为 $\{n\in \mathbf{Z}\mid n=4,8 \text{ 或 } n\geqslant 12\}$.

希望读者能证明或否定上面的猜想.

一般地,我们可提出如下的问题:

对给定的正整数 $m(m\geqslant 3)$,求所有正整数 n,使存在 $m\times n$ 的连续等差数表.(原创题)

这是一个容量相当大的问题,我们得到 n 满足的必要条件是:$n\geqslant m$ 且 $n\neq m+k$,其中 $1\leqslant k\leqslant m-1$(见 1.2 节例 5).

此外,$n=km(k\in \mathbf{N}^*)$ 都合乎要求.

比如,$n=m$ 时,$m\times m$ 的连续等差数表如下:

1	2	3	4	$\cdots$	$m-1$	m
m	1	2	3	$\cdots$	$m-2$	$m-1$
$m-1$	m	1	2	$\cdots$	$m-3$	$m-2$
$\cdots$	$\cdots$	$\cdots$	$\cdots$	$\cdots$	$\cdots$	$\cdots$
2	3	4	5	$\cdots$	m	1

又若 $n = k$ 时合乎要求,则 $n = k + m$ 也合乎要求.

实际上,设 $m \times k$ 的连续等差数表为 $\begin{bmatrix} a_{11} & a_{12} & \cdots & a_{1k} \\ a_{21} & a_{22} & \cdots & a_{2k} \\ \vdots & \vdots & & \vdots \\ a_{m1} & a_{m2} & \cdots & a_{mk} \end{bmatrix}$,

则 $\begin{bmatrix} a_{11} & a_{12} & \cdots & a_{1k} & k+1 & k+2 & \cdots & k+m \\ a_{21} & a_{22} & \cdots & a_{2k} & k+2 & k+3 & \cdots & k+1 \\ \vdots & \vdots & & \vdots & \vdots & \vdots & & \vdots \\ a_{m1} & a_{m2} & \cdots & a_{mk} & k+m & k+1 & \cdots & k+m-1 \end{bmatrix}$ 是 $m \times (k+m)$ 的连续等差数表.

于是,由数学归纳法可知,$n = km\,(k \in \mathbf{N}^*)$ 都合乎要求.

我们猜想,一切合乎条件的正整数 n 的集合为 $\{n \in \mathbf{Z} \mid km(k \in \mathbf{N}^*)$ 或 $n \geqslant m(m-1)\}$,希望读者能证明或否定这一猜想.

1.4 寻找确定有关状态的元素

为了判断某种状态能否实现,往往只需讨论相关状态由哪些元素确定,进而由若干特定元素去构造相关状态,或证明其状态不能实现.而状态由怎样的特定元素确定,如何由特定元素判断状态能否实现,则可通过研究特例来发现.

例 1 试证:长为 $4r$ 的闭曲线可被半径为 r 的圆覆盖.

分析与解 我们的目标是,找到一个半径为 r 的圆(确定其位置),覆盖给定的长为 $4r$ 的闭曲线.

由于给定的长为 $4r$ 的闭曲线是任意的,形状千姿百态,给解题增加了难度.但另一方面,任意性当然包括一些特殊情形,从而可选择一种简单情形来突破:考察一种最坏情形,长为 $4r$ 的闭曲线在什么情况下最难覆盖?

1 寻找关键元素

显然,当闭曲线拉直成为两条重合的线段时最难于盖住(图1.25),此时,设线段的端点为 P,Q,则以 PQ 的中点 O 为圆心、r 为半径的圆可以覆盖此曲线.

以上覆盖方法中的关键元素是什么?也就是说,圆心是怎样确定的?显然,圆心为线段 PQ 的中点,所以点 P,Q 是解题中真正的关键元素.

那么,在一般的闭曲线中,能否找到相应的点 P,Q?

一种显然的情况是 PQ 为曲线的直径,但此特点不具一般性,也就是说,对一般的曲线,以其直径 PQ 的中点为圆心、r 为半径所作的圆不一定覆盖其曲线.

比如,我们可探索如下的反例:

图 1.25

取一个周长为 4 的等腰三角形 ABC(图 1.26),设 O 为 BC 的中点,$OB=OC=x$,则 $AC=AB=2-x$,为了使 BC 为曲线的直径,令 $BC>AC$,得 $2x>2-x$,即

$$x > \frac{2}{3}.$$

为了使以 BC 中点为圆心、1 为半径的圆不能覆盖三角形 ABC,这只需 $AO>1$,即

$$(2-x)^2 - x^2 > 1,$$

化简得 $4x-3<0$,所以 $x<\frac{3}{4}$.

结合 $x>\frac{2}{3}$,有 $\frac{2}{3}<x<\frac{3}{4}$,取 $x=0.7$ 即可(同时满足 $x>\frac{2}{3}$).

由此得到如下反例:取一个等腰三角形 ABC,使 $AB=AC=1.3$,$BC=1.4$(图 1.27),则此闭曲线的直径为 $BC=1.4$.

但以 BC 的中点 O 为圆心、1 为半径的圆不能覆盖这个三角形,因为 $AO=\sqrt{1.2}>1$.

因此,我们需要发掘 P,Q 所具有的另外的性质,经过观察,终于

发现 P,Q 将闭曲线的长两等分,这一特点则适应一般情况.

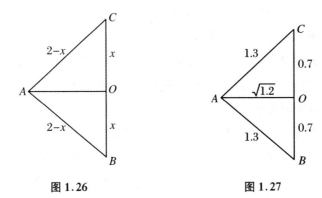

图 1.26   图 1.27

实际上,设 A 是曲线上的任意一个点,O 是 PQ 的中点(图 1.28),在 $\triangle PAQ$ 中,由中线的性质,有

$$2AO \leqslant PA + QA \leqslant \overset{\frown}{PA} + \overset{\frown}{QA} = \frac{4r}{2} = 2r,$$

所以 $OA \leqslant r$.

故以 O 为圆心、r 为半径的圆覆盖闭曲线.

例 2 任意给定平面上 5 个点,其中无三点共线,每三点都构成一个三角形,每个三角形都有一个非零的面积,求最大面积与最小面积的比的最小值.(面积型 Heilbron(赫尔伯伦)问题)

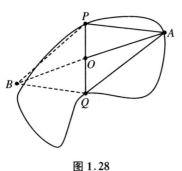

图 1.28

分析与解 为了找到面积最大的三角形和面积最小的三角形,应知道平面上五点如何分布,因而要考虑五点的凸包.

设最大三角形与最小三角形的面积的比为 t.

(1) 若凸包为五边形,此时,三角形的面积不易求得,怎样的五边形会使三角形的面积易于计算?——正五边形.

当凸包为正五边形 $A_1A_2\cdots A_5$ 时,最大三角形为 $\triangle A_1A_2A_4$,最小三角形为 $\triangle A_1A_2A_5$(图 1.29),此时,这两个三角形有公共的底 A_1A_2,设 A_1A_4 与 A_5A_3 的交点为 P,则 $t = \dfrac{S_{\triangle A_1A_2A_4}}{S_{\triangle A_1A_2A_5}} = \dfrac{A_1A_4}{A_1P}$,容易证明:$\dfrac{A_1A_4}{A_1P} = \dfrac{1+\sqrt{5}}{2}$.

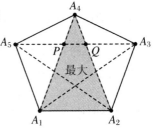

图 1.29

实际上,易知 $\triangle A_3A_4P$ 和 $\triangle A_1A_5P$ 都是等腰三角形,这是因为其 3 内角的大小为 $(36°,72°,72°)$. 于是,设正五边形边长为 a,对角线长为 b,则 $PA_1 = A_1A_5 = a$.

所以,由 $\triangle A_1A_5P \backsim \triangle A_4A_1A_2$,有

$$\dfrac{A_4A_1}{A_1A_2} = \dfrac{A_1A_5}{PA_5}, \quad 即 \quad \dfrac{b}{a} = \dfrac{a}{b-a},$$

解得

$$\dfrac{b}{a} = \dfrac{1+\sqrt{5}}{2}, \quad 即 \quad \dfrac{A_1A_4}{A_1P} = \dfrac{1+\sqrt{5}}{2}.$$

或者利用面积方法计算:

$$S_{\triangle A_1A_2A_4} = \dfrac{1}{2}(A_1A_4)^2 \sin\alpha\,(\alpha = 36°) = \dfrac{1}{2}b^2\sin\alpha,$$

$$S_{\triangle A_1A_2A_5} = \dfrac{1}{2}(A_1A_2 \cdot A_2A_5)\sin\alpha = \dfrac{1}{2}ab\sin\alpha,$$

所以 $t = \dfrac{S_{\triangle A_1A_2A_4}}{S_{\triangle A_1A_2A_5}} = \dfrac{b}{a}$.

在 $\triangle A_1A_2A_5$ 中,$\dfrac{\frac{1}{2}A_2A_5}{A_1A_2} = \cos\alpha = \cos 36° = \dfrac{1+\sqrt{5}}{4}$,即 $\dfrac{\frac{1}{2}b}{a} = \dfrac{1+\sqrt{5}}{4}$,化简,得 $\dfrac{b}{a} = \dfrac{1+\sqrt{5}}{2}$.

我们猜想 t 的最小值为 $\dfrac{1+\sqrt{5}}{2} = \lambda$.

对一般的凸五边形 $A_1 A_2 \cdots A_5$, 要证 $t \geqslant \lambda = \dfrac{1+\sqrt{5}}{2}$.

现在要把特殊情况下的规律类比到一般情况中去, 注意到特殊情况中的关键一条线是 $A_5 A_3 \parallel A_1 A_2$, 且与 $A_1 A_4$ 的交点 P 分 $A_1 A_4$ 所成的比为 λ, 即 $\dfrac{A_1 A_4}{A_1 P} = \lambda = \dfrac{1+\sqrt{5}}{2}$.

于是, 在一般情况下, 也要找到相应的直线.

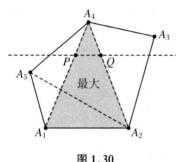

图 1.30

在凸五边形 $A_1 A_2 \cdots A_5$ 的对角线 $A_1 A_4$ 上取一点 P, 使 $\dfrac{A_1 A_4}{A_1 P} = \lambda = \dfrac{1+\sqrt{5}}{2}$ (图 1.30), 过 P 作直线 l, 使 $l \parallel A_1 A_2$.

此时, 若想 $\triangle A_1 A_2 A_4$ 仍是最大的三角形, $\triangle A_1 A_2 A_5$ 仍是最小的三角形, 注意到这两个三角形有公共边 $A_1 A_2$, 只需 A_5 在 l 上或在 l 的下方, 此时

$$\dfrac{S_{\triangle A_1 A_2 A_4}}{S_{\triangle A_1 A_2 A_5}} \leqslant \dfrac{S_{\triangle A_1 A_2 A_4}}{S_{\triangle A_1 A_2 P}} = \dfrac{A_1 A_4}{A_1 P} = \lambda = \dfrac{1+\sqrt{5}}{2}.$$

同样, 当 A_3 在 l 上或在 l 的下方时, 结论也成立.

当 A_3, A_5 都在 l 的上方时, 最小三角形不可能是 $\triangle A_1 A_2 A_5$, 此时谁为最小三角形呢? 最小三角形应与 $\triangle A_1 A_2 A_5$ 具有类似的位置(边三角形).

可利用极限位置来发现最小三角形: 想象 $A_3 A_5$ 在 l 的"很"上方, 即 A_3, A_5 都接近 A_4, 或 $A_5 A_3$ 与 A_4 共线, 此时显然 $\triangle A_3 A_4 A_5$ 最小(图 1.31).

此时,最大三角形又为谁呢?——最大三角形应仍是正五边形中"大三角形"的类型,即与 $\triangle A_1A_2A_4$ 有相同的相对位置("腹地"三角形).

另外,为了易于求面积比,最大三角形还应使其与 $\triangle A_5A_3A_4$ 有公共边.

经观察,$\triangle A_5A_3A_1$ 合乎条件,此时,设 A_5A_3 与 A_1A_4 相交于点 M,则

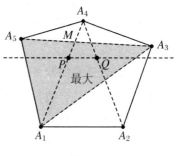

图 1.31

$$t \geqslant \frac{S_{\triangle A_1A_3A_5}}{S_{\triangle A_4A_3A_5}} = \frac{A_1M}{A_4M} \geqslant \frac{A_1P}{A_4P} = \frac{A_1P}{A_1A_4 - A_1P}$$

$$= \frac{1}{\dfrac{A_1A_4}{A_1P} - 1} = \frac{1}{\dfrac{1+\sqrt{5}}{2} - 1} = \frac{1+\sqrt{5}}{2}.$$

(2) 当凸包不是五边形时,设为凸 k 边形($k=3,4$)$A_1A_2\cdots A_k$,此时凸 k 边形内至少有一个已知点,设为 P. 连 $A_1A_2, A_1A_3, \cdots, A_1A_k$,将凸包剖分为若干个三角形,必有一个三角形,设为 $\triangle A_1A_2A_3$,内部含有点 P. 连 PA_1, PA_2, PA_3,得到三个小三角形,其面积分别为 $S_1 \leqslant S_2 \leqslant S_3$,那么,$t \geqslant \dfrac{S_{\triangle A_1A_2A_3}}{S_1} \geqslant 3 > \dfrac{1+\sqrt{5}}{2}$.

1.5 寻找需要补充的相关元素

为了得出有关结论,有时题给的研究对象并不完整,适当补充一些研究对象,反而使问题更具有一般规律.而应补充怎样的对象,这些对象在相关问题中有何作用,则可通过研究特例来发现.

例 1 在 19×89 棋盘中最多可以放多少枚棋,使任何 2×2 的矩

形内不多于 2 枚棋.(1989 年苏联数学奥林匹克训练题)

分析与解 本题涉及的数恰好与竞赛当年的年份相同,我们称之为"年份数". 对于年份数,常常要从以下几个方面去发掘它的特点:

(1) 是奇数还是偶数?

(2) 是质数还是合数? 其因数有何特点?

(3) 是否为平方数?

(4) 关于模 m 的余数是什么?

(5) 2 在其中的指数是多少?

(6) 它的奇数部分是什么?

(7) 是否为某种"和""积"形式的数?

在本题中,注意到 19 和 89 都是奇数,从而可以考虑一般的 $(2m-1) \times (2n-1)$ 棋盘.

对于涉及二维自然数 m, n 的问题,可以考虑固定 n,对 m 归纳. 设棋盘中可以放的棋数的最大值为 r_m.

(1) 当 $m=1$ 时,每个格都可以放棋,所以,$r_1 = 2n-1$.

(2) 当 $m=2$ 时,为建立递归,我们需要利用 $m=1$ 的结论,这就要在 $3 \times (2n-1)$ 棋盘中去掉两行,以化归为 $1 \times (2n-1)$ 棋盘.

那么去掉的两行中至多有多少枚棋呢? 为此,我们要先研究一下 $2 \times (2n-1)$ 棋盘,而这是题目中没有的情形,我们需要补充这一情形.

对 $2 \times (2n-1)$ 棋盘,其情形是较为简单的,我们有如下的结论:

若 $2 \times (2n-1)$ 棋盘中放 r 枚棋合乎题目要求,则 $r \leqslant 2n$,且等号成立时只有如图 1.32 所示的唯一放棋方式. (*)

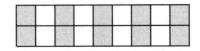

图 1.32

实际上,将 $2\times(2n-1)$ 棋盘的后 $2n-2$ 列划分为 $n-1$ 个 2×2 棋盘,每个 2×2 棋盘至多可以放 2 枚棋,而第一列至多有 2 枚棋,所以,$r\leqslant 2+2\times(n-1)=2n$.

若 $r=2n$,则估计中的所有不等式等号成立,从而第一列必有 2 枚棋,且每个 2×2 棋盘中都恰有 2 枚棋. 由此可见,第一列有 2 枚棋,继而第二列中无棋,于是第三列中又有 2 枚棋……如此下去,所有序号为奇数的列中都有 2 枚棋,而所有序号为偶数的列中都没有棋,得到如图 1.32 所示的唯一放棋方式.

现在考虑 $3\times(2n-1)$ 棋盘,很自然地,应将其划分为一个 $2\times(2n-1)$ 的棋盘 A 和一个 $1\times(2n-1)$ 的棋盘 B.

由前面的讨论可知,$r_A\leqslant 2n$,$r_B\leqslant 2n-1$,所以
$$r=r_A+r_B\leqslant 4n-1. \qquad ①$$

若式①等号成立,则 $r_A=2n$,$r_B=2n-1$. 此时,棋盘中棋的放置如图 1.33 所示,但其左下角的 2×2 正方形中放了 3 枚棋,矛盾,所以 $r\leqslant 4n-2$.

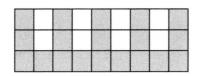

图 1.33

注意,以上证明中存在一个不易发现的漏洞:棋盘中必须有 2×2 正方形才能由图 1.33 导出矛盾,因而要求 $n>1$,即棋盘中至少要有两列,所以要优化假设:$m\leqslant n$,此时,必有 $n\geqslant m\geqslant 3$.

当 $r=4n-2$ 时,如图 1.34 所示,在 $3\times(2n-1)$ 棋盘中放 $4n-2$ 枚棋合乎条件,所以 $r_2=2\times(2n-1)$,即 $3\times(2n-1)$ 棋盘最多可以放 $4n-2$ 枚棋.

由此可以猜想,对 $(2m-1)\times(2n-1)$ 棋盘,若 $m\leqslant n$,则

$r \leqslant m(2n-1)$.

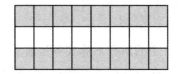

图 1.34

对 m 归纳. 当 $m=1$ 时,结论显然成立. 设结论对小于 m 的自然数成立,考察 $m(m \geqslant 3)$ 的情形,我们将 $(2m-1) \times (2n-1)$ 棋盘划分为一个由前两行构成的 $2 \times (2n-1)$ 的棋盘 A 和一个由后面 $2m-3$ 行构成的 $(2m-3) \times (2n-1)$ 的棋盘 B.

根据前面的结论(∗)以及归纳假设可以得出 $r_A \leqslant 2n$, $r_B \leqslant (m-1)(2n-1)$,所以

$$r = r_A + r_B \leqslant 2n + (m-1)(2n-1) = m(2n-1)+1. \quad ②$$

若式②等号成立,则 $r_A = 2n$, $r_B = (m-1)(2n-1)$.

由 $r_A = 2n$ 只有唯一的放棋方式知,整个 $(2m-1) \times (2n-1)$ 棋盘的第一行中恰有 n 枚棋.

我们来估计除第一行外其余 $2m-2$ 行中的棋子数. 将后 $2m-2$ 行划分为(第二次分割) $m-1$ 个 $2 \times (2n-1)$ 棋盘,由结论(∗),每个 $2 \times (2n-1)$ 棋盘中不多于 $2n$ 枚棋. 于是,整个 $(2m-1) \times (2n-1)$ 棋盘中的棋子的个数

$$r \leqslant n + 2n(m-1) = 2mn - n \leqslant 2mn - m = m(2n-1),$$

这与 $r = m(2n-1)+1$ 矛盾.

所以,式②等号不成立,即 $r \leqslant m(2n-1)$.

另一方面,将 $(2m-1) \times (2n-1)$ 棋盘中所有序号为奇数的行的每个格都放棋,而所有序号为偶数的行的每个格都不放棋,得到合乎条件的放棋方式,此时 $r = m(2n-1)$.

综上所述,棋盘中最多可放 $p(2q-1)$ 枚棋,其中 $p = \min\{m,n\}$,

$q = \max\{m, n\}$.

特别地,令 $m = 10, n = 45$,可知在 19×89 棋盘中至多可放 890 枚棋.

例 2 设 $|X_n| = n$,若 $A_1 \subset A_2 \subset \cdots \subset A_t \subseteq X_n$,则称 $(A_1, A_2, \cdots, A_t)$ 为 X_n 的一条长为 t 的链. 若 X_n 的一条长为 t 的链 $(A_1, A_2, \cdots, A_t)$ 满足 $|A_{i+1}| = |A_i| + 1 (i = 1, 2, \cdots, t-1)$,且 $|A_1| + |A_t| = n$,则称 $(A_1, A_2, \cdots, A_t)$ 为 X_n 的一条长为 t 的基本链.

求证:当 n 为奇数时,X_n 的全体子集可以划分为 $C_n^{\left[\frac{n}{2}\right]}$ 条互不相交的(不一定等长)基本链.

分析与证明 先考虑几个初值.

当 $n = 1$ 时,$X_1 = \{a_1\}$ 恰有一条基本链:$(\varnothing, \{a_1\})$,结论成立.

当 $n = 3$ 时,设 $X_3 = \{a_1, a_2, a_3\}$,此时不难构造出合乎条件的基本链:

- 含 $\varnothing$ 的基本链:$(\varnothing, \{a_1\}, \{a_1, a_2\}, \{a_1, a_2, a_3\})$;
- 含 $\{a_2\}$ 的基本链:$(\{a_2\}, \{a_2, a_3\})$;
- 含 $\{a_3\}$ 的基本链:$(\{a_3\}, \{a_1, a_3\})$,结论成立.

观察上述两个特例,难以看出 X_1 的划分与 X_3 的划分之间的直接联系! 若注意到从 X_1 到 X_3,跳过了 X_2,我们不妨先看看 X_2 的基本链,看能否通过它沟通 X_1 与 X_3 的联系.

当 $n = 2$ 时,假定 X_2 也按照类似的要求划分,那么有如下两条基本链:

- 含 $\varnothing$ 的基本链:$(\varnothing, \{a_1\}, \{a_1, a_2\})$;
- 含 $\{a_2\}$ 的"链":$(\{a_2\})$.

这里,集合 $\{a_2\}$ 不是基本链,若将其也看成是"基本链",则"基本链"的条数也是 $2 = C_2^{\left[\frac{2}{2}\right]}$.

现在我们来寻找递归关系. 先看 $n = 1$ 与 $n = 2$. 显然,$n = 2$ 的广

义基本链可由 $n=1$ 的广义基本链这样操作得到：

(1) 将链 $(\varnothing,\{a_1\})$ 中最后一个集合 $\{a_1\}$ 复制，并加入元素 a_2，得到链：$(\varnothing,\{a_1\},\{a_1,a_2\})$；

(2) 在链 $(\varnothing,\{a_1\})$ 中去掉最后一个集合 $\{a_1\}$，并在前面的集合加入元素 a_2，得到链：$(\{a_2\})$.

再看 $n=2$ 与 $n=3$. 同样，$n=3$ 的广义基本链可由 $n=2$ 的广义基本链类似操作得到：

(1) 在每一条链 $(\varnothing,\{a_1\},\{a_1,a_2\})$，$(\{a_2\})$ 中，都将最后一个集合复制，并加入元素 a_3，分别得到链：$(\varnothing,\{a_1\},\{a_1,a_2\},\{a_1,a_2,a_3\})$，$(\{a_2\},\{a_2,a_3\})$；

(2) 在长度大于 1 的链 $(\varnothing,\{a_1\},\{a_1,a_2\})$ 中去掉最后一个集合，并在前面的每个集合中都加入元素 a_3，得到链：$(\{a_3\},\{a_1,a_3\})$.

补充定义：我们称每条"基本链"都是"广义基本链"，此外，如果 n 为偶数，我们称 X_n 的单独一个 $\frac{n}{2}$ 元子集也为 X_n 的一条"广义基本链".

这样，我们猜想原命题可加强为：对一切正整数 n，X_n 的全体子集可以划分为 $C_n^{[\frac{n}{2}]}$ 条互不相交的广义基本链 (不一定等长).

将前面的递归关系推广到一般情况，不难发现 X_{k+1} 的划分可由 X_k 的划分按如下两种方式得到：

(1) 设 $(A_1,A_2,\cdots,A_t)$ 是 X_k 的一条"广义基本链"，则在该链后面接一个子集 $A_t \cup \{a_{k+1}\}$，便得到 X_{k+1} 的"广义基本链"：$(A_1,A_2,\cdots,A_t,A_t \cup \{a_{k+1}\})$.

实际上，若 $t=1$，由于 $\{A_1\}$ 是 X_k 的一条广义基本链，所以 $|A_1|=\frac{1}{2}|X_k|$，于是

$$|A_1| + |A_t \cup \{a_{k+1}\}| = \frac{1}{2}|X_k| + \left(\frac{1}{2}|X_k| + 1\right) = |X_k| + 1,$$

从而 $(A_1, A_1 \cup \{a_{k+1}\})$ 是 X_{k+1} 的广义基本链.

若 $t > 1$，则 $|A_1| + |A_t| = |X_k|$，此时

$$|A_1| + |A_t \cup \{a_{k+1}\}| = |A_1| + (|A_t| + 1) = |X_k| + 1,$$

从而 $(A_1, A_2, \cdots, A_t, A_t \cup \{a_{k+1}\})$ 是 X_{k+1} 的广义基本链.

(2) 设 $(A_1, A_2, \cdots, A_t)$ 是 X_k 的一条满足 $t > 1$ 的广义基本链，则去掉该链中最后一个子集，并将其他子集都加入元素 a_{k+1}，便得到 X_{k+1} 的广义基本链：$(A_1 \cup \{a_{k+1}\}, A_2 \cup \{a_{k+1}\}, \cdots, A_{t-1} \cup \{a_{k+1}\})$（显然事实）.

在(1)中，我们将 X_k 的每一条链的右端点集合都复制并加入元素 a_{k+1}，从而保留了 X_k 的所有子集（即 X_{k+1} 的不含元素 a_{k+1} 的所有子集），并产生了端点集合加入元素 a_{k+1} 的所有子集，在(2)中，我们将 X_k 的每一条链的非右端点集合都加入了元素 a_{k+1}，产生了非端点集合加入元素 a_{k+1} 的所有子集，从而得到了 X_{k+1} 的所有子集，即 X_{k+1} 可划分为若干条基本链和广义链的并.

现在来计算广义链条数，有两种算法.

方法 1(归纳法) 由归纳假设，X_k 划分成的基本链的条数为 $C_k^{\left[\frac{k}{2}\right]}$.

对 $k+1$ 的情形，若 k 为奇数，令 $k = 2r+1$，则 X_k 划分成的基本链的条数为 C_{2r+1}^r，由于 k 为奇数，其中没有长为 1 的广义链，于是，X_k 的每条广义链可得到 X_{k+1} 的两条广义链，所以 X_{k+1} 的广义链有 $2C_{2r+1}^r = C_{2r+2}^{r+1} = C_{k+1}^{\left[\frac{k+1}{2}\right]}$ 条，结论成立.

若 k 为偶数，令 $k = 2r$，则 X_k 划分成的广义链的条数为 C_{2r}^r，其中长为 1 的广义链有 x 条，于是有 $C_{2r}^r - x$ 条基本链，其中每条基本链可得到 X_{k+1} 的两条广义链. 而对另 x 条长为 1 的广义链，每条可得到 X_{k+1} 的一条广义链，所以 X_{k+1} 的广义链有 $2(C_{2r}^r - x) + x =$

$$2C_{2r}^{t} - x = C_{k+1}^{\left[\frac{k+1}{2}\right]} \text{ 条.}$$

方法2(映射法) 首先,由结论的前一部分,每个子集都恰属于一条广义基本链,特别地,每个 $\left[\frac{n}{2}\right]$ 元子集都属于一条广义基本链,又同一条广义基本链不能含有两个 $\left[\frac{n}{2}\right]$ 元子集,从而不同的 $\left[\frac{n}{2}\right]$ 元子集对应不同的广义基本链(单射).

其次由 $|A_1| + |A_t| = n$,必有 $|A_1| \leqslant \left[\frac{n}{2}\right] \leqslant |A_t|$,从而每一条广义基本链都含有一个 $\left[\frac{n}{2}\right]$ 元子集(满射).

由此可见,广义基本链与 $\left[\frac{n}{2}\right]$ 元子集可建立一一对应,所以广义基本链的条数为 $C_n^{\left[\frac{n}{2}\right]}$.

特别地,当 n 为奇数时,广义链都是基本链,从而命题获证.

遗留问题:对怎样的自然数 n,集合 X_n 的所有子集可划分为若干条互不相交的基本链?

习 题 1

1. 给定正整数 $r(2 \leqslant r \leqslant 10)$,设 A 是若干个连续正整数组成的集合,如果 A 中一定有一个数 a,使 $r | S(a)$,其中 $S(a)$ 表示 a 的各位数字之和,求 $|A|$ 的最小值.(原创题)

2. 给定正整数 $r(11 \leqslant r \leqslant 19)$,设 A 是若干个连续正整数组成的集合,求证:如果 $|A| \geqslant 20r - 181$,则其中一定有一个数 a,使 $r | S(a)$.(原创题)

3. 有 $n(n \geqslant 3)$ 个学生围成一圈,按逆时针方向依次编号为 $1, 2, \cdots, n$. 老师按下述规则依次向学生提问:如果某一次提问学生 i,则下一次提问的是与该学生间隔 i 个学生后的那个学生. 试

问:是否存在正整数 i,使第一次提问学生 i,经过 n 次提问后,每一个学生都被提问一次?(原创题)

4. 设 n 是给定的大于 1 的自然数,今对 n 个数:$0,1,2,\cdots,n-1$ 进行染色:如果某一次染色的数是 i,则下一次染色的数是 i^2 除以 n 所得的余数,比如,$n=20$ 时,假设从 2 开始染色,则染色的数依次为 $2,4,16,16,\cdots$,问:能否从某个数开始染色,使 n 个数:$0,1,2,\cdots,n-1$ 全部被染色?证明你的结论.

5. 设三角形的任何边长都不大于 1,求能覆盖所有这样的三角形的圆的最小半径.

6. 设凸五边形 $ABCDE$ 的每个内角都是钝角,求证:能找到五边形的 2 条对角线,以这 2 条对角线为直径的 2 个圆可以覆盖这个五边形.

7. 在 $n\times n$ 棋盘上放 r 枚棋,使每一行,每一列,每条 $45°$、$135°$ 对角线上都至少有一枚棋,求 r 的最小值.

习题 1 解答

1. $|A|$ 的最小值为 $2r-1$.

解题的关键是研究特例 $r=2,3$,发现关键元素 $10-r$.

当 $|A|=2r-1$ 时,设 $A=\{n+1,n+2,\cdots,n+2r-1\}$,考察 $n+1,n+2,\cdots,n+r$,如果 $n+1$ 的个位数字大于 $10-r$,则 $n+r$ 的个位数字不大于 $10-r$,于是 $n+1,n+2,\cdots,n+r$ 中一定有 1 个数的个位数字不大于 $10-r$,设这个数为 $x(x\leqslant n+r)$.

显然 $x+1,x+2,\cdots,x+r-1$ 都无进位,于是 $S(x+t)=S(x)+t(t=1,2,\cdots,r-1)$,于是 $x,x+1,x+2,\cdots,x+r-1$ 的各位数字之和分别为 $S(x),S(x)+1,S(x)+2,\cdots,S(x)+r-1$,这是 r 个连续正整数,从而必有一个为 r 的倍数,即 $x,x+1,x+2,\cdots,x+r-1$ 中必有一个的各位数字之和为 r 的倍数.

设这个数为 x，则 $x \leqslant x+r-1 \leqslant (n+r)+r-1 = n+2r-1$，即 x 在 $n+1, n+2, \cdots, n+2r-1$ 中，所以 $|A|=2r-1$ 合乎条件.

当 $|A|<2r-1$ 时，设 $|A|=n$，因为 $11-r, 12-r, 13-r, \cdots, 9, 10, 11, \cdots, 8+r$ 这 $2r-2$ 个数的各位数字之和分别为 $11-r, 12-r, 13-r, \cdots, 9, 1, 2, \cdots, r-2$，其中没有一个数是 r 的倍数，于是，在这 $2r-2$ 个数中取 n 个连续正整数构成集合 A，则 A 不合乎要求.

综上所述，$|A|$ 的最小值为 $2r-1$.

2. 不妨设 $|A|=20r-181$，令 $A=\{n+1, n+2, \cdots, n+20r-181\}$，记 $r_1=r-10 (r_1 \leqslant 9)$，考察 $n+1, n+2, \cdots, n+10$，其中一定有一个数的个位数字是 0，设这个数为 $x_1 (x_1 \leqslant n+10)$，则 x_1+10r_1 的个位数字也是 0.

如果 x_1 的十位数字不小于 $10-r_1$，则 x_1+10r_1 的十位数字小于 $10-r_1$，于是，x_1, x_1+10r_1 中至少有一个的十位数字小于 $10-r_1$，设这个数为 x，则 x 的个位数字是 0，十位数字小于 $10-r_1 (x \leqslant x_1+10r-100 \leqslant n+10+10r-100 = n+10r-90)$.

显然 $x+1, x+2, \cdots, x+9, x+19, x+29, \cdots, x+10r_1+9$ 都无进位，于是 $S(x+t)=S(x)+t (t=1,2,\cdots,9,19,29,39,\cdots,10r_1+9)$，于是 $x, x+1, x+2, \cdots, x+9, x+19, x+29, x+39, \cdots, x+10r_1+9$ 的各位数字之和分别为 $S(x), S(x)+1, S(x)+2, \cdots, S(x)+9, S(x)+10, S(x)+11, S(x)+12, \cdots, S(x)+r_1+9$ 这是 $r_1+10=r$ 个连续正整数，从而必有一个为 r 的倍数，即 $x, x+1, x+2, \cdots, x+9, x+19, x+29, x+39, \cdots, x+10r_1+9$ 中必有一个的各位数字之和为 r 的倍数.

设这个数为 x，则 $x \leqslant x+10r_1+9 \leqslant (n+10r-90)+(10r_1+9) = (n+10r-90)+(10r-91) = n+20r-181$，即 x 在 A 中，命题获证.

3. 不存在.

根据规则，如果某一次提问的是学生 i，则下一次提问的是学生

$2i+1$.

(1) n 为奇数.

（i）若第一次提问的学生是 $i(i \neq n-1)$，则第二次提问的学生的编号：$j=2i+1$ 或 $j=2i+1-n$.

我们证明第二次提问的学生的编号是 $j \neq n-1$，用反证法.

反设 $j=n-1$，则 $2i+1=n-1$ 或者 $2i+1-n=n-1$，于是，n 为偶数，或者 $i=n-1$，都与假设矛盾，所以 $j \neq n-1$.

这表明，若前一次提问的不是 $n-1$，则下一次提问的也不是 $n-1$，如此下去，学生 $n-1$ 永远无法被提问.

（ii）若第一次提问的学生是 $n-1$，那么，根据规则，第二次提问的学生的编号：$j=2(n-1)+1=2n-1 \equiv n-1 \pmod{n}$，即下一次提问的也是 $n-1$，如此下去，后面提问的学生都只能是 $n-1$，从而学生 n 永远无法被提问.

(2) n 为偶数.

设第一次提问的学生是 $i(1 \leqslant i \leqslant n)$，则第二次提问的学生的编号：$j=2i+1$ 或 $j=2i+1-n$.

因为 n 为偶数，所以 j 为奇数. 这表明，不管前一次提问学生的代号是什么数，下一次提问学生的代号都是奇数，如此下去，被提问的学生的编号除第一个外都是奇数.

又 $n \geqslant 3$，而 n 为偶数，所以 $n \geqslant 4$，从而编号为 $2,4$ 的学生中至少有一个学生永远无法被提问.

4. 无法使 n 个数：$0,1,2,\cdots,n-1$ 全部被染色.

反设 $0,1,2,\cdots,n-1$ 全部被染色，考察 2 个数 0 和 1 的染色顺序.

如果 0 在 1 之前染色，则染 0 后一直染 0，从而 1 无法染色，矛盾.

如果 1 在 0 之前染色，则染 1 后一直染 1，从而 0 无法染色，矛盾.

5. 首先，考虑最坏情形——当 $\triangle ABC$ 的边长都为 1 时，$\triangle ABC$ 为正三角形，设圆 O 覆盖了 $\triangle ABC$，适当移动圆 O，使之过点 A,B，

且仍覆盖△ABC.

延长 AC，交圆 O 于点 D，则 $\angle D \leqslant \angle 1 < 90°$（图 1.35），由正弦定理得

圆 O 的直径 $= \dfrac{AB}{\sin \angle D} \geqslant \dfrac{AB}{\sin \angle 1} = \triangle ABC$ 的外接圆直径 $= \dfrac{2}{\sqrt{3}}$，

所以 $R \geqslant \dfrac{1}{\sqrt{3}} = \dfrac{\sqrt{3}}{3}$.

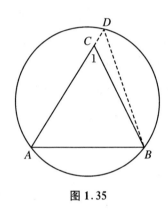

图 1.35

其次，$R = \dfrac{\sqrt{3}}{3}$ 合乎条件，即半径为 $\dfrac{\sqrt{3}}{3}$ 的圆可以覆盖任何合乎条件的 △ABC.

实际上，当 △ABC 为钝角三角形时，设 AB 是最大边，因为 $AB \leqslant 1$，以 AB 的中点为圆心，$\dfrac{1}{2}$ 为半径的圆 O 覆盖了 △ABC.

再作一个半径为 $\dfrac{\sqrt{3}}{3}\left(>\dfrac{1}{2}\right)$ 的圆覆盖圆 O，则此圆覆盖了 △ABC.

当 △ABC 为锐角三角形时，设 $\angle C$ 为最大角，则 $\angle C \geqslant 60°$，$\sin \angle C \geqslant \sin 60°$（$\sin x$ 在 $0° \sim 90°$ 递增），作 △ABC 的外接圆 O，由正弦定理，得

圆 O 的直径 $2OA = \dfrac{AB}{\sin \angle C} \leqslant \dfrac{AB}{\sin 60°} \leqslant \dfrac{1}{\sin 60°} = \dfrac{2\sqrt{3}}{3}$，所以 $OA \leqslant \dfrac{\sqrt{3}}{3}$.

再作一个半径为 $\dfrac{\sqrt{3}}{3}$ 的圆覆盖圆 O，则此圆覆盖了 △ABC.

综上所述,所以 $R_{\min} = \dfrac{\sqrt{3}}{3}$.

我们也可以统一构造覆盖图形:对任意三点 A,B,C,不妨设 AB 最长,$AB \leqslant 1$,那么 $\angle ACB \geqslant 60°$.

在直线 AB 含有点 C 的一侧取一点 O,使 $AO = BO$,且 $\angle AOB = 120°$(图 1.36).

以 O 为圆心、OA 为半径作圆,因为 $\angle ACB \geqslant 60°$,所以 $\angle C + \angle D \geqslant 180°$,点 C 在圆 O 内,即圆 O 覆盖 $\triangle ABC$.

由于 $\dfrac{\frac{1}{2}AB}{OA} = \sin 60°$,所以 $OA = \dfrac{AB}{2\sin 60°} = \dfrac{AB}{\sqrt{3}} \leqslant \dfrac{1}{\sqrt{3}} = \dfrac{\sqrt{3}}{3}$,于是可作一个半径为 $\dfrac{\sqrt{3}}{3}$ 的圆覆盖圆 O,则此圆覆盖了 $\triangle ABC$,从而 $R = \dfrac{\sqrt{3}}{3}$ 合乎条件.

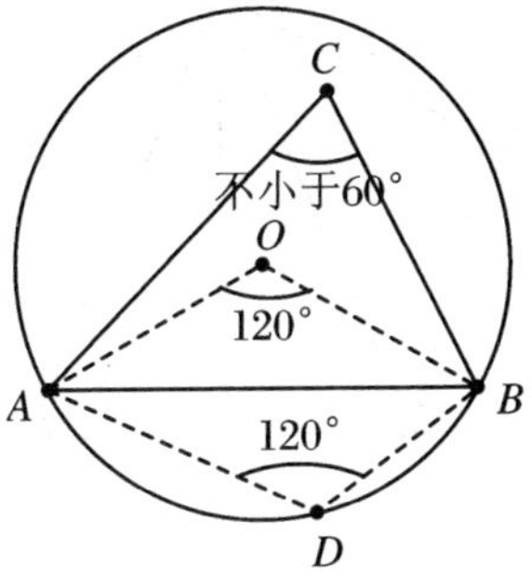

图 1.36

综上所述,所以 $R_{\min} = \dfrac{\sqrt{3}}{3}$.

6. 记以五边形的对角线 AC,AD 为直径的圆为圆 AC,AD,因为 $\angle ABC$ 与 $\angle AED$ 都是钝角,所以圆 AC、圆 AD 分别覆盖了 $\triangle ABC$ 与 $\triangle AED$.

(1) 如果 $\angle ACD$ 是钝角或直角,则圆 AD 覆盖了 $\triangle ACD$,此时,圆 AC、圆 AD 覆盖了整个五边形.

(2) 如果 $\angle ADC$ 是钝角或直角,则圆 AC 覆盖了 $\triangle ACD$,此时,圆 AC、圆 AD 覆盖了整个五边形.

(3) 如果 $\angle ACD$ 与 $\angle ADC$ 都是锐角,则作 $AF \perp CD$ 于 F(图 1.37),那么,圆 AC 覆盖了 $\triangle ACF$,圆 AD 覆盖了 $\triangle ADF$,此时,圆 AC、圆 AD 也覆盖了整个五边形.

综上所述,命题获证.

另解:我们证明圆 AC、圆 AD 覆盖了整个五边形.

设 P 是五边形 $ABCDE$ 内(包括边界)任意一点,有以下情况:

(1) $P \in \triangle ABC$,则由 $\angle B$ 是钝角,知 $P \in$ 圆 AC;

(2) $P \in \triangle ADE$,则由 $\angle E$ 是钝角,知 $P \in$ 圆 AD;

(3) $P \in \triangle ACD$,设 AP 交 CD 于点 Q(图1.38),则由外角性质,知 $\angle 1 + \angle 2 > \angle 3 + \angle 4 = 180°$,不妨设 $\angle 1 > 90°$,则 $P \in$ 圆 AC.

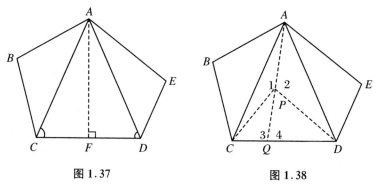

图 1.37　　　　　图 1.38

7. r 的最小值 $r_n = \begin{cases} 2n+1 & (n \text{ 为奇数}); \\ 2n & (n \text{ 为偶数}). \end{cases}$

我们希望找到一些位置(关键元素),使之非放棋不可,由此得到不等式估计.

一个显然的事实是:若某两条线相交,则只需在其交点处放一枚棋,若两条线不相交,则这两条线上要分别放一枚棋,于是,我们立足于找到若干条两两不相交的线,而且这样的线越多越好(最大坏子集).

我们先看看特殊情况.

当 $n=2$ 时,显然可以找到 4 条两两不相交的对角线,于是至少要放 4 枚棋.所以,$r \geqslant 4$.

另外,$r=4$ 是可能的,即每个格中放一枚棋,故 $r_2 = 4$.

当 $n=3$ 时,同样可以找到 4 条两两互不相交的对角线,将它们

看作一个子集 P，则 P 中至少要放 4 枚棋.

另外，A,B,C,D 四格可以连成 6 条线(图 1.39)，这 6 条线看作另一个子集 M，M 中的 6 条线的任何一条上都要有一枚棋.

注意到这些线有公共点，从而不必放 6 枚棋. 显然，不论棋子放在这 6 条线所通过的哪一个格上，每枚棋最多同时在 M 中的 3 条线上，从而至少要在 M 中放 2 枚棋.

但 M 中放 2 枚棋是不够的，实际上，若 M 中只放 2 枚棋，则每枚棋都分别同时在 M 中的 3 条线上，而且这两枚棋不能有公共占住的线(即两枚棋不在同一条线上)，这是不可能的，因为 M 中的线通过的格中，任何两个格都至少位于其中的同一条线上，矛盾.

所以，M 中至少要放 3 枚棋，于是，$r \geqslant 4+3=7$.

另外，$r=7$ 是可能的(图 1.40)，故 $r_3=7$.

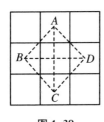
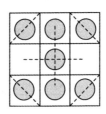

图 1.39　　　　　　图 1.40

进一步，我们有 $r_4=8$(8 条互不相交的对角线)；$r_5=11$(8 条互不相交的对角线，另外，A,B,C,D 四个格所连成的 6 条线段中至少放 3 枚棋).

由此推广到一般情况，便得到 $r_n=\begin{cases} 2n+1 & (n \text{ 为奇数}); \\ 2n & (n \text{ 为偶数}). \end{cases}$

实际上，当 n 为偶数时，可以作出 $2n$ 条互不相交的对角线，所以 $r \geqslant 2n$；

当 n 为奇数时，可以作出 $2(n-1)$ 条互不相交的对角线. 另外，A,B,C,D 四个格所连成的 6 条线段中至少放 3 枚棋，所以，$r \geqslant$

$2(n-1)+3=2n+1$.

最后,如图 1.41 和图 1.42 所示,可知 $r=2n$(n 为偶数)和 $r=2n+1$(n 为奇数)都是可能的.

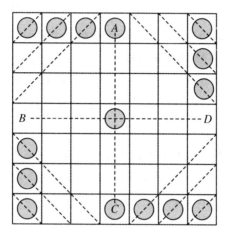

图 1.41

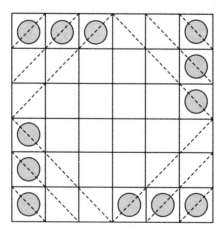

图 1.42

2 寻找关键步骤

本章介绍研究特例的一种方式:寻找关键步骤.

在解决问题的过程中,常常存在着这样一步,它对问题的解决起着决定性的作用,我们把这一类步骤称为关键步骤.

通过研究特例,发现解题的关键步骤,然后将其迁移到一般问题中去:想象在一般问题中起决定性作用一步的基本模式,由此探索解题的通道,是一种常用的思维方法.

2.1 寻找产生重要方法的步骤

数学解题中,为了达到解题目标,可想象能产生其目标的一种状态,而这一状态的实现,却又需要用到我们所熟悉的某种方法,因此,如何使用某种方法便成为解题的关键步骤.

例1 给定正整数 $n(n \geqslant 2)$,两个人轮流在 $n \times n$ 棋盘内走棋,每次可将棋移至它当时所在格的邻格(有公共边的格),任何一个格都只准走一次,谁走得最后一步谁胜. 记第 i 行第 j 列的格为 a_{ij},问:对于以下两种情况,谁有必胜策略?

(1) 若最初棋子在格 a_{11} 内;

(2) 若最初棋子在格 a_{21} 内.

(第 12 届全俄数学奥林匹克试题)

分析与解 (1) 先考虑特例.

当 $n=2$ 时,甲(先走者)本质上只有一种走法(旋转后一样),此时,甲有必胜策略,因为后面剩下 2 个格,乙走一个格,则甲可走剩下的一格,甲胜.

上述过程的关键步骤是什么?显然是后面两个格的走法:乙率先走入后面两个格中的一个格,甲则可走剩下的一格.

由此可想到博弈中的"配对奉陪"策略:将若干个格配成若干对,一个对子由相邻两个格构成.对方走对子中的一个格,我方则可走该对子中的另一个格,直至对方无法再走,我方获胜.

一般地,当 n 为偶数时,$n \times n$ 棋盘共有偶数个格,所有格可配成若干对.先走者第一步走 a_{11} 所在对子的另一格,接下来,后走者每次总是第一个进入一个新的对子,而先走者则可采用奉陪策略:走对方所走对子中的另一个格,直至对方无法再走.此时,先走者有必胜策略.

当 n 为奇数时,$n \times n$ 棋盘中有奇数个格,除格 a_{11} 外,剩下的格可配成若干对(第一行除 a_{11} 外还有偶数个格,可配成若干对.此后,除第一行外还有偶数行,可配成若干对).

由于最初棋子不在任何对子中,从而先走者每次总是第一个进入一个新的对子,而后走者则可以采用奉陪策略:对方走某个对子中的一个格,我方则走该对子中的另一个格,直至对方无法再走.此时,后走者有必胜策略.

综上所述,当 n 为奇数时,后走者有必胜策略;当 n 为偶数时,先走者有必胜策略.

(2) 同样先研究特例.

当 $n=2$ 时,本质上和(1)的情形完全一致,此时,先走者有必胜策略.

当 $n=3$ 时,由于棋子在格 a_{21} 中,甲(先走者)本质上只有一种走法(旋转后一样),接下来,乙(后走者)也只有一种走法,此时,虽然

2 寻找关键步骤

还有偶数个空格(未走过棋子的格),但并不能将空格两两配对(一个对子是相邻两个格).

实际上,用黑白两种颜色将棋盘的方格染色,使相邻(有公共边)的方格异色,不妨设格 a_{11} 为黑色,则黑色格比白色格多一个.

由于最初棋子在白格中,虽然有偶数个空格,但其中黑色格比白色格多 2 个,从而无法两两配对.

为了实现配对,应去掉一个黑色格.

一般地,当 n 为奇数时,假设去掉格 a_{11}(图 2.1),则剩余的格(包括放有棋子的格 a_{21})可两两配对.但此时,棋盘中的格除一些对子外,还有一个空格 a_{11},似乎不能采用奉陪策略,其实不然.

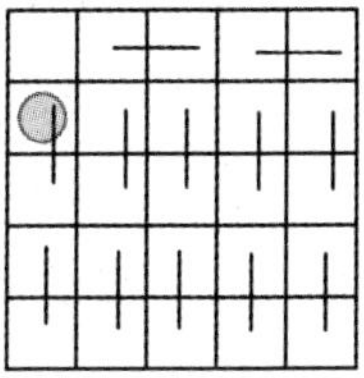

实际上,空格 a_{11} 只对甲有用,这是因为棋子最初在白色格中,甲总是将棋子从白色格移到黑色格,而乙总是将棋子从黑色格移到白色格,而 a_{11} 是黑色格,从而乙无法将棋子移到格 a_{11} 中.

于是,甲可采用这样一种策略:第一步走完 a_{21} 所在对子的另一格,由于乙无法走到格 a_{11},从而乙每次总是率先进入一个新的对子,而甲则可采用奉陪策略:乙走某个对子中的一个格,甲则走该对子中的另一个格,直至对方无法再走,甲胜.

图 2.1

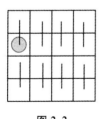

图 2.2

当 n 为偶数时,$n \times n$ 棋盘共有偶数个格,无须去掉格,所有格可两两配对(图 2.2).甲第一步走 a_{21} 所在的对子的另一格,则乙每次总是率先进入一个新的对子,于是甲可采用奉陪策略:对方走某个对子中的一个格,甲则走该对子中的另一个格,直至对方无法再走,甲胜.

所以,对任何正整数 n,甲有必胜策略.

例 2 给定平面上的点集 $P = \{p_1, p_2, \cdots, p_{1994}\}$,$P$ 中任何 3 个

点不共线,将 P 中的点分为 83 组,每组至少 3 个点,将同一组中的点两两连线,不同的组中的点不连线,得到一个图 G,记 G 中的三角形的个数为 $m(G)$.

(1) 求 $m(G)$ 的最小值;

(2) 设使 $m(G)$ 达到最小的图为 G',求证:可以将 G' 中的边 4-染色,使 G' 中不含同色三角形.

(1994 年全国高中数学联赛试题)

分析与解 (1)我们称上述问题为$(1\,994,83)$问题,先考虑特例:$(8,2)$问题.

方案 1:将 8 分拆为 $8=5+3$,此时,三角形总数 $S=C_5^3+C_3^3=11$.

方案 2:将 8 分拆为 $8=4+4$,此时,三角形总数 $S=C_4^3+C_4^3=8$.

由此可见:当分组各个组点数彼此接近时,三角形总数较少.

实际上,设有两组点数分别为 i,j,有 $S=C_i^3+C_j^3$,若 $i \geqslant j+2$,则将 i,j 调整为 $i-1,j+1$,有 $S'=C_{i-1}^3+C_{j+1}^3$. 于是

$$S-S' = C_i^3 + C_j^3 - (C_{i-1}^3 + C_{j+1}^3) = C_{i-1}^2 - C_j^2 > 0.$$

由上面的特例不难看出,对于题给的$(1\,994,83)$问题,可证明其最小值在分组非常均匀(任何两组的点数至多相差1)的情况下达到,而且其证明方法可采用局部调整的方法.

实际上,因为分组方法是有限的,必存在一种分组方法,使得三角形个数最少.

设各组中的点数分别为 $n_1,n_2,\cdots,n_{83}$,则

$$m(G) = \sum_{i=1}^{83} C_{n_i}^3,$$

我们证明:当 $m(G)$ 最小时,对任何 $i<j$,必有 $|n_j-n_i|\leqslant 1$.

用反证法,如果 $|n_j-n_i|\geqslant 2$,不妨设 $n_j-n_i\geqslant 2$,则令

$$n_j' = n_j - 1, \quad n_i' = n_i + 1,$$

其余各组点数不变,得到另一种分组 G',此时

$$m(G) - m(G') = C_{n_i}^3 + C_{n_j}^3 - C_{n_i+1}^3 - C_{n_j-1}^3$$
$$= C_{n_j}^2 - C_{n_i-1}^2 > 0,$$

其中注意 $n_j > n_{i-1}$，这与 $m(G)$ 最小矛盾.

于是，$n_1, n_2, \cdots, n_{83}$ 只有两种取值，且这两个值相差 1.

注意到
$$1\,994 = 83 \times 24 + 2 = 81 \times 24 + 2 \times 25,$$

于是，将 1 994 个点分为 83 组，其中 81 组中各有 24 个点，2 组中各有 25 个点，此时三角形的个数最少.

故 $m(G)$ 的最小值为 $81C_{24}^3 + 2C_{25}^3 = 168\,544$.

(2) 因为 G' 由若干个独立的连通图组成，因而只需考虑 $|G_1| = 25$ 和 $|G_2| = 24$ 的两个图 G_1 和 G_2 的染色.

进一步可知，只需考虑图 G_1 的染色. 实际上，对 $|G_2| = 24$，在 G_1 的染色的基础上去掉其中一个点及其关联的边即可得到 G_2 的染色.

设 $|G_1| = n$，如何将 G_1 的边染色? 先考虑一些特例：当 $n = 2$ 时，染 1 色即可.

当 $n = 3, 4, 5$ 时，染 2 色即可(图 2.3 和图 2.4).

当 $n = 6$ 时，染 3 色即可(图 2.5).

图 2.3

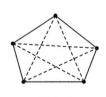

图 2.4

图 2.5

由上面所述可知，5 点染 2 色是合乎要求的染色中色数最节省的，颜色数与点数之比最小：$\frac{2}{5} < \frac{2}{4}, \frac{2}{5} < \frac{3}{6}$.

对 $n = 25$，将 25 个点分为 5 组，每组 5 个点，每一组中的 5 点按图2.4所式方法染色.

现将染色后的 5 点组看作一个"大点",有 5 个"大点".

对上述 5 个大点再按上述方法用另外两种颜色染色(图 2.6),从而 4 色可完成染色,命题获证.

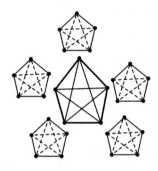

图 2.6

例 3 求 $S_{2015} = \sum_{n=1}^{2015}[\log_2 n]$ 的值.

分析与解 考察若干特例,先计算 $S_{10} = \sum_{n=1}^{10}[\log_2 n]$,此时

$$S_{10} = 0 + 1 + 1 + 2 + 2 + 2 + 2 + 3 + 3 + 3$$
$$= 1 \cdot 2 + 2 \cdot 4 + 3 \cdot 3 = 19.$$

再计算 $S_{20} = \sum_{n=1}^{20}[\log_2 n]$,此时

$$S_{20} = 0 + 1 + 1 + 2 + 2 + 2 + 2 + 3 + 3 + 3 + 3$$
$$+ 3 + 3 + 3 + 3 + 4 + 4 + 4 + 4 + 4$$
$$= 1 \cdot 2 + 2 \cdot 4 + 3 \cdot 8 + 4 \cdot 5 = 54.$$

由此可见,解题的关键步骤是计算 $[\log_2 n]$ 能够取哪些值,且每个值在和式中出现多少次,然后将各个"同类项"合并即可. 由此可见,我们只需知道项中有哪些不同的值,每个值各出现多少次(对每个对象计算其在和 S 中出现的次数,是估计 S 的常用方法).

对于 $S_{2015} = \sum_{n=1}^{2015}[\log_2 n]$,由 $1 \leqslant n \leqslant 2015 < 2^{11} = 2048$,有

2 寻找关键步骤

$0 \leqslant \log_2 n < 11$,所以 $0 \leqslant [\log_2 n] \leqslant 10$.

这表明,和式 S_{2015} 中每个项只能是 $1, 2, \cdots, 10$.

我们来考察 $k \in \{1, 2, \cdots, 10\}$ 时,k 在和式 S_{2015} 中出现多少次,即探求有多少个正整数 n,使 $[\log_2 n] = k$. 显然

$$[\log_2 n] = k \iff k \leqslant \log_2 n < k+1 \iff 2^k \leqslant n < 2^{k+1}$$
$$\iff 2^k \leqslant n \leqslant 2^{k+1} - 1,$$

所以,在无穷序列 $a_n = [\log_2 n]$ 中,使 $[\log_2 n] = k$ 的正整数 n 共有

$$(2^{k+1} - 1) - 2^k + 1 = 2^k \qquad ①$$

个. 于是,对于序列的前 n 个项,只要总个数 $2^0 + 2^1 + 2^2 + \cdots + 2^k \leqslant n$,则数 k 在前 n 项中共出现 2^k 次. 注意到

$$2^0 + 2^1 + 2^2 + \cdots + 2^9 = 2^{10} - 1 = 1\,023 < 2\,015,$$
$$2^0 + 2^1 + 2^2 + \cdots + 2^{10} = 2^{11} - 1 = 2\,047 > 2\,015,$$

所以当 $k = 0, 1, 2, \cdots, 9$ 时,k 在和式 S 中出现 2^k 次,进而 10 在 S 中出现

$$2\,015 - (2^0 + 2^1 + 2^2 + \cdots + 2^9) = 2\,015 - 2^{10} + 1$$
$$= 2\,015 - 1\,023 = 992$$

次,所以

$$\sum_{n=1}^{2015} [\log_2 n] = \left(\sum_{k=0}^{9} k \cdot 2^k\right) + 992 \cdot 10 = 18\,114.$$

我们可将上题推广为如下的问题:

例 4 给定正整数 n,求 $\sum_{k=1}^{n} [\log_2 k]$ 的值.

分析与解 显然

$$[\log_2 k] = m \iff m \leqslant \log_2 k < m+1 \iff 2^m \leqslant k < 2^{m+1}$$
$$\iff 2^m \leqslant k \leqslant 2^{m+1} - 1,$$

由此可见,在无穷序列 $a_k = [\log_2 k]$ 中,使 $[\log_2 k] = m$ 的正整数 k 共有

$(2^{m+1} - 1) - 2^m + 1 = 2^m$

个. 于是，对于序列的前 k 个项，只要总个数 $2^0 + 2^1 + 2^2 + \cdots + 2^m \leq k$，则数 m 在前 k 项中共出现 2^m 次. 对给定正整数 n，设 $2^r \leq n < 2^{r+1}$，那么

$$r \leq \log_2 n < r + 1,$$

所以 $r = [\log_2 n]$. 故

$$\sum_{k=1}^{n} [\log_2 k] = \sum_{i=0}^{r-1} i \cdot 2^i + r(n - 2^r) = \sum_{i=1}^{r-1} i \cdot 2^i + r(n - 2^r + 1).$$

令 $S = \sum_{i=1}^{r-1} i \cdot 2^i$，则

$$S = 2S - S = \sum_{i=1}^{r-1} i \cdot 2^{i+1} - \sum_{i=1}^{r-1} i \cdot 2^i = \sum_{i=1}^{r-1} i \cdot 2^{i+1} - \sum_{i=0}^{r-2} (i+1) \cdot 2^{i+1}$$

$$= \sum_{i=0}^{r-2} i \cdot 2^{i+1} + (r-1) \cdot 2^r - \sum_{i=0}^{r-2} (i+1) \cdot 2^{i+1}$$

$$= (r-1) \cdot 2^r - \sum_{i=0}^{r-2} 2^{i+1} = (r-1) \cdot 2^r - \sum_{i=1}^{r-1} 2^i$$

$$= (r-1) \cdot 2^r - 2(2^{r-1} - 1) = (r-2)2^r + 2,$$

所以

$$\sum_{k=1}^{n} [\log_2 k] = S + r(n - 2^r) = (r-2)2^r + 2 + r(n - 2^r + 1)$$

$$= (n+1)r + 2 - 2^{r+1} = (n+1)[\log_2 n] + 2 - 2^{[\log_2 n]+1}.$$

比如上题，因为 $[\log_2 2\,015] = 10$，取 $n = 2\,015$，则

$$A = 2\,016[\log_2 2\,015] + 2 - 2^{[\log_2 2\,015]+1}$$

$$= 2\,016 \cdot 10 + 2 - 2^{11} = 20\,162 - 2\,048 = 18\,114.$$

例 5 设 A 是空间的有限点集，将 A 中的点每两点都连一条线段，得到有限条线段，这些线段上的点的全体构成的集合记为 $S(A)$.

对任何给定的空间的有限点集 A_0，令 $A_n = S(A_{n-1})(n \in \mathbf{N})$，求证：$A_2 = A_3 = A_4 = \cdots$.

2 寻找关键步骤

分析与证明 本题的原解答相当复杂,我们给出的解答是相当巧妙的.

先考察特例,当点集 A_0 是不共面的 4 个点的集合时(图 2.7),结论显然成立,此时 $A_2, A_3, A_4, \cdots$ 都是点集 A_0 的凸包及其内部的点构成的集合.

这一特例启发我们研究点集 A_0 的凸包及其内部的点构成的集合与 $A_2, A_3, A_4, \cdots$ 的关系.

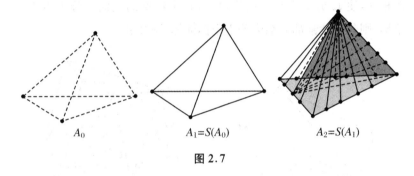

图 2.7

设 A_0 的凸包及其内部的点构成的集合为 Ω,我们先证明
$$A_2 \subseteq A_3 \subseteq A_4 \subseteq \cdots \subseteq \Omega.$$

实际上,显然有 $A_i \subseteq A_{i+1}$($i = 0, 1, 2, \cdots$),下面证明 $A_i \subseteq \Omega$ ($i = 0, 1, 2, \cdots$).

当 $i = 0$ 时结论显然成立,设 $A_k \subseteq \Omega$,对任何点 $P \in A_{k+1}$,根据 A_{k+1} 的定义,必存在点 $M, N \in A_k$,使 $A_{k+1} \in MN$.

由 $M, N \in A_k$,知 $M, N \in \Omega$,但 Ω 是凸集,所以线段 $MN \subseteq \Omega$,从而 $A_{k+1} \in \Omega$,由 P 的任意性,$A_{k+1} \subseteq \Omega$.

于是,本题只需证明 $\Omega \subseteq A_2$,分类讨论如下:

(1) 若 Ω 为点或线段,则显然有 $\Omega = A_2$,从而 $\Omega \subseteq A_2$,结论成立.

(2) 若 Ω 为凸多边形,则将多边形的一个顶点与其他所有顶点都相连,使 Ω 分割为若干个三角形(图 2.8).

对 Ω 中任意一点 P,点 P 必在某个三角形内或在其边界上,不妨设 $P\in\triangle ABC$(在 $\triangle ABC$ 内或边界上),连 AP,交 BC 于点 D,则 $D\in A_1$(因为 $BC\subseteq A_1$).于是,由 $A\in A_1$,$D\in A_1$,有 $AD\subseteq A_2$,所以 $P\in A_2$.

由 P 的任意性,有 $\Omega\subseteq A_2$,所以结论成立.

(3) 若 Ω 为凸多面体,则将多面体的一个顶点与其他所有顶点都相连,使 Ω 分割为若干棱锥,再将每个棱锥的底面剖分为若干三角形,则各个棱锥都分割为若干个四面体(图 2.9).

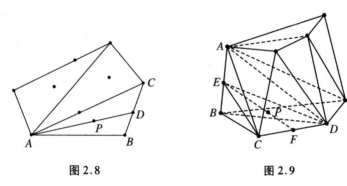

图 2.8   图 2.9

对 Ω 中任意一点 P,P 必在某个四面体内或在其边界上,不妨设 $P\in$ 四面体 $ABCD$(在四面体 $ABCD$ 内或边界上),作平面 PCD,交面 AB 于点 E,连 EP,交 CD 于点 F.

易知 $E\in A_1$(因为 $AB\subseteq A_1$),同理 $F\in A_1$,所以 $EF\subseteq A_2$,故 $P\in A_2$.由点 P 的任意性,有 $\Omega\subseteq A_2$,所以结论成立.

2.2 寻找产生重要结论的步骤

解题中,为了实现解题目标,我们常常需要先实现一些子目标(中途点).那么,如何才能找到合适的解题子目标呢?这就要通过研究特例来发现.

2 寻找关键步骤

例1 用 $S(a)$ 表示正整数 a 的各位数字之和,设 A 是若干个连续正整数组成的集合,如果对 A 中任何两个数 a,b,都有 $S(a)\neq S(b)$,求 $|A|$ 的最大值. (原创题)

分析与解 显然,解题的关键是如何利用以下条件:
"对任何 a,b,有 $S(a)\neq S(b)$".

这是一个"全范围否定性"条件,可从反面考虑:当 $|A|$ 充分大时,在 A 中找到两个正整数 a,b,使 $S(a)=S(b)$.

如何找这样的两个正整数 a,b? 比如 a,b 应满足什么条件? ——先研究特例!

特例1:考察满足 $S(a)=S(b)=2$ 的最小两个数 a,b,显然,$a=2,b=11$,此时有 $a-b=11-2=9$;

特例2:考察满足 $S(a)=S(b)=10$ 的最小两个数 a,b,显然,$a=19,b=28$,此时有 $a-b=28-19=9$.

设想:为了易于在 A 中找到两个正整数 a,b,使 $S(a)=S(b)$,可尝试取 $b=a+9$,即找两个其差为9的正整数 $a,a+9$,看能否使 $S(a)=S(a+9)$.

上述结论并不对所有 a 都成立,比如,$19-10=9$,但 $S(10)\neq S(19)$.

因此,我们还要对上述特例进行更深入的讨论:究竟怎样的 a,才能使 $S(a)=S(a+9)$?

先研究特例1:为何会有 $S(2)=S(2+9)$? 这是因为:$2+9$ 作加法时有一次进位,使十位数字增加1(原来十位数"0"变成"和"中的十位数1),而个位数字减少1(原来个位数"2"变成"和"中的个位数1),从而总体的数字和不变.

再研究特例2:为何会有 $S(19)=S(19+9)$? 这是因为:$19+9$ 作加法时有一次进位,使十位数字增加1(原来十位数"1"变成"和"中的十位数2),而个位数字减少1(原来个位数"9"变成"和"中的个位

数8),从而总体的数字和不变.

由此可见,$S(a)=S(a+9)$的一个充分条件是,$a+9$在作加法时恰出现一次进位(个位上的数字减少1而十位上的数字增加1,从而数字和不变).

由此发现重要的结论:要使$S(a)=S(a+9)$,只需a的个位数不是0且十位数不是9.

于是,当$|A|$充分大时,要证明A不合乎要求,其关键步骤是:证明A中存在这样2个数:$a,a+9$,其中a的个位数不是0且十位数不是9.

引入待定参数:假定当$|A|\geqslant k$(k待定)时,A中存在两个数a,$a+9$,使

$$S(a)=S(a+9). \qquad ①$$

这里,a满足以下两个条件:

(1) a的个位数不是0;

(2) a的十位数不是9.

设$A=\{a_1,a_2,\cdots,a_n\}$,其中$a_{i+1}=a_i+1$($i=1,2,\cdots,n-1$),$n\geqslant k$.

要在A中找到a满足(1)是很容易的,因为个位数是0的数很稀少:每连续10个中才有一个,若a的个位数是0,则它的后继数"$a+1$"的个位数则不是0.

于是,我们先找a,使a满足条件(2):"十位数不是9".

如果a的十位数是9,它的后继数"$a+1$"的十位数也可能是9,最长可能达到连续10个数的十位数都是9,此时,这些数的后两位数依次为

$$90,91,92,\cdots,99.$$

于是,考察$A=\{a_1,a_2,\cdots,a_n\}$中下标最小的(以保证$|A|$尽可能小)十位数不是9的数,设为a_i,则$i\leqslant 11$.

2 寻找关键步骤

(1) 如果 $i=11$(最"坏"的情况),则 $a_1, a_2, \cdots, a_{10}$ 的十位数都是 9,这 10 个数只能是依次为

$$\times 90, \times 91, \times 92, \cdots, \times 99,$$

其中"×"是若干位的自然数.

接下来,$a_{11} = \overline{\times 00}$,$a_{12} = \overline{\times 01}$,这样,取 $a = a_{12}$,则 a 的个位数不是 0 且十位数不是 9.

至此,只要 $a+9 \in A$,则 A 不合乎要求.

注意到 $a+9 = a_{12}+9 = a_{12+9} = a_{21}$,于是,取 $k \geqslant 21$ 即可,也就是说,在这种情况下,如果 $|A| \geqslant 21$,则 A 不合乎要求.

下面讨论剩下的 $i \leqslant 10$ 的情形,此时我们假定 A 已满足 $|A| \geqslant 21$.

(2) 如果 $i \leqslant 10$,因为已有 a_i 的十位数不是 9,此时我们自然想到能否尝试取 $a = a_i$,这只需 a_i 的个位数不是 0,又分类讨论如下(充分条件分类):

(ⅰ) 若 a_i 的个位数不是 0,又 a_i 的十位数不是 9,则取 $a = a_i$ 即可.

下面验证 $a+9 \in A$.

因为 $a+9 = a_i+9 = a_{i+9}$,而 $i \leqslant 10$,所以

$$i+9 \leqslant 19 < 21 \leqslant k \leqslant n,$$

故 $a+9 \in A$,因此当 $|A| \geqslant 21$ 时,A 不合乎要求.

(ⅱ) 若 a_i 的个位数是 0,则它的后继数 $a_i + 1 = a_{i+1}$ 的个位数是 1 而不是 0,且 a_{i+1} 的十位数仍不是 9(个位数由 0 加 1 时,没有进位),取 $a = a_{i+1}$ 即可.

下面验证 $a+9 \in A$.

因为 $a+9 = a_{i+1}+9 = a_{i+10}$,而 $i \leqslant 10$,所以

$$i+10 \leqslant 20 < 21 \leqslant k \leqslant n,$$

故 $a+9 \in A$,因此当 $|A| \geqslant 21$ 时,A 不合乎要求.

由此可见,取 $k=21$,即当 $|A|\geqslant 21$ 时,A 不合乎要求,所以 $|A|\leqslant 20$.

另一方面,如果 $|A|=20$,我们要找到合乎要求的集合 A.

根据上面的讨论,不等式等号成立只能在情形(1)中发生,且 A 中前 10 个数只能是依次为

$$\times 90, \times 91, \times 92, \cdots, \times 99,$$

其中"×"是若干位的自然数.

尝试取"×"= 0(最简单情形),此时

$$A = \{90, 91, 92, \cdots, 99, 100, 101, \cdots, 109\},$$

尽管此时的 A 不合乎要求,但很接近要求:A 有许多数的"数字和"是互异的.

A 中前 10 个数的数字和为

$$9, 10, 11, \cdots, 18,$$

我们称它们为"大和",它们显然互不相等.

A 中后 10 个数的数字和为

$$1, 2, \cdots, 10,$$

我们称它们为"小和",它们也互不相等.

其中"大和"与"小和"仅仅出现两组重复的数字:9 与 10.

为了去掉重复数字和,记"×"= a(待定参数),此时

$$A = \{\overline{a90}, \overline{a91}, \overline{a92}, \cdots, \overline{a99}, \overline{a99}+1, \overline{a99}+2, \cdots, \overline{a99}+10\}.$$

显然,当 $a\neq 0$ 时,大和都增大,于是,我们只需适当选择 a,使小和不增,即对任何 $i(1\leqslant i\leqslant 10)$,有

$$S(\overline{a99}+i) = S(99+i).$$

为了便于计算 $S(\overline{a99}+i)$,应将 $\overline{a99}+i$ 用多项式形式表示,注意到"a 的数字在 $\overline{a99}$ 的百位上",有

$$\overline{a99}+i = 100a+99+i = 100(a+1)+(i-1),$$

所以,我们只需选择 a,使

$$S(100(a+1)+(i-1)) = S(100+(i-1)).$$

注意 $i-1 \leqslant 9$,而 $100(a+1)$ 的末两位是 00,从而

$$S(100(a+1)+(i-1)) = S(a+1)+S(i-1),$$

$$S(100+(i-1)) = S(100)+S(i-1) = 1+S(i-1),$$

所以 $S(a+1) = 1$,所以

$$a+1 = 10^r \quad (r \in \mathbf{N}^*),$$

即 $a = 10^r - 1 = \underbrace{99\cdots9}_{r \uparrow 9}$.

显然,取最简单的正整数 $r=1$ 即可,此时 $a=9$,对应的集合 $A = \{990, 991, 992, \cdots, 999, 1\,000, 1\,001, 1\,002, \cdots, 1\,009\}$,此时,$A$ 中各数的数字和依次为

$$18, 19, \cdots, 27, 1, 2, 3, \cdots, 10,$$

它们互不相同,所以 A 合乎要求,且 $|A| = 20$.

综上所述,$|A|$ 的最大值为 20.

以下一题解答与上题类似,读者可先尝试自己完成解答.

例 2 用 $S(a)$ 表示正整数 a 的各位数字之和,设 A 是若干个连续正整数组成的集合,如果对 A 中任何 3 个数 a,b,c,在 $S(a)$, $S(b)$, $S(c)$ 中至少两个不相等,求 $|A|$ 的最大值.(原创题)

分析与解 条件的反面是:存在 3 个数 a,b,c,使 $S(a) = S(b) = S(c)$.

由上例可知,如果 n 的个位数不是 0 且十位数不是 9,则 $S(n) = S(n+9)$.

由此可见,如果 n 的个位数不是 0 且十位数不是 9,又 $n+9$ 的个位数不是 0 且十位数不是 9,则

$$S(n) = S(n+9) = S(n+18).$$

一个充分条件是,如果 n 的个位数不是 0,1 且十位数不是 8,9,则

$$S(n) = S(n+9) = S(n+18).$$

由此想到,当 $|A|$ 充分大时,我们只需在 A 中找到这样 3 个数:$n, n+9, n+18$,其中 n 的个位数不是 $0,1$ 且十位数不是 $8,9$,对这样的 n,我们有
$$S(n) = S(n+9) = S(n+18),$$
从而与题意矛盾.

一方面,当 $|A| \geqslant 41$ 时,我们证明:A 中存在 3 个数 a, b, c,使
$$S(a) = S(b) = S(c).$$

实际上,设 $A = \{a_1, a_2, \cdots, a_n\}$,其中 $a_{i+1} = a_i + 1 (i = 1, 2, \cdots, n-1), n \geqslant 41$.

(1) 如果存在 $i \in \{1, 2, \cdots, 20\}$,使 a_i 的十位数不是 $8, 9$.

① 当 a_i 的个位不是 $0, 1$ 时,由于 a_i 的十位数不是 $8, 9$,于是
$$S(a_i + 18) = S(a_i + 9) = S(a_i),$$
即
$$S(a_{i+18}) = S(a_{i+9}) = S(a_i).$$

因为 $i \leqslant 20$,所以 $i + 18 \leqslant 38$,而 $n \geqslant 41$,所以 $a_i, a_{i+9}, a_{i+18} \in A$,故 A 不合乎要求.

② 当 a_i 的个位数是 0 时,则 $a_{i+1} = a_i + 1$ 的个位数是 1,$a_{i+2} = a_i + 2$ 的个位数是 2 不是 $0, 1$,且 a_{i+2} 的十位数不是 $8, 9$,于是
$$S(a_{i+2} + 18) = S(a_{i+2} + 9) = S(a_{i+2}),$$
即
$$S(a_{i+20}) = S(a_{i+11}) = S(a_{i+2}).$$

因为 $i \leqslant 20$,所以 $i + 20 \leqslant 40$,而 $n \geqslant 41$,所以 $a_{i+2}, a_{i+11}, a_{i+20} \in A$,所以 A 不合乎要求.

③ 当 a_i 的个位数是 1 时,则 $a_{i+1} = a_i + 1$ 的个位数是 2 不是 $0, 1$,且 a_{i+1} 的十位数不是 $8, 9$,于是
$$S(a_{i+1} + 18) = S(a_{i+1} + 9) = S(a_{i+1}),$$
即

$$S(a_{i+19}) = S(a_{i+10}) = S(a_{i+1}).$$

因为 $i \leqslant 20$,所以 $i+19 \leqslant 39$,而 $n \geqslant 41$,所以 $a_{i+1}, a_{i+10}, a_{i+19} \in A$,所以 A 不合乎要求.

(2) 如果 $a_1, a_2, \cdots, a_{20}$ 的十位数都是 8 或 9,则 $a_1, a_2, \cdots, a_{20}$ 的末两位数依次为

$$80, 81, \cdots, 89, 90, 91, 92, \cdots, 99,$$

于是 a_{21} 的末两位数为 00,a_{22} 的末两位数为 01,a_{23} 的末两位数为 02,这样

$$S(a_{23}+18) = S(a_{23}+9) = S(a_{23}),$$

即

$$S(a_{41}) = S(a_{32}) = S(a_{23}).$$

因为 $n \geqslant 41$,所以 $a_{41}, a_{32}, a_{23} \in A$,故 A 不合乎要求.

由此可见,$|A| \leqslant 40$.

另一方面,当 $|A| = 40$ 时,我们可以找到合乎要求的集合 A.

根据上面的讨论,应使 A 中前 20 个数分别是

$$\times 80, \times 81, \cdots, \times 89, \times 90, \times 91, \times 92, \cdots, \times 99,$$

其中"$\times$"是若干位的自然数.

尝试取"$\times$"$=0$(最简单情形),此时

$$A = \{80, 81, \cdots, 91, 92, \cdots, 99, 100, 101, \cdots, 109, 110, \cdots, 119\},$$

尽管此时的 A 不合乎要求,但很接近要求:A 有许多数的"数字和"是互异的.

A 中后 20 个数的数字和(我们称它们为"后和")为

$$1, 2, \cdots, 10, 2, 3, \cdots, 11,$$

其中每个数至多出现两次.

A 中前 20 个数的数字和(我们称它们为"前和")为

$$8, 9, 10, \cdots, 17, 9, 10, 11, \cdots, 18,$$

其中每个数也至多出现两次.

只有 4 个数:8,9,10,11 在"前和"与"后和"中至少出现 3 次.

为了去掉重复出现 3 次的数字和,尝试取"×"= a(待定参数),此时

$$A = \{\overline{a80}, \overline{a81}, \overline{a82}, \cdots, \overline{a99}, \overline{a99}+1, \overline{a99}+2, \cdots, \overline{a99}+20\}.$$

注意到"a 的数字至少在百位上",于是 $\overline{a90} = 100a + 90$ 等,所以

$$A = \{100a+80, 100a+81, \cdots, 100a+99,$$
$$100a+100, 100a+101, \cdots, 100a+119\}.$$

我们期望找到 a,满足:

(ⅰ)使"后和"都不变(因为"小和"$1,2,\cdots,10$ 不可能再小);

(ⅱ)使"前和"都增大到大于 11.

其中满足(ⅱ)比较容易,而满足(ⅰ)比较困难. 所以,我们先适当选取 a,使 a 满足(ⅰ)("后和"不变):即对 $i = 0,1,2,\cdots,19$,都有

$$S(100a + 100 + i) = S(100 + i). \quad ①$$

注意 $i<100$,从而 i 在末两位上,从而

$$S(100a + 100 + i) = S(100(a+1) + i) = S(a+1) + S(i),$$
$$S(100 + i) = S(100) + S(i) = 1 + S(i),$$

所以由式①,得

$$S(a+1) = 1,$$

故 $a+1 = 10^r (r \in \mathbf{N}^*)$,即

$$a = 10^r - 1 = \underbrace{99\cdots9}_{r \uparrow 9}.$$

最后选择正整数 r,使 a 满足(ⅱ),即

$$100a+80, 100a+81, \cdots, 100a+99$$

的数字和("后和")都变得大于 11.

显然,取最简单的正整数 $r = 1$ 即可,此时 $a = 9$,对应的集合

$$A = \{980, 981, \cdots, 999, 1\,000, 1\,001, \cdots,$$
$$1\,009, 1\,010, 1\,011, \cdots, 1\,019\},$$

2 寻找关键步骤

此时，A 中各数的数字和依次为

$$(17,18,\cdots,26),\quad (18,19,20,\cdots,27),$$
$$(1,2,3,\cdots,10),\quad (2,3,4,\cdots,11),$$

其中 $1,11,17,27$ 各出现一次，而 $2,3,4,\cdots,18,19,20,\cdots,26$ 各出现 2 次，没有数出现 3 次或以上，从而任何 3 个数中至少有两个不相等，A 合乎要求，此时 $|A|=40$.

综上所述，$|A|$ 的最大值为 40.

例 3 设 $A_n=\{1,3,5,\cdots,2n-1\}$，$n$ 为自然数，在 A_n 中规定一种取数的方法：从 1 开始，由小到大取数，首先取出 1，当轮到取数 x 时，若 x 能被取出的数中最小者 t 整除，则取出 x 去掉 t，否则只取出 x 不去掉任何数，直至取出 $2n-1$ 为止，所有取出来的数构成 B_n.

(1) 求证：B_n 中的数互不整除；

(2) 求 $|B_n|$.

分析与解 从目标入手，为了证明 B_n 中的数互不整除，并求出 $|B_n|$，只需弄清 B_n 中究竟取有哪些数.

而条件给出了一个取数程序，可通过初值试验来发现取数规律：

$1\to$（去掉 1）$3\to 3,5\to 3,5,7\to$（去掉 3）$5,7,9\to 5,7,9,11$
$\to 5,7,9,11,13\to$（去掉 5）$7,9,11,13,15\to\cdots$.

显然，上述过程的关键步骤是在序列中"去掉一个数"的那些时刻.

由上述一些特例不难发现这样的结论：每次去掉一个数时，都是在 A_n 中取出当前已取出的最小数的 3 倍的那一时刻.

为此，我们先证明如下的引理：

引理 按题给的法则取数，对任何正奇数 k，当取出数 k 时，若 k 是 3 的倍数，则去掉一个数，且去掉的数是 $\dfrac{k}{3}$；若 k 不是 3 的倍数，则不去掉数.

引理的证明 对 k 归纳. 当 $k=1$ 时, 结论显然成立.

设结论对不大于 k 的自然数成立, 考察取出数 $k+2$ 的情形.

(1) 若 $k \equiv 0 \pmod 3$, 则由归纳假设, 取出数 k 时去掉数 $\frac{k}{3}$, 此时相应的集合为

$$\left\{\frac{k}{3}+2, \frac{k}{3}+4, \cdots, k\right\}.$$

再取出数 $k+2$, 因为 $k+2 < 3\left(\frac{k}{3}+2\right)$, 从而不去掉数, 此时 $k+2 \not\equiv 0 \pmod 3$, 结论成立.

(2) 若 $k \equiv 1 \pmod 3$, 则 $k-4 \equiv 0 \pmod 3$, 由归纳假设, 取出数 $k-4$ 时去掉数 $\frac{k-4}{3}$, 此时相应的集合为

$$\left\{\frac{k-4}{3}+2, \frac{k-4}{3}+4, \cdots, k-4\right\}.$$

接下来取出数 $k-2, k$, 因为 $k-2 \not\equiv 0 \pmod 3$, $k \not\equiv 0 \pmod 3$, 由归纳假设, 取出数 $k-2, k$ 时都不去掉数, 从而取出 k 后相应的集合为

$$\left\{\frac{k-4}{3}+2, \frac{k-4}{3}+4, \cdots, k\right\}.$$

再取出数 $k+2$, 因为 $k+2$ 是 $\frac{k-4}{3}+2$ 的倍数, 从而去掉数 $\frac{k-4}{3}+2$, 此时 $k+2 \equiv 0 \pmod 3$, 结论成立.

(3) 若 $k \equiv 2 \pmod 3$, 则 $k-2 \equiv 0 \pmod 3$.

由归纳假设, 取出数 $k-2$ 时去掉数 $\frac{k-2}{3}$, 此时相应的集合为

$$\left\{\frac{k-2}{3}+2, \frac{k-2}{3}+4, \cdots, k-2\right\}.$$

接下来取出数 k, 因为 $k \not\equiv 0 \pmod 3$, 由归纳假设, 取出数 k 时

都不去掉数,从而取出 k 后相应的集合为

$$\left\{\frac{k-2}{3}+2, \frac{k-2}{3}+4, \cdots, k\right\}.$$

再取出数 $k+2$,因为 $k+2<3\left(\frac{k-2}{3}+2\right)$,所以 $k+2$ 不是 $\frac{k-2}{3}+2$ 的倍数,从而不去掉数.

此时 $k+2\not\equiv 0\pmod 3$,结论成立.

下面解答原题.

(1) 若 $n\equiv 0\pmod 3$,则 $2n-3\equiv 0\pmod 3$.

由引理,取出数 $2n-3$ 时去掉最小数 $\frac{2n-3}{3}$,继而取出数 $2n-1$ 时不去掉数,于是

$$B_n = \left\{\frac{2n-3}{3}+2, \frac{2n-3}{3}+4, \cdots, 2n-1\right\}.$$

因为 $2n-1<3\left(\frac{2n-3}{3}+2\right)$,所以对任何 $x,y\in B_n$,$0<x<y$,有

$$y\leqslant 2n-1<3\left(\frac{2n-1}{3}+2\right)\leqslant 3x.$$

又 y 为奇数,$y\neq 2x$,所以 x 不整除 y,结论成立.

若 $n\equiv 1\pmod 3$,则 $2n-5\equiv 0\pmod 3$.

由引理,取出数 $2n-5$ 时去掉最小数 $\frac{2n-5}{3}$,继而取出数 $2n-3$,$2n-1$ 时都不去掉数,于是

$$B_n = \left\{\frac{2n-5}{3}+2, \frac{2n-5}{3}+4, \cdots, 2n-1\right\}.$$

此时 $2n-1<3\left(\frac{2n-5}{3}+2\right)$,同上,结论成立.

若 $n\equiv 2\pmod 3$,则 $2n-1\equiv 0\pmod 3$.

由引理,取出数 $2n-1$ 时去掉最小数 $\frac{2n-1}{3}$,于是

$$B_n = \left\{\frac{2n-1}{3}+2, \frac{2n-1}{3}+4, \cdots, 2n-1\right\}.$$

此时 $2n-1 < 3\left(\frac{2n-1}{3}+2\right)$,同上,结论成立.

(2) 为求 $|B_n|$,一种自然的方法是分为上述 3 种情况求之,从略.

下面再给出另外两种解法,解法 1 是建立数列 $|B_n|$ 的递归关系,解法 2 是采用反面思考的策略,过程相当简单明了.

解法 1 对 $k=1,2,\cdots,n$,按法则取出数 $2k-1$ 时,所有取出的数的集合为 B_k,那么,由引理可知

$$|B_k| = \begin{cases} |B_{k-1}| & (\text{当 } k \equiv 0 \text{ 或 } 1 \text{ 时}), \\ |B_{k-1}|+1 & (\text{当 } k \equiv -1 \text{ 时}). \end{cases}$$

如何解此递归关系?

因为它是一个分段递归关系,没有一般解法,只能采用"观察—归纳—证明"的方法.

先试验:

n	1	2	3	4	5	6	7	8	9	10	11	12	$\cdots$
$|B_n|$	1	1	2	3	3	4	5	5	6	7	7	8	$\cdots$

表面上难以发现规律,但若将"n"乘以 2 再观察,则有发现:

n	1	2	3	4	5	6	7	8	9	10	11	12	$\cdots$
$2n$	2	4	6	8	10	12	14	16	18	20	22	24	$\cdots$
$|B_n|$	1	1	2	3	3	4	5	5	6	7	7	8	$\cdots$

发现:$|B_n|$ 与 $\frac{2n}{3}$ 接近,但不是 $\frac{2n}{3}$,稍作思考即可发现

$$|B_n| = \left[\frac{2n+1}{3}\right].$$

下面引入变量 d_n,以去掉高斯函数符号.

设 $n \equiv d_n \pmod 3$,其中 $d_n \in \{-1, 0, 1\}$,先证明

2 寻找关键步骤

$$|B_n| = \frac{2n + d_n}{3}.$$

对 n 归纳.设结论对小于 n 的自然数成立,考察 B_n.

（i）$n \equiv 1 \pmod 3$,则 $d_n = 1, d_{n-1} = 0$.

注意到 3 不整除 $2n - 1$,取 $2n - 1$ 时不去掉数,所以 $|B_n| = |B_{n-1}| + 1$,结论成立.

（ii）$n \equiv 0 \pmod 3$,则 $d_n = 0, d_{n-1} = -1$.

注意到 3 不整除 $2n - 1$,取 $2n - 1$ 时不去掉数,所以 $|B_n| = |B_{n-1}| + 1$,结论成立.

（iii）$n \equiv -1 \pmod 3$,则 $d_n = -1, d_{n-1} = 1$.

注意到 3 整除 $2n - 1$,取 $2n - 1$ 时去掉一个数,所以 $|B_n| = |B_{n-1}|$,结论成立.

最后将所得的结果简化,有

$$|B_n| = \frac{2n + d_n}{3} = n - \frac{n}{3} + \frac{d_n}{3} = n - \frac{n - d_n}{3}$$
$$= n - \left[\frac{n+1}{3}\right] = \left[\frac{2n+1}{3}\right].$$

上面的等式可分 $n = 3k, 3k+1, 3k-1$ 讨论,其中注意:

当 $n = 3k$ 时,有

$$n - \left[\frac{n+1}{3}\right] = 2k = \frac{6k}{3} = \frac{2n}{3} = \left[\frac{2n}{3} + \frac{1}{3}\right] = \left[\frac{2n+1}{3}\right];$$

当 $n = 3k + 2$ 时,有

$$n - \left[\frac{n+1}{3}\right] = 2k + 1 = \frac{6k+3}{3} = \frac{2n-1}{3}$$
$$= \left[\frac{2n-1}{3} + \frac{2}{3}\right] = \left[\frac{2n+1}{3}\right].$$

解法 2 由引理可知,在取数的过程中,每遇到一个 3 的倍数,则去掉一个数.

从而在 A_n 中去掉的数的个数恰好是 A_n 中被 3 整除的数的个

数,共有 $\left[\dfrac{n+1}{3}\right]$ 个.

实际上,将 A 中的数如此分组:

$$(1,3),\quad (5,7,9),\quad (11,13,15),\quad \cdots,$$

则每组最后一个数被去掉,故

$$|B_n| = n - \left[\dfrac{n+1}{3}\right] = \left[\dfrac{2n+1}{3}\right].$$

例 4 过抛物线 $y = x^2$ 上一点 $A(1,1)$ 作抛物线的切线,分别交 x 轴于点 D,交 y 轴于点 B. 点 C 在抛物线上,点 E 在线段 AC 上,满足 $\dfrac{AE}{EC} = \lambda_1$;点 F 在线段 BC 上,满足 $\dfrac{BF}{FC} = \lambda_2$,且 $\lambda_1 + \lambda_2 = 1$,线段 CD 与 EF 交于点 P,当点 C 在抛物线上移动时,求点 P 的轨迹方程. (2005 年全国高中数学联赛试题)

分析与解 对抛物线方程求导可知,抛物线的切线的斜率为 2,可得 $B(0, -1), D\left(\dfrac{1}{2}, 0\right)$,于是,$D$ 是 AB 的中点.

显然,解题的关键是发掘点 P 的位置特征,所用的条件是 $\lambda_1 + \lambda_2 = 1$.

先考察一些特例.

取 $\lambda_1 = \lambda_2 = \dfrac{1}{2}$,此时 EF 平行于 $\triangle ABC$ 的边 AB,由平行线的性质,有

$$\dfrac{DP}{PC} = \dfrac{AE}{EC} = \dfrac{1}{2}.$$

而 CD 是 $\triangle ABC$ 的中线,从而由三角形重心性质可知,CD 与 EF 的交点 P 是 $\triangle ABC$ 的重心.

再取 $\lambda_1 = 0, \lambda_2 = 1$,此时 E 与 A 重合,F 是 BC 的中点,从而 EF 是 $\triangle ABC$ 的一条中线,而 CD 是 $\triangle ABC$ 的另一条中线,从而 CD 与 EF 的交点 P 是 $\triangle ABC$ 的重心.

由此可见,解题的关键步骤是证明 EF 过 $\triangle ABC$ 的重心.

为此,设 $\triangle ABC$ 的重心为 G,我们只需将 $\overrightarrow{CG}$ 用 $\overrightarrow{CE}$,$\overrightarrow{CF}$ 的线性组合来表示.

根据三角形重心性质,$\overrightarrow{CG}$ 容易用 $\overrightarrow{CA}$,$\overrightarrow{CB}$ 的线性组合来表示,从而只需将 $\overrightarrow{CA}$,$\overrightarrow{CB}$ 分别用 $\overrightarrow{CE}$,$\overrightarrow{CF}$ 来表示(图 2.10).

实际上,因为 $\dfrac{AE}{EC} = \lambda_1$,所以 $\dfrac{AC}{EC} = 1 + \lambda_1$,即
$$\overrightarrow{CA} = (1 + \lambda_1)\overrightarrow{CE}.$$
同理,$\overrightarrow{CB} = (1 + \lambda_2)\overrightarrow{CF}$,于是
$$\overrightarrow{CG} = \dfrac{2}{3} \cdot \dfrac{1}{2}(\overrightarrow{CA} + \overrightarrow{CB}) = \dfrac{1}{3}(\overrightarrow{CA} + \overrightarrow{CB})$$
$$= \dfrac{1 + \lambda_1}{3}\overrightarrow{CE} + \dfrac{1 + \lambda_2}{3}\overrightarrow{CF}.$$

因为 $\dfrac{1 + \lambda_1}{3} + \dfrac{1 + \lambda_2}{3} = 1$,易知 G 在 EF 上.

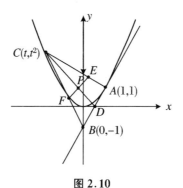

图 2.10

实际上,$\overrightarrow{EF} = \overrightarrow{CF} - \overrightarrow{CE}$,而
$$\overrightarrow{EG} = \overrightarrow{CG} - \overrightarrow{CE} = \left(\dfrac{1 + \lambda_1}{3}\overrightarrow{CE} + \dfrac{1 + \lambda_2}{3}\overrightarrow{CF}\right) - \overrightarrow{CE}$$
$$= -\dfrac{1 + \lambda_2}{3}\overrightarrow{CE} + \dfrac{1 + \lambda_2}{3}\overrightarrow{CF}$$

$$= \frac{1+\lambda_2}{3}(\overrightarrow{CF} - \overrightarrow{CE}) = \frac{1+\lambda_2}{3}\overrightarrow{EF},$$

所以 $\overrightarrow{EG}, \overrightarrow{EF}$ 共线.

又 CD 是 $\triangle ABC$ 的中线,也过 $\triangle ABC$ 的重心,于是,CD 与 EF 的交点 P 是 $\triangle ABC$ 的重心.

设 $C(t, t^2), P(x, y)$,则

$$x = \frac{1 + 0 + t}{3} = \frac{1+t}{3}, \quad y = \frac{1 - 1 + t^2}{3} = \frac{t^2}{3},$$

消去 t,得

$$y = \frac{(3x-1)^2}{3},$$

这就是所求的轨迹方程.

例 5 如图 2.11 所示,设 P 是给定的凸四边形 $ABCD$ 所在平面上的一点,作 $\angle APB, \angle BPC, \angle CPD, \angle DPA$ 的角平分线分别交四边 AB, BC, CD, DA 于点 K, L, M, N.找出所有的点 P,使得 $NKLM$ 是平行四边形.(1995 年城市数学联赛高年级高水平试题)

分析与解 先考虑一种特殊情形,使 $KLMN$ 显然为平行四边形,比如,K, L, M, N 分别是所在边的中点,此时 $NK \parallel BD$,$KL \parallel AC$.由此可猜想,如果 $NKLM$ 是平行四边形,则其边与四边形 $ABCD$ 的对角线平行.

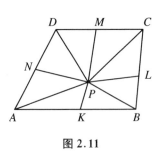

图 2.11

观察通道是否畅通:先假定猜想成立,由 $NK \parallel BD$(对角线),得

$$\frac{AN}{ND} = \frac{AK}{KB},$$

再利用角平分线的性质,上式即为

$$\frac{PA}{PD} = \frac{PA}{PB},$$

于是 $PD = PB$,即 P 在 BD 的垂直平分

线上.

对称地, P 在 AC 的垂直平分线上, 由此即可找到点 P.

这表明, 如果四边形 $NKLM$ 的边平行于四边形 $ABCD$ 的对角线, 则对应的点 P 唯一存在 (通道是畅通的).

由此, 有理由相信: 四边形 $NKLM$ 的边一定平行于四边形 $ABCD$ 的对角线, 由对称性, 我们只需证明 $NK \parallel BD$.

采用反证法, 假设 NK 与 DB 交于一点 Q (图 2.12), 要导出矛盾, 必须用到两组 "3 点共线": (Q, N, K) 与 (Q, D, B), 选择其中一组为梅氏线, 发现 QNK 截 $\triangle ABD$, 有

$$\frac{DN}{NA} \cdot \frac{AK}{KB} \cdot \frac{BQ}{QD} = 1. \qquad ①$$

利用对称性, 我们证明 ML 也与 DB 交于点 Q, 这只需证明 LMQ 是 $\triangle CBD$ 的梅氏线, 也就是证明

$$\frac{CM}{MD} \cdot \frac{DQ}{QB} \cdot \frac{BL}{LC} = 1. \qquad ②$$

现在要由式①推出式②. 注意到角平分线的条件, 式①、式②中各有两个比可以转换(而另一个比是相同的).

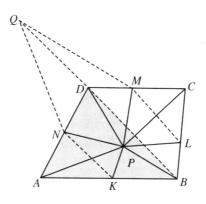

图 2.12

在式①中，$\dfrac{DN}{NA}=\dfrac{PD}{PA}$，$\dfrac{AK}{KB}=\dfrac{PA}{PB}$，于是式①变为

$$\dfrac{PD}{PB}\cdot\dfrac{BQ}{QD}=1. \qquad ③$$

在式②中，$\dfrac{CM}{MD}=\dfrac{PC}{PD}$，$\dfrac{BL}{LC}=\dfrac{PB}{PC}$，于是式②变为

$$\dfrac{PB}{PD}\cdot\dfrac{DQ}{QB}=1. \qquad ④$$

显然，式③与式④等价！

于是，在 $\triangle BCD$ 中应用梅涅劳斯定理，得 Q,M,L 三点共线，从而 KN 与 LM 交于点 Q，与 $NKLM$ 是平行四边形矛盾.

所以 $KN\parallel BD$，同理，$LM\parallel BD$. 因此

$$\dfrac{PA}{PB}=\dfrac{AK}{KB}=\dfrac{AN}{ND}=\dfrac{PA}{PD},$$

所以 $PB=PD$，即点 P 在 BD 的垂直平分线上.

对称地，点 P 在 AC 的垂直平分线上，故点 P 一定是 AC,BD 的垂直平分线的交点，从而点 P 唯一存在，即所求的点是 AC,BD 的垂直平分线的交点.

2.3 寻找具有一般规律的步骤

在解决特例的过程中，有些步骤隐含着这样的一般规律：该步骤涉及的某些对象表现出来的数量特征或位置特征可以迁移到一般问题中，由此找到解决一般问题的方法.

例1 若正 n 边形可分割为有限个平行四边形，求所有正整数 n. （原创题）

分析与解 首先，凭直观感觉，n 应为偶数.

基本感觉是，从一个平行四边形出发，到另一个平行四边形，再到下一个平行四边形，如此下去，逼出正 n 边形有两条边平行，矛盾.

实际上,当 n 为奇数时,令 $n = 2k + 1$,反设正 n 边形 $A_1A_2\cdots A_{2k+1}$ 被分割为有限个平行四边形,考察边 A_1A_2 的归属,则必定有一个平行四边形($\square_1$)的边在边 A_1A_2 上(因为有限个平行四边形的顶点不能覆盖完 A_1A_2),设 $\square_1$ 的另一条边为 l_1.

类似地,考察边 A_1A_2 的归属,则必定有一个平行四边形($\square_2$)的边在边 l_1 上,设 $\square_2$ 的另一条边为 l_2.

如此下去,由于只有有限个平行四边形,上述过程到一定的时刻必定终止,即存在平行四边形($\square_k$),它的一条边在 $\square_{k-1}$ 的一条边上,另一条边在原正 n 边形的边上,该边与 A_1A_2 平行,于是正 n 边形有两条边互相平行.

设正 n 边形的 n 条边按逆时针方向依次为 $a_1, a_2, \cdots, a_{2k+1}$,两条平行的边为 $a_1 /\!/ a_i$,不妨设 $i \leqslant k$.

由对称性,有 $a_i /\!/ a_{2i-1}$,这样,3 条平行边 a_1, a_i, a_{2i-1} 所在直线中,介于中间的一条分隔另两条,与凸多边形定义矛盾.

下面证明:一切大于 2 的偶数 n 合乎要求.

研究特例:考察正六边形 $A_1A_2\cdots A_6$,此时分割易于进行.

实际上,考察边 A_1A_2 的归属,想到以 A_1A_2, A_2A_3 为两邻边构造平行四边形(图 2.13):在正六边形内作 $A_3B_3 \underline{/\!/} A_2A_1$,连 B_3A_1,B_3A_5,则结论成立.

显然,分割中的关键一步是:以 A_1A_2, A_2A_3 为两邻边构造平行四边形.而且,这一步骤具有一般性,因为正 $2n$ 边形 $A_1A_2\cdots A_{2n}$ 中也可以 A_1A_2, A_2A_3 为两邻边构造平行四边形.

再考察正八边形 $A_1A_2\cdots A_8$,迁移关键步骤:以 A_1A_2, A_2A_3 为两邻边构造平行四边形 $A_1A_2A_3B_3$,进而以 B_3A_3, A_3A_4 为两邻边构造平行四边形 $B_3A_3A_4B_4$.

连 A_1B_3, B_3B_4, B_4A_6,得到 3 个平行四边形和一个六边形 $A_1B_3B_4A_6A_7A_8$.

下面想对此六边形进行类似的分割,但六边形 $A_1B_3B_4A_6A_7A_8$ 非正六边形,似乎不能继续分割,结果却很意外,仍可进行类似的分割(图 2.14).

加强命题:结论对 n 组对边分别平行且相等的 $2n$ 边形成立 $(n \geqslant 2)$.

对 n 运用数学归纳法.假设结论对小于 n 的自然数成立,考虑 n 组对边分别平行且相等的 $2n$ 边形 $A_1A_2 \cdots A_n$,在 $2n$ 边形内,分别过该 $2n$ 边形介于一组对边 A_1A_2,$A_{n+1}A_{n+2}$ 之间的 $n-2$ 个顶点 A_3,A_4,$\cdots$,A_n 作 $B_3A_3 \underline{\underline{\parallel}} A_1A_2$,$B_4A_4 \underline{\underline{\parallel}} A_1A_2$,$\cdots$,$B_nA_n \underline{\underline{\parallel}} A_1A_2$.

连 A_1B_3,B_3B_4,$\cdots$,B_nA_{n+2},得到 $n-2$ 个平行四边形和一个 $2n-2$ 边形 $A_1B_3B_4 \cdots B_nA_{n+2}A_{n+3} \cdots A_{2n}$.

显然,此 $2n-2$ 边形的对边平行且相等,利用归纳假设,结论成立.

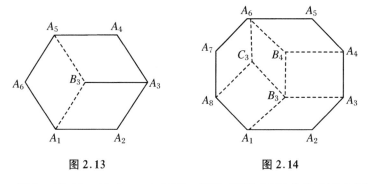

图 2.13　　　　　　　　图 2.14

例 2　设 $M = \{1, 2, \cdots, 1989\}$,求证:可将 M 划分为 117 个子集 $A_i(i = 1, 2, \cdots, 117)$,使 $|A_1| = |A_2| = \cdots = |A_{117}|$,$S(A_1) = S(A_2) = \cdots = S(A_{117})$.(第 30 届 IMO 试题)

分析与证明　本题是集合的均匀等和划分,因为 $1\,989 = 17 \times 117$,所以每个子集中元素个数为 17.

想象将 $1, 2, \cdots, 1989$ 排列成 17×117 的数表,以每一列中的数

构成一个子集,从而只需数表中各列的和都相等.

注意到 17 为奇数,无法利用"高斯方法"(每行都是连续正整数,相邻两行一个是按递增顺序排列,另一个是按递减顺序排列)进行排列.

设想,若 $|A_1|=|A_2|=\cdots=|A_{117}|=2k$(偶数),则可利用高斯方法排列,而 $17=3+14$,于是只需将 $1,2,\cdots,3\times 117$ 排列在数表的前 3 行,使各列的和都相等,而后 14 行则用高斯方法进行排列即可.

先研究特例,希望发现排列的规律.

注意 117 为奇数,它的前三行排列的一般情况为:

将 $1,2,\cdots,3\times(2n+1)$ 排列成 $3\times(2n+1)$ 的数表,使各列的和都相等.

令 $n=1$,考察 $\{1,2,\cdots,3\times 3\}$ 的排列方法.

先按自然顺序,将 $1,2,\cdots,9$ 排成三行:

$$1,\quad 2,\quad 3,$$
$$4,\quad 5,\quad 6,$$
$$7,\quad 8,\quad 9.$$

想象保持第三行不动,只调整前两行中的数.进一步,为使构造简单,我们只对同一行中的数进行调整(每个数调整后仍在原来的行中).

注意到第 3 行是公差为 1 的等差数列,所以我们只需将前两行的列和调整为公差为 1 的等差数列,最后把 $7,8,9$ 分别放在列和为大、中、小的列中即可.

先排好 $1,2,3$,再考虑 4 的排法,其中 4 不能与 1 同列,否则,此列的和为 5,其余的"列和"至少是 $2+5=7$,不能与 5 构成连续的自然数.

除此之外,4 在另两个位置都是可行的,由此得到不同的

构造.

方法 1 将 4 排在 3 的下方,则前两行排法如下:

1, 2, 3,
5, 6, 4,

将上述排法理解为

1, 2, 3, 1, 2, 3,
6,   5,   4.

这表明,在第一行的左边补充一组数(1,2,3),则第二行的数是跳跃式排列(位置特征:每隔一列排一个数)的递减的等差数列(数量特征).

再看 $n=2$ 的情形,即此时 $M=\{1,2,\cdots,15\}$.

先将前 5 个数排成一排,再考察 6 的位置,比较 $n=1$ 的情形中 4 的位置:4 排在第一行中最大数 3 所在的列,类比到 $n=2$ 的情形中 6 的位置:6 应排在第一行中最大数 5 所在的列,于是,将 6 排在 5 的下方,可得到如下排法:

1, 2, 3, 4, 5, 1, 2, 3, 4, 5,
   10,   9,   8,   7,   6,
12,   13,   9,   10,   11,

此时,每一列的和分别为 12,13,9,10,11,它恰好是公差为 1 的等差数列的一个排列.

再进一步,看 $3×7$ 的情形,此时 $M=\{1,2,\cdots,21\}$,类比上面的方法,可得到如下排法:

1, 2, 3, 4, 5, 6, 7, 1, 2, 3, 4, 5, 6, 7,
  14, 13, 12, 11, 10,   9,   8,
16,   17,   18,   12,   13,   14,   15,

此时,每一列的和分别为 16,17,18,12,13,14,15,它恰好是公差为 1 的等差数列的一个排列.

将上面的方法迁移到 $2×117$ 的构造中,便得到原题的一个解法.

2 寻找关键步骤

将前 234 个自然数排成如下两行:
   1, 2, 3, 4, 5, ⋯, 112, 113, 114, 115, 116, 117,
   176, 234, 175, 233, 174, ⋯, 179, 120, 178, 119, 177, 118,
其中第一行是公差为 1 的等差数列,第二行中,奇数项和偶数项分别是公差为 -1 的等差数列.

此时,每一列的和分别为 177, 236, 178, 237, ⋯, 292, 234, 293, 235,它恰好是公差为 1 的等差数列的一个排列.

现在,适当调整各列的顺序,使每列两个数的和从左至右构成一个公差为 1 的等差数列.

最后,将 235, 236, ⋯, 1989 依次排成这个数表的后 15 行,每行 117 个数,奇数行是从右至左排,偶数行是从左至右排,则以每列的数构成一个集合,这 117 个集合合乎要求.

方法 2 现在,我们重新审视 $n=1$ 时前两行排法:
   1, 2, 3,
   5, 6, 4,
如果将其理解为
   1,   2,   3,
   5(奇), 6(偶), 4(偶),
则第二行可分为左右两个部分(位置特征),其左边部分是(连续的)奇数,右边部分是(连续的)偶数(数量特征).

再看 $n=2$ 的情形,结果同样如此:
   1,   2,   3,   4,   5,
   9(奇), 7(奇), 10(偶), 8(偶), 6(偶),
   10,   9,   13,   12,   11,
此时,每一列的和分别为 10, 9, 13, 12, 11,它恰好是公差为 1 的等差数列的一个排列.

一般地,对 $n=2r+1$,前两行排列如下,其中第二行前 r 个为连续奇数,后 $r+1$ 个为连续偶数:

$$1, \quad 2, \quad 3, \quad \cdots, \quad r, \quad r+1, r+2, \cdots, 2r-1, 2r, \ 2r+1,$$
$$4r+1, 4r-1, 4r-3, \cdots, 2r+3, 4r+2, \ 4r, \quad \cdots, 2r+6, 2r+4, 2r+2,$$
$$(\quad\quad r \text{ 个奇数} \quad\quad)(\quad\quad\quad r+1 \text{ 个偶数} \quad\quad\quad\quad)$$

$$4r+2, 4r+1, \ 4r, \ \cdots, \ 3r+3, 5r+3, 5r+2, \cdots, 4r+5, 4r+4, 4r+3,$$

此时,每一列的和分别为 $4r+2, 4r+1, \cdots, 3r+3, 5r+3, 5r+2,$ $\cdots, 4r+5, 4r+4, 4r+3$,它恰好是公差为 1 的等差数列的一个排列. 于是,适当调整各列的顺序,使每列两个数的和从左至右构成一个公差为 1 的等差数列.最后,按高斯方法,在后面排列奇数行,可使每列的和相等.

方法 3 现在,我们再一次重新审视 $n=1$ 时前两行排法:

$$1, \quad 2, \quad 3,$$
$$5, \quad 6, \quad 4,$$

如果将其理解为

$$1, \quad 2, \quad 3,$$
$$\quad\quad 4, \quad 5, \quad 6,$$

则第二行中的数是排在连续 n 个列中(位置特征)的递增的连续的自然数(数量特征),且第一个数位于第一行的数(1,2,3)的中心位置 2 所在的列的右边一列(位置特征).

再看 $n=2$ 的情形,结果同样如此:

$$1, \quad 2, \quad 3, \quad 4, \quad 5, \quad 1, \quad 2, \quad 3, \quad 4, \quad 5,$$
$$\quad\quad\quad\quad\quad\quad\quad\quad 6, \quad 7, \quad 8, \quad 9, \quad 10,$$
$$\quad\quad\quad\quad\quad\quad\quad\quad 10, \quad 12, \quad 9, \quad 11, \quad 13,$$

此时,每一列的和分别为 $10, 12, 9, 11, 13$,它恰好是公差为 1 的等差数列的一个排列.

一般地,对 $n=2r+1$,类似的排法如下,其中第二行从左至右是递增的连续自然数,且第一个数 $2r+2$ 排在第一行$(1,2,3,\cdots,2r+1)$中位于中心的数 $r+1$ 所在的列的右边一列:

$$1, 2, \cdots, r+1, \quad r+2, \quad r+3, \cdots, 2r, \quad 2r+1, \quad 1, \quad 2, \quad 3, \cdots, r+1$$
$$2r+2, 2r+3, \cdots, 3r, \quad 3r+1, \quad 3r+2, 3r+3, 3r+4, \cdots, 4r+2$$
$$3r+4, 3r+6, \cdots, 5r, \quad 5r+2, \quad 3r+3, 3r+5, 3r+7, \cdots, 5r+3$$

此时,每一列的和分别为 $3r+4,3r+6,\cdots,5r,5r+2,3r+3,3r+5,3r+7,\cdots,5r+3$,它恰好是公差为 1 的等差数列的一个排列,同样可得到合乎条件的排法.

方法 4 假定 $n=1$ 时,我们将 4 排在 2 的下方,则前两行排法如下:

$$1, \quad 2, \quad 3,$$
$$6, \quad 4, \quad 5,$$

将上述排法理解为

$$1, \quad 2, \quad 3, \quad 1, \quad 2, \quad 3,$$
$$4, \quad 5, \quad 6,$$

则第二行中的数是排在连续 n 个列中(位置特征)的递增的连续的自然数(数量特征),且第一个数位于第一行的数(1,2,3)的中心位置 2 所在的列(位置特征).

再看 $n=2$ 的情形,结果同样如此:

$$1, \quad 2, \quad 3, \quad 4, \quad 5, \quad 1, \quad 2, \quad 3, \quad 4 \quad 5$$
$$6, \quad 7, \quad 8, \quad 9, \quad 10,$$
$$9, \quad 11, \quad 13, \quad 10, \quad 12,$$

此时,每一列的和分别为 9,11,13,10,12,它恰好是公差为 1 的等差数列的一个排列.

一般地,对 $n=2r+1$,类似的排法如下,其中第二行从左至右是递增的连续自然数,且第一个数 $2r+2$ 排在第一行 $(1,2,3,\cdots,2r+1)$ 中位于中心的数 $r+1$ 所在的列:

$$1, 2, \cdots, r+1, \quad r+2, \cdots, \quad 2r, \quad 2r+1, \quad 1, \quad 2, \cdots, r-1, \quad r,$$
$$2r+2, 2r+3, \cdots, 3r+1, \quad 3r+2, \quad 3r+3, 3r+4, \cdots, 4r+1, 4r+2,$$
$$3r+3, 3r+5, \cdots, 5r+1, \quad 5r+3, \quad 3r+4, 3r+6, \cdots, \quad 5r, \quad 5r+2$$

此时,每一列的和分别为 $3r+3,3r+5,\cdots,5r+1,5r+3,3r+4,$

$3r+6,\cdots,5r,5r+2$,它恰好是公差为1的等差数列的一个排列,同样可得到合乎条件的排法.

方法5 我们重新审视 $n=1$ 时将4排在2的下方的方案:

$$1, \quad 2, \quad 3,$$
$$6, \quad 4, \quad 5,$$

将上述排法理解为

$$1, \quad 2, \quad 3,$$
$$6(偶), \quad 4(偶), \quad 5(奇),$$

则第二行可分为左右两个部分(位置特征),其左边部分是(连续的)偶数,右边部分是(连续的)奇数(数量特征).

再看 $n=2$ 的情形,结果同样如此:

$$1, \quad 2, \quad 3, \quad 4, \quad 5,$$
$$10(奇), 8(奇), 6(偶), 9(偶), 7(偶),$$
$$11, \quad 10, \quad 9, \quad 13, \quad 12,$$

此时,每一列的和分别为11,10,9,13,12,它恰好是公差为1的等差数列的一个排列.

一般地,对 $n=2r+1$,前两行排列如下,其中第二行前 $r+1$ 个为连续偶数,后 r 个为连续奇数:

1, 2, 3, $\cdots$, r, $r+1$, $r+2$, $r+3$, $\cdots$, $2r$, $2r+1$,
$4r+2$, $4r$, $4r-2$, $\cdots$, $2r+4$, $2r+2$, $4r+1$, $4r-1$, $\cdots$, $2r+5$, $2r+3$,
($r+1$ 个偶数   )(r 个奇数   )
$4r+3, 4r+2, 4r+1, \cdots, 3r+4, 3r+3, 5r+3, 5r+2, \cdots, 4r+5, 4r+4,$

此时,每一列的和分别为 $4r+3,4r+2,4r+1,\cdots,3r+4,3r+3,5r+3,5r+2,\cdots,4r+5,4r+4$,它恰好是公差为1的等差数列的一个排列,同样可得到合乎条件的排法.

最后,我们介绍一个利用整体估计发现构造的方法:

当 k 为奇数时,前 $3k$ 个自然数的和为 $S_总=1+2+\cdots+3k=\dfrac{3k(3k+1)}{2}$,从而每一列的3个数的和为 $S_列=\dfrac{S_总}{k}=\dfrac{3(3k+1)}{2}$.

注意到 $\dfrac{3k+1}{2}$ 为整数,从而 $S_{列}$ 是 3 的倍数,注意到前 $3k$ 个自然数中有 k 个数为 3 的倍数,由此想到每列中安排一个 3 的倍数,而每列中的其余 2 个数一个模 3 余 1,另一个模 3 余 2,于是,第一行将所有 3 的倍数从大到小排列,其余的数从小到大依次排列在后两行,我们证明这一排法合乎要求.

所有 3 的倍数记为 $a_1, a_2, \cdots, a_k$,其他的 $2k$ 个数记为 $b_1, b_2, \cdots, b_{2k}$,其中 $a_1 > a_2 > \cdots > a_k, b_1 < b_2 < \cdots < b_{2k}$,将它们排列成如下 3 行:

$$
\begin{array}{cccc}
a_1, & a_2, & \cdots, & a_k, \\
b_1, & b_2, & \cdots, & b_k, \\
b_{k+1}, & b_{k+2}, & \cdots, & b_{2k},
\end{array}
$$

令 $A_i = \{a_i, b_i, b_{i+k}\}$,我们证明

$$S(A_1) = S(A_1) = \cdots = S(A_k).$$

实际上,$a_i = 3(k-i+1), b_{2i-1} = 3i-2, b_{2i} = 3i-1$,即

$$b_i = \begin{cases} \dfrac{3i-1}{2} & (i \text{ 为奇数}); \\ \dfrac{3i-2}{2} & (i \text{ 为偶数}). \end{cases}$$

(1) 当 i 为奇数时,$i+k$ 为偶数,于是

$$\begin{aligned} S(A_i) &= a_i + b_i + b_{i+k} \\ &= 3(k-i+1) + \dfrac{3i-1}{2} + \dfrac{3(i+k)-2}{2} \\ &= 3k + 2 + \dfrac{3k-1}{2}. \end{aligned}$$

(2) 当 i 为偶数时,$i+k$ 为奇数,于是

$$\begin{aligned} S(A_i) &= a_i + b_i + b_{i+k} \\ &= 3(k-i+1) + \dfrac{3i-2}{2} + \dfrac{3(i+k)-1}{2} \end{aligned}$$

$$= 3k + 2 + \frac{3k-1}{2}.$$

所以对一切 $i = 1, 2, \cdots, k$，有 $S(A_i) = 3k + 2 + \frac{3k-1}{2}$，即

$$S(A_1) = S(A_2) = \cdots = S(A_k).$$

特别地，当 $k = 117$ 时，排列如下：

351, 348, 345, 342, ⋯, 9, 6, 3,
1, 2, 4, 5, ⋯, 172, 173, 175,
176, 178, 179, 181, ⋯, 347, 349, 350.

我们将上面的问题推广如下，称之为均匀划分定理.

例 3 给定自然数 $1 < r < n$，并设 $X = \{1, 2, \cdots, n\}$，求证：X 能划分为 r 个子集 $A_1, A_2, \cdots, A_r$，使 $|A_1| = |A_2| = \cdots = |A_r|$，且 $S(A_1) = S(A_2) = \cdots = S(A_r)$ 的充要条件是 $\frac{n(r+1)}{r}$ 为偶数.

分析与证明 先看必要性. 注意到：

$\frac{n(r+1)}{r}$ 为偶数 $\Leftrightarrow$ $r \mid n$（因为 $r+1, r$ 互质），且 $\frac{n}{r}, r+1$ 中至少有一个为偶数.

又由条件 $|A_1| = |A_2| = \cdots = |A_r|$，有

$$n = |X| = |A_1| + |A_2| + \cdots + |A_r| = r|A_1|,$$

所以 $|A_1| = \frac{n}{r}$，故 $r \mid n$. 由此可见：

$\frac{n(r+1)}{r}$ 为偶数 $\Leftrightarrow$ $\frac{n}{r}, r+1$ 中至少有一个为偶数.

后者成立的一个充分条件是 $r+1$ 为偶数，即 r 为奇数，由此进行分类讨论.

若 r 为奇数，则 $r+1$ 为偶数，而 $r \mid n$，有 $\frac{n}{r}$ 为整数，所以 $\frac{n(r+1)}{r}$ 为偶数.

若 r 为偶数,此时 n 为偶数(因 $r\mid n$),再由条件
$$S(A_1) = S(A_2) = \cdots = S(A_r),$$
有
$$\frac{1}{2}n(n+1) = S(X) = S(A_1) + S(A_2) + \cdots + S(A_r) = rS(A_1),$$
所以 $\frac{n}{r} \cdot (n+1) = 2S(A_1)$ 为偶数,而 $n+1$ 为奇数,故 $\frac{n}{r}$ 为偶数,$\frac{n(r+1)}{r}$ 为偶数,必要性获证.

再看充分性. 因为 $\frac{n(r+1)}{r}$ 为偶数,而 $(r, r+1) = 1$,所以 $r\mid n$,且 $\frac{n}{r}, r+1$ 中至少有一个为偶数.

(1) 若 $\frac{n}{r}$ 为偶数,令 $\frac{n}{r} = 2k$,即 $n = 2kr$,则 $|A_i| = 2k$.

此时,每个子集有 $2k$ 个元素,按高斯方法排列即可:

$$\begin{array}{cccc} 1, & 2, & \cdots, & r, \\ 2r, & 2r-1, & \cdots, & r+1, \\ \vdots & \vdots & & \vdots \\ (2k-2)r+1, & (2k-2)r+2, & \cdots, & (2k-1)r, \\ 2kr, & 2kr-1, & \cdots, & (2k-1)r+1. \end{array}$$

我们还可先等和划分为 kr 个 2 元集,然后每 k 个集合合并成一个 $2k$ 元集.

(2) 若 $\frac{n}{r}$ 为奇数,则每个子集有奇数 $\left(\frac{n}{r}\right)$ 个元素. 此时,注意到 $\frac{n}{r} > 1$,且 $\frac{n}{r}$ 为奇数,所以 $\frac{n}{r} \geqslant 3$,即 $n \geqslant 3r$.

于是,前两行排成"列和"为连续自然数,后偶数行按高斯方法排列即可.

因为 $\frac{n(r+1)}{r}$ 为偶数,且 $\frac{n}{r}$ 为奇数,所以 $r+1$ 为偶数,即 r 为

奇数.

令 $r=2k+1$,则前两行排列方法如下：

$(1,2,\cdots,k)$ $k+1$, $k+2$, $\cdots$, $2k+1$, 1, 2, $\cdots$, k
$2k+2, 2k+3, \cdots, 3k+2, 3k+3, 3k+4, \cdots, 4k+2$
$3k+3, 3k+5, \cdots, 5k+3, 3k+4, 3k+6, \cdots, 5k+2$

综上所述,命题获证.

例 4 凸 n 边形内至少要标出多少个点,才能使以 n 边形为顶点的任何三角形内部至少含有其中的一点？

分析与解 首先,凸 n 边形可以分割为 $n-2$ 个互不相交的三角形,每个三角形中至少有一个点,从而标出的点数不少于 $n-2$.

下面证明,可以适当标出 $n-2$ 个点,使以 n 边形为顶点的任何三角形内部至少含有其中的一点.

设凸 n 边形为 $A_1A_2\cdots A_n$,则对每个 $\triangle A_iA_jA_k$ ($1 \leqslant i < j < k \leqslant n$),都要找到一个小区域 $\triangle_j$,使之含有点 A_j.

为此,先研究特例.

当 $n=4$ 时,显然,本质上只有 2 种放点方法(图 2.15)；

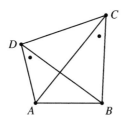 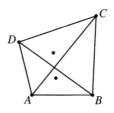

图 2.15

当 $n=5$ 时,本质上也只有 2 种放点方法.

实际上,区域 1,2,3 中至少有一个点,不妨设区域 1 中有一个点.再考察区域 7,8,9,其中至少有一个点.注意到 $\triangle ADE$ 中已有点,所以其点只能在 7 或 8 中.如果在区域 7 中有点,则区域 3,4,5 中和区域 4,8,9,11 中各有一个点,于是剩下的一个点只能在区域 4 中,得到图 2.16 所示的构造;如果在区域 8 中有点,则区域 3,4,5 中和区域 5,6,7 中各有一个点,于是剩下的一个点只能在区域 5 中,得到图 2.17 所示的构造.

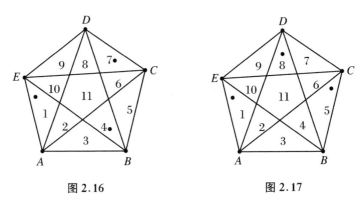

图 2.16　　　　　　　　图 2.17

下面寻找 $n=4$ 与 $n=5$ 的构造的共同规律. 经观察发现, $n=4$ 的第一种构造与 $n=5$ 的第二种构造, 其结构是相同的: 所标出的点都在除顶点 A,B 外的其他各顶点向边 AB 所张的角内, 且标出的点尽可能靠近相应的顶点.

对一般情形, 注意到 $i \geqslant 1, k \leqslant n$, 所以将 i,k 向 $1,n$ 这两边靠: 对每个顶点 $A_j(2 \leqslant j \leqslant n-1)$, 它对 $A_n A_1$ 的张角 $\angle A_n A_j A_1$ 记为 $\triangle_j$, 连 $A_{j-1} A_{j+1}$, 与 $\triangle_j$ 交成的一个小三角形记为 δ_j, 在此区域内放一个点 P_j, 则放了 $P_2, P_3, \cdots, P_{n-1}$ 共 $n-2$ 个点(图 2.18).

下面证明这 $n-2$ 个标出的点合乎要求.

实际上, 对任何一个 $\triangle A_i A_j A_k (1 \leqslant i < j < k \leqslant n)$, 它必包含一个小区域 δ_j. 这是因为 $1 \leqslant i < j < k \leqslant n$, 从而 $\angle A_i A_j A_k$ 包含了 $\angle A_1 A_j A_n$, 于是 $\angle A_i A_j A_k$ 内有一个点 P_j. 又 $i \leqslant j-1, k \geqslant j+1$, 于是点 P_j 在直线 $A_i A_k$ 靠近顶点 A_j 的一侧, 因此可知多边形 $A_i A_{i+1} \cdots A_j A_{j+1} \cdots A_k$ 包含了 $\triangle A_{j-1} A_j A_{j+1}$, 所以 $\triangle A_i A_j A_k$ 包含

了 δ_j,也就包含了点 P_j.

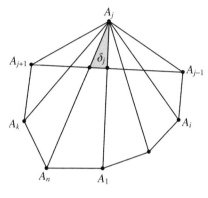

图 2.18

例 5 在一个无限大的棋盘上的某一行中连续排列着 n 个白子和 n 个黑子,其中前 n 个为白子,后 n 个为黑子,任何两个子之间没有空格,每次操作允许取出两个相邻的子,然后适当地将它们放到该行中的某两个空格中(可交换顺序,也可以放回原来的位置),得到新的一列棋子(允许棋子之间有空格),求证:可适当操作不多于 $2n-3$ 次,使 $2n$ 个棋子排列成一白一黑相间,且任何两个子之间没有空格.

分析与解 记 $f(n)=2n-3$.

当 $n=2$ 时,取出中间两个相邻的棋子,然后交换顺序,放在中间两个新空出来的格中(此操作等价于交换中间两个棋子的顺序),得到一列一白一黑相间的棋子,过程如图 2.19 所示.

于是,操作 $1=f(2)$ 次即可实现目标,结论成立.

图 2.19

当 $n=3$ 时,设 6 个棋子依次为 $a_1,a_2,\cdots,a_6$,先取出 a_3,a_4,

按原来的顺序,放在 a_1 前面的两个空格中,得到 $a_3,a_4,a_1,a_2,$空,空,a_5,a_6;再取出 a_5,a_6,按原来的顺序,放在 a_5 前面的两个空格中,得到 a_3,a_4,a_1,a_2,a_5,a_6;最后交换棋子 a_2,a_5 的顺序,得到一列一白一黑相间的棋子 a_3,a_4,a_1,a_5,a_2,a_6,过程如图 2.20 所示.

图 2.20

于是,操作 $3=f(3)$ 次即可实现目标,结论成立.

当 $n=4$ 时,设 8 个棋子依次为 $a_1,a_2,\cdots,a_8$,先取出 a_4,a_5,按原来的顺序,放在 a_1 前面的两个空格中,得到 $a_4,a_5,a_1,a_2,a_3,$空,空,a_6,a_7,a_8;再取出 a_1,a_2,按原来的顺序,放在 a_6 前面的两个空格中,得到 $a_4,a_5,$空,空,a_3,a_1,a_2,a_6,a_7,a_8,过程如图 2.21 所示.

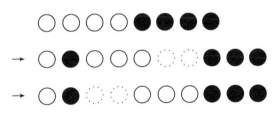

图 2.21

接下来,由 $n=3$ 的情况可知,上述序列的后 6 个棋子序列 a_3,a_1,a_2,a_6,a_7,a_8,借助 a_1 前面的两个空格,可适当进行 $f(3)$ 次,即可使之变成黑白相间,且相应的序列向前平移两个格.

所以,加上前面操作的两次,总共只需操作 $2+f(3)=5=f(4)$ 次,结论成立.

一般地,我们证明一个更强的命题:当 $n>2$ 时,对于一行中连续排列着 n 个白子和 n 个黑子,可借助序列前面紧靠着的两个空格,进行适当的 $f(n)=2n-3$ 次操作,使之变成黑白相间的棋子,且序列相对原来的位置向前平移两个格.

对 n 归纳.设结论对 $n<k$ 时成立,当 $n=k$ 时,设 $2k$ 个棋子依次为 $a_1,a_2,\cdots,a_{2k}$,先取出 a_k,a_{k+1},按原来的顺序,放在 a_1 前面的两个空格中,得到 $a_k,a_{k+1},a_1,a_2,\cdots,a_{k-1}$,空,空,$a_{k+2},a_{k+3},\cdots,a_{2k}$;再取出 a_1,a_2,按原来的顺序,放在 a_{k+2} 前面的两个空格中,得到 a_k,a_{k+1},空,空,$a_3,\cdots,a_{k-1},a_1,a_2,a_{k+2},a_{k+3},\cdots,a_{2k}$.

由归纳假设,$a_{k-1},a_1,a_2,a_{k+2},a_{k+3},\cdots,a_{2k}$ 可操作 $f(k-1)$ 次,变成黑白相间的棋子,且序列相对原来的位置向前平移两个格,加上前面操作的两次,总共只需操作 $2+f(k-1)=f(k)$ 次,结论成立.

综上所述,命题获证.

例 6 给定正整数 m,n,r,其中 $1<m<n$,在 $m\times n$ 方格表中选出若干个方格,使得每行每列选出的方格数不超过 r,试求 a 的最小值,使得总可以用 a 种颜色对选出的方格进行染色,使得每行每列都不存在 3 个同色的方格.(数学新星征解问题第 1 期)

分析与解 用 $[x]$ 表示不小于 x 的最小整数,则显然有 $a\geqslant\left[\dfrac{r}{2}\right]$.

实际上,由于一行可能选取了 r 个格,而该行每种颜色的格至多有 2 个,所以由抽屉原理,颜色种数 $a\geqslant\left[\dfrac{r}{2}\right]$.

下面只需证明:总可以用 $a=\left[\dfrac{r}{2}\right]$ 种颜色对选出的方格进行染色,使得每行每列都不存在 3 个同色的方格.

为此,先考虑一种特殊情况,假定每行每列选出的方格数都为

r,且选定的方格排列成 $r \times r$ 棋盘,此时,用 $1, 2, \cdots, \left[\dfrac{r}{2}\right]$ 这 $\left[\dfrac{r}{2}\right]$ 种颜色按对角线周期地染色即可(同一条对角线上的方格染同一色).

上述染色的特征是:先用一种颜色染 r 个格,使这 r 个格位于 r 个不同行和 r 个不同列.这就看出我们解决一般问题的关键步骤是:能否在选定的格中找到 r 个格,使这 r 个格位于 r 个不同行和 r 个不同列.

用 m 个点表示方格表的 m 行,另 n 个点表示其 n 列,两个顶点相邻当且仅当该两顶点对应的行与列相交处的方格被选取,得到一个 2 部分图 $G_{m,n}$.

因为每一行(列)选取的方格数就是该行(列)对应点连的边数,所以题目的条件变成 2 部分图 $G_{m,n}$ 中所有点的度都不大于 r.从而问题变为:

如果 2 部分图 $G_{m,n}$ 每个顶点的度都不大于 r,求 a 的最小值,使得总可以用 a 种颜色对 $G_{m,n}$ 的边进行染色,使得同一个顶点引出的边中不存在 3 条同色的边.

显然,特例中 r 个格位于 r 个不同行和 r 个不同列,恰好对应 2 部分图 $G_{m,n}$ 中的一个 r 匹配.

由此想到 Hall(霍尔)定理,正则 2-部图存在完美匹配,于是想到补充一些边将 2 部分图 $G_{m,n}$ 变成正则 2 部分图.

为了使补充边后的图中所有点的度仍不大于 r,需要在度都小于 r 的点之间连边.

现在的问题是度小于 r 的点是否成对出现?稍作思考即可发现,这只要 $m = n$ 即可,因为 $m = n$ 时,通过估计 G 的边数可知:如果 2 部分图一个部分中有度小于 r 的点,则另一个部分中也有度小于 r 的点.

于是,我们只需补充 $n - m$ 个孤立点使图变成 2 部分图 $G_{n,n}$.

记 2 部分图 $G_{m,n}$ 的两部分的顶点集分别为 $A = \{A_1, A_2, \cdots, A_m\}$, $B = \{B_1, B_2, \cdots, B_n\}$, 在 A 中增补 $n-m$ 个点: $A_{m+1}, A_{m+2}, \cdots, A_n$, 得到新的 2 部分图 $G' = G_{n,n}$.

由于增加了 $n-m$ 个孤立点, 图中每个顶点的度不增加, 从而 G' 每个顶点的度仍不大于 r.

如果 G' 中存在某个顶点的度小于 r, 不妨设 $d(A_i) < r$, 又每个顶点的度不大于 r, 那么

$$\sum_{i=1}^{n} d(B_i) = \|G'\| = \sum_{i=1}^{n} d(A_i) < nr,$$

所以, G' 中必定存在某个 $B_j (1 \leqslant j \leqslant n)$, 使 $d(B_j) < r$.

在 G' 中增添边 $A_i B_j$, 使顶点 A_i, B_j 的度都增加 1, 其他顶点的度不变, 从而增加新的边后, 图中每个顶点的度仍不大于 r. 如此继续下去, 直至每个顶点的度都不小于 r, 记此时的图为 G''.

显然, G'' 每个顶点的度都为 r, 由 Hall 定理, 正则 2-部图存在完美匹配, 取出其中一个完美匹配 P_1, 在图中去掉 P_1 的边, 则每个点都去掉一条边, 得到的图仍是正则 2-部图, 又存在完美匹配 P_2, 又在图中去掉 P_2 的边, 则每个点又都去掉一条边, 得到的图仍是正则 2-部图. 如此下去, 直至取出第 r 个完美匹配 P_r.

显然, 每个顶点引出的 r 条边分别属于 r 个不同的完美匹配, 现在, 将完美匹配 $P_i \left(1 \leqslant i \leqslant \left[\dfrac{r}{2}\right]\right)$ 的边都染第 i 种颜色, 完美匹配 P_j $\left(\left[\dfrac{r}{2}\right] + 1 \leqslant j \leqslant r\right)$ 的边都染第 $\left(j - \left[\dfrac{r}{2}\right]\right)$ 种颜色, 则同一个顶点处没有 3 条边同色.

现在, 在 G'' 中去掉新增加的边得到图 G', 则 G' 在同一个顶点处没有 3 条边同色. 最后在 G' 中去掉新增加的 $n-m$ 个点得到图 G, 则 G 在同一个顶点处没有 3 条边同色, 染色合乎要求.

综上所述, $a_{\min} = \left[\dfrac{r}{2}\right]$.

2.4 寻找具有固定程序的步骤

在解决特例的过程中,发现有些环节呈现出一种固定不变的程序,而在一般问题中,也有与之完全类似的步骤,由此找到解决一般问题的途径.

例1 设 $a_i \in \mathbf{R}$,且 $|a_i| \leqslant 1 (i=1,2,\cdots,n)$,试证:$a_1 + a_2 + \cdots + a_n - a_1 a_2 \cdots a_n \leqslant n-1$.(原创题)

分析与证明 先看特例.

当 $n=2$ 时,目标变为
$$a_1 + a_2 - a_1 a_2 \leqslant 1,$$
即 $a_1 a_2 - a_1 - a_2 + 1 \geqslant 0$,也即 $(a_1-1)(a_2-1) \geqslant 0$,这显然成立.

当 $n=3$ 时,目标变为
$$a_1 + a_2 + a_3 - a_1 a_2 a_3 \leqslant 2,$$
此时,虽不能利用"$n=2$"所使用的方法,但可利用"$n=2$"时的结论(用方法或用结论,是定理的两个基本应用).首先,由上述证明可得
$$a_1 + a_2 - a_1 a_2 \leqslant 1,$$
于是 $a_1 + a_2 + a_3 - a_1 a_2 \leqslant 1 + a_3$,即
$$a_1 + a_2 + a_3 \leqslant 1 + a_3 + a_1 a_2.$$

比较目标:$a_1 + a_2 + a_3 - a_1 a_2 a_3 \leqslant 2$,即 $a_1 + a_2 + a_3 \leqslant 2 + a_1 a_2 a_3$,只需证明:$1 + a_3 + a_1 a_2 \leqslant 2 + a_1 a_2 a_3$,即 $a_1 a_2 a_3 - a_1 a_2 - a_3 + 1 \geqslant 0$,也即 $(a_1 a_2 - 1)(a_3 - 1) \geqslant 0$,这显然成立.

从这一特例可以看出,证明不等式的关键步骤是在利用前一特例的结论(归纳假设)后,将当前结果与目标不等式比较,逆推出要证明的更强的不等式,最后通过因式分解获解.

一般地,对 n 用数学归纳法.

设 $n=k$ 时结论成立,即

$$a_1 + a_2 + \cdots + a_k - a_1 a_2 \cdots a_k \leqslant k - 1,$$

那么

$$a_1 + a_2 + \cdots + a_k \leqslant k - 1 + a_1 a_2 \cdots a_k,$$

所以

$$a_1 + a_2 + \cdots + a_k + a_{k+1} \leqslant k - 1 + a_1 a_2 \cdots a_k + a_{k+1}.$$

现在要证：$a_1 + a_2 + \cdots + a_k + a_{k+1} \leqslant k + a_1 a_2 \cdots a_k a_{k+1}$，只需 $k - 1 + a_1 a_2 \cdots a_k + a_{k+1} \leqslant k + a_1 a_2 \cdots a_k a_{k+1}$，即 $a_1 a_2 \cdots a_k + a_{k+1} \leqslant 1 + a_1 a_2 \cdots a_k a_{k+1}$，也即 $(a_1 a_2 \cdots a_k - 1)(a_{k+1} - 1) \geqslant 0$，这显然成立.

所以 $n = k + 1$ 时结论成立.

综上所述，不等式获证.

例 2 设常数 $a_1, a_2, \cdots, a_n \in \mathbf{R}$，若对任何非负实数 $x_1, x_2, \cdots, x_n$，且 $x_1 + x_2 + \cdots + x_n = 1$，不等式 $\sum\limits_{i=1}^{n} a_i x_i \geqslant \sum\limits_{i=1}^{n} a_i x_i^2$ 都成立，求 $a_1, a_2, \cdots, a_n$ 满足的条件.（首届中国中学生数学冬令营试题）

分析与解 我们的目标是建立关系：$f(a_1, a_2, \cdots, a_n) = 0$，这可在条件不等式中取一些适当的 $x_1, x_2, \cdots, x_n$ 的值来实现.

为了使结果简单，尽可能多取 0，于是，令 $x_1 = 1, x_2 = x_3 = \cdots = x_n = 0$，得到 $a_1 \geqslant a_1$，赋值无效.

再令 $x_1 = x_2 = \dfrac{1}{2}, x_3 = x_4 = \cdots = x_n = 0$，得 $a_1 + a_2 \geqslant 0$.

进而由对称性可知，对任何 $1 \leqslant i < j \leqslant n$，有 $a_i + a_j \geqslant 0$.

下面证明这个条件也是充分的：如果对任何 $1 \leqslant i < j \leqslant n$，有 $a_i + a_j \geqslant 0$，则对任何非负实数 $x_1, x_2, \cdots, x_n$，且 $x_1 + x_2 + \cdots + x_n = 1$，都有不等式

$$\sum_{i=1}^{n} a_i x_i \geqslant \sum_{i=1}^{n} a_i x_i^2$$

成立.

2 寻找关键步骤

先考察 $n=1$ 的情形,这时问题太过简单,不具一般性,从而不能获得解决一般问题的启示.

再考虑 $n=2$ 的情形,相应的问题为:

若 $a_1+a_2\geqslant 0, x_1\geqslant 0, x_2\geqslant 0, x_1+x_2=1$,则 $a_1x_1+a_2x_2\geqslant a_1x_1^2+a_2x_2^2$.

此不等式如何证明?因为不等式两边都是多项式,宜作差比较.记上述不等式的左边与右边的差为 H,则
$$H = a_1x_1(1-x_1)+a_2x_2(1-x_2) = a_1x_1x_2+a_2x_2x_1$$
$$= (a_1+a_2)x_1x_2 \geqslant 0.$$

以上证明的关键有两步:一是将 $1-x_1$ 用 x_2 代替,而 $1-x_2$ 用 x_1 代替,以构造同类项;二是合并同类项以构造 a_1+a_2,利用题设条件.

再考察 $n=3$ 的情形,相应的问题为:

设 $a_1+a_2\geqslant 0, a_1+a_3\geqslant 0, a_2+a_3\geqslant 0, x_1\geqslant 0, x_2\geqslant 0, x_3\geqslant 0, x_1+x_2+x_3=1$,则
$$a_1x_1+a_2x_2+a_3x_3 \geqslant a_1x_1^2+a_2x_2^2+a_3x_3^2.$$

此时,类似地有
$$H = a_1x_1(1-x_1)+a_2x_2(1-x_2)+a_3x_3(1-x_3)$$
$$= a_1x_1(x_2+x_3)+a_2x_2(x_1+x_3)+a_3x_3(x_1+x_2)$$
$$= (a_1+a_2)x_1x_2+(a_1+a_3)x_1x_3+(a_2+a_3)x_2x_3 \geqslant 0.$$

上述特例启发我们在解决一般问题时,应将 $1-x_1$ 用 $x_1+\cdots+x_{i-1}+x_{i+1}+\cdots+x_n$ 代替,进而合并同类项以构造 a_i+a_j 等,问题便可获解.实际上
$$H = a_1x_1(1-x_1)+a_2x_2(1-x_2)+\cdots+a_nx_n(1-x_n)$$
$$= a_1x_1\sum_{j\neq 1}x_j + a_2x_2\sum_{j\neq 2}x_j + \cdots + a_nx_n\sum_{j\neq n}x_j$$
$$= \sum_{j\neq 1}a_1x_1x_j + \sum_{j\neq 2}a_2x_2x_j + \cdots + \sum_{j\neq n}a_nx_nx_j$$

$$= \sum_{i=1}^{n}\sum_{j\neq i}a_ix_ix_j = \sum_{i\neq j}a_ix_ix_j = \frac{1}{2}\left(\sum_{i\neq j}a_ix_ix_j + \sum_{j\neq i}a_jx_jx_i\right)$$

$$= \frac{1}{2}\sum_{i\neq j}(a_i+a_j)x_ix_j \geqslant 0.$$

注 这里运用了"对称分拆"技巧,由 $\sum\limits_{i\neq j}f(i,j) = \sum\limits_{j\neq i}f(j,i)$,得

$$\sum_{i\neq j}f(i,j) = \frac{1}{2}\left(\sum_{i\neq j}f(i,j) + \sum_{j\neq i}f(j,i)\right)$$
$$= \frac{1}{2}\sum_{i\neq j}(f(i,j) + f(j,i)).$$

例 3 给定一个长为 n 的序列:$a_1,a_2,\cdots,a_n$,每次操作是任取一个实数 t,将原序列换作新序列:$|a_1-t|,|a_2-t|,\cdots,|a_n-t|$,对于其中任何两个操作,其实数 t 可以不同.

(1) 求证:可以通过适当的有限次操作,使数列变为 0 数列;

(2) 无论最初的数列是什么,都能适当操作 r 次以后变为 0 数列,求 r 的最小值.

(1988 年 IMO 苏联集训队训练题)

分析与解 (1) 考虑目标的前一步:要使数列变为 0 数列,则需要先变成各项都相等的数列,所以,我们先考虑如何操作,使数列变得各项都相等.

先考察特例,当 $n=2$ 时,如果初始数列为 $1,2$,此时,取 $t=\frac{3}{2}$,操作一次以后,数列变成 $\frac{1}{2},\frac{1}{2}$.

再取 $t=\frac{1}{2}$,操作一次以后,数列变成 $0,0$.

注意 $\frac{3}{2}$ 是 1 和 2 的平均数,一般地,对 $n=2$,设初始数列为 a, b,则取 $t=\frac{a+b}{2}$,操作一次后,数列变成 $\frac{|a-b|}{2},\frac{|a-b|}{2}$,最后取

2 寻找关键步骤

$t = \dfrac{|a-b|}{2}$,则数列变成 0,0.

当 $n=3$ 时,如果初始数列为 1,2,3,我们采用逼近策略:先使数列前 2 个项变得相等,最后使 3 个项都变得相等.

为使数列前 2 个项变得相等,由 $n=2$ 的情形,可取 $t=\dfrac{3}{2}$,操作一次以后,数列变成 $\dfrac{1}{2},\dfrac{1}{2},\dfrac{3}{2}$.

再取 $t=1$,操作一次以后,数列变成 $\dfrac{1}{2},\dfrac{1}{2},\dfrac{1}{2}$.

最后 $t=\dfrac{1}{2}$,操作一次以后,数列变成 0,0,0.

一般地,对 $n=3$,设初始数列为 a,b,c,则取 $t=\dfrac{a+b}{2}$,操作一次后,数列变成 $\dfrac{|a-b|}{2},\dfrac{|a-b|}{2},\dfrac{|2c-a-b|}{2}$,将此数列改记为 p,p,q,其中 $p=\dfrac{|a-b|}{2}$,$q=\dfrac{|2c-a-b|}{2}$.

取 $t=\dfrac{p+q}{2}$,操作一次后,数列变成 $\dfrac{|p-q|}{2},\dfrac{|p-q|}{2},\dfrac{|p-q|}{2}$.

最后取 $t=\dfrac{|p-q|}{2}$,则数列变成 0,0,0.

由此可见,可对数列适当进行 n 次操作,使数列变为"0"数列(各项都是 0 的数列).

对 n 归纳. 当 $n=1$ 时,结论显然成立,取 $t=a_1$ 即可.

设结论对 $n=k$ 成立,考察 $n=k+1$ 的情形.

由归纳假设,可对 $a_1,a_2,\cdots,a_k$ 经过适当的 k 次操作,使各项都变成 0,则这些操作的前 $k-1$ 次操作,必使数列的各个项都变得相等,假设数列变成 k 个 a 的形式.

将这 $k-1$ 次操作施加于数列 $a_1,a_2,\cdots,a_{k+1}$,则操作后该数列

前 k 个项都变成 a，设最后一个项变成了 b.

再取 $t=\dfrac{a+b}{2}$，则数列变成 $k+1$ 个 $\dfrac{|a-b|}{2}$ 的形式，最后取 $t=\dfrac{|a-b|}{2}$，则数列变成 $k+1$ 个 0，结论成立.

(2) 由(1)知，适当进行 n 次操作，不论最初的数列是什么，都能得到 0 数列.

下面证明，存在数列，至少要操作 n 次才能得到 0 数列.

实际上，取 $a_n = n!$ 即可，对 n 归纳.

当 $n=1,2$ 时，显然操作次数至少为 n，结论成立.

设结论对 $n=k$ 成立，即数列 $1!,2!,\cdots,k!$ 至少要操作 k 次.

考察数列 $1!,2!,3!,\cdots,k!,(k+1)!$，反设此数列可以通过 $t(t \leqslant k)$ 次得到 0 数列，并设数 t 是最小的.

我们证明：若被操作的数列中各个项不全等，则操作所取的实数 t 必介于被操作数列的最小项与最大项之间. （*）

实际上，若 t 小于数列中的最小项，而下一次操作所取的实数为 r，那么，用数 $t+r$ 代替操作中选取的实数 t，可使两次操作合并为一次操作.

这是因为 $t < a_i(i=1,2,\cdots,n)$，所以
$$||a_i - t| - r| = |(a_i - t) - r| = |a_i - (t+r)|.$$
于是，操作次数减少，矛盾！

同样，若 t 大于数列中的最大项，而下一次操作所取的实数为 r，那么，用数 $t-r$ 代替操作中选取的实数 t，可使两次操作合并为一次操作.

这是因为 $t > a_i(i=1,2,\cdots,n)$，所以
$$||a_i - t| - r| = |(t - a_i) - r| = |-a_i + t - r|$$
$$= |a_i - t + r| = |a_i - (t-r)|.$$

于是,操作次数减少,矛盾!所以(*)成立.

因为 t 次操作使数列 $1!,2!,3!,\cdots,k!,(k+1)!$ 的各个项变为 0,当然使数列 $1!,2!,3!,\cdots,k!$ 的各个项也变为 0,由归纳假设,有 $t \geq k$.

又由"反设",有 $t \leq k$,所以 $t = k$.

再由归纳假设,k 是使数列 $1!,2!,3!,\cdots,k!$ 各个项变为 0 的操作的最少次数.

设第 i 次操作所选取的实数为 t_i,由(*),$1 \leq t_1 \leq k!$.

在这样的 t_1 的限定下,操作一次后,数列的最大项都不大于 $k!$,于是,$0 \leq t_2 \leq k!$. 如此下去,有
$$0 \leq t_i \leq k! \quad (1 \leq i \leq k).$$

但这些数还不足以使 $(k+1)!$ 变成 0. 实际上,考察这 k 次操作后 $(k+1)!$ 的变化,有
$$|\cdots||(k+1)!-t_1|-t_2|-\cdots-t_k|$$
$$\geq (k+1)! - (t_1 + t_2 + \cdots + t_k)$$
$$\geq (k+1)! - k \times k! > 0,$$

矛盾.

例 4 设 $f_1 = (a_1, a_2, \cdots, a_n)$ 是整数序列($n > 2$),对 $f_k = (c_1, c_2, \cdots, c_n)$,定义 $f_{k+1} = (c_{i_1}, c_{i_2}, c_{i_3}+1, c_{i_4}+1, \cdots, c_{i_n}+1)$,其中 $c_{i_1}, c_{i_2}, \cdots, c_{i_n}$ 是 $c_1, c_2, \cdots, c_n$ 的一个排列(实际上是将其中任意 $n-2$ 个分量加 1).试给出 f_1 满足的充要条件,使对任何满足条件的 $(a_1, a_2, \cdots, a_n)$ 及 n,存在 k,而 f_k 的各个分量都相等.(第 26 届 IMO 备选题)

分析与解 由操作的目标状态可以看出,此操作等价于从 $a_1, a_2, \cdots, a_n$ 中选出两个数各减去 1.

此操作具有显然的不变性: $S = \sum_{i=1}^{n} a_i$ 的奇偶性不变,为了使最

终状态 $b_1 + b_2 + \cdots + b_n = nb_1$ 有确定的奇偶性，一个充分条件是 n 为偶数，此时要求初始状态 $a_1 + a_2 + \cdots + a_n$ 为偶数，这样可发现分类讨论时机.

(1) 若 n 为奇数，令 $n = 2m + 1$.

因为每次操作使两个项减少 1，操作 m 次，可使 $2m$ 个不同的项减少 1，这等价于第 $2m+1$ 个项增加 1.

我们把这 m 次操作合并看作一个大操作 A，则操作 A 可使序列中的一个项增加 1.

这样，将每个项都逐步增加到与最大的项相等，即可实现操作的目标状态.

(2) 若 n 为偶数，令 $n = 2m$.

（ⅰ）$a_1 + a_2 + \cdots + a_n$ 为奇数.

由于每次操作使 $a_1 + a_2 + \cdots + a_n$ 的奇偶性不变，而最终 $b_1 + b_2 + \cdots + b_n = nb_1$ 为偶数，但最初 $a_1 + a_2 + \cdots + a_n$ 为奇数，矛盾.

所以，目标状态无法实现.

（ⅱ）$a_1 + a_2 + \cdots + a_n$ 为偶数.

考察：
$$S_1 = a_1 + a_2 + \cdots + a_m, \quad S_2 = a_{m+1} + a_{m+2} + \cdots + a_{2m},$$
则
$$S_1 - S_2 \equiv S_1 + S_2 \equiv a_1 + a_2 + \cdots + a_n \equiv 0 \pmod{2}.$$

不妨设 $S_1 - S_2 = 2k (k \in \mathbf{N})$，则对 S_1 操作 k 次，可使 $S_1' = S_2'$.

设此时的数列为 $(b_1, b_2, b_m, b_{m+1}, b_{m+2}, \cdots, b_{2m})$，其中 $b_1 + b_2 + \cdots + b_m = b_{m+1} + b_{m+2} + \cdots + b_{2m}$，并设 $b_j = \min\{b_1, b_2, \cdots, b_{2m}\}$.

现对此序列进行操作，每次操作都在 S_1, S_2 中各减去 1（取 2 个数，每组中取 1 个），使各个项都等于 $b_1, b_2, \cdots, b_{2m}$ 中的最小项 b_j，故目标状态可以实现.

综上所述,序列 f_1 满足的充要条件为:n 为奇数,或 $n, a_1 + a_2 + \cdots + a_n$ 都为偶数.

例 5 有 h 个 8×8 棋盘,每个棋盘上的格均可适当填上 $1, 2, 3, \cdots, 64$,每个格填一个数,使任何两个棋盘以任何方式重合时,相同位置上的数不同.求 h 的最大值.(第 29 届 IMO 备选题)

分析与解 此题的原解答很繁,我们这里给出一个简单的解答.

先看特殊情形.考察 2×2 棋盘,我们发现两个这样的棋盘上任何两个格都有可能重合.从而同一个棋盘上的 4 个格只能看作是一个类,同类中的格只能填互异的自然数.

设有 h 个棋盘,则有 $4h$ 个同类格,于是 $4h \leqslant 2 \times 2 = 4$,得 $h \leqslant 1$,此时 h 的最大值为 1.

再考察 3×3 棋盘,如下所示,棋盘上的格可以分为 A, B, C 三类,同一类中的任何两个格都有可能重合,从而同一类中的格只能填互异的自然数.

$$\begin{array}{ccc} B & C & B \\ C & A & C \\ B & C & B \end{array}$$

注意到最大的类中有 4 个格,设有 h 个棋盘,则有 $4h$ 个同类格,于是 $4h \leqslant 3 \times 3 = 9$,得 $h \leqslant \dfrac{9}{4}$,所以 $h \leqslant \left[\dfrac{9}{4}\right] = 2$.

当 $h = 2$ 时,两个棋盘的填数如下:

$$\begin{array}{ccc} 2 & 6 & 3 \\ 9 & 1 & 7 \\ 5 & 8 & 4 \end{array} \qquad \begin{array}{ccc} 1 & 2 & 6 \\ 5 & 9 & 3 \\ 8 & 4 & 7 \end{array}$$

所以 h 的最大值为 2.

再考察 4×4 棋盘,如下所示,棋盘上的格可以分作 A, B, C, D 这 4 个类,且同一类中的两个格位于两个不同的棋盘时均有可能重

合,从而同一类中的格的填数不能相同.

$$\begin{array}{cccc} B & C & D & B \\ D & A & A & C \\ C & A & A & D \\ B & D & C & B \end{array}$$

注意到最大的类中有 4 个格,设有 h 个棋盘,则有 $4h$ 个同类格,于是 $4h \leqslant 4 \times 4 = 16$,得 $h \leqslant \dfrac{16}{4} = 4$.

而当 $h = 4$ 时,只需 4 个棋盘的同类格中的数互不相同.

先填 4 个棋盘的 16 个 A 类格:第一个棋盘的 A 类格填 1,2,3,4;第二个棋盘的 A 类格填 5,6,7,8;第三个棋盘的 A 类格填 9,10,11,12;第四个棋盘的 A 类格填 13,14,15,16.

再填 4 个棋盘的 B 类格:第一个棋盘的 B 类格填 5,6,7,8;第二个棋盘的 A 类格填 9,10,11,12;第三个棋盘的 A 类格填 13,14,15,16;第四个棋盘的 A 类格填 1,2,3,4.

如此轮换,得 C,D 两类格的填法.这种填法等价于将第一个棋盘的 A 类格填 1,2,3,4,B 类格填 5,6,7,8,C 类格填 9,10,11,12,D 类格填 13,14,15,16.此外,第二个棋盘上的填数正好是第一个棋盘上的对应格的填数加 4(大于 16 者取除以 16 的余数),第三个棋盘上的填数正好是第二个棋盘上的对应格的填数加 4(大于 16 者取除以 16 的余数)等等,如下所示:

```
 5  9 14  6     9 13  2 10    13  1  6 14     1  5 10  2
13  1  2 10     1  5  6 14     5  9 10  2     9 13 14  6
12  3  4 15    16  7  8  3     4 11 12  7     8 15 16 11
 8 16 11  7    12  4 15 11    16  8  3 15     4 12  7  3
```

由上面所述不难知道,8×8 棋盘的格可以分为 16 个不同的类,分别用 16 个字母 $A, B, \cdots, P$ 表示(如下所示),不同类的格不论以何种方式叠合棋盘都不会重合,而同类的格则有可能重合,于是同类格中要填互异的自然数.

$$
\begin{array}{cccccccc}
J & K & L & M & N & O & P & J \\
P & E & F & G & H & I & E & K \\
O & I & B & C & D & B & F & L \\
N & H & D & A & A & C & G & M \\
M & G & C & A & A & D & H & N \\
L & F & B & D & C & B & I & O \\
K & E & I & H & G & F & E & P \\
J & P & O & N & M & L & K & J \\
\end{array}
$$

每个棋盘有 4 个 A 类格,设有 h 个棋盘,则有 $4h$ 个 A 类格,于是 $4h \leqslant 8 \times 8 = 64$,得 $h \leqslant \dfrac{64}{4} = 16$.

而当 $h = 16$ 时,只需 16 个棋盘的同类格中的数互不相同.

先填第一个棋盘的 64 个格:第一个棋盘的 A 类格填 $1,2,3,4$; B 类格填 $5,6,7,8$;…;P 类格填 $61,62,63,64$. 此外,第二个棋盘上的填数正好是第一个棋盘上的对应格的填数加 4(大于 16 者取除以 16 的余数),第三个棋盘上的填数正好是第二个棋盘上的对应格的填数加 4(大于 16 者取除以 16 的余数)等等,64 个数正好填满同类格的 64 个格.

综上所述,$h_{\max} = \left[\dfrac{8 \times 8}{4}\right] = 16$.

另一种构造方式是:将 64 个格分为 16 组:$A_1, A_2, \cdots, A_{16}$,每组 4 个格.

对于第一个棋盘,第一组的 4 个格填 $1,2,3,4$,第二组的 4 个格填 $5,6,7,8$,第 16 组的 4 个格填 $61,62,63,64$.

对于第 i 个棋盘,将第 $i-1$ 个棋盘的第 j 组所填的数作为将第 i 个棋盘的第 $j+1$ 组填的数.

一般地,h 个棋盘,每个棋盘有 4 个 A 类(位于角上)格,这 $4h$

个 A 类格都有可能重合,从而必须填互异数,所以 $4h \leqslant n^2$, $h \leqslant \dfrac{n^2}{4}$,又 $\dfrac{n^2}{4} \in \mathbf{Z}$,所以 $h \leqslant \left[\dfrac{n^2}{4}\right]$.

类似地构造,可使 $h = \left[\dfrac{n^2}{4}\right]$:第 1 个棋盘的 4 个 i 类格填数为 $4i-3, 4i-2, 4i-1, 4i$,第 2 个棋盘的每一个格的填数是第 1 个棋盘对应格填数加 4,大于 n^2 则取除以 n^2 的余数,故 $h(n) = \left[\dfrac{n^2}{4}\right]$.

2.5 寻找可以反复进行的步骤

在解决特例的过程中,有些步骤呈现出一种循环程序:反复对有关对象进行类似的变换.将这一方法迁移到一般问题中,便可使问题获解.

例 1 求方程 $x = \underbrace{\sqrt{x + 2\sqrt{x + \cdots + 2\sqrt{x + 2\sqrt{3x}}}}}_{n}$ 的所有不同实数解 ($n \geqslant 3$). (2009 年上海交大自主招生试题)

分析与解 当 $n = 3$ 时,方程为 $x = \sqrt{x + 2\sqrt{x + 2\sqrt{3x}}}$.

采用观察法求一个特殊解(若用"平方法"解方程,则不便推广),注意到根号下每个项都含有形如 $\sqrt{x}$ 的因子,由"公因式"的想法,可发现 $x = 0$ 为一个特解.

其次,为了方便方程右边最后一个根号可以开尽,取 $x = 3$,发现 $x = 3$ 也是一个解.

下面证明没有其他解,也就是说,原方程的解就是
$$x(x-3) = 0$$
的解,即 $x^2 = 3x$,也即
$$x = \sqrt{3x}.$$

2 寻找关键步骤

由此可见,我们要证明这样的命题:

若 $x = \sqrt{x + 2\sqrt{x + 2\sqrt{3x}}}$,则 $x = \sqrt{3x}$.

显然,上述命题的逆命题是成立的,依次"代入"(将 $\sqrt{3x}$ 替换为 x)即可:

$$\sqrt{x + 2\sqrt{x + 2\sqrt{3x}}} = \sqrt{x + 2\sqrt{x + 2x}} = \sqrt{x + 2\sqrt{3x}}$$
$$= \sqrt{x + 2x} = \sqrt{3x} = x.$$

其中注意"代入" $x = \sqrt{3x}$ 时,是将 $\sqrt{3x}$ "换"成 x 以去根号,而不是将 x 换成 $\sqrt{3x}$.

对于原命题:"$x = \sqrt{x + 2\sqrt{x + 2\sqrt{3x}}} \Rightarrow x = \sqrt{3x}$",其证明则无法使用"代入"的方法. 为了也可以类似"代入",采用反证法(不等式"代入")即可.

如果 $\sqrt{3x} > x$,那么

$$x = \sqrt{x + 2\sqrt{x + 2\sqrt{3x}}} > \sqrt{x + 2\sqrt{x + 2x}}$$
$$= \sqrt{x + 2\sqrt{3x}} > \sqrt{x + 2x} = \sqrt{3x} = x,$$

矛盾.

如果 $\sqrt{3x} < x$,那么

$$x = \sqrt{x + 2\sqrt{x + 2\sqrt{3x}}} < \sqrt{x + 2\sqrt{x + 2x}}$$
$$= \sqrt{x + 2\sqrt{3x}} < \sqrt{x + 2x} = \sqrt{3x} = x,$$

矛盾.

所以 $\sqrt{3x} = x$.

对于原题,迁移关键步骤:分 $\sqrt{3x} < x$,$\sqrt{3x} > x$ 讨论,代入方程,得出矛盾,从而有 $x = \sqrt{3x}$.

实际上,如果 $\sqrt{3x} > x$,那么

研究特例

$$x = \underbrace{\sqrt{x + 2\sqrt{x + \cdots + 2\sqrt{x + 2\sqrt{3x}}}}}_{n\text{个根号}}$$

$$> \underbrace{\sqrt{x + 2\sqrt{x + \cdots + 2\sqrt{x + 2x}}}}_{n-1\text{个根号}} = \underbrace{\sqrt{x + 2\sqrt{x + \cdots + 2\sqrt{3x}}}}_{n-1\text{个根号}}$$

$$> \cdots > \sqrt{x + 2\sqrt{3x}} > \sqrt{x + 2x} = \sqrt{3x} = x,$$

矛盾.

如果 $\sqrt{3x} < x$,那么

$$x = \underbrace{\sqrt{x + 2\sqrt{x + \cdots + 2\sqrt{x + 2\sqrt{3x}}}}}_{n\text{个根号}}$$

$$< \underbrace{\sqrt{x + 2\sqrt{x + \cdots + 2\sqrt{x + 2x}}}}_{n-1\text{个根号}}$$

$$= \underbrace{\sqrt{x + 2\sqrt{x + \cdots + 2\sqrt{3x}}}}_{n-1\text{个根号}}$$

$$< \cdots < \sqrt{x + 2\sqrt{3x}} < \sqrt{x + 2x} = \sqrt{3x} = x,$$

矛盾.

从而只能是 $x = \sqrt{3x}$,解得 $x = 0$ 或 3.

故原方程只有两个不同的实根 $x = 0$ 和 $x = 3$.

例2 给定正整数 n,解方程组

$$\begin{cases} x_1 + 1 = \dfrac{1}{x_2}, \\ x_2 + 1 = \dfrac{1}{x_3}, \\ \cdots, \\ x_{n-1} + 1 = \dfrac{1}{x_n}, \\ x_n + 1 = \dfrac{1}{x_1}. \end{cases}$$

分析与解 当 $n=1$ 时,方程变为
$$x_1 + 1 = \frac{1}{x_1},$$
即
$$x_1^2 + x_1 = 1 \qquad \qquad ①$$
(上一个等式将反复用到,其功能是"去分母":$\frac{1}{x_1}$ 可换成 x_1+1)解得
$$x_1 = \frac{-1 \pm \sqrt{5}}{2}.$$

当 $n=2$ 时,方程组为
$$x_1 + 1 = \frac{1}{x_2}, \quad x_2 + 1 = \frac{1}{x_1},$$
为消去 x_2,利用第二个方程,将 x_2 用 x_1 表示出,得
$$x_2 = \frac{1-x_1}{x_1}.$$
将之代入另一个方程,消去 x_2,得
$$x_1 + 1 = \frac{x_1}{1-x_1},$$
此式化简即为式①,于是仍然有 $x_1 = \frac{-1 \pm \sqrt{5}}{2}$.

为求 x_2,代入其中一个方程即可.但此时注意 x_1 满足:
$$\frac{1}{x_1} = x_1 + 1,$$
所以代入第二个方程,得
$$x_2 + 1 = \frac{1}{x_1} = x_1 + 1 \Rightarrow x_2 = x_1.$$
所以方程组的解为
$$\left(\frac{-1-\sqrt{5}}{2}, \frac{-1-\sqrt{5}}{2}\right) \quad \text{及} \quad \left(\frac{-1+\sqrt{5}}{2}, \frac{-1+\sqrt{5}}{2}\right).$$

由以上分析,我们发现了一点规律,但规律仍不明显,继续考察

$n = 3$ 的情形,此时,消去 x_2, x_3,同样得到方程①,解得 $x_1 = \dfrac{-1 \pm \sqrt{5}}{2}$.

利用同样的技巧,我们有 $x_2 = x_3 = x_1$. 所以方程组的解为

$$\left(\dfrac{-1-\sqrt{5}}{2}, \dfrac{-1-\sqrt{5}}{2}, \dfrac{-1-\sqrt{5}}{2} \right)$$

及

$$\left(\dfrac{-1+\sqrt{5}}{2}, \dfrac{-1+\sqrt{5}}{2}, \dfrac{-1+\sqrt{5}}{2} \right).$$

至此,可以猜想:对任何自然数 n,方程组的解为

$$\left(\dfrac{-1-\sqrt{5}}{2}, \dfrac{-1-\sqrt{5}}{2}, \cdots, \dfrac{-1-\sqrt{5}}{2} \right)$$

及

$$\left(\dfrac{-1+\sqrt{5}}{2}, \dfrac{-1+\sqrt{5}}{2}, \cdots, \dfrac{-1+\sqrt{5}}{2} \right).$$

直接验证可知,它们都满足方程,下面只需证明方程没有其他的解.

显然,特殊情况下方程的解法不具"通式"功能,因为 n 个方程构成的方程组消元后得到的一次方程的结构是非常复杂的. 但从另一个角度考虑,可发现消元后的方程的类型却符合"通式"的要求:它们都是二次方程,由此即可从消元后的方程根的个数上讨论方程组没有其他解.

由方程组,有

$$x_n = \dfrac{1-x_1}{x_1}, \quad x_{n-1} = \dfrac{1}{x_n} - 1 = \dfrac{x_1}{1-x_1} - 1 = \dfrac{2x_1 - 1}{1 - x_1},$$

由此可见(关键步骤),x_n, x_{n-1} 都可用 x_1 表示成 $\dfrac{a+bx_1}{c+dx_1}$ 的形式,其中 a, b 不同为 0,且 c, d 不同为 $0, ad \neq bc$.

我们猜想,对任何 k, x_k 都可用 x_1 表示成 $\dfrac{a+bx_1}{c+dx_1}$ 的形式.

对 k 用反向归纳法. 假设结论对 k 成立,即 x_k 可用 x_1 表示成 $\dfrac{a+bx_1}{c+dx_1}$ 的形式,那么

$$x_{k-1} = \dfrac{1}{x_k} - 1 = \dfrac{c+dx_1}{a+bx_1} - 1 = \dfrac{(c-a)+(d-b)x_1}{a+bx_1},$$

其中 a,b 不同为 0, 且 $c-a$, $d-b$ 不同为 0(由 $ad \neq bc$ 保证), 有 $(c-a)b \neq (d-b)a$(由 $ad \neq bc$ 保证), 所以上述猜想成立.

于是,存在 A, B, C, D, 使 $x_1 = \dfrac{A+Bx_1}{C+Dx_1}$, 所以 x_1 只有两个取值.

直接验证可知

$$x_1 = x_2 = \cdots = x_n = \dfrac{-1-\sqrt{5}}{2} \text{ 或 } \dfrac{-1+\sqrt{5}}{2}$$

是方程组的解,所以

$$x_1 \in \left\{ \dfrac{-1-\sqrt{5}}{2}, \dfrac{-1+\sqrt{5}}{2} \right\}.$$

将 x_1 的取值代入最后一个方程并注意到 x_1 的取值满足方程 ①, 可得 $x_n = x_1$. 如此下去,有

$$x_{n-1} = x_n = x_1, \quad \cdots, \quad x_2 = x_3 = \cdots = x_n = x_1.$$

注 本题在猜想出解的一般形式后,还有如下简单的解法:

我们只需证明 $x_1 = x_2 = x_3 = \cdots = x_n$.

可退一步,先思考如何证明 $x_1 = x_2$, 即 $x_1 - x_2 = 0$.

由此想到如何构造 $x_1 - x_2$, 这只需将前两个方程相减,得

$$x_1 - x_2 = \dfrac{1}{x_2} - \dfrac{1}{x_3} = \dfrac{x_3 - x_2}{x_2 x_3}.$$

同理可知

$$x_i - x_{i+1} = \dfrac{x_{i+2} - x_{i+1}}{x_{i+1} x_{i+2}}.$$

各式相乘,得

$$(x_1 - x_2)(x_2 - x_3)\cdots(x_n - x_1)$$
$$= (x_1 - x_2)(x_2 - x_3)\cdots(x_n - x_1)(-1)^n \frac{1}{x_1^2 x_2^2 \cdots x_n^2} = 0,$$

即

$$(x_1 - x_2)(x_2 - x_3)\cdots(x_n - x_1)\left(1 \pm \frac{1}{x_1^2 x_2^2 \cdots x_n^2}\right) = 0.$$

显然,$1 + \frac{1}{x_1^2 x_2^2 \cdots x_n^2} \neq 0$. 下面证明 $1 - \frac{1}{x_1^2 x_2^2 \cdots x_n^2} \neq 0$,即 $x_1^2 x_2^2 \cdots x_n^2 \neq 1$.

用反证法,反设 $x_1^2 x_2^2 \cdots x_n^2 = 1$.

为构造 $x_1 x_2 \cdots x_n$,将题给 n 个方程相乘,得

$$(x_1 + 1)(x_2 + 1)\cdots(x_n + 1) = \frac{1}{x_1 x_2 \cdots x_n} = x_1 x_2 \cdots x_n. \quad ①$$

一个自然的想法是,n 个不等式

$$x_1 + 1 > x_1, \quad x_2 + 1 > x_2, \quad \cdots, \quad x_n + 1 > x_n$$

能否相乘?

分类讨论:如果所有 $x_i \geq 0$,则 $x_i + 1 > x_i \geq 0$,以上各不等式相乘后与式①矛盾.

如果 $x_1, x_2, \cdots, x_n$ 中至少有一个为负数,不妨设 $x_1 < 0$,则

$$x_n + 1 = \frac{1}{x_1} < 0,$$

所以 $x_n < 0$,如此下去有 $x_{n-1} < 0, \cdots, x_2 < 0$,这样

$$x_1 + 1 = \frac{1}{x_2} < 0.$$

同理,$x_2 + 1, x_3 + 1, \cdots, x_n + 1 < 0$.

所以 $x_i < x_i + 1 < 0$,即 $-x_i > -x_i - 1 > 0$,此 n 个不等式相乘后与式①矛盾.

因此 $1 \pm \frac{1}{x_1^2 x_2^2 \cdots x_n^2} \neq 0$,从而 $(x_1 - x_2)(x_2 - x_3)\cdots(x_n - x_1) = 0$.

不妨设 $x_1 = x_2$,则由前两个方程得 $\dfrac{1}{x_2} = \dfrac{1}{x_3}$,于是 $x_2 = x_3$.

如此下去,有 $x_1 = x_2 = x_3 = \cdots = x_n$.

例 3 对于满足条件 $x_1 + x_2 + \cdots + x_n = 1$ 的非负实数 $x_1, x_2,$ $\cdots, x_n$,求 $\sum\limits_{j=1}^{n}(x_j^4 - x_j^5)$ 的最大值.(第 40 届 IMO 中国国家队选拔考试题)

分析与解 先考虑 $n = 2, 3$ 的情形,可发现 $\sum\limits_{j=1}^{n}(x_j^4 - x_j^5)$ 达到最大时,$x_1, x_2, \cdots, x_n$ 中最多有两个不为零.

采用磨光变换. 我们称磨光变换中为达到某种效果而使用的变形手段为"磨光工具". 对于本题, 为了使尽可能多的变量为 0, 可考虑这样的磨光工具 $(x, y) \to (x + y, 0)$, 由此可见, 解题的关键步骤是证明如下反复使用的不等式:

$$(x+y)^4 - (x+y)^5 + 0^4 - 0^5 \geqslant x^4 - x^5 + y^4 - y^5.$$

此不等式等价于

$$4x^3 y + 4xy^3 + 6x^2 y^2 \geqslant 5x^4 y + 5xy^4 + 10x^3 y^2 + 10x^2 y^3,$$
$$4x^2 + 4y^2 + 6xy \geqslant 5x^3 + 5y^3 + 10x^2 y + 10xy^2. \qquad ①$$

因为

$$4x^2 + 4y^2 + 6xy = \dfrac{7}{2}(x^2 + y^2) + \dfrac{1}{2}(x^2 + y^2) + 6xy$$

$$\geqslant \dfrac{7}{2}(x^2 + y^2) + xy + 6xy$$

$$= \dfrac{7}{2}(x + y)^2.$$

而

$$5x^3 + 5y^3 + 10x^2 y + 10xy^2 \leqslant 5x^3 + 5y^3 + 15x^2 y + 15xy^2$$
$$= 5(x + y)^3.$$

于是,式①成立的一个充分条件是

$$\frac{7}{2}(x+y)^2 > 5(x+y)^3, \quad 即 \quad x+y < \frac{7}{10}.$$

这样,我们得到如下的引理.

引理 如果 $x+y<\frac{7}{10}$,则

$$(x+y)^4-(x+y)^5 > x^4-x^5+y^4-y^5.$$

解答原题 设 $x_1,x_2,\cdots,x_n$ 中不为零的数的个数为 k,且不妨设

$$x_1 \geqslant x_2 \geqslant \cdots \geqslant x_k > 0, \quad x_{k+1} = x_{k+2} = \cdots = x_n = 0.$$

如果 $k \geqslant 3$,则令

$$x'_i = x_i (i=1,2,\cdots,k-2), \quad x'_{k-1} = x_{k-1}+x_k, \quad x'_k = 0.$$

因为 $x_{k-1}+x_k \leqslant \frac{2}{n} \leqslant \frac{2}{3} < \frac{7}{10}$,由引理,有

$$\sum_{j=1}^n (x'^4_j - x'^5_j) > \sum_{j=1}^n (x^4_j - x^5_j).$$

只要非零变量个数不小于3,上述调整就可进行.最多经过 $n-2$ 次调整,可以将 $x_3,x_4,\cdots,x_n$ 调为0,而 S 不减.

设此时的 x_1,x_2 为 c,d,则 $c+d=1$,且

$$S = c^4(1-c) + d^4(1-d) = c^4 d + cd^4 = cd(c^3+d^3)$$
$$= cd(c+d)(c^2-cd+d^2) = cd((c+d)^2 - 3cd)$$
$$= cd(1-3cd) = \frac{1}{3}(3cd)(1-3cd) \leqslant \frac{1}{3} \times \frac{1}{4} = \frac{1}{12}.$$

又当 $x_1 = \frac{3+\sqrt{3}}{6}, x_2 = \frac{3-\sqrt{3}}{6}, x_3 = \cdots = x_n = 0$ 时,$S = \frac{1}{12}$,故 $S_{\max} = \frac{1}{12}$.

另解 当 $n \geqslant 3$ 时,不妨设 $x_1 \geqslant x_2 \geqslant \cdots \geqslant x_{n-2} \geqslant a = x_{n-1} \geqslant b = x_n$,令 $x'_i = x_i (i=1,2,\cdots,n-2), x'_{n-1} = a+b, x'_n = 0$,则

$$S' - S = (a+b)^4 - (a+b)^5 - (a^4-a^5+b^4-b^5)$$

$$= ab((4a^2 + 4b^2 + 6ab) - (5a^3 + 5b^3 + 10a^2b + 10ab^2)).$$

设 $a + b = u, a^2 + ab + b^2 = v$,则
$$S' - S = ab(2(u^2 + v) - 5uv).$$

由于 $1 - u = x_1 + \cdots + x_{n-2} \geqslant x_1 \geqslant \frac{1}{2}u$,故 $u \leqslant \frac{2}{3}$,于是
$$(3u - 2)(u - 1) \geqslant 0, \quad 即 \quad 5u \leqslant 3u^2 + 2.$$

又 $v \leqslant a^2 + b^2 + 2ab = u^2 \leqslant \frac{4}{9} < \frac{2}{3}$,于是
$$2(u^2 + v) - 5uv \geqslant 2(u^2 + v) - (3u^2 + 2)v$$
$$= u^2(2 - 3v) \geqslant 0,$$

即 $S' \geqslant S$,所以经过调整 S 不减.

然后固定 $x'_n = 0$,继续调整 $x'_1, x'_2, \cdots, x'_{n-1}$,只要非零变量个数不小于 3,调整就可进行,经过 $n - 2$ 步可以将 $x_3, \cdots, x_n$ 调为 0,而 S 不减.

设此时的 x_1, x_2 为 c, d,则 $c + d = 1$,且
$$S = c^4(1 - c) + d^4(1 - d) = c^4d + cd^4 = cd(c^3 + d^3)$$
$$= cd(c + d)(c^2 - cd + d^2) = cd((c + d)^2 - 3cd)$$
$$= cd(1 - 3cd) = \frac{1}{3}(3cd)(1 - 3cd) \leqslant \frac{1}{3} \times \frac{1}{4} = \frac{1}{12}.$$

又当 $x_1 = \frac{3 + \sqrt{3}}{6}, x_2 = \frac{3 - \sqrt{3}}{6}, x_3 = \cdots = x_n = 0$ 时,$S = \frac{1}{12}$,故 $S_{\max} = \frac{1}{12}$.

习 题 2

1. 给定平面上 10 个点,求证:这 10 个点必可分为两组,使平面上任何一条不过已知点的直线,都不能使它每侧各有其中一组点.

2. 设无限数列 $a_1 \geqslant a_2 \geqslant a_3 \geqslant \cdots$ 的各项的和为 1,其中 $a_1 = \frac{1}{2k}$

(k 是给定的大于 1 的自然数). 求证: 可以找到 k 个项, 其中最小的数大于最大的数的一半.

3. 若 $[\log_2 1]+[\log_2 2]+\cdots+[\log_2 n]=2\,002$, 求 n 的值.

4. 用 a_n 表示最接近 $\sqrt{n}$ 的正整数, 记 $S=\sum_{n=1}^{2\,000}\dfrac{1}{a_n}$, 求 $[S]$.

5. 求证: 存在无穷多个自然数 n, 使 $1,2,3,\cdots,3n$ 可以排成 $3\times n$ 数表:

$$a_1,\quad a_2,\quad \cdots,\quad a_n$$
$$b_1,\quad b_2,\quad \cdots,\quad b_n$$
$$c_1,\quad c_2,\quad \cdots,\quad c_n$$

满足:

(1) $a_1+a_2+\cdots+a_n=b_1+b_2+\cdots+b_n=c_1+c_2+\cdots+c_n$ 且为 6 的倍数;

(2) $a_1+b_1+c_1=a_2+b_2+c_2=\cdots=a_n+b_n+c_n$ 且为 6 的倍数.

(1997 年中国数学奥林匹克试题)

6. 求证: $1,2,3,\cdots,3n$ 可以排成 $3\times n$ 数表:

$$a_1,\quad a_2,\quad \cdots,\quad a_n$$
$$b_1,\quad b_2,\quad \cdots,\quad b_n$$
$$c_1,\quad c_2,\quad \cdots,\quad c_n$$

满足:

(1) $a_1+a_2+\cdots+a_n=b_1+b_2+\cdots+b_n=c_1+c_2+\cdots+c_n$ 且为 6 的倍数.

(2) $a_1+b_1+c_1=a_2+b_2+c_2=\cdots=a_n+b_n+c_n$ 且为 6 的倍数的一切自然数 n 为 $n=12k+9(k\in\mathbf{N})$.

7. 求所有正整数 n, 使得存在非负整数 $a_1,a_2,\cdots,a_n$, 满足 $\dfrac{1}{2^{a_1}}$

$+\frac{1}{2^{a_2}}+\cdots+\frac{1}{2^{a_n}}=\frac{1}{3^{a_1}}+\frac{2}{3^{a_2}}+\cdots+\frac{n}{3^{a_n}}=1.$(2012 年 IMO 试题)

8. 设 n 是一个正整数,考虑 $S=\{(x,y,z)|x,y,z=0,1,2,\cdots,n,x+y+z>0\}$ 这样一个三维空间中具有 $(n+1)^3-1$ 个点的集合,问最少要多少个平面,它们的并集才能包含 S,但不含 $(0,0,0)$?(2007 年 IMO 试题)

9. 设 m,n 是正整数,将 $m\times n$ 矩形划分为 mn 个单位正方形,对每个单位正方形,将其边用 $1,2,3,4$ 编号,要求每个单位正方形的四边分别编号为 $1,2,3,4$,$m\times n$ 矩形的同一条边上的编号相同,且它的四边上也分别编号为 $1,2,3,4$,求 m,n 的所有可能取值.

10. 设 $x_i\geqslant 0(i=1,2,\cdots,n)$,且 $x_1+x_2+\cdots+x_n=1$,求证:$1\leqslant\sqrt{x_1}+\sqrt{x_2}+\cdots+\sqrt{x_n}\leqslant\sqrt{n}$.

11. 设 $x_i\geqslant 0(1\leqslant i\leqslant n),\sum_{i=1}^n x_i=1(n\geqslant 2)$. 求 $F=\sum_{1\leqslant i<j\leqslant n}x_i x_j(x_i+x_j)$ 的最大值.(第 32 届 IMO 备选题)

12. 设 $x_i\geqslant 0(1\leqslant i\leqslant n),\sum_{i=1}^n x_i\leqslant\frac{1}{2}(n\geqslant 2)$. 求 $F=(1-x_1)(1-x_2)\cdots(1-x_n)$ 的最小值.

13. 设 $a_i\in\mathbf{N}^*,a_{i+1}|a_i+a_{i+2}(1\leqslant i\leqslant n,n>2)$,求证:
$$2n\leqslant\frac{a_1+a_3}{a_2}+\frac{a_2+a_4}{a_3}+\cdots+\frac{a_{n-1}+a_1}{a_n}+\frac{a_n+a_2}{a_1}\leqslant 3n.$$

习题 2 解答

1. 设 10 个点为 $A_1,A_2,\cdots,A_{10}$,先处理特殊情形.

若有 3 点 A_1,A_2,A_3 共线,则令 $P=\{A_2\},Q=\{A_1,A_3,A_4,\cdots,A_{10}\}$. 对任何一条直线 l,若 l 是好的,则 l 分隔 A_1,A_2,必与线段 A_1A_2 相交,同样 l 必与线段 A_2A_3 相交,矛盾.

若无 3 点共线,则必有 4 点构成凸四边形 $A_1A_2A_3A_4$.

令 $P = \{A_1, A_3\}$,$Q = \{A_2, A_4, A_5, \cdots, A_{10}\}$.

对任何直线 l,若 l 是好的,则 l 分隔 A_1, A_2,必与线段 A_1A_2 相交,同样 l 必与线段 A_2A_3 相交,l 必与线段 A_3A_4 相交,矛盾.

2. 先看 $k=2$ 的情形:我们要证明,存在 $a_i \geqslant a_{i+1}$,使 $a_{i+1} \geqslant \dfrac{a_i}{2}$.

由于直接找到这样的 i 比较困难,可用反证法.

假设这样的 i 不存在,则有一连串的不等式:$a_{i+1} \leqslant \dfrac{a_i}{2}$($i=1, 2, 3, \cdots$),相加后构造出 $a_1 + a_2 + a_3 + \cdots$,期望与条件"各项的和为 1"矛盾.

实际上,由 $a_2 \leqslant \dfrac{a_1}{2}, a_3 \leqslant \dfrac{a_2}{2}, a_4 \leqslant \dfrac{a_3}{2}, \cdots$ 相加,得

$$a_2 + a_3 + a_4 + \cdots \leqslant \dfrac{1}{2}(a_1 + a_2 + a_3 + \cdots) = \dfrac{1}{2},$$

即

$$1 - a_1 \leqslant \dfrac{1}{2},$$

又 $a_1 = \dfrac{1}{4}$,$\dfrac{3}{4} \leqslant \dfrac{1}{2}$,矛盾.

再看 $k=3$ 的情形:反设 $a_3 \leqslant \dfrac{a_1}{2}, a_4 \leqslant \dfrac{a_2}{2}, a_5 \leqslant \dfrac{a_3}{2}, a_6 \leqslant \dfrac{a_4}{2}$,$a_7 \leqslant \dfrac{a_5}{2}, \cdots$,则

$$a_3 + a_4 + a_5 + \cdots \leqslant \dfrac{1}{2}(a_1 + a_2 + a_3 + \cdots) = \dfrac{1}{2},$$

即

$$1 - a_1 - a_2 \leqslant \dfrac{1}{2}.$$

所以 $a_1 + a_2 \geqslant \dfrac{1}{2}$.

又 $a_2 \leqslant a_1 = \dfrac{1}{6}$,所以 $a_1 + a_2 \leqslant 2 \cdot \dfrac{1}{6} < \dfrac{1}{2}$,矛盾.

上述规律可以直接类比到一般情况.

实际上,反设 $a_k \leqslant \dfrac{a_1}{2}, a_{k+1} \leqslant \dfrac{a_2}{2}, a_{k+2} \leqslant \dfrac{a_3}{2}, \cdots$,则

$$a_k + a_{k+1} + a_{k+2} + \cdots \leqslant \dfrac{1}{2}(a_1 + a_2 + a_3 + \cdots) = \dfrac{1}{2},$$

即

$$1 - (a_1 + a_2 + \cdots + a_{k-1}) \leqslant \dfrac{1}{2},$$

所以 $a_1 + a_2 + \cdots + a_{k-1} \geqslant \dfrac{1}{2}$.

又 $a_{k-1} \leqslant a_{k-2} \leqslant \cdots \leqslant a_1 = \dfrac{1}{2k}$,所以 $a_1 + a_2 + \cdots + a_{k-1} \leqslant (k-1) \cdot \dfrac{1}{2k} < \dfrac{1}{2}$,矛盾.

3. 利用 2.1 节中例 4 的结论,有 $2\,002 = (n+1)t + 2 - 2^{t+1}$,其中 $t = [\log_2 n]$,所以

$$2\,000 = (n+1)t - 2^{t+1}. \qquad ①$$

一方面,$\log_2 n > [\log_2 n] = t$,得 $n > 2^t$,所以

$$2\,000 = (n+1)t - 2^{t+1} > 2^t \cdot t - 2^{t+1} = 2^t(t-2),$$

所以 $t \leqslant 8$.

另一方面,$\log_2 n < [\log_2 n] + 1 = t + 1$,得 $n < 2^{t+1}$,所以

$$2\,000 = (n+1)t - 2^{t+1} < (2^t + 1) \cdot t - 2^{t+1}$$
$$= 2^{t+1}(t-1) + t \leqslant 2^{t+1}(t-1) + 8,$$

所以 $t \geqslant 8$,于是 $t = 8$.

代入式①,得 $2\,000 = 8(n+1) - 2^9$,故 $n = 313$.

4. 对每一个 $k \in \mathbf{Z}^+$,先求使得 $a_n = k$ 成立的下标 n 的所有取值,即 k 在和式中出现的次数.

注意一个基本事实：当 x 不是半整数时，与 x 最接近的正整数是 $\left[x+\dfrac{1}{2}\right]$.

先证 $\sqrt{n}$ 不是半整数，即 $\sqrt{n}\neq k+\dfrac{1}{2}$.

实际上，若 $\sqrt{n}=k+\dfrac{1}{2}(k\in\mathbf{Z})$，则 $n=\left(k+\dfrac{1}{2}\right)^2=k^2+k+\dfrac{1}{4}$，与 n 是正整数矛盾. 所以

$$k=a_n=\left[\sqrt{n}+\dfrac{1}{2}\right] \Leftrightarrow k-\dfrac{1}{2}\leqslant\sqrt{n}<k+\dfrac{1}{2}$$

$$\Leftrightarrow k^2-k+\dfrac{1}{4}\leqslant n<k^2+k+\dfrac{1}{4}$$

$$\Leftrightarrow k^2-k+1\leqslant n\leqslant k^2+k,$$

从而使得 $a_n=k$ 成立的 n 恰好有 $2k$ 个.

注意到 $45^2-45+1=1\,981<2\,000<45^2+45,2+4+6+\cdots+88=1\,980$，从而

$$S=\sum_{n=1}^{2\,000}\dfrac{1}{a_n}=\sum_{k=1}^{44}\dfrac{1}{k}\times 2k+\dfrac{1}{45}\times(2\,000-1\,980)=88+\dfrac{4}{9},$$

所以 $[S]=88$.

5. 先按一定的模式找到一个合乎条件的 n，然后将这一模式迁移到一般情况，找到无穷多个合乎条件的 n.

首先，按照如下的模式，可发现 $n=9$ 合乎条件：

$$\begin{pmatrix}1\\2\\3\end{pmatrix}\to\begin{pmatrix}1&2&3\\2&3&1\\3&1&2\end{pmatrix}\to\begin{pmatrix}1&2+6&3+3\\2+3&3&1+6\\3+6&1+3&2\end{pmatrix}\to\begin{pmatrix}1&8&6\\5&3&7\\9&4&2\end{pmatrix}=\begin{pmatrix}A(3)\\B(3)\\C(3)\end{pmatrix}.$$

①

其中 $A(3)=(1,8,6),B(3)=(5,3,7),C(3)=(9,4,2)$ 都是 1×3 数表，每个表的和相等（但不是 6 的倍数）.

对任何数表 $A=(a_1,a_2,\cdots,a_r)$，定义 $A+k=(a_1+k,a_2+k,$

$\cdots, a_r + k)$.

现对表①仿照上述过程进行构造,有

$$\begin{pmatrix} A(3) \\ B(3) \\ C(3) \end{pmatrix} \to \begin{pmatrix} A(3) & B(3) & C(3) \\ B(3) & C(3) & A(3) \\ C(3) & A(3) & B(3) \end{pmatrix}$$

$$\to \begin{pmatrix} A(3) & B(3)+18 & C(3)+9 \\ B(3)+9 & C(3) & A(3)+18 \\ C(3)+18 & A(3)+9 & B(3) \end{pmatrix}$$

$$\to \begin{pmatrix} 1 & 8 & 6 & 23 & 21 & 25 & 18 & 13 & 11 \\ 14 & 12 & 16 & 9 & 4 & 2 & 19 & 26 & 24 \\ 27 & 22 & 20 & 10 & 17 & 15 & 5 & 3 & 7 \end{pmatrix}.$$

由此可知,$n=9$ 合乎条件.

由上面的构造可知,若 $n=r$ 合乎条件,则 $n=9r$ 合乎条件,于是对一切自然数 k,$n=9^k$ 合乎条件,命题获证.

6. 首先,设数表中的各数的和为 S,则

$$S = 1 + 2 + \cdots + 3n = \frac{3}{2}n(3n+1).$$

注意到每个行和相等,且为 6 的倍数,所以 $\frac{3}{2}n(3n+1) = S = 3 \times 6u = 18s$,即 $n(3n+1) = 12s$,故 $3 \mid n$.

又每个列和相等,且为 6 的倍数,所以 $\frac{3}{2}n(3n+1) = S = n \times 6t = 6nt$,即 $3n+1 = 4t$,故 $4 \mid 3n+1$.

综上所述,$n = 12k + 9 (k \in \mathbf{N})$.

设 $n = 12k + 9$,先进行如下构造:

1, 2, 3, $\cdots$, $6t+4$, | $6t+5$, $6t+6$, $\cdots$, $12t+8$, $12t+9$,
$18t+15$, $\cdots$, $24t+18$, | $12t+10$, $12t+11$, $\cdots$, $18t+13$, $18t+14$,
$36t+26$, $\cdots$, $24t+20$, | $36t+27$, $36t+25$, $\cdots$, $24t+21$, $24t+19$,

其中第一行和第二行省略号表示公差为1的等差数列,第三行省略号表示公差为2的等差数列.

容易验证,此数表中所有列和都是 $54t+42$,能被6整除.

而且,第二行的行和为 $6(4t+3)(9t+7) = \dfrac{S}{3}$,合乎条件,其中 S 是数表中所有数的和.

于是,只需调整第一行和第三行中同列的两个数的位置,使每个行和都为 $\dfrac{S}{3}$.

记第一行各数依次为 $a_1, a_2, \cdots, a_{12t+9}$,第三行各数依次为 $b_1, b_2, \cdots, b_{12t+9}$,令 $c_i = b_i - a_i$.

经计算,知 $c_1 = 36t+25, c_2 = 36t+22, \cdots, c_{6t+4} = 18t+16$,且这 $6t+4$ 个构成公差为3的等差数列(Ⅰ).

$c_{6t+5} = 30t+22, c_{6t+6} = 30t+19, \cdots, c_{12t+9} = 12t+10$,这 $6t+5$ 个构成公差为3的等差数列(Ⅱ).

注意到上述两个数列的公共部分为 $18t+16, 18t+19, \cdots, 30t+22$,而 $\sum_{i=1}^{12t+9} b_i - \sum_{i=1}^{12t+9} a_i = 2(12t+9)^2$,所以只需找到若干个 C_j,使其和为 $(12t+9)^2$.

因为 $(36t+25) + \cdots + (18t+16) > (12t+9)^2$,所以在(Ⅰ)中存在 k,使

$(36t+25) + \cdots + k + 3 < (12t+9)^2$
$\qquad \leqslant (36t+25) + \cdots + k + 3 + k.$

记上式右端为 P,令 $Q = P - (12t+9)^2$.

若 $3 \mid Q$,则令 $Q' = Q$,

若 $3 \nmid Q$,则令 $Q' = Q + k'$,此处 k' 满足:$3 \mid Q + k'$ 且 $18t+16 \leqslant k' < k$.

注意到 $C_{i+6t+4} - C_i = -(6t+3)(i=1,2,\cdots,6t+4)$,设 $Q+$

$k' = (6t+3)u + v(0 \leqslant v < 6t+3, 3 \mid v)$,取 t 达到充分大,而 $Q + k' < k + k = 2k$,所以有 $u < \frac{1}{3}(36t + 25 - k) + 1$.

令 $P' = P - (C_1 + \cdots + C_u) + C_{i+6t+4} + \cdots + C_{u+6t+4}$,又在 P' 中存在 C_r,使 $C_r - v$ 不在 P' 中,但 $C_r - v$ 在(Ⅰ)或(Ⅱ)中,令 $P'' = P' - C_r + C_r - v$ 即可.

7. 所求 $n \equiv 1, 2 \pmod{4}$.

先考虑去掉等式 $\frac{1}{3^{a_1}} + \frac{2}{3^{a_2}} + \cdots + \frac{n}{3^{a_n}} = 1$ 左边各项的分母,设 $M = \max\{a_1, a_2, \cdots, a_n\}$,则 $M - a_k \in \mathbf{N}$.

由条件,有
$$3^M = 3^M \cdot \sum_{k=1}^{n} \frac{k}{3^{a_k}} = \sum_{k=1}^{n} k \cdot 3^{M-a_k} \equiv \sum_{k=1}^{n} k$$
$$= \frac{n(n+1)}{2} \pmod{2},$$

所以 $\frac{n(n+1)}{2}$ 是奇数,从而 $n \equiv 1, 2 \pmod{4}$.

下面证明 $n \equiv 1, 2 \pmod{4}$ 满足条件.

首先,若奇数 $n = 2m + 1$ 满足条件,即存在非负整数序列 $(a_1, a_2, \cdots, a_n)$,使得

$$\frac{1}{2^{a_1}} + \frac{1}{2^{a_2}} + \cdots + \frac{1}{2^{a_n}} = \frac{1}{3^{a_1}} + \frac{2}{3^{a_2}} + \cdots + \frac{n}{3^{a_n}} = 1.$$

注意到

$$\frac{1}{2^{a_{m+1}}} = \frac{1}{2^{a_{m+1}+1}} + \frac{1}{2^{a_{m+1}+1}},$$

$$\frac{m+1}{3^{a_{m+1}}} = \frac{m+1}{3^{a_{m+1}+1}} + \frac{2(m+1)}{3^{a_{m+1}+1}} = \frac{m+1}{3^{a_{m+1}+1}} + \frac{n+1}{3^{a_{m+1}+1}},$$

可知,$(a_1, a_2, \cdots, a_m, a_{m+1}+1, a_{m+2}, \cdots, a_n, a_{m+1}+1)$ 也为满足题意的序列.

这说明,若奇数 n 满足条件,则 $n + 1$ 也满足条件.

由此可见,我们只需证明 $n=4m+1$ 满足条件,则 $n=4m+2$ 也满足条件.

当 $m=0$ 时,取 $a_1=0$ 即可.

当 $m\neq 0$ 时,要找到满足 $\sum_{i=1}^{4m+1}\dfrac{1}{2^{a_i}}=1$ 的自然数列 $a_1,a_2,\cdots,a_{4m+1}$ 是很容易的:利用等比数列求和公式可知,取 $(a_1,a_2,\cdots,a_{4m+1})=(1,2,\cdots,4m,4m)$ 即可.

此外,对于上述取定的 a_i,我们还要找到 $1,2,\cdots,4m+1$ 的一个排列 $b_1,b_2,\cdots,b_{4m+1}$,使 $\sum_{i=1}^{4m+1}\dfrac{b_i}{3^{a_i}}=1$.

(注意,我们让各分母保持单调顺序,让分子排列方便些,这是因为分子是连续自然数.)

对 $X_m=(b_1,b_2,\cdots,b_{4m+1})$,定义 $D(X_m)=\sum_{i=1}^{4m+1}\dfrac{b_i}{3^{a_i}}$,下面只需找到 $1,2,\cdots,4m+1$ 的一个排列 X_m,使得 $D(X_m)=1$.

从特例出发可以发现构造:当 $m=1$ 时,取 $X_1=(2,1,3,5,4)$,此时

$$D(X_1)=\dfrac{2}{3}+\dfrac{1}{9}+\dfrac{3}{27}+\dfrac{5}{81}+\dfrac{4}{81}=1.$$

现在我们来研究 $X_1=(2,1,3,5,4)$ 的特征,一个显然的特征是中间3个为奇数,末尾两个为偶数,但这一特征不能迁移,因为 $4m+1$ 个连续自然数中不是只有2个偶数.当然,其研究奇偶特征的方向是可取的.

为了发现具有一般规律的特征,我们再考察特例 $m=2$,此时,取 $X_2=(2,1,4,3,5,8,7,9,6)$,则

$$D(X_2)=\dfrac{2}{3}+\dfrac{1}{9}+\dfrac{4}{27}+\dfrac{3}{81}+\dfrac{5}{243}+\dfrac{8}{729}+\dfrac{7}{2\,187}+\dfrac{9}{6\,561}+\dfrac{6}{6\,561}$$
$$=1.$$

显然，X_2 的前 4 个分量具有较强的特征：奇数项是前 2 个连续偶数，偶数项是前 2 个连续奇数. 进一步发现，如果将最后一项"6"移到"3"的后面，得到 $X_2' = (2,1,4,3,6,5,8,7,9)$，则除最后一项为最大的数外，其奇数项是前 4 个连续偶数，偶数项是前 4 个连续奇数.

将上述特征迁移到一般情况，可令 $X_m' = (2,1,4,3,6,5,\cdots,4m-2,4m-3,4m,4m-1,4m+1)$（除最后一项为最大的数 $4m+1$ 外，其奇数项是前 $2m$ 个连续偶数，偶数项是前 $2m$ 个连续奇数）.

再令 $X_m = (2,1,4,3,\cdots,2m,2m-1,2m+1,2m+4,2m+3,\cdots,4m,4m-1,4m+1,2m+2)$，它是将 X_m' 中的项"$2m+2$"移到最后得到的.

下面证明，对上述 X_m，有 $D(X_m) = 1$.

注意 $D(X_m')$ 的值比较容易计算（每两项合并即可），我们先计算 $D(X_m')$：

$$D(X_m') = \sum_{k=1}^{2m} \left(\frac{2k}{3^{2k-1}} + \frac{2k-1}{3^{2k}} \right) + \frac{4m+1}{3^{4m}}$$

$$= \sum_{k=1}^{2m} \frac{8k-1}{3^{2k}} + \frac{4m+1}{3^{4m}} = \sum_{k=1}^{2m} \frac{8k-1}{9^k} + \frac{4m+1}{3^{4m}}.$$

令 $S = \sum_{k=1}^{2m} \frac{8k-1}{9^k}$，则 $\frac{S}{9} = \sum_{k=1}^{2m} \frac{8k-1}{9^{k+1}}$，于是

$$S - \frac{S}{9} = \sum_{k=1}^{2m} \frac{8k-1}{9^k} - \sum_{k=1}^{2m} \frac{8k-1}{9^{k+1}} = \sum_{k=1}^{2m} \frac{8k-1}{9^k} - \sum_{k=2}^{2m+1} \frac{8k-9}{9^k}$$

$$= \frac{7}{9} - \frac{16m-1}{9^{2m}} + \sum_{k=2}^{2m} \frac{8k-1}{9^k} - \sum_{k=2}^{2m} \frac{8k-9}{9^k}$$

$$= \frac{7}{9} - \frac{16m-1}{9^{2m+1}} + \sum_{k=2}^{2m} \frac{8}{9^k} = -\frac{1}{9} - \frac{16m-1}{9^{2m+1}} + \sum_{k=1}^{2m} \frac{8}{9^k}$$

$$= -\frac{1}{9} - \frac{16m-1}{9^{2m+1}} + \frac{\frac{8}{9}\left(1 - \frac{1}{9^{2m}}\right)}{1 - \frac{1}{9}}$$

$$= -\frac{1}{9} - \frac{16m-1}{9^{2m+1}} + \left(1 - \frac{1}{9^{2m}}\right) = \frac{8}{9} - \frac{16m+8}{9^{2m+1}},$$

所以

$$S = \frac{9}{8}\left(\frac{8}{9} - \frac{16m+8}{9^{2m+1}}\right) = 1 - \frac{2m+1}{9^{2m}},$$

故

$$D(X'_m) = \sum_{k=1}^{2m} \frac{8k-1}{9^k} + \frac{4m+1}{3^{4m}} = 1 - \frac{2m+1}{9^{2m}} + \frac{4m+1}{3^{4m}}$$

$$= 1 + \frac{2m}{3^{4m}}.$$

注意到 $D(X'_m)$ 与 $D(X_m)$ 各项的分母相同,通过简单计算可得 $D(X'_m) - D(X_m) = \frac{2m}{3^{4m}}$,所以 $D(X_m) = 1$.

这说明 $n \equiv 1,2 \pmod 4$ 合乎要求.

综上所述,所求的 n 为满足 $n \equiv 1,2 \pmod 4$ 的正整数.

8. 若考虑 2 维空间的情况,则非常简单,因为此时我们可以考察一个局部:最外一圈的 $4n-1$ 个点(除去原点).

如果选取的直线中没有直线 $x=n$,也没有直线 $y=n$,那么每条直线最多过这 $4n-1$ 个点中的两个,故至少需要 $2n$ 条直线.

如果选取的直线中有直线 $x=n$ 或 $y=n$,那么将此直线和其上的点去除,为了方便对剩下的情况利用归纳假设,可将命题推广到点集 $S = \{(x,y) \mid x,y \in \mathbf{Z}, 0 \leqslant x \leqslant m, 0 \leqslant y \leqslant n, x+y>0\}$.

对 $m+n$ 归纳. 当 $m+n=2$ 时,$m=n=1$,此时 S 中有 $(m+1)(n+1)-1 = 3$ 个点,这 3 个点不全共线,所以至少要 2 条直线,结论成立.

设 $m+n=k$ 时结论成立,考虑 $m+n=k+1$ 的情形,此时最外一圈有 S 中的 $2(m+1)+2(n+1)-4-1 = 2(m+n)-1$ 个点(4 个角上的点被计算 2 次且除去原点).

如果选取的直线中没有直线 $x=m$,也没有直线 $y=n$,那么每条直线最多过这 $2(m+n)-1$ 个点中的 2 个点,故至少需要 $m+n$ 条直线,结论成立.

如果选取的直线中有直线 $x=m$ 或 $y=n$,不妨设有直线 $x=m$,去掉直线 $x=m$ 及其上面的所有点,考察 $S'=\{(x,y)|x,y\in\mathbf{Z}, 0\leqslant x\leqslant m-1, 0\leqslant y\leqslant n, x+y>0\}$,由于直线 $x=m$ 不通过 S' 中的任何点,从而余下的直线覆盖了 S' 中的所有点,利用归纳假设,余下的直线至少有 $(m-1)+n=m+n-1$ 条,连同前面去掉的一条直线,至少共有 $m+n$ 条直线,结论成立.

又 $m+n$ 条显然是可以做到的,取直线 $x=i(i=1,2,\cdots,m)$ 及直线 $y=j(j=1,2,\cdots,n)$,则它们包含了 S 中的所有点,但不含 $(0,0)$,所以二维空间的最小值是 $m+n$,特别地,当 $m=n$ 时,二维空间的最小值是 $2n$.

对于 3 维空间,迁移上面的结论,我们可猜想其最小值是 $3n$.

上述方法不能推广到 3 维空间,是因为最外一层有 $6(n+1)^2-2\times 8-12(n-1)-1=6n^2+1$ 个点,但非边界的一个平面可以通过其中的 $4n$ 个点,这样的算法,不能得出至少 $3n$ 个平面.

本题的构造相当容易,迁移上述构造模式即可:$3n$ 个平面为 $x=i(i=1,2,\cdots,n), y=j(j=1,2,\cdots,n), z=r(r=1,2,\cdots,n)$ 合乎条件.

下面证明至少要 $3n$ 个平面,为此,我们先证明下面的引理:

引理 对于 k 个变量的非零多项式 $P(x_1,x_2,\cdots,x_k)$,若所有满足 $x_1,x_2,\cdots,x_k\in\{0,1,2,\cdots,n\}, x_1+x_2+\cdots+x_k>0$ 的点 $(x_1,x_2,\cdots,x_k)$,都有 $P(x_1,x_2,\cdots,x_k)=0$,但 $P(0,0,\cdots,0)\neq 0$,则 $\deg P\geqslant kn$.

证明 对 k 归纳.当 $k=0$ 时,P 为非零常数,结论显然成立.

设结论对 $k-1$ 成立,考虑 k 的情形.

令 $y = x_k$,记 $Q(y) = y(y-1)(y-2)\cdots(y-n)$,设 P 被 $Q(y)$ 除得的余式为 $R(x_1, x_2, \cdots, x_{k-1}, y)$.

因为关于 y 的多项式 $Q(y) = y(y-1)(y-2)\cdots(y-n)$ 有 $n+1$ 个零点 $y = 0, 1, 2, \cdots, n$,所以对所有 $x_1, x_2, \cdots, x_{k-1}$ 及 $y \in \{0, 1, 2, \cdots, n\}$,都有

$$R(x_1, x_2, \cdots, x_{k-1}, y) = P(x_1, x_2, \cdots, x_{k-1}, y).$$

所以,对确定的 $y \in \{0, 1, 2, \cdots, n\}$,关于 $x_1, x_2, \cdots, x_{k-1}$ 的多项式 $R(x_1, x_2, \cdots, x_{k-1}, y)$ 也满足引理的条件,我们有

$$\deg_y R \leqslant n. \qquad ①$$

因为 $R(x_1, x_2, \cdots, x_{k-1}, y)$ 是 P 被 $Q(y)$ 除得的余式,所以 $\deg R \leqslant \deg P$,下面只需证明 $\deg R \geqslant kn$.

将 $R(x_1, x_2, \cdots, x_{k-1}, y)$ 看成是关于 y 的多项式,且按 y 的降幂方式排列为

$$R(x_1, x_2, \cdots, x_{k-1}, y) = R_n(x_1, x_2, \cdots, x_{k-1}) y^n$$
$$+ R_{n-1}(x_1, x_2, \cdots, x_{k-1}) y^{n-1} + \cdots$$
$$+ R_0(x_1, x_2, \cdots, x_{k-1}).$$

下面证明 $R_n(x_1, x_2, \cdots, x_{k-1})$ 满足归纳假设的条件.

实际上,考虑多项式 $T(y) = R(0, 0, \cdots, 0, y)$,显然 $\deg T(y) \leqslant n$,且这个多项式有 n 个根 $y = 1, 2, \cdots, n$.

又由 $T(0) \neq 0$,得 $T(y)$ 非零多项式,所以 $\deg T(y) = n$,且它的首项系数 $R_n(0, 0, \cdots, 0) \neq 0$.

类似地,任取 $a_1, a_2, \cdots, a_{k-1} \in \{0, 1, 2, \cdots, n\}$,且 $a_1 + a_2 + \cdots + a_{k-1} > 0$,在多项式 $R(x_1, x_2, \cdots, x_{k-1}, y)$ 中令 $x_i = a_i$,我们得到关于 y 的多项式 $R(a_1, a_2, \cdots, a_{k-1}, y)$,它有 $n+1$ 个根 $y = 0, 1, 2, \cdots, n$,若 $R(a_1, a_2, \cdots, a_{k-1}, y)$ 非零多项式,则 $\deg R(a_1, a_2, \cdots, a_{k-1}, y) \geqslant n$,与式①矛盾.

所以,$R(a_1, a_2, \cdots, a_{k-1}, y)$ 是零多项式,即 $R_i(a_1, a_2, \cdots, a_{k-1})$

$=0(i=0,1,2,\cdots,n)$.

特别地,有 $R_n(a_1,a_2,\cdots,a_{k-1})=0$,所以 $R_n(x_1,x_2,\cdots,x_{k-1})$ 满足归纳假设的条件,于是,由归纳假设,$\deg R_n \geqslant (k-1)n$.

所以,$\deg R \geqslant \deg(R_n(x_1,x_2,\cdots,x_{k-1})y^n) = \deg R_n + \deg y^n \geqslant (k-1)n + n = kn$,引理获证.

解答原题:假设 N 个平面覆盖 S 中的所有点,但不通过原点,则它们的方程是

$$a_i x + b_i y + c_i z + d_i = 0 \quad (i=1,2,\cdots,N).$$

考虑多项式 $P(x,y,z) = \prod_{i=1}^{N}(a_i x + b_i y + c_i z + d_i)$,它的次数为 N.

对任何 $(x_0,y_0,z_0) \in S$,我们有 $P(x_0,y_0,z_0)=0$,但 $P(0,0,0) \neq 0$.

因此,由引理,我们有 $N = \deg P \geqslant 3n$.

综上所述,所需平面个数的最小值为 $3n$.

注 如果将问题推广到点集 $S = \{(x,y,z) | x,y,z \in \mathbb{Z}, 0 \leqslant x \leqslant m, 0 \leqslant y \leqslant n, 0 \leqslant z \leqslant r, x+y+z > 0\}$,则可猜想所需平面个数的最小值为 $m+n+r$,但上面的解答不再适用,希望读者能找到解决方案.

9. 从特例出发.

当 $m=n=1$ 时,显然可行.当 $m=1,n=2$ 时,不可行.当 $m=1,n=3$ 时,可行.

如此下去,可知 $1 \times n$ 矩形,在 n 为奇数时可行,将 1×1 矩形染色后连续翻转偶数次即可(图 2.22),而 n 为偶数时不可.

再看 $m=2$,同样研究可知 $1 \times n$ 矩形,在 n 为奇数时不可行,n 为偶数时可行.

下面证明:对任何 $m \times n$ 矩形,当 $m+n$ 为奇数时不可行,$m+$

n 为偶数时可行.

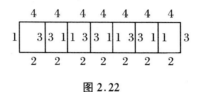

图 2.22

我们先证明,若存在合乎要求的编号方法,则 $m+n$ 为偶数.

反设 $m+n$ 为奇数,不妨设 m 为奇数,n 为偶数,用两种划分方法计算 $m \times n$ 矩形长为 m 的边上的那种颜色总长度 S.

一方面,设长为 m 的边是 1 色的,又设矩形内部 1 色的长度之和为 r,则 1 色的总长 $S = m + r$.

显然,r 为偶数(内部每条边对 S 的贡献为 0 或 2),所以 $S = m + r$ 为奇数.

另一方面,$m \times n$ 矩形共有 mn 个单位正方形,每个单位正方形上的 1 色的长度为 1,于是 $S = mn$ 为偶数,矛盾.

(或者:假定存在合乎条件的染色,则因为矩形内部各色边的长为偶数,而每个方格各色的长都为 1,于是各色的总长度相等,当然同奇偶.又矩形的外围 1,2,3,4 色的长分别为 m, n, m, n,所以 m, n 同奇偶,即 $m + n$ 为偶数.)

当 $m + n$ 为偶数时,有以下两种情况:

(1) m, n 都为奇数,可如下构造:

先将一个单位正方形连续翻转 $n - 1$ 次,得到 $(1, n)$ 矩形,再将此 $(1, n)$ 矩形沿长为 n 的边连续翻转 $m - 1$ 次,即得到合乎条件的 (m, n) 矩形(图 2.23).

(2) 若 m, n 都为偶数,则可如化归到 m, n 都为奇数的构造:先分割出左上角的 $(m - 1, n - 1)$ 矩形,右上角的 $(m - 1, 1)$ 矩形,左下角的 $(1, n - 1)$ 矩形,右下角的 $(1, 1)$ 矩形(图 2.24).

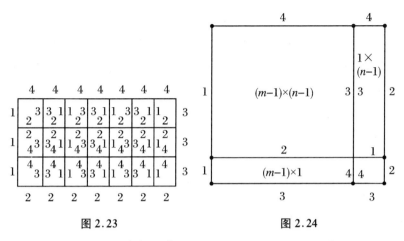

图 2.23　　　　　　　图 2.24

因为 $m-1, n-1$ 都为奇数,这四个矩形均可按(1)中的方法,得到合乎条件的染色.

假定 $(m-1, n-1)$ 矩形的四周分别为 $1, 2, 3, 4$ 色,再使其他矩形四周的颜色如图 2.24 所示,则得到 (m, n) 矩形的染色.

10. 先考虑 $n=2$ 的情形:设 $x_1 \geqslant 0, x_2 \geqslant 0$,且 $x_1 + x_2 = 1$,则 $1 \leqslant \sqrt{x_1} + \sqrt{x_2} \leqslant \sqrt{2}$. 此时,将不等式平方,即证: $1 \leqslant x_1 + x_2 + 2\sqrt{x_1 x_2} \leqslant 2$,即 $0 \leqslant 2\sqrt{x_1 x_2} \leqslant 1$,这由条件可得 $1 = x_1 + x_2 \geqslant 2\sqrt{x_1 x_2} \geqslant 0$,从而不等式成立. 将上述特例解答的每一个步骤都迁移到一般问题中,便得到原不等式的证明. 因为对任何 $1 \leqslant i < j \leqslant n$,有 $0 \leqslant 2\sqrt{x_i x_j} \leqslant x_i + x_j$,于是

$$0 \leqslant 2 \sum_{1 \leqslant i < j \leqslant n} \sqrt{x_i x_j} \leqslant (n-1)(x_1 + x_2 + \cdots + x_n) = n-1,$$

所以

$$1 \leqslant x_1 + x_2 + \cdots + x_n + 2 \sum_{1 \leqslant i < j \leqslant n} \sqrt{x_i x_j} \leqslant n,$$

即

$$1 \leqslant (\sqrt{x_1} + \sqrt{x_2} + \cdots + \sqrt{x_n})^2 \leqslant n,$$

所以

$$1 \leqslant \sqrt{x_1} + \sqrt{x_2} + \cdots + \sqrt{x_n} \leqslant \sqrt{n}.$$

11. 由于变量在闭区域上连续,极值一定存在,从而想到利用局部调整.不妨一试.固定 $x_2, x_3, \cdots, x_n$,则 x_1 亦被固定,从而只能固定 $n-2$ 个数.

不妨固定 $x_3, x_4, \cdots, x_n$,则
$$F = x_1 x_2 (x_1 + x_2) + \cdots + x_1 x_n (x_1 + x_n) + x_2 x_3 (x_2 + x_3)$$
$$+ \cdots + x_2 x_n (x_2 + x_n) + \sum_{3 \leqslant i < j \leqslant n} x_i x_j (x_i + x_j),$$
其中 $x_1 + x_2 = 1 - (x_2 + x_3 + \cdots + x_n) = p$(常数),于是 $x_2 = p - x_1$,所以 F 是关于 x_1 的二次函数:
$$f(x_1) = Ax_1^2 + Bx_1 + C \quad (0 \leqslant x_1 \leqslant p).$$

但此函数式的系数及自变量的变化范围都很复杂,极值点的表达式也就很复杂,因此须另辟蹊径.

我们先猜想极值点.为此,采用特殊化的技巧.

当 $n=2$ 时,$F = x_1 x_2 (x_1 + x_2) = x_1 x_2 \leqslant \dfrac{(x_1+x_2)^2}{4} = \dfrac{1}{4}$.

但 $n=2$ 太特殊,不具一般性.再试验一次.

当 $n=3$ 时,$F = x_1 x_2 (x_1 + x_2) + x_1 x_3 (x_1 + x_3) + x_2 x_3 (x_2 + x_3)$.

不妨设 $x_1 \geqslant x_2 \geqslant x_3$(优化假设),固定最小者 x_3,则
$$F = x_1 x_2 (x_1 + x_2) + (x_1^2 + x_2^2) x_3 + (x_1 + x_2) x_3^2$$
$$= x_1 x_2 (1 - x_3) + ((x_1 + x_2)^2 - 2 x_1 x_2) x_3 + (1 - x_3) x_3^2$$
$$= x_1 x_2 (1 - 3 x_3) + (1 - x_3)^2 x_3 + (1 - x_3) x_3^2,$$

至此,为利用不等式 $x_1 x_2 \leqslant \dfrac{(x_1+x_2)^2}{4}$ 将 $x_1 x_2 (1 - 3 x_3)$ 放大,应保证 $1 - 3 x_3 \geqslant 0$.

为此可优化假设:$x_1 \geqslant x_2 \geqslant x_3$,则
$$F = x_1 x_2 (1 - 3 x_3) + (1 - x_3)^2 x_3 + (1 - x_3) x_3^2$$
$$\leqslant (1 - 3 x_3) \dfrac{(x_1+x_2)^2}{4} + (1 - x_3)^2 x_3 + (1 - x_3) x_3^2$$

$$= (1-3x_3)\frac{(1-x_3)^2}{4} + (1-x_3)^2 x_3 + (1-x_3)x_3^2$$

$$= \frac{1-x_3}{4}(1+3x_3^2) = \frac{1}{4}(1-x_3(1-3x_3+3x_3^2))$$

$$\leqslant \frac{1}{4} \quad (\Delta = 3^2 - 12 < 0),$$

其中等号在 $x_1 = x_2 = \frac{1}{2}, x_3 = 0$ 时成立.

也可凭直觉猜想极值点为聚积型的,从而可将一个量加到另一个量上去,这样,当 $n=3$ 时,不妨设 $x_1 \geqslant x_2 \geqslant x_3$,令 $x_1' = x_1$, $x_2' = x_2 + x_3, x_3' = 0$,此时

$$F' = x_1'x_2'(x_1' + x_2') + x_1'x_3'(x_1' + x_3') + x_2'x_3'(x_2' + x_3')$$

$$= x_1'x_2'(x_1' + x_2') = x_1(x_2 + x_3)(x_1 + x_2 + x_3)$$

$$= (x_1x_2 + x_1x_3)(x_1 + x_2 + x_3)$$

$$= x_1x_2(x_1 + x_2) + x_1x_3(x_1 + x_3) + 2x_1x_2x_3$$

$$= F + 2x_1x_2x_3 - x_2x_3(x_2 + x_3)$$

$$= F + 2x_1x_2x_3 - x_2x_3(1 - x_1)$$

$$= F + 3x_1x_2x_3 - x_2x_3 = F + 3x_2x_3\left(x_1 - \frac{1}{3}\right) \geqslant F.$$

再利用 $n=2$ 的情形,知在 $x_1 = x_2 = \frac{1}{2}, x_3 = 0$ 时达到最大值.

由以上分析可以猜想,一般情况下的极值点为 $\left(\frac{1}{2}, \frac{1}{2}, 0, 0, \cdots, 0\right)$.

当 $n \geqslant 3$ 时,对于自变量 $(x_1, x_2, \cdots, x_n)$,不妨设 $x_1 \geqslant x_2 \geqslant \cdots \geqslant x_n$,令 $x_1' = x_1, x_2' = x_2, \cdots, x_{n-2}' = x_{n-2}, x_{n-1}' = x_{n-1} + x_n, x_n' = 0$,即将变量 x_n 加到 x_{n-1} 上去,得到一个新的自变量组 $(x_1, x_2, \cdots, x_{n-2}, x_{n-1} + x_n, 0)$,对应的 F 之值为

$$F' = \sum_{1 \leqslant i < j \leqslant n-2} x_i x_j (x_i + x_j) \quad \text{(此式记为 } A\text{)}$$

$$+ \sum_{i=1}^{n-2} x'_{n-1} x_i (x'_{n-1} + x_i) + \sum_{i=1}^{n-1} x'_n x_i (x'_n + x_i)$$

$$(i \text{ 与 } n-1) \text{ 及}(i \text{ 与 } n)$$

$$= A + \sum_{i=1}^{n-2} (x_{n-1} + x_n) x_i (x_{n-1} + x_n + x_i)$$

$$(\text{因为 } x'_n = 0, \text{后一个"和"为 } 0)$$

$$= A + \sum_{i=1}^{n-2} (x_{n-1}^2 + 2x_{n-1}x_n + x_{n-1}x_i + x_n^2 + x_n x_i) x_i$$

$$= A + \sum_{i=1}^{n-2} x_{n-1} x_i (x_{n-1} + x_i) + \sum_{i=1}^{n-2} x_n x_i (x_n + x_i) + 2x_{n-1}x_n \sum_{i=1}^{n-2} x_i$$

$$= A + \sum_{i=1}^{n-2} x_{n-1} x_i (x_{n-1} + x_i) + \sum_{i=1}^{n-1} x_n x_i (x_n + x_i)$$

$$- x_{n-1} x_n (x_{n-1} + x_n) + 2x_{n-1}x_n \sum_{i=1}^{n-2} x_i$$

$$= F + x_{n-1} x_n \left(2 \sum_{i=1}^{n-2} x_i - x_{n-1} - x_n \right)$$

$$= F + (2 - 3(x_{n-1} + x_n)) x_{n-1} x_n.$$

因为 $\sum_{i=1}^{n} x_i = 1$, 且 $x_1 \geqslant x_2 \geqslant \cdots \geqslant x_n$, 所以 $\frac{x_{n-1} + x_n}{2} \leqslant \frac{x_1 + x_2 + \cdots + x_n}{n} = \frac{1}{n}$, 即 $x_{n-1} + x_n \leqslant \frac{2}{n}$. 而 $n \geqslant 3$, 所以 $x_{n-1} + x_n \leqslant \frac{2}{n} \leqslant \frac{2}{3}$, 即 $2 - 3(x_{n-1} + x_n) \geqslant 0$, 故 $F' \geqslant F$.

只要变量组中的非零分量个数 $n \geqslant 3$, 上述变换就可继续进行, 最多经过 $n-2$ 次调整, 可将其中 $n-2$ 个分量都变为 0, 再利用 $n = 2$ 的情形, 知 F 在 $\left(\frac{1}{2}, \frac{1}{2}, 0, 0, \cdots, 0 \right)$ 取最大值.

12. 当 $n = 2$ 时, 有

$$x_1 + x_2 \leqslant \frac{1}{2},$$

$$(1-x_1)(1-x_2) = 1 + x_1 x_2 - (x_1 + x_2) \geqslant 1 - x_1 - x_2 \geqslant \frac{1}{2},$$

其中等号在 $x_1 + x_2 = \frac{1}{2}, x_1 x_2 = 0$,即 $x_1 = \frac{1}{2}, x_2 = 0$ 时成立.

当 $n = 3$ 时,$x_1 + x_2 + x_3 \leqslant \frac{1}{2}$,利用上述变换,有

$$(1-x_1)(1-x_2)(1-x_3) \geqslant (1-x_1)(1-(x_2+x_3))$$
$$\geqslant 1 - x_1 - (x_2 + x_3) \geqslant \frac{1}{2},$$

其中注意 $0 \leqslant x_i < 1, 1 - x_i > 0$,等号在 $x_1 + x_2 + x_3 = \frac{1}{2}$,且 $x_2 x_3 = x_1(x_2 + x_3) = 0$,即 $x_1 = \frac{1}{2}, x_2 = x_3 = 0$ 时成立.

由上面所述可以猜想,一般情况下的极值点为 $\left(\frac{1}{2}, 0, 0, \cdots, 0\right)$. 由此可见,先要证明引理:若 $0 \leqslant x, y \leqslant 1$,则 $(1-x)(1-y) \geqslant 1 - x - y$. 直接展开即证. 此不等式相当于变换 $(x, y) \to (x+y, 0)$. 设 $n \geqslant 2$. 对自变量 $(x_1, x_2, \cdots, x_n)$,不妨设 $x_1 \geqslant x_2 \geqslant \cdots \geqslant x_n$,则

$$F = (1-x_1)(1-x_2)\cdots(1-x_n)$$
$$\geqslant (1-x_1)(1-x_2)\cdots(1-x_{n-2})(1-x_{n-1}-x_n)$$
$$\geqslant (1-x_1)(1-x_2)\cdots(1-x_{n-3})(1-x_{n-2}-x_{n-1}-x_n)$$
$$\geqslant \cdots \geqslant 1 - x_1 - x_2 - \cdots - x_n \geqslant \frac{1}{2}.$$

取等号的变量组变为 $\left(\frac{1}{2}, 0, 0, \cdots, 0\right)$,此时,$F$ 达到最小值 $\frac{1}{2}$.

13. 首先,令

$$S_n = \frac{a_1 + a_3}{a_2} + \frac{a_2 + a_4}{a_3} + \cdots + \frac{a_{n-1} + a_1}{a_n} + \frac{a_n + a_2}{a_1},$$

则

$$S_n = \left(\frac{a_1}{a_2} + \frac{a_2}{a_1}\right) + \left(\frac{a_2}{a_3} + \frac{a_3}{a_2}\right) + \cdots + \left(\frac{a_n}{a_1} + \frac{a_1}{a_n}\right)$$

$$\geqslant 2+2+\cdots+2=2n.$$

下面用数学归纳法证明 $S_n \leqslant 3n$:

当 $n=3$ 时,$S_3=\dfrac{a_1+a_3}{a_2}+\dfrac{a_2+a_1}{a_3}+\dfrac{a_3+a_2}{a_1}$.

为了放缩估计,不妨设 a_3 最大,则

$$\dfrac{a_2+a_1}{a_3} \leqslant \dfrac{a_3+a_3}{a_3}=2. \qquad ①$$

(1) 若 $\dfrac{a_2+a_1}{a_3}=2$,则式①等号成立,有 $a_1=a_2=a_3$.此时,有 $S_3=6<9=3n$.

(2) 若 $\dfrac{a_2+a_1}{a_3}=1$,则 $a_3=a_1+a_2$.此时,有

$$S_3=\dfrac{a_1+a_3}{a_2}+\dfrac{a_2+a_1}{a_3}+\dfrac{a_3+a_2}{a_1}$$

$$=\dfrac{a_1+a_1+a_2}{a_2}+1+\dfrac{a_1+a_2+a_2}{a_1}=3+2\cdot\dfrac{a_1}{a_2}+2\cdot\dfrac{a_2}{a_1}.$$

由于 $2\cdot\dfrac{a_1}{a_2},2\cdot\dfrac{a_2}{a_1}$ 都是自然数,所以 $\dfrac{a_1}{a_2}=1$ 或 $\dfrac{1}{2}$,所以 $S_3=3+2(1+1)$ 或 $3+2\left(\dfrac{1}{2}+2\right)<9=3n$.

综上所述,当 $n=3$ 时结论成立.

设当 $n=k-1$ 时,结论成立,当 $n=k>3$ 时,考察

$$S_k=\dfrac{a_1+a_3}{a_2}+\dfrac{a_2+a_4}{a_3}+\cdots+\dfrac{a_{k-1}+a_1}{a_k}+\dfrac{a_k+a_2}{a_1},$$

不妨设 $a_k=\max\{a_1,a_2,\cdots,a_k\}$,则 $\dfrac{a_{k-1}+a_1}{a_k} \leqslant \dfrac{a_k+a_k}{a_k}=2$.

(1) 若 $\dfrac{a_{k-1}+a_1}{a_k}=2$,则 $a_1=a_{k-1}=a_k$,此时,将 a_k 换作 a_{k-1} 或 a_1,则可化归为 $k-1$ 的情形:

$$S_k=\dfrac{a_1+a_3}{a_2}+\dfrac{a_2+a_4}{a_3}+\cdots+\dfrac{a_{k-2}+a_k}{a_{k-1}}+\dfrac{a_{k-1}+a_1}{a_k}+\dfrac{a_k+a_2}{a_1}$$

$$= \frac{a_1+a_3}{a_2}+\frac{a_2+a_4}{a_3}+\cdots+\frac{a_{k-2}+a_1}{a_{k-1}}+2+\frac{a_{k-1}+a_2}{a_1},$$

对数组$(a_1,a_2,\cdots,a_{k-1})$使用归纳假设,有$S_k \leqslant 3(k-1)+2 < 3k$,结论成立.

(2) 若$\dfrac{a_{k-1}+a_1}{a_k}=1$,则$a_{k-1}+a_1=a_k$,此时,将$a_k=a_1+a_{k-1}$代入消去$a_k$,即可化为$k-1$的情形:

$$S_k = \frac{a_1+a_3}{a_2}+\frac{a_2+a_4}{a_3}+\cdots+\frac{a_{k-2}+a_k}{a_{k-1}}+\frac{a_{k-1}+a_1}{a_k}+\frac{a_k+a_2}{a_1}$$

$$= \frac{a_1+a_3}{a_2}+\frac{a_2+a_4}{a_3}+\cdots+\frac{a_{k-2}+a_1+a_{k-1}}{a_{k-1}}+1+\frac{a_1+a_{k-1}+a_2}{a_1}$$

$$= \frac{a_1+a_3}{a_2}+\frac{a_2+a_4}{a_3}+\cdots+\left(\frac{a_{k-2}+a_1}{a_{k-1}}+1\right)+1+\left(\frac{a_{k-1}+a_2}{a_1}+1\right)$$

$$= \frac{a_1+a_3}{a_2}+\frac{a_2+a_4}{a_3}+\cdots+\frac{a_{k-2}+a_1}{a_{k-1}}+\frac{a_{k-1}+a_2}{a_1}+3,$$

对数组$(a_1,a_2,\cdots,a_{k-1})$使用归纳假设,有$S_k \leqslant 3(k-1)+3=3k$,结论成立.

3 寻找关键子列

本章介绍研究特例的一种方式:寻找关键子列.

若干特例中的对象在总体上没有规律,但若从中筛选部分对象构成一个子列,则子列却具有明显的规律,我们称这样的子列为关键子列.

通过研究特例,发现问题中的关键子列,由此探索解题的通道,是一种常用的思维方法.

3.1 寻找具有共同特征的子列

在一些数学对象构成的列中,如果其中部分对象具有某种共同特征,则选取这些具有共同特征的对象构成一个子列,通过对子列性质的研究,发现有关结论,使问题获解.

例1 给定正整数 u,v,数列 $\{a_n\}$ 定义如下:$a_1 = u+v$,对整数 $m \geqslant 1, a_{2m} = a_m + u, a_{2m+1} = a_m + v$,记 $S_n = a_1 + a_2 + \cdots + a_n$,试证:数列 $\{S_n\}$ 中有无穷多项是完全平方数.(2013年全国高中数学联赛加试试题)

分析与证明 要证 $\{S_n\}$ 中有无穷多项是完全平方数,一种自然的想法是先求出 $\{S_n\}$ 的通项.

为此,观察 $\{S_n\}$ 的前面若干项(表3.1):

3 寻找关键子列

表 3.1

	$n=1$	$n=2$	$n=3$	$n=4$	$n=5$	$n=6$	$n=7$	$n=8$
a_n	$u+v$	$2u+v$	$u+2v$	$3u+v$	$2u+2v$	$2u+2v$	$u+3v$	$4u+v$
S_n	$u+v$	$3u+2v$	$4u+4v$	$7u+5v$	$9u+7v$	$11u+9v$	$12u+12v$	$16u+13v$

从总体上,我们无法求出 $\{S_n\}$ 的通项,但可以求出 $\{S_n\}$ 的某个子列的通项.

实际上,观察 $\{S_n\}$ 中 u,v 的系数相等的项,可以发现:当 $n = 2^t - 1$ 时,有

$$S_{2^t-1} = t \cdot 2^{t-1}(u+v). \qquad ①$$

下面用数学归纳法证明式①成立.

奠基已经完成,设结论式①对 t 成立,考虑 $t+1$ 的情形.

因为 $a_{2m} = a_m + u, a_{2m+1} = a_m + v$,所以

$$a_{2m} + a_{2m+1} = (a_m+u) + (a_m+v) = 2a_m + u + v,$$

$$\begin{aligned}
S_{2^{t+1}-1} &= a_1 + (a_2+a_3) + (a_4+a_5) + \cdots + (a_{2^{t+1}-2} + a_{2^{t+1}-1}) \\
&= a_1 + (2a_1 + (u+v)) + (2a_2 + (u+v)) + \cdots \\
&\quad + (2a_{2^t-1} + (u+v)) \\
&= 2(a_1 + a_2 + a_3 + \cdots + a_{2^t-1}) + 2^t(u+v) \\
&= 2S_{2^t-1} + 2^t(u+v) = 2t \cdot 2^{t-1}(u+v) + 2^t(u+v) \\
&= (t+1) \cdot 2^t(u+v),
\end{aligned}$$

故式①成立.

现在,要找到无数个 t,使

$$S_{2^t-1} = t \cdot 2^{t-1}(u+v)$$

为平方数.

所谓平方数,就是"偶方幂"形式的数,注意到其中 2^{t-1} 是质数的幂的形式,因此,使 $t \cdot 2^{t-1}(u+v)$ 为平方数的一个充分条件是:t 同时满足:

（ⅰ）$t(u+v)$ 为平方数.

（ⅱ）2 的指数为偶数.

后者比较容易满足,所以先满足（ⅰ）.在确定了 t 的基本表现形式的基础上,再由后者确定相关参数得到 t 的最终形式.

要使 $t(u+v)$ 为平方数,可选取 $t=(u+v)x^2$,其中 x 为过渡的待定参数（由 x 确定待定参数 t）,$x\in\mathbf{N}$.

现在,再选定 x,使 $t-1=(u+v)x^2-1$ 为偶数.

显然,当 $u+v$ 为奇数时,取 x 为奇数即可;但当 $u+v$ 为偶数时,这样的 x 不存在!

思路修正:在选取 t 之前先分离出 $u+v$ 中的所有偶因子（2 的幂）.设

$$u+v=2^p(2q-1),$$

其中 p,q 都由常数 u,v 唯一确定,则

$$S_{2^t-1}=t\cdot 2^{t-1}(u+v)=t(2q-1)\cdot 2^{t+p-1}.$$

现在选取 t,使 $t(2q-1)$,2^{t+p-1} 都为平方数.

首先,要使 $t(2q-1)$ 为平方数,注意到 q 为常数,可选取

$$t=(2q-1)x^2,$$

其中 x 为过渡的待定参数,$x\in\mathbf{N}$.现在,再选定 x,使

$$t+p-1=(2q-1)x^2+p-1$$

为偶数,即

$$0\equiv(2q-1)x^2+p-1\equiv x^2+p-1\equiv x+p-1\pmod 2,$$

于是,取 $x\equiv p-1\pmod 2$ 即可.

对这样确定的每一个 x,取

$$t=(2q-1)x^2,$$

则当 $n=2^t-1$ 时,有

$$S_n=S_{2^t-1}=t(2q-1)\cdot 2^{t+p-1}=(2q-1)^2x^2\cdot 2^{(2q-1)x^2+k-1}$$

为平方数.

3 寻找关键子列

由于 p,q 由 $u+v=2^p(2q-1)$ 唯一给定,从而 $x\equiv p-1\pmod{2}$ 的正整数 x 有无数个,于是 $t=(2q-1)x^2$ 有无数个.

从而有无数个 $n=2^t-1$,使 S_n 为平方数,证毕.

有趣的是,在选取 t 的时候,若设法使(ⅰ)和(ⅱ)同时满足,则构造非常简单.为了满足(ⅱ),首先注意无论 t 为奇数或偶数,$t\cdot 2^{t-1}$ 中 2 的指数都为偶数,比如令 t 为 $2k$ 形式的数,此时

$$t\cdot 2^{t-1}(u+v)=k\cdot 2^{2k}(u+v),$$

其中 2^{2k} 为平方数.进而取

$$k=(u+v)x^2,$$

其中 $x\in\mathbf{N}$,即 $t=2(u+v)x^2$,则

$$S_{2^t-1}=t\cdot 2^{t-1}(u+v)=2(u+v)x^2\cdot 2^{2(u+v)x^2-1}(u+v)$$
$$=2(u+v)^2x^2\cdot 2^{2(u+v)x^2}$$

为平方数.

例 2 设 $f(n)$ 是定义在自然数集上的函数,且对任何自然数 n,都有

$$f(1)=f(2)=1,\quad f(3n)=3f(n)-2,$$
$$f(3n+1)=3f(n)+1,\quad f(3n+2)=3f(n)+4.$$

试确定不大于 2015 的自然数中,使 $f(n)=n$ 成立的最大正整数 n.

分析与解 先从初值开始试验,$f(n)$ 的前面若干个值如表 3.2 所示.

表 3.2

n	1	2	3	4	5	6	7	8	9	10	11	12	13	14	15	16	17	18
$f(n)$	1	1	1	4	7	1	4	7	1	4	7	10	13	16	19	22	25	1

观察使 $f(n)=1$ 的项,即可发现一个关键子列:

对任何 $k\in\mathbf{N}$,有 $f(3^k)=1$(共同特征:为 1 的项).

注意到上述结论涉及 3 的方幂,从而想到将题中的数用三进制

表示,则数表变成如表 3.3 所示.

表 3.3

n	1	2	10	11	12	20	21	22	100	101	102	110	111	112
$f(n)$	1	1	1	11	21	1	11	21	1	11	21	101	111	121

此时,数表中 n 与 $f(n)$ 之间的关系还比较隐蔽,我们把第一行中各数的第一个数码划掉,得到如下数表(表 3.4).

表 3.4

n'	0	0	0	1	2	0	1	2	0	1	2	10	11	12
$f(n)$	1	1	1	11	21	1	11	21	1	11	21	101	111	121

从表 3.4 中可以看出 n' 与 $f(n)$ 之间的关系比较明显:

在 n' 的三进制表示的末尾添加一个数字 1,便得到 $f(n)$ 的三进制表示,其中 n' 是 n 的三进制数表示中去掉第一个数码得到的数.

由此可见,将 n 的三进制表示的第一个数码去掉,并在末尾添加数码 1,则得到 $f(n)$ 的三进制表示,即

$$f((a_k a_{k-1} \cdots a_1 a_0)_{(3)}) = (a_{k-1} a_{k-2} \cdots a_1 a_0 1)_{(3)}. \quad ①$$

下面证明式①,对 n 使用数学归纳法.

当 $n=1,2,3$ 时,结论式①显然成立.

设当 $n<r$ 时,结论式①成立,当 $n=r$ 时,设

$$m = (a_k a_{k-1} \cdots a_1 a_0)_{(3)}.$$

(1) 若 $r=3m$,则

$$r = (a_k a_{k-1} \cdots a_1 a_0 0)_{(3)},$$
$$f(r) = f(3m) = 3f(m) - 2 = 3(a_{k-1} \cdots a_1 a_0 1)_{(3)} - 2$$
$$= (a_{k-1} a_{k-2} \cdots a_1 a_0 0 1)_{(3)},$$

结论式①成立.

(2) 若 $r=3m+1$,则

$$r = (a_k a_{k-1} \cdots a_1 a_0 1)_{(3)},$$

$$f(r) = f(3m+1) = 3f(m) + 1$$
$$= 3(a_{k-1}a_{k-2}\cdots a_1 a_0 1)_{(3)} + 1 = (a_{k-1}a_{k-2}\cdots a_1 a_0 11)_{(3)},$$
结论式①成立.

(3) 若 $r = 3m+2$,则
$$r = (a_k a_{k-1} \cdots a_1 a_0 2)_{(3)},$$
$$f(r) = 3f(m) + 4 = 3(a_{k-1}a_{k-2}\cdots a_1 a_0 1)_{(3)} + (11)_{(3)}$$
$$= (a_{k-1}a_{k-2}\cdots a_1 a_0 21)_{(3)},$$
结论式①成立.

综上所述,式①对一切自然数 n 成立.

若 $f(n) = n$,设 $n = (a_k a_{k-1} \cdots a_1 a_0)_{(3)}$,由式①得
$$(a_k a_{k-1} \cdots a_1 a_0)_{(3)} = (a_{k-1}a_{k-2}\cdots a_1 a_0 1)_{(3)}.$$

比较系数得, $a_k = a_{k-1} = a_1 = a_0 = 1$,于是 $f(n) = n$,当且仅当 n 的三进制数只含数码1.

注意到
$$(100\,000)_{(3)} = 3^6 < 2\,015 < 3^7 = (1\,000\,000)_{(3)},$$
所以 n 的最大值为
$$n_{\max} = (111\,111)_{(3)} = 3^6 + 3^5 + 3^4 + \cdots + 3^1 + 3^0$$
$$= \frac{3^7 - 1}{3 - 1} = 1\,093.$$

注 我们已得到本题的一个更巧妙的解法,它用到另一种形式的关键子列,我们将在3.3节的例1中介绍.

例3 设函数 $f:\mathbf{N} \to \mathbf{N}$ 满足: $f(1) > 0$ 且对任何 $m, n \in \mathbf{N}$,有
$$f(m^2 + n^2) = f^2(m) + f^2(n).$$
求证:对一切 $m \in \mathbf{N}$,有 $f(m) = m$. (1993年IMO中国国家集训队考试题)

分析与证明 先求出若干特殊值,看能否发现规律. 首先
$$f(0) = f(0^2 + 0^2) = f^2(0) + f^2(0) = 2f^2(0),$$

注意到 $f(0)$ 为整数,所以
$$f(0) = 0,$$
$$f(1) = f(1^2 + 0^2) = f^2(1) + f^2(0) = f^2(1),$$
由条件,$f(1)>0$,所以
$$f(1) = 1,$$
$$f(2) = f(1^2 + 1^2) = f^2(1) + f^2(1) = 2f^2(1) = 2.$$

下面求 $f(3)$,但不存在 $m, n \in \mathbf{N}$,使 $f(3) = f(m^2 + n^2)$,上面的方法失效,所以我们暂时不计算 $f(3)$(先跳过).

类似地,有
$$f(4) = f(2^2 + 0^2) = f^2(2) + f^2(0) = 4,$$
$$f(5) = f(2^2 + 1^2) = f^2(2) + f^2(1) = 5,$$
由以上分析容易发现一个关键子列:
$$f(0) = 0, \quad f(1) = 1, \quad f(2) = 2, \quad f(4) = 4, \quad f(5) = 5, \quad \cdots.$$
该子列具有如下性质:

若 $f(m) = m$,则
$$f(m^2) = f(m^2 + 0^2) = f^2(m) + f^2(0) = m^2 + 0 = m^2,$$
$$f(m^2 + 1) = f(m^2 + 1^2) = f^2(m) + f^2(1) = m^2 + 1.$$
于是,由 $f(5) = 5$,有
$$5^2 = f(5^2) = f(3^2 + 4^2) = f^2(3) + f^2(4) = f^2(3) + 16,$$
所以 $f(3) = 3$.

再由子列性质,有
$$f(9) = 9, \quad f(10) = 10,$$
进一步,有
$$10^2 = f^2(10) = f(10^2) = f(6^2 + 8^2) = f^2(6) + f^2(8)$$
$$= f^2(6) + 64,$$
所以 $f(6) = 6$.

又 $7^2 + 1^2 = 5^2 + 5^2$,所以有

$$f^2(7)+1=f(7^2+1^2)=f(5^2+5^2)=2f^2(5)=50.$$

以上我们已经证明了
$$f(m)=m \quad (m=0,1,\cdots,10).$$

假设结论对小于 m 的正整数成立,考察正整数 $m(m\geqslant 11)$,我们只需找到正整数 $x,y,z<m$,使
$$m^2+x^2=y^2+z^2,$$
则可由归纳假设求出 $f(m)$.

(1) 若 m 为奇数,令 $m=2n+1(n>1)$,注意到恒等式
$$(2n+1)^2-(2n-1)^2=8n=(n+2)^2-(n-2)^2,$$
即
$$(2n+1)^2+(n-2)^2=(2n-1)^2+(n+2)^2,$$
所以,由题目条件,有
$$f^2(2n+1)=f^2(n+2)+f^2(2n-1)-f^2(n-2).$$
又 $n-2<n+2<m,2n-1<m$,由归纳假设,有
$$f^2(2n+1)=(n+2)^2+(2n-1)^2-(n-2)^2=(2n+1)^2,$$
所以 $f(2n+1)=2n+1$,结论成立.

(2) 若 m 为偶数,令 $m=2n+2(n>3)$,利用恒等式
$$(2n+2)^2-(2n-2)^2=16n=(n+4)^2-(n-4)^2,$$
可得 $f(2n+2)=2n+2$,结论成立.

综上所述,命题获证.

3.2 寻找包含目标元素的子列

数学解题中,常常要证明某个结论成立,而其结论中通常又包含若干数学对象,我们称这些对象为"目标元".

在研究特例的过程中,我们可以寻找包含目标元的子列,研究该子列的性质与解题目标之间的关系,由此找到解题方法.

例1 有3个数字围成一圈,当 $t=0$ 时,按逆时针方向排列的最初3个数字是 $0,1,2$. 现对这3个数按以下规则进行操作:对其中任何一个数,如果它的相邻两个数字相同,该数字在该次操作中不变;如果它的按逆时针方向相邻的数小于它按顺时针方向相邻的数,该数字在该次操作中增加1,否则减少1.

前面若干次操作结果如表 3.5 所示.

表 3.5

$t=0$	0	1	2
$t=1$	1	0	3
$t=2$	2	-1	2
$t=3$	3	-1	1

试问:当操作到第多少次时,3个数字中至少有一个为0的状态(包括最初 $t=0$ 的状态)恰好共出现 1 000 次?

分析与解 本题属于"无选性"操作问题,但操作的法则非常烦琐,每次操作需要进行3次大小比较,而且两数的"逆邻"与"顺邻"容易弄错.

为了便于进行操作,先对原操作的规则进行简化.

观察各种操作的结果就可发现,被操作的数,要么是加1,要么是减1,要么是不变.于是,要确定操作得到的下一状态,只需确定经过一次操作后哪个数增加,哪个数减少,哪个数保持不变即可.

若按逆时针方向排列的3个数依次为 x,y,z,我们将这一状态记为 (x,y,z),显然,将3个数轮换后得到的状态与原状态一致,记为 $(x,y,z)=(y,z,x)=(z,x,y)$.

如果 $x<y<z$,则称 $(x,y,z)=(y,z,x)=(z,x,y)$ 为递增状态.

如果 $x>y>z$,则称 $(x,y,z)=(y,z,x)=(z,x,y)$ 为递减

状态.

如果 $x=y<z$,则称 $(x,y,z)=(y,z,x)=(z,x,y)$ 为半增状态.

如果 $x=y>z$,则称 $(x,y,z)=(y,z,x)=(z,x,y)$ 为半减状态.

显然,操作具有如下特征:

(1) 对于递增状态 $(x,y,z)(x<y<z)$,操作一次后变成 $(x+1,y-1,z+1)$,即 3 个数在操作中的变化规律是:加、减、加.简言之,递增状态→加、减、加.

(2) 对于递减状态 $(x,y,z)(x>y>z)$,操作一次后变成 $(x-1,y+1,z-1)$,即 3 个数在操作中的变化规律是:减、加、减.简言之,递减状态→减、加、减.

(3) 对于半增状态 $(x,y,z)(x=y<z)$,操作一次后变成 $(x+1,y-1,z)$,即 3 个数在操作中的变化规律是:"第一个数"加 1,"第二个数"减 1,另一个数不变.简言之,半增状态→加、减、平("平"表示停止改变,即不变).

(4) 对于半减状态 $(x,y,z)(x=y>z)$,操作一次后变成 $(x-1,y+1,z)$,即 3 个数在操作中的变化规律是:"第一个数"减 1,"第二个数"加 1,另一个数不变.简言之,半减状态→减、加、平.

根据以上特点,模拟操作,得到前面若干次状态依次为

t	状态 $A_t=(x,y,z)$	操作次数 t 的特征
0	$(0,1,2)$,	$t=0$
1	$(3,1,0)$,	$t=1^2$
2	$(2,2,-1)$	
3	$(-1,1,3)$,	
4	$(0,0,4)$,	$t=4=2^2$,
5	$(4,1,-1)$,	

6	$(3,2,-2)$,	
7	$(-3,2,3)$,	
8	$(-2,1,4)$,	
9	$(-1,0,5)=(2-3,0,2+3)$,	$t=9=3^2$,
10	$(6,0,-1)=(3+3,0,2-3)$,	$t=10=3^2+1$,
11	$(5,1,-2)$,	
12	$(4,2,-3)$,	
13	$(3,3,-4)$,	
14	$(-4,2,4)$,	
15	$(-3,1,5)$,	
16	$(-2,0,6)=(2-4,0,2+4)$,	$t=16=4^2$,
17	$(-1,-1,7)$,	
18	$(7,0,-2)=(3+4,0,2-4)$,	$t=18=4^2+2$,
19	$(6,1,-3)$,	
20	$(5,2,-4)$,	
21	$(4,3,-5)$,	
22	$(-6,3,4)$,	
23	$(-5,2,5)$,	
24	$(-4,1,6)$,	
25	$(-3,0,7)=(2-5,0,2+5)$,	$t=25=5^2$,
26	$(1,8,-2)$,	
27	$(9,-1,-2)$,	
28	$(8,0,-3)=(3+5,0,2-5)$,	$t=28=5^2+3$,
29	$(7,1,-4)$,	
30	$(6,2,-5)$,	
31	$(5,3,-6)$,	
32	$(4,4,-7)$,	
33	$(-7,3,5)$,	
34	$(-6,2,6)$,	

35	$(-5, 1, 7)$,	
36	$(-4, 0, 8)$,	$t = 36 = 6^2$,
37	$(-3, -1, 9)$,	
38	$(-2, -2, 10)$,	
39	$(10, -1, -3)$,	
40	$(9, 0, -4)$,	$t = 40 = 6^2 + 4$.

所有状态在总体上没有什么规律,从而不可能求出所有状态的通式.但含有目标元"0"的状态(关键子列)却有一定的规律.实际上,观察所有含有"0"的状态,则不难发现如下一个重要结论.

引理 当且仅当 $t = k^2$ 或 $t = k^2 + k - 2 (k = 1, 2, \cdots)$ 时,第 t 次操作得到的 3 个数中至少有一个数是 0.而且:

当 $t = k^2 (k \in \mathbf{N}, k \geqslant 3)$ 时对应的状态 $A_t = (2-k, 0, 2+k)$;

当 $t = k^2 + k - 2$ 时,对应的状态为 $A_t = (3+k, 0, 2-k)$.

引理的证明 我们需要证明:当操作序号 $t \in ((k-1)^2, k^2]$ ($k \in \mathbf{N}^*$)时,只有

$$t = (k-1)^2 + (k-1) + 2, \quad t = k^2$$

使状态 A_t 含有"0",而且

$$A_{(k-1)^2 + (k-1) - 2} = (3-k, 0, 2+k)$$
$$A_{k^2} = (2-k, 0, 2+k) \qquad (k \in \mathbf{N}, k \geqslant 3).$$

对 k 归纳.当 $k = 1, 2, 3$ 时,由上面的数据知结论成立.

设结论对不小于 k 的正整数成立,考察 $k+1$ 的情形.

根据归纳假设可得 $A_{k^2} = (2-k, 0, 2+k)$,下面考虑 $t \in (k^2, (k+1)^2]$ 的操作状态 A_t.

因为 $A_{k^2} = (2-k, 0, 2+k)$ 是递增状态(操作为"加、减、加"),下一状态为 $(3-k, -1, 3+k)$,它仍是递增状态……如此下去,假定连续操作 t 次都不改变状态的单调性,由于状态中最大数不断增大,只需前两个数分别"加 t""减 t"后仍是前者小于后者,令

$(2-k)+t<0-t$,解得 $t<\dfrac{k-2}{2}$.

于是,大约要操作 $\left[\dfrac{k-2}{2}\right]$ 次才能改变状态的单调性,为了讨论问题方便,应分 k 的奇偶性讨论.

先考虑 k 为偶数的情形,由上面的讨论可知,对 $A_{k^2}=(2-k,0,2+k)$ 按规则连续操作("加、减、加") $\dfrac{k}{2}-2$ 次,依次得到的状态都是递增的,其状态依次为

$$A_{k^2+1}=(3-k,-1,3+k),$$
$$A_{k^2+2}=(4-k,-2,4+k),$$
$$\cdots,$$
$$A_{k^2+\frac{k}{2}-2}=\left(-\dfrac{k}{2},2-\dfrac{k}{2},\dfrac{3k}{2}\right).$$

这些状态都没有出现 0,进而有

$$A_{k^2+\frac{k}{2}-1}=\left(1-\dfrac{k}{2},1-\dfrac{k}{2},\dfrac{3k}{2}+1\right),$$

它是半增状态,操作一次("加、减、平")后,得到

$$A_{k^2+\frac{k}{2}}=\left(\dfrac{3k}{2}+1,2-\dfrac{k}{2},-\dfrac{k}{2}\right),$$

以上所有状态中都没有出现 0.

因为 $\dfrac{3k}{2}+1>2-\dfrac{k}{2}>-\dfrac{k}{2}$,所以 $A_{k^2+\frac{k}{2}}=\left(\dfrac{3k}{2}+1,2-\dfrac{k}{2},-\dfrac{k}{2}\right)$ 是减状态,注意到 $\dfrac{3k}{2}+1,2-\dfrac{k}{2}$ 的符号相反,因而 $A_{k^2+\frac{k}{2}}$ 在改变单调性之前必出现 0,又 $\dfrac{3k}{2}+1,2-\dfrac{k}{2}$ 中,$2-\dfrac{k}{2}$ 的绝对值较小,从而对 $A_{k^2+\frac{k}{2}}$ 按规则连续操作("减、加、减") $\dfrac{k}{2}-2$ 次,依次得到的状态为

$$A_{k^2+\frac{k}{2}+1}=\left(\dfrac{3k}{2},3-\dfrac{k}{2},-1-\dfrac{k}{2}\right),$$

3 寻找关键子列

$$\cdots,$$
$$A_{k^2+k-2}=(k+3,0,2-k),$$

其中只有状态 $A_{k^2+k-2}=(k+3,0,2-k)$ 中出现 0.

因为 $k+3>0>2-k$,所以 $A_{k^2+k-2}=(k+3,0,2-k)$ 仍是递减的,按规则连续操作("减、加、减")$\frac{k}{2}+1$ 次,依次得到的状态为

$$A_{k^2+k-1}=(k+2,1,1-k),$$
$$A_{k^2+k}=(k+1,2,-k),$$
$$\cdots,$$
$$A_{k^2+\frac{3k}{2}-1}=\left(\frac{k}{2}+2,\frac{k}{2}+1,1-\frac{3k}{2}\right),$$

这些状态都是递减的,进而有

$$A_{k^2+\frac{3k}{2}}=\left(-\frac{3k}{2},\frac{k}{2}+1,\frac{k}{2}+2\right).$$

因为 $-\frac{3k}{2}<\frac{k}{2}+1<\frac{k}{2}+2$,所以 $A_{k^2+\frac{3k}{2}}=\left(-\frac{3k}{2},\frac{k}{2}+1,\frac{k}{2}+2\right)$ 是递增的,注意到 $-\frac{3k}{2},\frac{k}{2}+1$ 的符号相反,因而 $A_{k^2+\frac{k}{2}}$ 在改变单调性之前必出现 0,又 $-\frac{3k}{2},\frac{k}{2}+1$ 中,$\frac{k}{2}+1$ 的绝对值较小,从而按规则("加、减、加")操作 $\frac{k}{2}+1$ 次后再一次出现 0,依次得到的状态为

$$A_{k^2+\frac{3k}{2}+1}=\left(1-\frac{3k}{2},\frac{k}{2},\frac{k}{2}+3\right),$$
$$\cdots,$$
$$A_{k^2+2k+1}=(1-k,0,k+3).$$

显然,以上整个操作过程中只有两个状态出现 0,它们是

$$A_{k^2+k-2}=(k+3,0,2-k),$$
$$A_{k^2+2k+1}=(1-k,0,k+3),$$

即

$$A_{(k+1)^2} = (2-(k+1), 0, 2+(k+1)),$$
从而命题对 $k+1$ 成立.

当 k 为奇数时,同样可知结论成立,引理获证.

由此可见,所有含有 0 的状态为 $A_{k^2}, A_{k^2+k-2}(k \in \mathbf{N}^*)$,其中注意当 $k=1$ 时,$A_{k^2+k-2} = A_0$.

对每一个 $k \in \mathbf{N}^*$,将状态 A_{k^2} 与 A_{k^2+k-2} 归为一组,并称 $A_{k^2} = (2-k, 0, k+2)$ 是该组的第一状态,$A_{k^2+k-2} = (k+3, 0, 2-k)$ 是该组的第二状态.

由上面的结论可知,前两组中只有 3 个不同状态(因为当 $k=2$ 时,第 2 组中两个状态相同:$A_{k^2} = A_{k^2+k-2} = A_4$),而后面的组两个状态都不同,且不同组的状态也互不相同.

实际上,当 $k \geqslant 3$ 时,$k^2 < k^2+k-2 < (k+1)^2$,所以 k^2+k-2 非平方数,又 k^2, k^2+k-2 关于 k 递增,于是,当 $k=3,4,\cdots$ 时,代入 k^2, k^2+k-2 得到的数互不相同.

由此可知,当 $k \geqslant 3$ 时,前 k 组共有 $2k-1$ 个 t,使状态 A_t 出现 0.

令 $k=500$,知前 500 组中共有 $2 \cdot 500 - 1 = 999$ 个 t,使 A_t 出现 0,从而第 1 000 个含有 0 的状态位于第 501 组的第 1 个状态:
$$A_{501^2} = (0, 501+2, 2-501) = (0, 503, -499).$$
故操作到第 501^2 次时,3 个数字中至少有一个为 0 的状态恰好共出现 1 000 次.

例2 设 a_n 为下述正整数 N 的个数:N 的各位数字之和为 n,且每位数字只能取 1,3,4. 求证:$a_{2n}(n \in \mathbf{N}^*)$ 为完全平方数.(1991 年全国高中数学联赛试题)

分析与解 首先,容易建立递归关系
$$a_n = a_{n-1} + a_{n-3} + a_{n-4} \quad (n \geqslant 5).$$
实际上,当 $n \geqslant 5$ 时,设各位数字之和为 n 的 N 的个数为 a_n,有

如下 3 种情形.

（1）如果 N 的个位数字为 1, 则 N 的前面若干位构成的自然数 N_1 的数字之和为 $n-1$, 这样的自然数 N_1 有 a_{n-1} 个;

（2）如果 N 的个位数字为 3, 则 N 的前面若干位构成的自然数 N_3 的数字之和为 $n-3$, 这样的自然数 N_1 有 a_{n-3} 个;

（3）如果 N 的个位数字为 4, 则 N 的前面若干位构成的自然数 N_4 的数字之和为 $n-4$, 这样的自然数 N_1 有 a_{n-4} 个.

于是, 各位数字之和为 n 的 N 的个数为
$$a_n = a_{n-1} + a_{n-3} + a_{n-4} \quad (n \geqslant 5),$$
$$a_1 = a_2 = 1, \quad a_3 = 2, \quad a_4 = 4.$$

但由此递归关系证明 $a_{2n}(n \in \mathbf{N}^*)$ 为完全平方数还是比较困难的, 我们再来研究特例, 希望能发现数列的新的性质.

当 $n = 1, 2, \cdots, 14$ 时, a_n 的取值如表 3.6 所示.

表 3.6

n	1	2	3	4	5	6	7	8	9	10	11	12	13	14	⋯
a_n	1	1	2	4	6	9	15	25	40	64	104	169	273	441	⋯
规律	1	1^2	1×2	2^2	2×3	3^2	3×5	5^2	5×8	8^2	8×13	13^2	13×21	21^2	⋯

取 $f_1 = 1, f_2 = 2, f_{n+2} = f_{n+1} + f_n$（斐波那契数列）.

观察含有目标项 "a_{2n}" 的子列, 它的每一个项确实是平方数, 进而发现, $\sqrt{a_{2n}}$ 是熟悉的数列：$\sqrt{a_{2n}} = f_n$, 即
$$a_{2n} = f_n^2. \qquad ①$$

考虑到用归纳法证明时需要用到 f_{2n-1}, 由此可发现另一个关键子列 $\{a_{2n-1}\}$：
$$a_{2n-1} = f_{n-1} f_n. \qquad ②$$

下面用数学归纳法证明式①、式②.

当 $n = 1, 2$ 时, 式①、式②显然成立.

假设当 $n = k-1, k$ 时,式①、式②成立. 当 $n = k+1$ 时,有

$$a_{2(k+1)-1} = a_{2k+1} = a_{2k} + a_{2k-2} + a_{2k-3}$$
$$= f_k^2 + f_{k-1}^2 + f_{k-2} \cdot f_{k-1} = f_k^2 + f_{k-1}(f_{k-1} + f_{k-2})$$
$$= f_k^2 + f_{k-1} \cdot f_k = f_k \cdot f_{k+1},$$
$$a_{2(k+1)} = a_{2(k+1)-1} + a_{2(k+1)-3} + a_{2(k+1)-4}$$
$$= a_{2(k+1)-1} + a_{2k-1} + a_{2(k-1)} = f_k \cdot f_{k+1} + f_{k-1} \cdot f_k + f_{k-1}^2$$
$$= f_k \cdot f_{k+1} + f_{k-1} \cdot f_{k+1} = f_{k+1}^2.$$

因此,式①、式②对所有正整数 n 成立.

综上所述,对一切 $n \in \mathbf{N}^*$,有 a_{2n} 为完全平方数,命题获证.

例 3 设 k 是给定的正整数,$r = k + \dfrac{1}{2}$,记 $f^{(1)}(r) = f(r) = r[r], f^{(l)}(r) = f(f^{(l-1)}(r))(l \geqslant 2)$. 试证:存在正整数 m,使得 $f^{(m)}(r)$ 为一个整数. 这里,$[x]$ 表示不小于实数 x 的最小整数,例如:$\left[\dfrac{1}{2}\right] = 1, [1] = 1.$(2010 年全国高中数学联赛试题)

分析与证明 令 $a_n = f^{(n)}(r)$,我们先试验若干特例 $k = 1, 2, 3$,$\cdots$,对每个特例,找到序列 $\{a_n\}$ 的含有目标元(整数项)的关键子列.

当 $k = 1$ 时,$r = 1 + \dfrac{1}{2} = \dfrac{3}{2}$,此时

$$a_1 = \dfrac{3}{2}\left[\dfrac{3}{2}\right] = \dfrac{3}{2} \cdot 2 = 3, \quad a_2 = 3[3] = 3 \cdot 3 = 9, \quad \cdots,$$

其关键子列为 $a_1, a_2, \cdots$.

当 $k = 2$ 时,$r = 2 + \dfrac{1}{2} = \dfrac{5}{2}$,此时

$$a_1 = \dfrac{5}{2}\left[\dfrac{5}{2}\right] = \dfrac{5}{2} \cdot 3 = \dfrac{15}{2}, \quad a_2 = \dfrac{15}{2}\left[\dfrac{15}{2}\right] = \dfrac{15}{2} \cdot 8 = 60, \quad \cdots,$$

其关键子列为 $a_2, a_3, \cdots$.

当 $k = 3$ 时,$r = 3 + \dfrac{1}{2} = \dfrac{7}{2}$,此时

$$a_1 = \frac{7}{2}\left[\frac{7}{2}\right] = \frac{7}{2} \cdot 4 = 14, \quad a_2 = 14[14] = 196, \cdots,$$

其关键子列为 $a_1, a_2, \cdots$.

当 $k = 4$ 时,$r = 4 + \frac{1}{2} = \frac{9}{2}$,此时

$$a_1 = \frac{9}{2}\left[\frac{9}{2}\right] = \frac{9}{2} \cdot 5 = \frac{45}{2},$$

$$a_2 = \frac{45}{2}\left[\frac{45}{2}\right] = \frac{45}{2} \cdot 23 = \frac{1\,035}{2},$$

$$a_3 = \frac{1\,035}{2}\left[\frac{1\,035}{2}\right] = \frac{1\,035}{2} \cdot 518 = 268\,065, \cdots,$$

其关键子列为 $a_3, a_4, \cdots$.

当 $k = 5$ 时,$r = 5 + \frac{1}{2} = \frac{11}{2}$,此时

$$a_1 = \frac{11}{2}\left[\frac{11}{2}\right] = \frac{11}{2} \cdot 6 = 33, \quad a_2 = 33[33] = 1\,089, \cdots,$$

其关键子列为 $a_1, a_2, \cdots$.

在以上各个关键子列中,考察其首项在原序列中的位置(序号),它们与 k 的对应关系为

k	1	2	3	4	5
序号	1	2	1	3	1

再考察序号为 1 时所对应的 k,它们是 1,3,5,为奇数,此时 2 在 k 中的指数为 0,由此发现子列的首项(下标最小的为整数的项)在原序列中的位置序号 m 与 k 的关系为

$$m = v_2(k) + 1,$$

其中 $v_2(k)$ 表示 2 在 k 中的指数. 这表明,当 $m = v_2(k) + 1$ 时,$f^{(m)}(r)$ 为整数.

下面证明这一结论,对 $v_2(k) = v$ 用数学归纳法.

当 $v = 0$ 时,k 为奇数,$k + 1$ 为偶数,此时

$$f(r) = \left(k + \frac{1}{2}\right)\left[k + \frac{1}{2}\right] = \left(k + \frac{1}{2}\right)(k+1)$$

为整数，结论成立.

假设命题对 $v-1(v \geq 1)$ 成立.

对于 $v \geq 1$，设 k 的二进制表示具有形式

$$k = 2^v + \alpha_{v+1} \cdot 2^{v+1} + \alpha_{v+2} \cdot 2^{v+2} + \cdots,$$

这里，$\alpha_i = 0$ 或者 $1, i = v+1, v+2, \cdots$，于是

$$f(r) = \left(k + \frac{1}{2}\right)\left[k + \frac{1}{2}\right] = \left(k + \frac{1}{2}\right)(k+1)$$

$$= \frac{1}{2} + \frac{k}{2} + k^2 + k = \frac{1}{2} + 2^{v-1} + (\alpha_{v+1} + 1)$$

$$\cdot 2^v + (\alpha_{v+1} + \alpha_{v+2}) \cdot 2^{v+1} + \cdots + 2^{2v} + \cdots$$

$$= k' + \frac{1}{2}, \qquad \qquad ①$$

这里

$$k' = 2^{v-1} + (\alpha_{v+1} + 1) \cdot 2^v + (\alpha_{v+1} + \alpha_{v+2}) \cdot 2^{v+1} + \cdots + 2^{2v} + \cdots.$$

显然 k' 中所含的 2 的幂次为 $v-1$，所以由归纳假设知，$r' = k' + \frac{1}{2}$ 经过 f 的 v 次迭代得到整数. 由式①知，$f^{(v+1)}(r)$ 是一个整数，结论成立.

综上所述，命题获证.

例 4 设 k 为给定的正奇数，定义 $a_0 = 1$，对 $n > 0$，定义

$$a_n = \begin{cases} a_{n-1} + k & (a_{n-1} \text{ 为奇数}); \\ \frac{1}{2} a_{n-1} & (a_{n-1} \text{ 为偶数}). \end{cases}$$

求使 $a_n = 1$ 的最小正整数 n.

分析与解 对 $m \in \mathbf{N}$，定义 $f(m)$ 为 m 的二进制表示中"1"的个数.

通过观察初值，发现如下关键子列：

3 寻找关键子列

当且仅当 $n = p + f(m)$ 时, $a_n = 1$, 其中 $p \in M = \{p \mid 2^p \equiv 1 \pmod{k}\}$, $m = \dfrac{2^p - 1}{k}$.

下面给出证明. 一方面, 当 $n = p + f(m)$ 时, 其中 $p \in M$, $m = \dfrac{2^p - 1}{k}$, 因为 m 为奇数, 可设

$$m = 1 + 2^{i_1} + 2^{i_1+i_2} + \cdots + 2^{i_1+i_2+\cdots+i_s} \quad (i_1, i_2, \cdots, i_s \in \mathbf{N}^*),$$

于是

$$k = \frac{2^p - 1}{m} = \frac{2^p - 1}{1 + 2^{i_1} + \cdots + 2^{i_1+i_2+\cdots+i_s}},$$

所以, 由题给递归关系, 有

$$a_1 = a_0 + k = 1 + k = 1 + \frac{2^p - 1}{1 + 2^{i_1} + \cdots + 2^{i_1+i_2+\cdots+i_s}}$$

$$= \frac{2^{i_1} + 2^{i_1+i_2} + \cdots + 2^{i_1+i_2+\cdots+i_s} + 2^p}{1 + 2^{i_1} + \cdots + 2^{i_1+i_2+\cdots+i_s}}.$$

因为 $m = \dfrac{2^p - 1}{k} < 2^p$, 即

$$1 + 2^{i_1} + 2^{i_1+i_2} + \cdots + 2^{i_1+i_2+\cdots+i_s} < 2^p,$$

所以 $p > i_1 + i_2 + \cdots + i_s$.

故 $2^{i_1} \mid 2^p + 2^{i_1} + \cdots + 2^{i_1+i_2+\cdots+i_s}$.

而 $(2^{i_1}, 1 + 2^{i_1} + \cdots + 2^{i_1+i_2+\cdots+i_s}) = 1$, 所以 $2^{i_1} \mid a_1$.

因此, 由题给递归关系, 有

$$a_2 = \frac{1}{2} a_1, \quad a_3 = \frac{1}{2^2} a_1, \quad \cdots,$$

$$a_{i_1+1} = \frac{1}{2^{i_1}} a_1 = \frac{1 + 2^{i_2} + \cdots + 2^{i_2+\cdots+i_s} + 2^{p-i_1}}{1 + 2^{i_1} + \cdots + 2^{i_1+i_2+\cdots+i_s}}.$$

因为 $\dfrac{1}{2^{i_1}} a_1$ 为奇数, 所以

$$a_{i_1+2} = a_{i_1+1} + k = \frac{1 + 2^{i_2} + \cdots + 2^{i_2+\cdots+i_s} + 2^{p-i_1}}{1 + 2^{i_1} + \cdots + 2^{i_1+i_2+\cdots+i_s}} + k$$

$$= \frac{1 + 2^{i_2} + \cdots + 2^{i_2 + \cdots + i_s} + 2^{p-i_1}}{1 + 2^{i_1} + \cdots + 2^{i_1 + i_2 + \cdots + i_s}} + \frac{2^p - 1}{1 + 2^{i_1} + \cdots + 2^{i_1 + i_2 + \cdots + i_s}}$$

$$= \frac{2^{i_2} + \cdots + 2^{i_2 + \cdots + i_s} + 2^{p-i_1} + 2^p}{1 + 2^{i_1} + \cdots + 2^{i_1 + i_2 + \cdots + i_s}},$$

故 $2^{i_2} \mid a_{i_1 + 2}$. 进而,由题给递归关系,有

$$a_{i_1 + 3} = \frac{1}{2} a_{i_1 + 2}, \quad a_{i_1 + 4} = \frac{1}{2^2} a_{i_1 + 2}, \quad \cdots,$$

$$a_{i_1 + i_2 + 2} = \frac{1}{2^{i_2}} a_{i_1 + 2} = \frac{1 + 2^{i_3} + \cdots + 2^{i_3 + \cdots + i_s} + 2^{p - i_1 - i_2} + 2^{p - i_2}}{1 + 2^{i_1} + \cdots + 2^{i_1 + i_2 + \cdots + i_s}}$$

为奇数. 如此下去,有

$$a_{i_1 + i_2 + \cdots + i_s + s} = \frac{1 + 2^{p - i_1 - i_2 - \cdots - i_s} + 2^{p - i_2 - i_3 - \cdots - i_s} + \cdots + 2^{p - i_s}}{1 + 2^{i_1} + \cdots + 2^{i_1 + i_2 + \cdots + i_s}}$$

为奇数,所以,由题给递归关系,有

$$a_{i_1 + i_2 + \cdots + i_s + s + 1} = a_{i_1 + i_2 + \cdots + i_s + s} + k$$

$$= \frac{1 + 2^{p - i_1 - i_2 - \cdots - i_s} + 2^{p - i_2 - i_3 - \cdots - i_s} + \cdots + 2^{p - i_s}}{1 + 2^{i_1} + \cdots + 2^{i_1 + i_2 + \cdots + i_s}}$$

$$+ \frac{2^p - 1}{1 + 2^{i_1} + \cdots + 2^{i_1 + i_2 + \cdots + i_s}}$$

$$= \frac{2^{p - i_1 - i_2 - \cdots - i_s} + 2^{p - i_2 - i_3 - \cdots - i_s} + \cdots + 2^{p - i_s} + 2^p}{1 + 2^{i_1} + \cdots + 2^{i_1 + i_2 + \cdots + i_s}},$$

故 $2^{p - i_1 - i_2 - \cdots - i_s} \mid a_{i_1 + i_2 + \cdots + i_s + s + 1}$. 所以,由题给递归关系,有

$$a_{i_1 + i_2 + \cdots + i_s + s + 2} = \frac{1}{2} a_{i_1 + i_2 + \cdots + i_s + s + 1},$$

$$a_{i_1 + i_2 + \cdots + i_s + s + 3} = \frac{1}{2^2} a_{i_1 + i_2 + \cdots + i_s + s + 1},$$

$\cdots,$

$$a_{i_1 + i_2 + \cdots + i_s + s + 1 + p - i_1 - i_2 - \cdots - i_s}$$

$$= \frac{1}{2^{p - i_1 - i_2 - \cdots - i_s}} a_{i_1 + i_2 + \cdots + i_s + s + 1}$$

$$= \frac{1}{2^{p - i_1 - i_2 - \cdots - i_s}}$$

$$\cdot \frac{2^{p-i_1-i_2-\cdots-i_s} + 2^{p-i_2-i_3-\cdots-i_s} + \cdots + 2^{p-i_s} + 2^p}{1 + 2^{i_1} + \cdots + 2^{i_1+i_2+\cdots+i_s}}$$

$$= 1,$$

即 $a_{s+p+1} = 1$.

又 $m = 1 + 2^{i_1} + 2^{i_1+i_2} + \cdots + 2^{i_1+i_2+\cdots+i_s}$，所以 $f(m) = s+1$，故 $a_{f(m)+p} = 1$.

而 $n = f(m) + p$，所以 $a_n = 1$.

另一方面，$a_1 = 1 + k$ 为偶数，设 $2^{i_1} \| a_1$，则

$$a_{i_1+1} = \frac{1}{2^{i_1}} a_1 = \frac{1+k}{2^{i_1}}$$

为奇数，所以，由题给递归关系，有

$$a_{i_1+2} = a_{i_1+1} + k = \frac{1+k}{2^{i_1}} + k.$$

又设 $2^{i_2} \| a_{i_1+2}$，则

$$a_{i_1+i_2+2} = \frac{1}{2^{i_2}} a_{i_1+2} = \frac{1}{2^{i_2}} \left(\frac{1+k}{2^{i_1}} + k \right) = \frac{1+k}{2^{i_1+i_2}} + \frac{k}{2^{i_2}},$$

如此下去，设 $2^{i_t} \| a_{i_1+i_2+\cdots+i_{t-1}+t}$ ($t \geq 2$)，则

$$a_{i_1+i_2+\cdots+i_t+t} = \frac{1+k}{2^{i_1+i_2+\cdots+i_t}} + k\left(\frac{1}{2^{i_2+i_3+\cdots+i_t}} + \frac{1}{2^{i_3+i_4+\cdots+i_t}} + \cdots + \frac{1}{2^{i_t}} \right),$$

假定 $a_n = 1$，则必存在 t，使 $a_{i_1+i_2+\cdots+i_t+t} = 1$，即

$$\frac{1+k}{2^{i_1+i_2+\cdots+i_t}} + k\left(\frac{1}{2^{i_2+i_3+\cdots+i_t}} + \frac{1}{2^{i_3+i_4+\cdots+i_t}} + \cdots + \frac{1}{2^{i_t}} \right) = 1,$$

所以，$k(1 + 2^{i_1} + 2^{i_1+i_2} + \cdots + 2^{i_1+i_2+\cdots+i_{t-1}}) = 2^{i_1+i_2+\cdots+i_t} - 1$.

令 $p = i_1 + i_2 + \cdots + i_t$，则上式变为

$$k(1 + 2^{i_1} + 2^{i_1+i_2} + \cdots + 2^{i_1+i_2+\cdots+i_{t-1}}) = 2^p - 1,$$

所以，$k \mid 2^p - 1$，即 $2^p \equiv 1 \pmod{k}$.

令 $m = \dfrac{2^p - 1}{k} = 1 + 2^{i_1} + 2^{i_1+i_2} + \cdots + 2^{i_1+i_2+\cdots+i_{t-1}}$，有 $f(m) = t$，所以，$i_1 + i_2 + \cdots + i_t + t = p + t = p + f(m)$.

综上所述,结论成立.

最后,求 $n = p + f(m)$ 的最小正值.

设 p_0 是 M 中的最小正数,则 $2^{p_0} \equiv 1 \pmod{k}$.

设 p_0 对应的 m 值为 m_0,对任一 $p \in M(p > 0)$,设 $p = qp_0 + r$ ($0 \leqslant r < p_0$),则
$$2^r \equiv 2^{r+p_0} \equiv 2^{r+2p_0} \equiv \cdots \equiv 2^{r+qp_0} \equiv 2^p \equiv 1 \pmod{k}.$$

因为 $r < p_0$,由 p_0 的最小性,有 $r = 0$,所以 $p_0 \mid p$,故 $p \geqslant 2p_0$.

因为 $m_0 = \dfrac{2^{p_0}-1}{k} < 2^{p_0}$,所以 m_0 的二进制表示至多有 p_0 位,故 $f(m_0) \leqslant p_0$. 所以
$$p + f(m) \geqslant p + 1 \geqslant 2p_0 + 1 = p_0 + (p_0 + 1)$$
$$\geqslant p_0 + (f(m_0) + 1) > p_0 + f(m_0),$$

因此,$p_0 + f(m_0)$ 是 $n = p + f(m)$ 的最小正值.

故所求的 n 为
$$p_0 + f(m_0) = p_0 + f\left(\dfrac{2^{p_0}-1}{k}\right),$$

其中 p_0 是满足 $2^{p_0} \equiv 1 \pmod{k}$ 的最小正整数.

3.3 寻找符合目标特征的子列

有些问题中,我们一时难以找到含有目标元的对象,但有一些对象与目标对象具有相同的特征:或是所含的基本元素一致,或是其基本结构一致,或是其表现形式一致.通过研究符合目标特征的子列的性质,寻找解决问题的方法.

例1 设 $f(n)$ 是定义在自然数集上的函数,且对任何自然数 n,有
$$f(1) = f(2) = 1, \quad f(3n) = 3f(n) - 2,$$
$$f(3n+1) = 3f(n) + 1, \quad f(3n+2) = 3f(n) + 4.$$
试确定不大于 2015 的自然数中,使 $f(n) = n$ 成立的最大正整数 n.

3 寻找关键子列

分析与解 在 3.1 节例 2 中我们已介绍了本题的一种解法,那里采用的是寻找具有共同特征的关键子列的方法,这里,我们介绍另一种解法.

观察前面若干个符合目标特征($f(n) = n$)的数 n,发现一个关键子列:
$$f(1) = 1, \quad f(4) = 4, \quad f(13) = 13, \quad \cdots.$$
由此猜想:若 n 使 $f(n) = n$,则 $n \equiv 1 \pmod 3$.

实际上,假定 n 使 $f(n) = n$.

(1) 若 $n = 3k$,则 $3k = n = f(n) = f(3k) = 3f(k) - 2$,于是 $3 \mid 2$,矛盾.

(2) 若 $n = 3k + 2$,则 $3k + 2 = f(3k+2) = 3f(k) + 4$,亦有 $3 \mid 2$,矛盾.

所以 $n \equiv 1 \pmod 3$.

反之,当 $n \equiv 1 \pmod 3$ 时,未必有 $f(n) = n$.

下面讨论哪些数 n 使 $f(n) = n$.

假定 $n \equiv 1 \pmod 3$,且 $f(n) = n$. 令 $n = 3k + 1$,那么
$$3k + 1 = n = f(n) = f(3k+1) = 3f(k) + 1,$$
所以 $f(k) = k$.

反之,若 $f(k) = k$,则
$$f(3k+1) = 3f(k) + 1 = 3k + 1.$$
由此可知,当且仅当 $3 \mid n - 1$,且 $f\left(\dfrac{n-1}{3}\right) = \dfrac{n-1}{3}$ 时,$f(n) = n$.

将所有满足 $f(n) = n$ 的自然数 n 按由小到大的顺序排列为
$$n_1, \quad n_2, \quad n_3, \quad \cdots,$$
那么,由上面的讨论可知,对一切正整数 k,有
$$n_{k+1} = 3n_k + 1,$$
于是

$n_1 = 1,$

$n_2 = 3 \times n_1 + 1 = 3 \times 1 + 1 = 3^1 + 3^0,$

$n_3 = 3 \times n_2 + 1 = 3 \times (3^1 + 3^0) + 1 = 3^2 + 3^1 + 3^0,$

$\cdots,$

$n_{k+1} = 3 \times n_k + 1 = 3^k + 3^{k-1} + \cdots + 3^1 + 3^0,$

$\cdots.$

故满足 $n < 2\,016, f(n) = n$ 的最大自然数为

$$3^6 + 3^5 + \cdots + 3^1 + 3^0 = \frac{3^7 - 1}{3} = 1\,093.$$

例 2 将 $n = 2^r$(r 为正整数)个围棋子均匀放在圆周上,若相邻两个棋子同色,则在它们之间放一个黑子;若相邻两个棋子异色,则在它们之间放一个白子,然后把原来的 n 个棋子拿走. 如果进行 m 次这样的操作,不论最初 n 个围棋子颜色如何,都能使所有棋子都变为黑色,求 m 的最小值.

分析与解 首先,题中给定的操作规则在解题过程中运用很不方便,应对其进行改造.

显然,棋子的同色、异色,使人想到实数的同号、异号.

同色之间放黑子,想到同号两数之积为正,从而黑子用 $+1$ 代替,白子用 -1 代替,则每次操作是将圆周上的每个数同时换成它与它右侧数的积.

用 $(x_1, x_2, \cdots, x_n)$ 表示圆周上 n 个围棋子对应的数按逆时针方向依次为 $x_1, x_2, \cdots, x_n$ 的状态,则操作可以表示为

$$(x_1, x_2, \cdots, x_n) \rightarrow (x_1 x_2, x_2 x_3, \cdots, x_{n-1} x_n, x_n x_1).$$

设最初状态为 $A_0 = (x_1, x_2, \cdots, x_n)$,对之操作 k($k \in \mathbf{N}$)次后得到的状态记为 A_k.

为了了解此操作有何规律,先考察特例. 取 $r = 2$,则 $n = 2^2 = 4$,模拟操作,有

3 寻找关键子列

$$A_0 = (x_1, x_2, x_3, x_4),$$
$$A_1 = (x_1 x_2, x_2 x_3, x_3 x_4, x_4 x_1),$$
$$A_2 = (x_1 x_3, x_2 x_4, x_1 x_3, x_2 x_4),$$
$$A_3 = (x_1 x_2 x_3 x_4, x_1 x_2 x_3 x_4, \cdots, x_1 x_2 x_3 x_4, x_1 x_2 x_3 x_4),$$
$$A_4 = (1, 1, \cdots, 1, 1).$$

由此可见, $m = 4$ 合乎条件.

再取 $r = 3$, 则 $n = 2^3 = 8$, 模拟操作, 有

$A_0 = (x_1, x_2, \cdots, x_8),$
$A_1 = (x_1 x_2, x_2 x_3, \cdots, x_7 x_8, x_8 x_1),$ 首项为 $x_1 x_{1+1}$,
$A_2 = (x_1 x_3, x_2 x_4, \cdots, x_7 x_1, x_8 x_2),$ 首项为 $x_1 x_{1+2}$,
$A_3 = (x_1 x_2 x_3 x_4, x_2 x_3 x_4 x_5, \cdots, x_7 x_8 x_1 x_2, x_8 x_1 x_2 x_3),$
$A_4 = (x_1 x_5, x_2 x_6, \cdots, x_7 x_3, x_8 x_4),$ 首项为 $x_1 x_{1+4}$,
$A_5 = (x_1 x_2 x_5 x_6, x_2 x_3 x_6 x_7, \cdots, x_7 x_8 x_1 x_2, x_8 x_1 x_4 x_5),$
$A_6 = (x_1 x_3 x_5 x_7, x_2 x_4 x_6 x_8, \cdots, x_7 x_1 x_3 x_5, x_8 x_2 x_4 x_6),$
$A_7 = (x_1 x_2 x_3 x_4 x_5 x_6 x_7 x_8, x_1 x_2 x_3 x_4 x_5 x_6 x_7 x_8, \cdots, x_1 x_2 x_3 x_4 x_5 x_6 x_7 x_8),$
$A_8 = (1, 1, \cdots, 1),$ 首项为 $x_1 x_{1+8}$.

所以 $m = 8$ 合乎条件.

由此容易发现: 对题给的正整数 $n = 2^r$, 有 $m = n$ 合乎条件, 即对任何初始状态 $(x_1, x_2, \cdots, x_n)$, 有

$$A_n = A_{2^r} = (1, 1, \cdots, 1).$$

但证明此结果并不容易, 还要对上述一些例子进行深入研究.

下面寻找关键子列, 基本想法是: 将最终状态 A_{2^r} 放入一个状态子列中, 通过研究子列的通式, 得到最终状态 $A_{2^r} = (1, 1, \cdots, 1)$.

哪些状态与最终状态 A_{2^r} 有共同特征呢?——注意到最终状态 $A_{2^r} = (1, 1, \cdots, 1)$ 中全为 1, 而其他状态都含有 $x_1, x_2, \cdots, x_n$, 于是我们应将 $A_{2^r} = (1, 1, \cdots, 1)$ 改写为含有 $x_1, x_2, \cdots, x_n$ 的形式:

$$A_{2^r} = (x_1^2, x_2^2, \cdots, x_n^2).$$

这样,最终状态 $A_{2^r} = (x_1^2, x_2^2, \cdots, x_n^2)$ 的各分量都是二次式,观察上述特例中分量是二次式的状态,它们是 A_1, A_2, A_4, A_8,这些状态的下标都恰好是 2 的幂:$2^0, 2^1, 2^2, 2^3$.

一般地,对 $n = 2^r$,我们来探求状态子列 $A_{2^k}(k = 0, 1, 2, \cdots, r)$ 的通式.

为此,从总体上进行观察,发现所有状态都有一个共同点:后一个分量由前一个分量各个字母的下标同时增加 1 而得到,于是只需确定子列中每个状态的第一个分量.

由此可归纳出关键子状态列的通式,我们证明,其操作具有如下性质:

性质 1 对一切自然数 k,有
$$A_{2^k} = (y_1, y_2, \cdots, y_n),$$
其中 $y_j = x_j x_{j+2^k} (j = 1, 2, \cdots, n)$.

对指数 k 归纳. 当 $k = 0, 1$ 时,直接验证可知,结论成立.

设结论对正整数 k 成立,考虑 $k + 1$ 的情形.

先对 A_0 进行 2^k 次操作,由归纳假设,有
$$A_{2^k} = (y_1, y_2, \cdots, y_n),$$
其中 $y_j = x_j x_{j+2^k} (j = 1, 2, \cdots, n)$.

为了得到 $k + 1$ 时的状态 $A_{2^{k+1}}$,需要对 A_{2^k} 再进行 2^k 次操作,如何进行这 2^k 次操作?

一次一次地进行显然是不行的,其策略是:将 $A_{2^k} = (y_1, y_2, \cdots, y_n)$ 看成是一个新的初始状态,然后再一次利用归纳假设!

注意 $A_{2^k} = (y_1, y_2, \cdots, y_n)$ 仍是由 $+1, -1$ 构成的排列,所以它可看成是一个新的初始状态,对 A_{2^k} 进行 2^k 次操作,仍由归纳假设,得到状态
$$A_{2^{k+1}} = (z_1, z_2, \cdots, z_n),$$
其中 $z_j = y_j y_{j+2^k}$. 注意到

3 寻找关键子列

$$z_j = y_j y_{j+2^k} = (x_j x_{j+2^k})(x_{j+2^k} x_{j+2^k+2^k}) = x_j x_{j+2^{k+1}},$$

从而结论成立,性质 1 获证.

由性质 1,取 $k = r$,可知 A_0 进行 $2^r = n$ 次操作后得到状态

$$A_n = (y_1, y_2, \cdots, y_n),$$

其中 $y_j = x_j x_{j+2^r} = x_j x_{j+n} = x_j^2 = 1 (j = 1, 2, \cdots, n)$,即 $A_n = (1, 1, \cdots, 1)$.

所以,$m = n = 2^r$ 合乎条件.

下面要证明 $m \geqslant n$,即证明至少要操作 n 次.

显然,我们只需证明操作 $n - 1$ 次后,其状态不全为 1,即 $A_{n-1} \neq (1, 1, \cdots, 1)$(因为 A_{n-1} 前面一旦出现全为 1 的状态,则后面的状态都是全为 1,当然有 A_{n-1} 全为 1).

这样,我们需要对任意的初始状态求出 A_{n-1} 的通式,再观察特例,发现

$$A_{n-1} = (x_1 x_2 \cdots x_n, x_1 x_2 \cdots x_n, \cdots, x_1 x_2 \cdots x_n).$$

为证明这一结论,我们仍采用寻找关键子状态列的方法,基本想法是,将最终状态 A_{n-1} 放入一个状态子列中,哪些状态符合最终状态 A_{n-1} 的特征呢?

注意最终状态 $A_{n-1} = (x_1 x_2 \cdots x_n, x_1 x_2 \cdots x_n, \cdots, x_1 x_2 \cdots x_n)$ 的特征是,每一个分量都相同,而且每一个分量中各字母的下标都是连续的正整数 $1, 2, \cdots, n$.

具有上述特征的状态恰好是前述关键子状态列的每一个状态的前一状态,它们构成一新的状态子列:

$$A_1, A_3, A_7, \cdots, A_{2^k-1} \quad (k \in \mathbf{N}^*).$$

在该状态列中,第 k 个状态的第一分量为 $x_1, x_2, \cdots, x_{2^k}$ 的积,而其他分量都由前一个分量中字母下标增加 1 而得到,由此可得到该状态子列中第 k 个状态分量通式为

$$y_1 = x_1 x_2 \cdots x_{2^k}, \quad \cdots, \quad y_j = x_j x_{j+1} \cdots x_{j+2^k-1} \quad (j = 1, 2, \cdots, n).$$

现在,我们证明如下的性质:

性质 2 对每一个正整数 k,对 $A_0 = (x_1, x_2, \cdots, x_n)$ 操作 $2^k - 1$ 次后得到状态
$$A_{2^k-1} = (y_1, y_2, \cdots, y_n),$$
其中 $y_1 = x_1 x_2 \cdots x_{2^k}, \cdots, y_j = x_j x_{j+1} \cdots x_{j+2^k-1} (j = 1, 2, \cdots, n)$.

对指数 k 归纳. 当 $k = 1$ 时,直接验证可知,结论成立.

设结论对正整数 k 成立,即 $A_{2^k-1} = (y_1, y_2, \cdots, y_n)$,其中 $y_1 = x_1 x_2 \cdots x_{2^k}, \cdots, y_j = x_j x_{j+1} \cdots x_{j+2^k-1} (j = 1, 2, \cdots, n)$.

考虑 $k+1$ 的情形,我们要对 A_0 进行 $2^{k+1} - 1$ 次操作,分两步进行:

第一步,对 A_0 进行 2^k 次操作(利用已证的性质1),得到状态 A_{2^k};

第二步,再对 A_{2^k} 进行 $2^k - 1$ 次操作(利用归纳假设),得到状态 $A_{2^{k+1}-1}$.

实际上,先对 A_0 进行 2^k 次操作,由性质1,有 $A_{2^k} = (y_1, y_2, \cdots, y_n)$,其中 $y_j = x_j x_{j+2^k} (j = 1, 2, \cdots, n)$.

注意 $A_{2^k} = (y_1, y_2, \cdots, y_n)$ 仍是由 $+1, -1$ 构成的排列,再对 A_{2^k} 进行 $2^k - 1$ 次操作,由归纳假设,有
$$A_{2^{k+1}-1} = (z_1, z_2, \cdots, z_n),$$
其中 $z_j = y_j y_{j+1} \cdots y_{j+2^k-1} (j = 1, 2, \cdots, n)$. 注意到
$$z_j = y_j y_{j+1} \cdots y_{j+2^k-1} = (x_j x_{j+2^k})(x_{j+1} x_{j+2^k+1}) \cdots (x_{j+2^k-1} x_{j+2^{k+1}-1})$$
$$= x_j x_{j+1} \cdots x_{j+2^{k+1}-1},$$
所以结论成立,性质2获证.

现在,对题中给定的 $n = 2^r$,由性质2,对 $A_0 = (x_1, x_2, \cdots, x_n)$ 进行 $n - 1 = 2^r - 1$ 次操作后,有
$$A_{n-1} = A_{2^r-1} = (y_1, y_2, \cdots, y_n),$$
其中 $y_j = x_j x_{j+1} \cdots x_{j+2^r-1} = x_j x_{j+1} \cdots x_{j+n-1} (j = 1, 2, \cdots, n)$.

3 寻找关键子列

因为 $j, j+1, j+2, \cdots, j+n-1$ 是模 n 的完系,所以 $x_j, x_{j+1}, \cdots, x_{j+n-1}$ 是 $x_1, x_2, \cdots, x_n$ 的一个排列,从而
$$y_j = x_j x_{j+1} \cdots x_{j+n-1} = x_1 x_2 \cdots x_n,$$
于是
$$A_{n-1} = (x_1 x_2 \cdots x_n, x_1 x_2 \cdots x_n, \cdots, x_1 x_2 \cdots x_n).$$
取 $x_1 = -1, x_2 = x_3 = \cdots = x_n = 1$,则
$$A_{n-1} = (-1, -1, \cdots, -1) \neq (1, 1, \cdots, 1).$$

此时,当 $m \leqslant n-1$ 时,一定有 $A_m \neq (1,1,\cdots,1)$,否则,$A_m = (1,1,\cdots,1)$,则以后操作后状态都为 $(1,1,\cdots,1)$,这与 $A_{n-1} \neq (1,1,\cdots,1)$ 矛盾.

所以 $m \geqslant n$,故操作次数 m 的最小值为 n.

注 本题还有一种巧妙的解法,我们将在 6.2 节例 1 中详细介绍.

例 3 设 $f: \mathbf{N}^* \to \mathbf{N}^*$ 满足:
$$f(1) = 1, \quad f(3) = 3, \quad f(2n) = f(n),$$
$$f(4n+1) = 2f(2n+1) - f(n),$$
$$f(4n+3) = 3f(2n+1) - 2f(n).$$

试确定 $[1, 1988]$ 中使 $f(n) = n$ 的正整数 n 的个数.(第 29 届 IMO 试题)

分析与解 先从初值开始试验,$f(n)$ 的前面若干个值如表 3.7 所示.

表 3.7

n	1	2	3	4	5	6	7	8	9	10	⋯
$f(n)$	1	1	3	1	5	3	7	1	9	5	⋯

先观察具有共同特征(使 $f(n) = 1$)的项,即可发现一个关键子列:

对任何 $k \in \mathbf{N}$,有 $f(2^k) = 1$.

再观察符合目标特征($f(n) = n$)的项,即可发现另一个关键子列:

对任何 $k \in \mathbf{N}$,有
$$f(2^k - 1) = 2^k - 1, \quad f(2^k + 1) = 2^k + 1.$$

注意到上述结论都涉及 2 的方幂,从而想到将题中的数用二进制表示,则上述数表如表 3.8 所示.

表 3.8

n	1	10	11	100	101	110	111	1001	1010	1000
$f(n)$	1	01	11	001	101	011	111	1001	0101	0001

观察 n 与 $f(n)$ 的二进制数,发现 $f(n)$ 的二进制数由 n 的二进制数各数码逆写而成,即:

若 $n = (a_n a_{n-1} \cdots a_1 a_0)_{(2)}$,则 $f(n) = (a_0 a_1 \cdots a_{n-1} a_n)_{(2)}$.

下面给出上述结论的证明,对 n 归纳.

当 $n = 1, 2, 3, 4$ 时,结论成立.

设结论对小于 r 的正整数成立,考虑 $n = r$ 时的情形.

(1) 若 $r = 2m$,则 $m < r$,令 $m = (a_k a_{k-1} \cdots a_1 a_0)_{(2)}$,其中 $a_k = 1$,且
$$2m = (a_k a_{k-1} \cdots a_1 a_0 0)_{(2)},$$
于是
$$f(r) = f(2m) = f(m) \quad (\text{利用题设条件})$$
$$= (a_0 a_1 \cdots a_{k-1} a_k)_{(2)} \quad (\text{利用归纳假设})$$
$$= (0 a_0 a_1 \cdots a_{k-1} a_k)_{(2)},$$
结论成立.

(2) 若 $r = 4m + 1$,则 $4m, 2m + 1 < r$,设 $m = (a_k \cdots a_1 a_0)_{(2)}$,其中 $a_k = 1$,且

$$4m = 2^2 m = (a_k \cdots a_1 a_0 00)_{(2)},$$
$$4m + 1 = (a_k a_{k-1} \cdots a_1 a_0 01)_{(2)},$$
$$2m + 1 = (a_k a_{k-1} \cdots a_1 a_0 1)_{(2)},$$

于是
$$\begin{aligned} f(r) &= f(4m+1) = 2f(2m+1) - f(m) \\ &= 2f((a_k \cdots a_1 a_0 1)_{(2)}) - f((a_k \cdots a_1 a_0)_{(2)}) \\ &= 2(1 a_0 \cdots a_{k-1} a_k)_{(2)} - (a_0 \cdots a_{k-1} a_k)_{(2)} \\ &= (1 a_0 \cdots a_{k-1} a_k)_{(2)} + ((1 a_0 \cdots a_{k-1} a_k)_{(2)} - (a_0 \cdots a_{k-1} a_k)_{(2)}) \\ &= (1 a_0 \cdots a_{k-1} a_k)_{(2)} + (1\underbrace{00 \cdots 0}_{k+1 \text{个} 0})_{(2)} = (10 a_0 \cdots a_{k-1} a_k)_{(2)}, \end{aligned}$$

结论成立.

(3) 若 $r = 4m + 3$, 设 $m = (a_k \cdots a_1 a_0)_{(2)} (a_k = 1)$, 则
$$4m = 2^2 m = (a_k \cdots a_1 a_0 00)_{(2)},$$
$$4m + 1 = (a_k a_{k-1} \cdots a_1 a_0 11)_{(2)},$$
$$2m + 1 = (a_k a_{k-1} \cdots a_1 a_0 1)_{(2)},$$

于是
$$\begin{aligned} f(r) &= f(4m+3) = 3f(2m+1) - 2f(m) \\ &= 3f((a_k \cdots a_1 a_0 1)_{(2)}) - 2f((a_k \cdots a_1 a_0)_{(2)}) \\ &= 3(1 a_0 \cdots a_{k-1} a_k)_{(2)} - 2(a_0 \cdots a_{k-1} a_k)_{(2)} \\ &= (1 a_0 \cdots a_{k-1} a_k)_{(2)} + (2(1 a_0 \cdots a_{k-1} a_k)_{(2)} - 2(a_0 \cdots a_{k-1} a_k)_{(2)}) \\ &= (1 a_0 \cdots a_{k-1} a_k)_{(2)} + 2(1\underbrace{00 \cdots 0}_{k+1 \text{个} 0})_{(2)} \\ &= (1 a_0 \cdots a_{k-1} a_k)_{(2)} + (1\underbrace{00 \cdots 0}_{k+2 \text{个} 0})_{(2)} \\ &= (11 a_0 \cdots a_{k-1} a_k)_{(2)}, \end{aligned}$$

结论成立.

由以上分析可知, n 满足 $f(n) = n$, 当且仅当 $n = (a_0 \cdots a_{k-1} a_k)_{(2)}$ 满足

$$(a_0\cdots a_{k-1}a_k)_{(2)} = (a_k\cdots a_1 a_0)_{(2)}. \qquad ①$$

我们称具有性质式①的二进制数为中心对称数.

下面求不大于 1 988 的中心对称数的个数.

首先,$1\,988 = (11111000100)_{(2)}$ 为 11 位数,我们先计算位数不超过 11 的中心对称数的个数,然后去掉其中大于 1 988 的数即可.

注意到中心对称数的首末两位不能为 0,从而它具有 $1**\cdots**1$ 的形式.

考察 $2i$ 位中心对称数($i = 1,2,\cdots,5$),去掉首末两位,还有 $2i - 2$ 位,其中前 $i - 1$ 位有 2^{i-1} 种取法,后 $i - 1$ 位则由前 $i - 1$ 位唯一确定,从而共有 2^{i-1} 个合乎条件的数.

注意到其中 i 可取 $1,2,\cdots,5$,所以偶数位中心对称数共有 $2^0 + 2^1 + \cdots + 2^4 = 31$ 个.

再考察 $2i + 1$($i = 1,2,\cdots,5$)位中心对称数,去掉首末两位,还剩下 $2i - 1$ 位,其中前 i 位有 2^i 种取法,后 $i - 1$ 位则由前 i 位唯一确定,从而共有 2^i 个合乎条件的数.

注意到其中 i 可取 $1,2,\cdots,5$,所以奇数(大于 1)位中心对称数共有 $2^1 + 2^2 + \cdots + 2^5 = 62$ 个.

最后,一位中心对称数只有一个,即 1.

综上所述,位数不超过 11 的中心对称数共有 $31 + 62 + 1 = 94$ 个.

但其中大于 1 988 的数共有两个,为 $(11111011111)_{(2)}$ 和 $(111111111111)_{(2)}$,故合乎条件的数共有 92 个.

3.4 寻找分段型子列

有些对象在总体上没有什么规律,但若将其分成若干段,则每一段构成的子列却具有某种规律,由此找到解题方法.

3 寻找关键子列

例1 将 $1,2,\cdots,n$ 按顺时针方向排在一个圆上,先划掉2,以后按顺时针方向每隔一个数划掉一个数,直到最后剩下一个数为止,记最后那个数为 $f(n)$,求 $f(n)$.

分析与解 将 $f(1),f(2),\cdots$ 的值依次列入表3.9中.

表 3.9

n	1	2	3	4	5	6	7	8	9	10	11	12	13	14	15	16	$\cdots$
$f(n)$	1	1	3	1	3	5	7	1	3	5	7	9	11	13	15	1	$\cdots$

先观察具有共同特征的数组成的子列,发现 $f(2^k)=1(k\in\mathbf{N})$.

现在,用这些"1"将所有项 $f(n)$ 分割成若干段,发现第 k 段的数为连续 k 个奇数:$1,3,\cdots,2k-1(k\in\mathbf{N}^*)$.

于是,我们将表3.9改写为表3.10.

表 3.10

n	2^0	2^1	2^1+1	2^2	2^2+1	2^2+2	2^2+3	2^3	2^3+1	2^3+2	2^3+3	2^3+4
$f(n)$	1	1	3	1	3	5	7	1	3	5	7	9

由此发现 $f(n)$ 的取值的规律为:

当 $n=2^k+t(0\leqslant t<2^k)$ 时,$f(n)=2t+1$,即 $f(n)=2(n-2^k)+1$,其中 $k=[\log_2 n]$.

为证明上述结论,我们先证明如下的引理:

引理 $f(2k)=2f(k)-1,f(2k+1)=2f(k)+1.$

实际上,当 $n=2k$ 时,将 $2k$ 个数 $1,2,\cdots,2k$ 按顺时针方向排在一个圆周上,第一个圈划去一些数字后,剩下 k 个数:

$$1,3,5,\cdots,2k-1, \qquad ①$$

将这 k 个数按上述规则反复划去一些数,直至剩下最后一个数为止,则剩下的这个数是数列①的第 $f(k)$ 个数.

由数列①的通项公式可知,它的第 $f(k)$ 个数为 $2f(k)-1$,这就是数列 $1,2,\cdots,2k$ 操作后剩下的数.所以

$$f(2k) = 2f(k) - 1.$$

当 $n = 2k+1$ 时,将 $2k+1$ 个数 $1, 2, \cdots, 2k+1$ 按顺时针方向排在一个圆周上,第一个圈划去一些数字后(包括划去 1),剩下 k 个数:

$$3, 5, \cdots, 2k+1, \qquad ②$$

将这 k 个数按上述规则反复划去一些数,直至剩下最后一个数为止,则剩下的这个数是数列②的第 $f(k)$ 个数.

由数列①的通项公式可知,它的第 $f(k)$ 个数为 $2f(k)+1$,这就是数列 $1, 2, \cdots, 2k$ 操作后剩下的数.所以

$$f(2k+1) = 2f(k) + 1.$$

回证原题,对 n 归纳.

当 $n = 1, 2, \cdots, 8$ 时,由表 3.10 可知,结论成立.

设结论对小于 n 的自然数成立,考察自然数 n,设 $n = 2^k + t$ ($0 \leqslant t < 2^k$).

(1) 若 t 为偶数,由引理及归纳假设,有

$$f(n) = f(2^k + t) = 2f\left(\left[\frac{2^k + t}{2}\right]\right) - 1$$
$$= 2f\left(2^{k-1} + \frac{t}{2}\right) - 1 = 2\left(2\left(\frac{t}{2}\right) + 1\right) - 1 = 2t + 1,$$

其中注意 $0 \leqslant \frac{t}{2} < 2^{k-1}$,所以结论成立.

(2) 若 t 为奇数,由引理及归纳假设,有

$$f(n) = 2f\left(\left[\frac{2^k + t}{2}\right]\right) = 2f\left(\frac{2^k + t - 1}{2}\right) + 1$$
$$= 2f\left(2^{k-1} + \frac{t-1}{2}\right) + 1$$
$$= 2\left(2 \cdot \frac{t-1}{2} + 1\right) + 1 = 2t + 1,$$

其中注意 $0 \leqslant \frac{t-1}{2} < 2^{k-1}$,结论成立.

综上所述，$f(n) = 2(n - 2^k) + 1$，其中 $k = [\log_2 n]$。

例 2 给定 $k \in \mathbf{N}^*, k > 1$. 对 $n \in \mathbf{N}^*$，定义 $f(n) = n + [(n + n^{\frac{1}{k}})^{\frac{1}{k}}]$，求 $f(n)$ 的值域。

分析与解 首先，$f(n)$ 可看成是两个数列 $\{x_n\}, \{y_n\}$ 的叠合，即
$$f(n) = x_n + y_n,$$
其中 $x_n = n, y_n = [(n + n^{\frac{1}{k}})^{\frac{1}{k}}]$。

为求 $f(n)$，我们只需求出 y_n，观察它们前若干项的取值，列表如下(表 3.11)。

表 3.11

n	1	2	3	4	5	6	7	8	⋯
y_n	1	1	2	2	2	2	3	3	⋯
$f(n)$	2	3	5	6	7	8	10	11	⋯

不难发现 $\{y_n\}$ 是一个不减数列，且相邻两项至多相差 1，由此可见，应将数列 $\{y_n\}$ 分割为若干段，使每一段中的数都相同。

我们这样考虑：对固定的 m，有哪些正整数 n，使
$$y_n = [(n + n^{\frac{1}{k}})^{\frac{1}{k}}] = m, \qquad ①$$
显然
$$① \Leftrightarrow m \leqslant (n + n^{\frac{1}{k}})^{\frac{1}{k}} < m + 1$$
$$\Leftrightarrow m^k \leqslant n + n^{\frac{1}{k}} < (m+1)^k. \qquad ②$$

由于不等式②难以解出 n 之值，我们来寻找使式②成立的"充分条件"。

设想由 "$n < (m+1)^k$" 能否推出式②的右边？否！它只能得到
$$n + n^{\frac{1}{k}} < (m+1)^k + m + 1,$$
"多了"一个 $m + 1$，于是想到加强为
$$n < (m+1)^k - (m+1),$$
此时

$$n^{\frac{1}{k}} < ((m+1)^k - (m+1))^{\frac{1}{k}} < ((m+1)^k)^{\frac{1}{k}} = m+1,$$

从而有 $n + n^{\frac{1}{k}} < (m+1)^k$.

仔细观察,发现 n 的范围还可缩小,上述两个不等式相加时,两个不等式都是严格的,而后一个不等式舍弃了项,因而它一定是严格的,从而前一个不等式可以改变为非严格的,即可优化为

$$n \leqslant (m+1)^k - (m+1) = a_{m+1}.$$

于是,取数列 $\{a_m\}$,其中 $a_m = m^k - m$,那么

$$(0, \infty) = \bigcup_{m=1}^{\infty} (a_m, a_{m+1}].$$

对任何正整数 n,设存在正整数 m,使 $n \in (a_m, a_{m+1}]$,则

$$m^k - m < n \leqslant (m+1)^k - (m+1),$$

所以

$$m^k - m + 1 \leqslant n \leqslant (m+1)^k - (m+1). \qquad ③$$

由此容易得到 $n > (m-1)^k$,这是因为 $n \geqslant m^k - m + 1$,只需 $m^k - m + 1 > (m-1)^k$,即 $m^k > (m-1)^k + m - 1$,此不等式将 $m^k = ((m-1)+1)^k$ 展开即证.所以

$$(m-1)^k < n < (m+1)^k,$$

即

$$m - 1 < n^{\frac{1}{k}} < m + 1. \qquad ④$$

③ + ④,得

$$m^k < n + n^{\frac{1}{k}} < (m+1)^k,$$

所以 $[(n+n^{\frac{1}{k}})^{\frac{1}{k}}] = m$. 故当 $n \in (a_m, a_{m+1}]$ 时,$f(n) = n + m$.

因为 $n \in (a_m, a_{m+1}]$,令

$$n = a_m + i = m^k - m + i$$
$$(1 \leqslant i \leqslant a_{m+1} - a_m = (m+1)^k - m^k - 1),$$

则

$$f(n) = n + m = (m^k - m + i) + m = m^k + i,$$

于是,当 $n \in (a_m, a_{m+1}]$ 时,$f(n)$ 的值域为
$$A_m = \{m^k + 1, m^k + 2, \cdots, (m+1)^k - 1\}.$$
注意到 m 取遍所有正整数,即 $m = 1, 2, 3, \cdots$,于是对 $n \in \mathbf{N}^*$,$f(n)$ 的值域为
$$\bigcup_{m=1}^{\infty} A_m = \mathbf{N}^* \setminus \{x \mid x = m^k, m \in \mathbf{N}^*\}.$$

3.5 寻找周期型子列

数列的周期性是关键子列的一种特殊形式. 如果数列以 T 为周期,则每隔 T 个数组成的数列为常数列(关键子列).

例1 设函数 $f: \mathbf{N}^* \to \mathbf{N}^*$ 满足:如果 $n > 2\,000$,则 $f(n) = n - 12$;如果 $n \leqslant 2\,000$,则 $f(n) = f(f(n+16))$.

(1) 求 $f(n)$;

(2) 求方程 $f(n) = n$ 的所有解.

(1994 年 IMO 中国香港代表队选拔考试题)

分析与解 (1) 先对若干个 n,求出 $f(n)$ 的值,由此发现规律.

由条件有,如果 $n > 2\,000$,则 $f(n) = n - 12$,从而只需讨论如何求 $n \leqslant 2\,000$ 时 $f(n)$ 的值.

因为 $n \leqslant 2\,000$ 时,$f(n) = f(f(n+16))$,所以有
$$f(2\,000) = f(f(2\,000+16)) = f(2\,000+4) = 2\,004 - 12 = 1\,992;$$
$$f(1\,999) = f(f(1\,999+16)) = f(1\,999+4) = 2\,003 - 12 = 1\,991;$$
$$f(1\,998) = f(f(1\,998+16)) = f(1\,998+4) = 2\,002 - 12 = 1\,990;$$
$$f(1\,997) = f(f(1\,997+16)) = f(1\,997+4) = 2\,001 - 12 = 1\,989.$$
进而有
$$f(1\,996) = f(f(1\,996+16)) = f(1\,996+4) = f(2\,000)$$
$$= 1\,992 \quad (\text{前面已求});$$
$$f(1\,995) = f(f(1\,995+16)) = f(1\,995+4) = f(1\,999)$$

$= 1\,991$（前面已求）；

$f(1\,994) = f(f(1\,994 + 16)) = f(1\,994 + 4) = f(1\,998)$
$= 1\,990$（前面已求）；

$f(1\,993) = f(f(1\,993 + 16)) = f(1\,993 + 4) = f(1\,997)$
$= 1\,989$（前面已求）.

如此下去，又有

$f(1\,992) = f(f(1\,992 + 16)) = f(1\,992 + 4) = f(1\,996)$
$= 1\,992$（前面已求）；

$f(1\,991) = f(f(1\,991 + 16)) = f(1\,991 + 4) = f(1\,995)$
$= 1\,991$（前面已求）；

$f(1\,990) = f(f(1\,990 + 16)) = f(1\,990 + 4) = f(1\,994)$
$= 1\,990$（前面已求）；

$f(1\,989) = f(f(1\,989 + 16)) = f(1\,989 + 4) = f(1\,993)$
$= 1\,989$（前面已求）.

由此猜想，当 $n \leqslant 2\,000$ 时：

如果 $n \equiv 0 \pmod 4$，则 $f(n) = 1\,992$；

如果 $n \equiv 1 \equiv -3 \pmod 4$，则 $f(n) = 1\,989 = 1\,992 - 3$；

如果 $n \equiv 2 \equiv -2 \pmod 4$，则 $f(n) = 1\,990 = 1\,992 - 2$；

如果 $n \equiv 3 \equiv -1 \pmod 4$，则 $f(n) = 1\,991 = 1\,992 - 1$.

为方便证明（对 4 个结论统一给出证明），将上述猜想统一表示为：

对任何自然数 $k \leqslant 499$ 及 $m \in \{0,1,2,3\}$，有

$$f(2\,000 - 4k - m) = 1\,992 - m. \qquad ①$$

对 k 归纳. 当 $k = 0,1,2,3$ 时，由上述结果可知，结论式①成立.

设结论式①对 $k \leqslant t(t \geqslant 3)$ 成立，考虑 $k = t+1$ 的情形.

记 $n = 2\,000 - 4(t+1) - m$，此时

$n + 16 = 2\,016 - 4(t+1) - m \leqslant 2\,016 - 4 \cdot 4 - m$

$$= 2\,000 - m \leqslant 2\,000,$$

所以,由题给条件,有

$$f(n) = f(f(n+16)) = f(f(2\,016 - 4(t+1) - m))$$
$$= f(f(2\,000 - 4(t-3) - m)),$$

故由归纳假设,有

$$f(n) = f(f(2\,000 - 4(t-3) - m)) = f(1\,992 - m)$$
$$= 1\,992 - m \quad (\text{前面的初值}).$$

因此,结论式①对 $k = t+1$ 成立,从而对一切自然数 k 成立.

由式①,结合题给条件,有

$$f(n) = \begin{cases} n - 12 & (n > 2\,000); \\ 1\,992 - m & (n \leqslant 2\,000, n = 2\,000 - 4k - m, m \in \{0,1,2,3\}). \end{cases}$$

(2) 由题给条件,当 $n > 2\,000$ 时,$f(n) = n - 12 \neq n$,所以,要使 $f(n) = n$,必定有 $n \leqslant 2\,000$.

于是,结合(1)的结论,有

$$1\,992 - m = f(n) = n = 2\,000 - 4k - m,$$

解得 $k = 2$,即

$$n = 2\,000 - 4k - m = 1\,992 - m \quad (m \in \{0,1,2,3\}).$$

故合乎条件的一切正整数 n 为 $1\,992, 1\,991, 1\,990, 1\,989$.

例2 设实数列 $\{x_n\}$ 满足:$x_1 = \alpha, x_2 = \beta, x_{n+2} = |x_{n+1}| - x_n$,$n \in \mathbf{N}$,求证:对任何实数 α, β,必定存在整数 p, q,使对任何正整数 n,有 $p < x_n < q$.

分析与证明 先考察实数 α, β 的几个特殊取值.

当 $\alpha = 1, \beta = 2$ 时,数列 $\{x_n\}$ 为

$$1, 2, 1, -1, 0, 1, 1, 0, -1, 1, 2, \cdots,$$

此时,数列为周期数列,周期为 9.

当 $\alpha = -1, \beta = -\dfrac{1}{2}$ 时,数列 $\{x_n\}$ 为

$$-1, -\frac{1}{2}, \frac{3}{2}, 2, \frac{1}{2}, -\frac{3}{2}, 1, \frac{5}{2}, \frac{3}{2}, -1, -\frac{1}{2}, \cdots,$$

此时,数列为周期数列,周期为 9.

当 $\alpha = \sqrt{2}, \beta = -\frac{3}{2}$ 时,数列 $\{x_n\}$ 为

$$\sqrt{2}, -\frac{3}{2}, \frac{3}{2} - \sqrt{2}, 3 - \sqrt{2}, \frac{3}{2}, \sqrt{2} - \frac{3}{2},$$

$$-\sqrt{2}, \frac{3}{2}, \frac{3}{2} + \sqrt{2}, \sqrt{2}, -\frac{3}{2}, \frac{3}{2} - \sqrt{2}, \cdots,$$

此时,数列为周期数列,周期为 9.

于是,我们猜想,对任何实数 α, β,数列都是周期数列. 再注意到解题目标为"存在整数 p, q,使对任何正整数 n,有 $p < x_n < q$",从而只需证明从某项起,数列是周期数列.

因此,我们证明:对任何实数 α, β,都存在正整数 n,使对任何 $j \geq n$,有 $x_{j+9} = x_j$.

由递归关系 $x_{n+2} = |x_{n+1}| - x_n$ 可知,要计算 x_{n+2},需先确定 x_{n+1} 的符号. 一个自然的问题是,能否有所有项都同号? 由直观,可知结论是否定的.

实际上,若存在 N,使对任何 $i \geq N$,有 $x_j > 0$,则

$$x_{N+2} = x_{N+1} - x_N,$$

$$x_{N+3} = x_{N+2} - x_{N+1} = (x_{N+1} - x_N) - x_{N+1} = -x_N < 0,$$

矛盾.

若存在 N,使对任何 $i \geq N$,有 $x_j < 0$,则 $x_{N+2} = -x_{N+1} - x_N > 0$,矛盾.

由此可见,数列 $\{x_n\}$ 中有无穷多个非负项,也有无穷多个非正项,于是,由"二色链"性质,必存在正整数 N,使 $x_N \leq 0, x_{N+1} \geq 0$,此时,$x_{N+2} = x_{N+1} - x_N \geq 0$,于是,反复利用递归关系,有

$$x_{N+3} = x_{N+2} - x_{N+1} = (x_{N+1} - x_N) - x_N = -x_N \geq 0,$$

$$x_{N+4} = x_{N+3} - x_{N+2} = -x_N - (x_{N+1} - x_N) = -x_{N+1} \leqslant 0,$$
$$x_{N+5} = |x_{N+4}| - x_{N+3} = -x_{N+4} - x_{N+3} = x_N + x_{N+1}.$$

为求 x_{N+6}，需确定 $x_N + x_{N+1}$ 的符号，分情况讨论.

(1) 若 $x_N + x_{N+1} \geqslant 0$，则 $x_{N+5} \geqslant 0$，继续利用递归关系，有
$$\begin{aligned} x_{N+6} &= x_{N+5} - x_{N+4} = (x_{N+1} + x_N) - (-x_{N+1}) \\ &= (x_{N+1} + x_N) + x_{N+1} \geqslant 0, \end{aligned}$$
$$\begin{aligned} x_{N+7} &= x_{N+6} - x_{N+5} = (x_{N+1} + x_N) + x_{N+1} - (x_N + x_{N+1}) \\ &= x_{N+1} \geqslant 0, \end{aligned}$$
$$\begin{aligned} x_{N+8} &= x_{N+7} - x_{N+6} = x_{N+1} - ((x_{N+1} + x_N) + x_{N+1}) \\ &= -(x_{N+1} + x_N) \leqslant 0, \end{aligned}$$
$$x_{N+9} = -x_{N+8} - x_{N+7} = (x_{N+1} + x_N) - x_{N+1} = x_N \leqslant 0,$$
$$x_{N+10} = -x_{N+9} - x_{N+8} = -x_N + (x_{N+1} + x_N) = x_{N+1}.$$

这样，由 $x_{N+9} = x_N, x_{N+10} = x_{N+1}$，结合递归关系，可知对任何 $j \geqslant N$，有 $x_{j+9} = x_j$，即数列 $\{x_n\}$ 从第 N 项起以 9 为周期.

(2) 若 $x_N + x_{N+1} < 0$，则 $x_{N+5} < 0$，继续利用递归关系，有
$$\begin{aligned} x_{N+6} &= -x_{N+5} - x_{N+4} = -(x_{N+1} + x_N) - (-x_{N+1}) \\ &= -x_N \geqslant 0, \end{aligned}$$
$$x_{N+7} = x_{N+6} - x_{N+5} = -x_N - (x_N + x_{N+1}) \geqslant 0,$$
$$\begin{aligned} x_{N+8} &= x_{N+7} - x_{N+6} = -x_N - (x_N + x_{N+1}) - (-x_N) \\ &= -(x_N + x_{N+1}) > 0, \end{aligned}$$
$$\begin{aligned} x_{N+9} &= x_{N+8} - x_{N+7} = -(x_N + x_{N+1}) - (-x_N - (x_N + x_{N+1})) \\ &= x_N \leqslant 0, \end{aligned}$$
$$x_{N+10} = -x_{N+9} - x_{N+8} = -x_N + (x_{N+1} + x_N) = x_{N+1}.$$

这样，由 $x_{N+9} = x_N, x_{N+10} = x_{N+1}$，结合递归关系，可知对任何 $j \geqslant N$，有 $x_{j+9} = x_j$，即数列 $\{x_n\}$ 从第 N 项起以 9 为周期.

由于数列 $\{x_n\}$ 的前 N 项至多有 N 个不同取值，而后面的项至多有 9 个不同取值，于是数列 $\{x_n\}$ 的各项至多有 $N+9$ 个不同取

值,故必定存在整数 p,q,使对任何正整数 n,有 $p<x_n<q$,命题获证.

习　题　3

1. 定义在正整数集上的函数 f 满足:
$$f(1) = 1, \quad f(n) = f\left(\left[\frac{2n-1}{3}\right]\right) + f\left(\left[\frac{2n}{3}\right]\right) \quad (n>1).$$
试问:对于任意的 $n>1$,是否有
$$f(n) - f(n-1) \leqslant n$$
恒成立? 说明理由. (2012 年英国数学奥林匹克试题)

2. 用 $d(n)$ 表示正整数 n 的最大奇约数,并规定
$$D(n) = d(1) + d(2) + \cdots + d(n), \quad T(n) = 1 + 2 + \cdots + n,$$
求证:存在无穷多个正整数 n,使得
$$3D(n) = 2T(n).$$

3. 数列 $\{a_n\}$ 满足: $a_0 = 1, a_n = [\sqrt{s_{n-1}}] (n=1,2,3,\cdots)$ (其中 $[x]$ 表示 x 的整数部分, $s_k = \sum_{i=0}^{k} a_i$),试求 a_{2006} 的值. (2006 年全国高中数学联赛江西省预赛)

4. 已知函数 $f:\mathbf{Z}^+ \to \mathbf{Z}^+$,满足:

(1) 对任意 $n \in \mathbf{Z}$,有 $f(n!) = f(n)!$;

(2) 对任意的 $m,n \in \mathbf{Z}$,有 $m-n | f(m)-f(n)$.

求函数 f. (2012 年巴尔干地区数学奥林匹克试题)

5. 已知函数 $f:\mathbf{Z}^+ \to \mathbf{Z}^+$,满足:
$$f(x) = \begin{cases} 3x+1 & (x \text{ 为奇数}); \\ \dfrac{x}{2} & (x \text{ 为偶数}). \end{cases}$$

试证:存在正整数 x,使 $f^{40}(x) > 2012x$,其中 $f^1(x) = f(x)$,而对 $k \in \mathbf{N}^*, f^{k+1}(x) = f(f^k(x))$. (2012 年芬兰数学奥林匹克

试题)

6. 数列 $\{a_n\}$ 定义如下: $a_1=0, a_2=1, a_n=\frac{1}{2}na_{n-1}+\frac{1}{2}n(n-1)$
$\cdot a_{n-2}+(-1)^n\left(1-\frac{n}{2}\right), n\geqslant 3$. 试求 $f_n=a_n+2C_n^1 a_{n-1}+3C_n^2 a_{n-2}$
$+\cdots+(n-1)C_n^{n-2}a_2+nC_n^{n-1}a_1$ 的最简表达式.

7. 用一个数列取遍复平面上所有整点: 令 $a_0=0, a_1=1$, 然后按逆时针方向逐格前进, 有 $a_2=1+i, a_3=i, a_4=-1+i, a_5=-1,\cdots$.

显然有 $a_1-a_0=1, a_2-a_1=i, a_3-a_2=-1, a_4-a_3=-1$, $a_5-a_4=i,\cdots$.

容易发现, 对任何 $n\in \mathbf{N}, a_{n+1}-a_n$ 都是 i 的幂, 其中 i 为虚数单位.

令 $a_{n+1}-a_n=i^{f(n)}$, 求 $f(n)$ 的最简洁的统一表达式. (2009 年浙江省高中数学竞赛试题)

8. 求所有具有如下性质的正整数对 (a,b): 将正整数集中的每个数用两种颜色 A, B 之一染色, 对任意一种染色方法, 都存在两个相差为 a 的正整数都染颜色 A, 或存在两个相差为 b 的正整数都染颜色 B. (2012 年意大利数学奥林匹克试题)

9. 在 8×8 的方格棋盘的每一个方格都写入 1 或 -1, 将如图 3.1 所示的 4-T 形放在棋盘上(4-T 形可以旋转, 每次盖住棋盘的 4 个方格), 若 4-T 形盖住的 4 个方格中的数的和不为 0, 则称 4-T 形的此种放置是 "不成功" 的, 试求不成功放置的 4-T 形个数的最小值.

图 3.1

(2013 年俄罗斯数学奥林匹克试题)

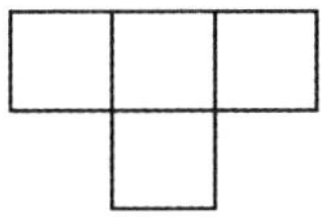

10. 试求不大于 100, 且使 $11\mid(3^n+7^n+4)$ 成立的自然数 n 的和.

11. 求 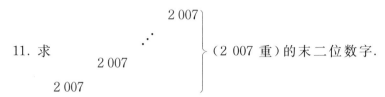 (2 007 重)的末二位数字.

(2007 年全国高中数学联赛浙江赛区初赛试题)

12. 设 a_n 是 $1^2+2^2+3^2+\cdots+n^2$ 的个位数字,$n=1,2,3\cdots$,试证:$0.a_1a_2\cdots a_n\cdots$ 是有理数.(1984 年全国高中数学联赛试题)

习题 3 解答

1. 由 $f(1)=1$,得 $f(2)=2f(1)=2$.

此外,将递归关系简化(去掉高斯符号),有

$$f(3k+2) = f\left(\left[\frac{6k+4-1}{3}\right]\right) + f\left(\left[\frac{6k+4}{3}\right]\right) = 2f(2k+1),$$

$$f(3k+1) = f\left(\left[\frac{6k+2-1}{3}\right]\right) + f\left(\left[\frac{6k+2}{3}\right]\right) = 2f(2k),$$

$$f(3k) = f\left(\left[\frac{6k-1}{3}\right]\right) + f\left(\left[\frac{6k}{3}\right]\right) = f(2k-1) + f(2k),$$

为构造目标元 $f(n)-f(n-1)$,我们有

$$f(3k+2) - f(3k+1) = 2f(2k+1) - 2f(2k),$$
$$f(3k+1) - f(3k) = f(2k) - f(2k-1),$$
$$f(3k) - f(3k-1) = f(2k) - f(2k-1),$$

反复利用以上三式,可得 $f(242)-f(241)=256>242$,从而原不等式不恒成立.

2. 显然有 $T(n)=\dfrac{n(n+1)}{2}$,所以只需证明:存在无穷多个正整数 $n=n_0$,使 $D(n_0)=\dfrac{n_0(n_0+1)}{3}$,我们称这样的数 n_0 为好数.

一种自然的想法是先求 $D(n)$ 的通式,但这是相当困难的.注意到我们只需证明有无数个好数,所以,如果我们能求出 $D(n)$ 的一个

子列的通式,并证明该子列中包含无数个好数即可.

为此,我们期望建立 $D(n)$ 的某个子列 $D(p(n))$ 的递归关系.

注意到 $d(2k)=d(k)$,由此发现一个关键子列 $\{D(2^n)\}$:

$$
\begin{aligned}
D(2^n) &= (d(1)+d(2)+\cdots+d(2^n-1)) \\
&\quad +(d(2)+d(4)+\cdots+d(2^n)) \\
&= 1+3+\cdots+(2^n-1)+(d(1)+d(2)+\cdots+d(2^{n-1})) \\
&= 2^{2n-2}+D(2^{n-1}).
\end{aligned}
$$

又 $D(2^1)=d(1)+d(2)=2$,由数学归纳法可证得 $D(2^n)=\dfrac{2^{2n}+2}{3}(n\in\mathbf{N})$. 这样,$D(2^n-2)=D(2^n)-d(2^n-1)-d(2^n)=\dfrac{2^{2n}+2}{3}-(2^n-1)-1=\dfrac{2^{2n}-3\times 2^n+2}{3}=\dfrac{(2^n-1)(2^n-2)}{3}$,所以对 $n=2^k-2$,都有 $D(n)=\dfrac{n(n+1)}{3}$,命题获证.

3. 观察数列的一些初始项(表 3.12).

表 3.12

n	0	1	2	3	4	5	6	7	8	9	10	11	12	13	14	15	16	17	18	19	20
a_n	1	1	1	1	2	2	2	3	3	4	4	4	5	5	6	6	7	7	8	8	8
s_n	1	2	3	4	6	8	10	13	16	20	24	28	33	38	44	50	57	64	72	80	88

由此发现,数列 $\{a_n\}$ 是不减数列,且包含所有正整数. 此外,还有一个关键子列: 每个形如 $2^k(k=1,2,\cdots)$ 的项连续出现三次,而其他数值的项都是连续出现两次.

即数列 $\{a_n\}$ 具有以下性质:

(1) 对任何正整数 k,若记 $m=2^{k+1}+k+1$,则 $a_{m-2}=a_{m-1}=a_m=2^k$;

(2) 对任何正整数 k,若记 $m_0=2^k+k$,则当 $1\leqslant r\leqslant 2^{k-1}$ 时,有 $a_{m_0+2r-1}=a_{m_0+2r}=2^{k-1}+r$.

对 k 归纳.据上面所列出的项可知,当 $k \leqslant 2$ 时结论成立.

设性质(1)和(2)对于 $k \leqslant n$ 成立,即在 $m = 2^{n+1} + n + 1$ 时, $a_{m-2} = a_{m-1} = a_m = 2^n$,则

$$s_m = a_0 + 2(1 + 2 + 3 + \cdots + 2^n) + (2^0 + 2^1 + 2^2 + \cdots + 2^n)$$
$$= 2^{2n} + 3 \cdot 2^n.$$

再对满足 $1 \leqslant r \leqslant 2^n$ 的 r 归纳.

当 $r = 1$ 时,由于 $(2^n + 1)^2 < s_m < (2^n + 2)^2$,有 $a_{m+1} = [\sqrt{s_m}] = 2^n + 1$.

因为 $s_m < s_{m+1} = s_m + a_{m+1} = 2^{2n} + 4 \cdot 2^n + 1 < (2^n + 2)^2$,有 $a_{m+2} = [\sqrt{s_{m+1}}] = 2^n + 1$.

设当 $r \leqslant p$ 时,均有 $a_{m+2r-1} = a_{m+2r} = 2^n + r$,则当 $r = p + 1 \leqslant 2^n$ 时,因为

$$s_{m+2p} = s_m + (a_{m+1} + a_{m+2})$$
$$+ (a_{m+3} + a_{m+4}) + \cdots + (a_{m+2p-1} + a_{m+2p})$$
$$= 2^{2n} + 3 \cdot 2^n + 2(2^n + 1) + 2(2^n + 1) + \cdots + 2(2^n + p)$$
$$= 2^{2n} + (2p + 3) \cdot 2^n + p(p + 1), \qquad ①$$

所以

$$s_{m+2p} - (2^n + p + 1) = 2^n - (p + 1) \geqslant 0,$$
$$(2^n + p + 2)^2 - s_{m+2p} = 2^n + 3p + 4 > 0,$$

即有 $(2^n + p + 1)^2 \leqslant s_{m+2p} < (2^n + p + 2)^2$,所以 $a_{m+2p+1} = [\sqrt{s_{m+2p}}] = 2^n + p + 1$.

由于 $s_{m+2p} < s_{m+2p+1} = s_{m+2p} + a_{m+2p+1} = 2^{2n} + 2(p + 2) \cdot 2^n + 1 + p^2 + 2p + 1 < (2^n + p + 2)^2$,所以 $a_{m+2p+2} = [\sqrt{s_{m+2p+1}}] = 2^n + p + 1$.

故由归纳法,当 $m = 2^{n+1} + n + 1(1 \leqslant r \leqslant 2^n)$ 时,$a_{m+2r-1} = a_{m+2r} = 2^n + r$.

特别地,当 $r=2^n$ 时,上式成为

$$a_{2^{n+2}+n} = a_{2^{n+2}+n+1} = 2^{n+1}. \qquad ②$$

又由式①,$s_{m+2r} = 2^{2n} + (2r+3) \cdot 2^n + r(r+1)$,令 $r=2^n, m = 2^{n+1}+n+1$,有

$$\begin{aligned} s_{2^{n+2}+n+1} &= 2^{2n} + (2n+3) \cdot 2^n + 2^n(2^n+1) \\ &= 2^{2n+2} + 2 \cdot 2^{n+1} < (2^{n+1}+1)^2, \end{aligned}$$

所以

$$a_{2^{n+2}+n+2} = \left[\sqrt{s_{2^{n+2}+n+1}}\right] = 2^{n+1}. \qquad ③$$

由式②、式③可知,对于 $m = 2^{k+1}+k+1$,当 $k=n+1$ 时,亦有 $a_{m-2} = a_{m-1} = a_m = 2^k$,从而性质(1)和(2)成立.

因为 $2^{10}+10 < 2\,006 < 2^{11}+11$,取 $m = 2^{10}+10$,则 $k=9, r = \dfrac{2\,006-m}{2} = 486$,因此

$$a_{2\,006} = a_{m+2r} = 2^9 + r = 512 + 486 = 998.$$

另证:用归纳法证明,对于大于 1 的自然数 k,若 k 是 2 的幂,则 k 在数列中出现 3 次,否则在数列中出现 2 次.限定 $2^r < k \leqslant 2^{r+1}$ 进行证明即可.

4. 先考察 f 的一些特殊值. 因为 $f(1) = f(1)!$,如果 $f(1) \geqslant 3$,则 $f(1)! = f(1) \cdot (f(1)-1)! \geqslant f(1) \cdot 2! > f(1)$,矛盾. 所以 $f(1) \in \{1,2\}$,同理,$f(2) \in \{1,2\}$. 下面考虑 $f(3)$,分两种情况:如果 $f(3) = 3$,为利用条件(1),构造子列:$n_1 = 3, n_{i+1} = n_i!$,则由数学归纳法可知,对一切正整数 i,有 $f(n_i) = n_i$. 由条件(2),对任意的 $m \in \mathbf{Z}$, $i \in \mathbf{N}$,有 $m - n_i | f(m) - f(n_i)$,即 $m - n_i | f(m) - n_i$. 注意到 $f(m) - n_i = f(m) - m + m - n_i$,从而 $m - n_i | f(m) - m$,这表明 $f(m) - m$ 有无数个约数,从而对任何 m,有 $f(m) = m$,此时 $f(x) = x$. 如果 $f(3) \neq 3$,则由 $3! - 2 | f(3)! - f(2)$,得 $4 | f(3)! - f(2)$,但 $4 \nmid f(2)$,从而 $4 \nmid f(3)!$,又 $f(3) \neq 3$,所以 $f(3) \in \{1,2\}$. 进而当 $n \geqslant$

4 时,由 $n!-3 \mid f(n)!-f(3)$ 及 $3 \mid n!-3$,有 $3 \mid f(n)!-f(3)$,而 $3 \nmid f(3)$,从而 $3 \nmid f(n)!$,所以 $f(n) \in \{1,2\}$. 此时,$f(n)$ 为常数,所以 $f(x)=1$ 或 $f(x)=2$.

5. 注意到目标中含 $f^{40}(x)$,而 40 为偶数,所以我们不妨考察子列 $f^{2k}(x)$. 但对任何正整数 x 考察子列 $f^{2k}(x)$ 仍很困难,我们期望找到更特殊的子列 $f^{2k}(x_k)$,求出该子列的通项,从中找到合乎要求的 x. 通过实验,发现 $f^{2k}(2^k-1)=3^k-1$. 对 k 归纳. 当 $k=1$ 时,因为 $f(1)=3 \cdot 1+1=4$,所以 $f^2(2^1-1)=f^2(1)=f(4)=2=3^1-1$,结论成立. 设结论对 k 成立,那么,$f^{2k+2}(2^{k+1}-1)=f^2(f^{2k}(2^{k+1}-1))=f^2(f^{2k}(2 \cdot 2^k-1))$,由此可见,要加强命题,我们证明对任何正整数 m,k,有 $f^{2k}(2^k m-1)=3^k m-1$. 当 $k=1$ 时,$f^2(2^1 m-1)=f(f(2m-1))=f(3(2m-1)+1)=f(6m-2)=3^1 m-1$,结论成立. 设结论对 k 成立,那么

$$\begin{aligned} f^{2k+2}(2^{k+1}m-1) &= f^2(f^{2k}(2^{k+1}m-1)) = f^2(f^{2k}(2^k \cdot 2m-1)) \\ &= f^2(3^k \cdot 2m-1) = f(3(3^k \cdot 2m-1)+1) \\ &= f(3^{k+1} \cdot 2m-3+1) = 3^{k+1}m-1, \end{aligned}$$

所以结论对 $k+1$ 成立. 注意到 $\left(\dfrac{3}{2}\right)^{20} = \left(\dfrac{81}{16}\right)^5 > 5^5 > 2\,012$,取 $k=20$,$m=1$,有 $f^{40}(2^{20}-1)=3^{20}-1=\left(\dfrac{3}{2}\right)^{20} \cdot 2^{20}-1 > \left(\dfrac{3}{2}\right)^{20}(2^{20}-1) > 2\,012(2^{20}-1)$,故 $x=2^{20}-1$ 合乎要求.

6. 规定 $a_0=1$,则所给递推公式对 $n \geqslant 2$ 均成立. 记 $F_n = \sum_{i=0}^{n}(n+1-i)C_n^i a_i$,则

$$\begin{aligned} f_n &= \sum_{i=1}^{n}(n+1-i)C_n^{n-i}a_i = F_n - (n+1)C_n^0 a_0 \\ &= F_n - n - 1 \quad (n \geqslant 1). \end{aligned}$$

先用归纳法证明

3 寻找关键子列

$$a_{n+1} = (n+1)a_n + (-1)^{n+1}. \qquad ①$$

事实上,$a_1 = a_0 + (-1)$,即 $n=0$ 时,式①成立. 设当 $n = k-1$ 时,式①成立,则 $a_{k-1} = \dfrac{a_k + (-1)^{k+1}}{k}$,所以

$$\begin{aligned}
a_{k+1} &= \frac{1}{2}(k+1)a_k + \frac{1}{2}k(k+1)\left(\frac{a_k + (-1)^{k+1}}{k}\right) \\
&\quad + (-1)^{k+1}\left(1 - \frac{k+1}{2}\right) \\
&= (k+1)a_k + (-1)^{k+1}\left(\frac{1+k}{2} + \frac{1-k}{2}\right) \\
&= (k+1)a_k + (-1)^{k+1},
\end{aligned}$$

式①获证.

由于 $F_1 = 2$,且当 $n \geq 1$ 时,有

$$\begin{aligned}
&F_{n+1} - (n+1)F_n \\
&= \sum_{i=0}^{n+1}(n+2-i)C_{n+1}^i a_i - (n+1)\sum_{i=0}^{n}(n+1-i)C_n^i a_i \\
&= (n+2)C_{n+1}^0 a_0 \\
&\quad + \sum_{i=0}^{n}((n-i+1)C_{n+1}^{i+1}a_{i+1} - (n+1)(n+1-i)C_n^i a_i) \\
&= n+2 + \sum_{i=0}^{n}(n-i+1) \\
&\quad \cdot (C_{n+1}^{i+1} \times ((i+1)a_i + (-1)^{i+1}) - (n+1)C_n^i a_i) \\
&= n+2 + \sum_{i=0}^{n}(n+2-(i+1)) \\
&\quad \cdot ((-1)^{i+1}C_{n+1}^{i+1} + ((i+1)C_{n+1}^{i+1} - (n+1)C_n^i)a_i) \\
&= n+2 + \sum_{i=0}^{n}(n+2-(i+1))(-1)^{i+1}C_{n+1}^{i+1} \\
&= n+2 + \sum_{i=0}^{n}(n+2)(-1)^{i+1}C_{n+1}^{i+1} - \sum_{i=0}^{n}(-1)^{i+1}(i+1)C_{n+1}^{i+1}
\end{aligned}$$

$$= (n+2)\sum_{i=0}^{n+1}(-1)^i C_{n+1}^i - \sum_{i=0}^{n}(n+1)(-1)^{i+1}C_n^i$$

$$= (n+2)\sum_{i=0}^{n+1}(-1)^i C_{n+1}^i + (n+1)\sum_{i=0}^{n}(-1)^i C_n^i = 0,$$

由此得到 $F_n = 2 \cdot n!(n \geq 1)$，因此 $f_n = 2 \cdot n! - n - 1(n \geq 1)$.

7. 由于 $i^4 = 1$，所以 $f(n)$ 应是模 4 的同余式. 为了寻找规律，我们首先去求 $f(n) = 0,1,2,2,3,3,4,4,4,5,5,5,\cdots,2k,\cdots,2k,2k+1,\cdots,2k+1,\cdots$ 的表达式.

在这里，对使 $f(n) = 2k$ 的最小 n，有 $n = 2\times1 + 2\times2 + \cdots + 2\times k = k(k+1)$. 所以

$$f(n) = \begin{cases} 2k, & k(k+1) \leq n < (k+1)^2, \\ 2k+1, & (k+1)^2 \leq n < (k+1)(k+2). \end{cases}$$

即 $f(n) = l$.

当 l 为偶数时，$k = \dfrac{l}{2}$，所以 $\dfrac{l}{2}\left(\dfrac{l}{2}+1\right) \leq n \leq \left(\dfrac{l}{2}+1\right)^2 - 1$，即 $l(l+2) \leq 4n \leq (l+2)^2 - 4$，也即有 $(l+1)^2 \leq 4n+1 \leq (l+2)^2 - 3 < (l+2)^2$.

当 l 为奇数时，$k = \dfrac{l-1}{2}$，所以 $\left(\dfrac{l+1}{2}\right)^2 \leq n \leq \dfrac{l+1}{2} \cdot \dfrac{l+3}{2} - 1$，即 $(l+1)^2 \leq 4n \leq (l+1)(l+3) - 4$，
$(l+1)^2 < (l+1)^2 + 1 \leq 4n+1 \leq (l+2)^2 - 5 < (l+2)^2$.

总有 $l = [\sqrt{4n+1}] - 1$，故 $f(n) = [\sqrt{4n+1}] - 1 \pmod{4}$.

8. 满足条件的所有正整数对 $(a,b) = (2^p(2x+1), 2^q(2y+1))$，其中 $x, y, p, q \in \mathbf{N}, p \neq q$.

首先证明 (a,b) 一定满足 $v_2(a) \neq v_2(b)$，其中 $v_2(x)$ 表示 2 在 x 中的最高次幂. 实际上，反设 $v_2(a) = v_2(b) = p$，不妨设 $(a,b) = (2^p(2x+1), 2^p(2y+1))$，那么，将所有正整数按如下方式染色，前连续 2^p 个染 A 色，再连续 2^p 个染 B 色，又连续 2^p 个染 A 色……

3 寻找关键子列

如此下去，染色以 2^{p+1} 为周期，则相差为 2^p 的奇数倍的任何两个数异色，相差为 2^p 的偶数倍的任何两个数同色，从而相差为 a 或 b 的任何两个数异色，于是 (a,b) 不合乎条件。其次证明，当 $(a,b)=(2^p(2x+1),2^q(2y+1))$，其中 $x,y,p,q\in \mathbf{N}$，$p\neq q$ 时，(a,b) 不合乎条件。不妨设 $p<q$，用反证法，假定存在一种染色方法，其中任何 2 个相差为 a 的数不同为 A 色，任何 2 个相差为 b 的数不同为 B 色，则可构造如下的子列：

任取一个染色 A 的数 n，则 $n+a$ 的颜色为 B，进而 $n+a+b$，$n+a-b$ 的颜色都为 A，由此可见，对任何整数 s,t，数 $n+s(a+b)+t(a-b)$ 都是 A 色，得到一个 A 色链 $\{n+s(a+b)+t(a-b)\}$（子列）。

下面证明 $n+a$ 属于上述 A 色链。实际上，设 $(a+b, a-b)=d$，则由 $d\mid a+b, d\mid a-b$，有 $d\mid 2a$，即 $d\mid 2^{p+1}(2x+1)$。令 $d=2^r d_1$，其中 $r\leqslant p+1$，$d_1\mid 2x+1$。因为 $p<q$，有 $2^p\parallel a+b$，$2^p\parallel a-b$，从而 $r<p+1$，即 $r\leqslant p$，得 $d\mid a$，可设 $a=md$。

因为 $(a+b,a-b)=d$，由裴蜀定理，存在整数 s',t'，使 $d=s'(a+b)+t'(a-b)$，于是 $a=md=ms'(a+b)+mt'(a-b)=s(a+b)+t(a-b)$，其中 $s=ms'$，$t=mt'$，于是 $n+a\in\{n+s(a+b)+t(a-b)\}$，所以 $n+a$ 为 A 色，矛盾。

9. 解题的关键是构造由若干个图形组成的图形列，使每个图形中至少含有一个 4-T 形的不成功放置。为了使图形列中的图形尽可能多，从而每一个图形要尽可能小。但要保证每个图形至少含有一个 4-T 形的不成功放置，从而每个图形要包含尽可能多的 4-T 形，由此想到选择的图形为图 3.2 所示的"十字形"。

我们证明，每个十字形都至少包含一个 4-T 形的不成功放置。用反证法，假定存在某个十字形，它不包含任何 4-T 形的不成功放置，不妨设其 5 个方格写入的数分别为 a,b,c,d,e（图 3.3），并称 e 所

在的格为十字形的中心,令 $S = a+b+c+d+e$,那么 $S-a = S-b = S-c = S-d = 0$,得 $a = b = c = d$. 于是,$e+3a=0$,所以 $|e| = 3|a| = 3$,但 $e = \pm 1$,矛盾.

每个十字形都有一个中心,而 8×8 棋盘的每个非边缘的方格都可作为十字形的中心,从而可得到 $6 \cdot 6 = 36$ 个不同的十字形. 又任何两个十字形都没有公共的 4-T 形,这是因为,每个十字形中的 4-T 形的中心(同行或同列连续 3 个方格中位于中间的那个方格)必与十字形的中心重合,而任何两个不同的十字形有不同的中心,从而其中的 4-T 形必不相同. 又每个十字形都至少有一个不成功的 4-T 形,所以不成功的 4-T 形的个数至少为 36.

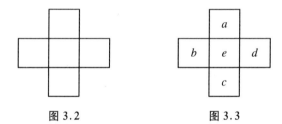

图 3.2　　　　　　图 3.3

最后,按如图 3.4 的方式填数,此时恰有 36 个不成功的 4-T 形,这是因为每个十字形中都恰有一个不成功的 4-T 形,而所有中心为棋盘边缘格的 4-T 形都是成功的.

-1	1	-1	1	-1	1	-1	1
-1	1	-1	1	-1	1	-1	1
1	-1	1	-1	1	-1	1	-1
1	-1	1	-1	1	-1	1	-1
-1	1	-1	1	-1	1	-1	1
-1	1	-1	1	-1	1	-1	1
1	-1	1	-1	1	-1	1	-1
1	-1	1	-1	1	-1	1	-1

图 3.4

3 寻找关键子列

综上所述,不成功放置的 4-T 形个数的最小值为 36.

10. 通过逐次计算,可求出 3^n 关于 mod 11 的最小非负剩余为

$$3 \equiv 3 \pmod{11}, \quad 3^2 \equiv 9 \pmod{11}, \quad 3^3 \equiv 5 \pmod{11},$$

$$3^4 \equiv 4 \pmod{11}, \quad 3^5 \equiv 1 \pmod{11},$$

因而通项为 3^n 的数列的项的最小非负剩余构成周期为 5 的周期数列:

$$3,9,5,4,1,3,9,5,4,1,\cdots.$$

类似地,经过计算可得通项为 7^n 的数列的项关于 mod 11 的最小非负剩余构成周期为 10 的周期数列:

$$7,5,2,3,10,4,6,9,8,1,\cdots.$$

于是由以上两式可知通项为 $3^n + 7^n + 4$ 的数列的项的最小非负剩余,构成周期为 10(即以上两式周期的最小公倍数)的周期数列:

$$3,7,0,0,4,0,8,7,5,6,\cdots.$$

这就表明,当 $1 \leqslant n \leqslant 10$ 时,当且仅当 $n = 3,4,6$ 时,$3^n + 7^n + 4 \equiv 0 \pmod{11}$,即 $11 \mid (3^n + 7^n + 4)$.

又由于数列的周期性,故当 $10k + 1 \leqslant n \leqslant 10(k+1)$ 时,满足要求的 n 只有三个,即

$$n = 10k + 3, \quad n = 10k + 4, \quad n = 10k + 6.$$

从而当 $1 \leqslant n \leqslant 10$ 时,满足要求的 n 的和为

$$\sum_{k=1}^{9}((10k+3)+(10k+4)+(10k+6)) = \sum_{k=1}^{9}(30k+13) = 1\,480.$$

11. 43.

记 $N_k = \left. \begin{matrix} 2\,007^{\cdot^{\cdot^{2\,007}}} \\ 2\,007 \\ 2\,007 \end{matrix} \right\} (k\ \text{重})$,则我们要求的是 $N_{2\,007}$ 的末二位数.

因为 $N_{2007} = 2007^{N_{2006}} = (2000+7)^{N_{2006}} = 2000 \times M + 7^{N_{2006}}$,其中 M 为正整数.由此可得 N_{2007} 的末二位数与 $7^{N_{2006}}$ 的末二位数字相同.首先来观察 7^n 的末二位数字的变化规律(表 3.13).

表 3.13

n	2	3	4	5	6	7	8	9	…
7^n 的末二位数字	49	43	01	07	49	43	01	07	…

易知,7^n 的末二位数字的变化是以 4 为周期的规律循环出现,所以

$$N_{2006} = (2007)^{N_{2005}}$$
$$= (502 \times 4 - 1)^{N_{2005}} \quad (N_{2005} \text{ 为奇整数})$$
$$= 4M_1 - 1 \quad (M_1 \text{ 为正整数})$$
$$= 4(M_1 - 1) + 3,$$

因此,$7^{N_{2006}} = 7^{4(M_1-1)+3}$ 与 7^3 的末二位数字相同,为 43.

12. 由于 $1^2 + 2^2 + \cdots + n^2$ 的个位数字只与 $1 \sim n$ 的个位数字的平方和有关,故只要考虑这些数的个位数字的平方.

因为 $1^2 \equiv 1, 2^2 \equiv 4, 3^2 \equiv 9, 4^2 \equiv 6, 5^2 \equiv 5, 6^2 \equiv 6, 7^2 \equiv 9, 8^2 \equiv 4,$ $9^2 \equiv 1, 0^2 \equiv 0 \pmod{10}$,所以 $a_1 = 1, a_2 = 5, a_3 = 4, a_4 = 0, a_5 = 5,$ $a_6 = 1, a_7 = 0, a_8 = 4, a_9 = 5, a_{10} = 5, a_{11} = 6, a_{12} = 0, a_{13} = 9, a_{14} = 5,$ $a_{15} = 0, a_{16} = 6, a_{17} = 5, a_{18} = 9, a_{19} = 0, a_{20} = 0$.

由 $a_{20} = 0$ 知,$a_{20k+r} = a_r (k, r \in \mathbf{N}, 0 \leqslant r \leqslant 19,$ 并记 $a_0 = 0)$,即 $0.a_1a_2 \cdots a_n \cdots$ 是一个循环节为 20 位数的循环小数,即为有理数,其一个循环节为"15405104556095065900".

4 化 归

所谓化归,就是将当前问题归到已解决过的问题处理.匈牙利数学家罗沙对此有一个形象的比喻,他提出过一个这样的问题:有一个煤气炉,一盒火柴,一只烧水壶和自来水.现在的任务是要烧水,你应怎样做?他说,此问题很简单:先把壶接满水,将煤气点燃,再将壶放在煤气炉上.接着他又问:现在将问题作些改变,所有条件都一样,只是水壶中已经装满了干净的水,你又应怎样做?他说,一般人都会这样回答:将煤气点燃,再将水壶放在煤气炉上.但罗沙接着说,这只是物理学家的回答,数学家则会答"把水倒掉",并声称:"我已经将后一问题化成前一问题了."

罗沙的比喻虽然有点夸张,但却道出了化归法的实质:总是将新遇到的问题化作曾经解决过的问题处理.

由此可见,当我们遇到一个问题不知如何处理时,我们可考虑该问题的一些特殊情况,这时候的问题往往容易解决.当解决一般问题时,可尝试如何将之化归到已解决的特殊情况来处理即可.

本章介绍一般问题化归到特殊问题的几种常见方式.

4.1 增设条件化归

在解决一般问题时,想象一个充分条件,在此条件下,问题迎刃

而解. 当这个条件不存在时,我们则可"人为地"创造这样的条件,使问题获解.

例 1 给定 $\triangle ABC$,过 $\triangle ABC$ 的重心任作一直线,把这个三角形分为两部分,求这两部分之差的绝对值的最大值. (1979 年安徽省数学竞赛题)

分析与解 设 $\triangle ABC$ 的重心为 G,为便于计算"面积之差",我们先过点 G 作一特殊直线.

过点 G 的特殊直线莫过于 $\triangle ABC$ 的中线,但此时的面积之差为 0,非最大(但也是一个有用的特例,证明面积差非负时要用到它). 此外,过点 G 且平行 $\triangle ABC$ 的一条边的直线 EF 也是较为特殊的直线,它也易于计算相应三角形的面积之差.

设过点 G 且平行 BC 的一条直线分别交 AB,AC 于点 E,F(图 4.1),此时

$$\frac{S_{\triangle AEF}}{S_{\triangle ABC}} = \left(\frac{AE}{AB}\right)^2 = \left(\frac{2}{3}\right)^2 = \frac{4}{9}.$$

所以

$$S_{BCFE} - S_{\triangle AEF} = \frac{5}{9}S_{\triangle ABC} - \frac{4}{9}S_{\triangle ABC} = \frac{1}{9}S_{\triangle ABC}.$$

我们猜想,差值 $\frac{1}{9}S_{\triangle ABC}$ 是最大的.

对一般情形,设过 G 的任意一条直线,交 AB 于点 E,交 AC 于点 F(图 4.2). 注意到前一情形中,一个重要的条件是"过点 G 且平行 $\triangle ABC$ 的一条边的直线",因此,为了化归到这一情形,我们需要过点 G 作 $B'C' // BC$,并作 $B'H // AC$,交 EF 于点 H.

由于 $\angle EB'C'$ 是 $\triangle AB'C'$ 的外角,所以 $\angle EB'C' > \angle AC'B'$,所以 $B'H$ 在 $\angle BB'C'$ 内,即 H 在 EG 上.

又 $\triangle B'HG \cong \triangle GC'F$(因为两个三角形相似,且 $B'G = GC'$),设 AC 的中点为 M,则

$$0 = S_{\triangle BMC} - S_{\triangle BMA} \leqslant S_{BCFE} - S_{\triangle AEF}$$
$$< S_{\triangle BCC'B'} - S_{\triangle AB'C'} = \frac{1}{9} S_{\triangle ABC},$$

命题获证.

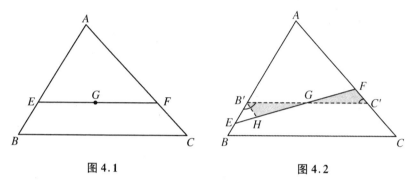

图 4.1　　　　　　　图 4.2

例 2　设 $n \geqslant 4$,求证:每个圆内接四边形都可以分割成 n 个圆内接四边形.

分析与证明　我们先考虑一种容易解决的特殊情形.什么圆内接四边形容易分割成 n 个圆内接四边形?可先在圆内画一些四边形试试.最特殊的显然是矩形,但这种情形过于简单,不具一般性.此外还有什么四边形容易分割? 一种与矩形具有同样分割方式的四边形是等腰梯形(分割线为一组平行线),此时,作两底的平行线即可完成分割(图 4.3).

对于一般情形,为了化归到等腰梯形,我们直接作辅助线来创造条件:构造一个等腰梯形和若干个圆内接四边形,则其中等腰梯形可按前述方式分割.在构造等腰梯形时,要尽可能少作辅助线,即尽量利用已有的"边".

设圆内接四边形为 $ABCD$,且不妨设

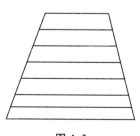

图 4.3

AD 与 BC 不平行,想象以 AB 为底边在四边形 $ABCD$ 内构造一个等腰梯形,这就要构造相等的两个底角,为了使辅助线尽可能少,可想象在 A,B 中的较大的一个角中分割出一个角与另一个角相等,于是不妨设 $\angle A > \angle B$,则可作等腰梯形 $ABRP$,使 $AB // PR$(图 4.4).

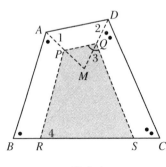

图 4.4

类似地作等腰梯形 $CDQS$,使 $CD // SQ$,但此时是否一定有 $\angle D > \angle C$? 注意到 $ABCD$ 是圆内接四边形,有 $\angle A + \angle C = \angle B + \angle D = 180°$,不妨设 $\angle A \geqslant \angle C$,$\angle D \geqslant \angle B$,则 $\angle A \geqslant 90° \geqslant \angle C$,$\angle D \geqslant 90° \geqslant \angle B$,于是 $\angle A \geqslant 90° \geqslant \angle B$,$\angle D \geqslant 90° \geqslant \angle C$.

这样,由 $\angle A + \angle C = \angle B + \angle D$,得 $\angle A - \angle B = \angle D - \angle C$. 又 AD 与 BC 不平行,有 $\angle A \neq \angle B$,所以 $\angle A > \angle B$,进而有 $\angle D > \angle C$. 于是,可以在 $\angle A$ 中分割出一个角与 $\angle B$ 相等,在 $\angle D$ 中分割出一个角与 $\angle C$ 相等.

可在四边形 $ABCD$ 内作射线 AP,DQ,使 $\angle PAB = \angle B$,$\angle QDC = \angle C$,设 AP,DQ 相交于点 M,分别取 AM,DM 的中点 P,Q,连 PQ,则 $PQ // AD$,再作 $PR // AB$,交 BC 于 R,作 $QS // CD$,交 BC 于 S,得到等腰梯形 $ABRP$,$CDQS$.

又由 $\angle A + \angle C = 180° = \angle B + \angle D$,有 $\angle 1 = \angle A - \angle B = \angle D - \angle C = \angle 2$,可知四边形 $APQD$ 也是等腰梯形. 此外,四边形 $PRSQ$ 的边与 $ABCD$ 的边对应平行,且 $\angle 3 + \angle 4 = \angle D + \angle B = 180°$,所以四边形 $PRSQ$ 也是圆内接四边形.

至此,只需将其中一个等腰梯形分割为 $n-3$ 个等腰梯形,便得到 n 个圆内接四边形,命题获证.

4 化 归

例3 已知四边形 $P_1P_2P_3P_4$ 的四个顶点位于 $\triangle ABC$ 的边上,求证:四个三角形:$\triangle P_1P_2P_3$,$\triangle P_1P_3P_4$,$\triangle P_1P_2P_4$,$\triangle P_2P_3P_4$ 中至少有一个的面积不大于 $\triangle ABC$ 的面积的 $\dfrac{1}{4}$.(首届全国中学生数学冬令营试题)

分析与解 本题要用到如下一个基本事实:

点 A,B 是直线 l 上两点,点 P,Q,R 是直线 l 同侧的共线 3 点(图 4.5),若 Q 位于点 P,R 之间,则 $\min\{S_{\triangle ABP},S_{\triangle ABR}\}\leqslant S_{\triangle ABQ}\leqslant \max\{S_{\triangle ABP},S_{\triangle ABR}\}$,即 $S_{\triangle ABP}$,$S_{\triangle ABR}$ 中有一个不大于 $S_{\triangle ABQ}$,也有一个不小于 $S_{\triangle ABQ}$.

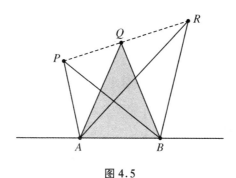

图 4.5

为叙述问题方便,我们称由点 P_1,P_2,P_3,P_4 中 3 个点构成的面积不大于 $\triangle ABC$ 的面积的 $\dfrac{1}{4}$ 的三角形为好三角形.首先要注意的是,四个顶点 P_1,P_2,P_3,P_4 位于 $\triangle ABC$ 的边上,由抽屉原理,必有某边上有两个顶点,从而有以下两种情形:一是 $\triangle ABC$ 的每条边上都至少有一个已知点(图 4.6);二是 $\triangle ABC$ 有 2 条边上各有 2 个已知点,另一条边上没有已知点(图 4.7).

但稍作思考,即可发现后一种情形可以转化为前一种情形,去掉四边形 P_3P_2CA 即可.

对于第一种情形,设 BC 边上有点 P_1, P_2,AC, AB 上分别有点 P_3, P_4. 为了便于估计四个三角形($\triangle P_1 P_2 P_3$,$\triangle P_1 P_3 P_4$,$\triangle P_1 P_2 P_4$,$\triangle P_2 P_3 P_4$)与 $\triangle ABC$ 的面积比,先可以考虑在四边形 $P_1 P_2 P_3 P_4$ 中增设一个条件:$P_3 P_4 /\!/ BC$,而对其他情形,通过作平行线转化为这一情形即可.

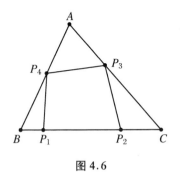

图 4.6

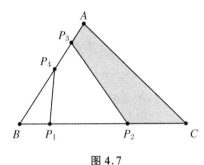

图 4.7

实际上,当 $P_3 P_4 /\!/ BC$ 时(图 4.8),设 $\dfrac{AP_4}{AB} = \lambda$,则 $\dfrac{BP_4}{AB} = 1 - \lambda$,

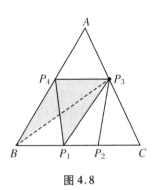

图 4.8

于是

$$\dfrac{S_{\triangle P_1 P_3 P_4}}{S_{\triangle ABC}} = \dfrac{S_{\triangle BP_3 P_4}}{S_{\triangle ABC}} = \dfrac{S_{\triangle BP_3 P_4}}{S_{\triangle ABP_3}} \cdot \dfrac{S_{\triangle ABP_3}}{S_{\triangle ABC}}$$

$$= \lambda(1-\lambda) S_{\triangle ABC} \leqslant \dfrac{1}{4} S_{\triangle ABC},$$

此时 $\triangle P_1 P_3 P_4$ 为好三角形,结论成立.

当 $P_3 P_4$ 不平行 BC 时,不妨设点 P_3 到 BC 之距大于点 P_4 到 BC 之距(图 4.9),为了化归到前一情形,过点 P_4 作 BC 的平行线,交 AC 于点 P_3',由上所证,$\triangle P_1 P_3' P_4$ 的面积不大于 $\triangle ABC$ 的面积的 $\dfrac{1}{4}$,但要把 P_3' 换成两个已知点 P_2, P_3 之一,才得到好三角形.

注意,这里的"换"并非要求是恒等变换,可以进行放缩变换,于

是,利用 P_3, P_3', C 三点共线,有

$$\frac{1}{4} S_{\triangle ABC} \geqslant S_{\triangle P_1 P_3' P_4} \geqslant \min\{S_{\triangle P_1 P_3 P_4}, S_{\triangle P_1 C P_4}\}$$
$$\geqslant \min\{S_{\triangle P_1 P_3 P_4}, S_{\triangle P_1 P_2 P_4}\}.$$

或者,设 $P_4 P_3'$ 交 $P_2 P_3$ 于点 P(图 4.10),则利用点 P_3, P, P_2 共线,有

$$\frac{1}{4} S_{\triangle ABC} \geqslant S_{\triangle P_1 P_3' P_4} \geqslant S_{\triangle P_1 P P_4}$$
$$\geqslant \min\{S_{\triangle P_1 P_3 P_4}, S_{\triangle P_1 P_2 P_4}\}.$$

所以,$\triangle P_1 P_3 P_4, \triangle P_1 P_2 P_4$ 中有一个为好三角形,结论成立.

综上所述,命题获证.

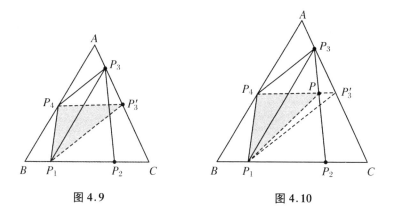

图 4.9   图 4.10

例 4（柯西(Cauchy)不等式）设 $a_1, a_2, \cdots, a_n, b_1, b_2, \cdots, b_n$ 为实数,则

$$\sum_{i=1}^n a_i^2 \sum_{i=1}^n b_i^2 \geqslant \left(\sum_{i=1}^n a_i b_i\right)^2.$$

分析与证明 柯西不等式的一个典型证法是判别式法,这里用化归法证之.

为了使不等式变得简单,先增设一个条件

$$\sum_{i=1}^{n} a_i^2 = \sum_{i=1}^{n} b_i^2 = 1,$$

则原不等式变为

$$\left(\sum_{i=1}^{n} a_i b_i\right)^2 \leqslant 1, \quad 即 \quad \left|\sum_{i=1}^{n} a_i b_i\right| \leqslant 1.$$

此时不等式易证. 实际上,因为

$$|a_i b_i| \leqslant \frac{1}{2}(a_i^2 + b_i^2),$$

所以

$$\left|\sum_{i=1}^{n} a_i b_i\right| \leqslant \sum_{i=1}^{n} |a_i b_i| \leqslant \sum_{i=1}^{n} \frac{a_i^2 + b_i^2}{2}$$

$$= \frac{1}{2}\left(\sum_{i=1}^{n} a_i^2 + \sum_{i=1}^{n} b_i^2\right) = 1.$$

对一般情形,为了化归到前一情形,我们通过变量代换来"人为地"创设条件.

引入待定参数 A, B,令 $a_i' = A \cdot a_i$,$b_i' = B \cdot b_i$,期望有

$$\sum_{i=1}^{n} a_i'^2 = \sum_{i=1}^{n} b_i'^2 = 1,$$

解得

$$A = \frac{1}{\sqrt{\sum_{i=1}^{n} a_i^2}}, \quad B = \frac{1}{\sqrt{\sum_{i=1}^{n} b_i^2}}.$$

于是,利用上面所证,有

$$\left(\sum_{i=1}^{n} a_i' b_i'\right)^2 \leqslant 1,$$

即 $\left(\sum_{i=1}^{n} A a_i \cdot B b_i\right)^2 \leqslant 1$,故

$$\left(\sum_{i=1}^{n} a_i b_i\right)^2 \leqslant \frac{1}{A^2 B^2} = \sum_{i=1}^{n} a_i^2 \sum_{i=1}^{n} b_i^2.$$

综上所述,命题获证.

4 化 归

例 5 （琴生不等式）设 $a_1, a_2, \cdots, a_n$ 为正数，$0 < r < s$，则

$$\left(\sum_{i=1}^n a_i^s\right)^{\frac{1}{s}} \leqslant \left(\sum_{i=1}^n a_i^r\right)^{\frac{1}{r}}.$$

分析与证明 先增设条件 $\sum_{i=1}^n a_i^r = 1$，则原不等式变为

$$\left(\sum_{i=1}^n a_i^s\right)^{\frac{1}{s}} \leqslant 1, \quad 即 \quad \sum_{i=1}^n a_i^s \leqslant 1 = \sum_{i=1}^n a_i^r.$$

要证此不等式，找一个充分条件，只需证明对所有 i，有

$$a_i^s \leqslant a_i^r.$$

因为 a_i 为正数，$\sum_{i=1}^n a_i^r = 1$，所以 $0 < a_i \leqslant 1$.

又 $0 < r < s$，所以 $a_i^s \leqslant a_i^r$，结论成立.

一般地，为了化归到前一情形，引入待定参数 k，令 $a_i' = k a_i$，由 $\sum_{i=1}^n a_i'^r = 1$，解得

$$k = \frac{1}{\left(\sum_{i=1}^n a_i^r\right)^{\frac{1}{r}}},$$

于是，利用上面所证，有

$$\left(\sum_{i=1}^n a_i'^s\right)^{\frac{1}{s}} \leqslant 1, \quad 即 \quad \left(\sum_{i=1}^n (ka_i)^s\right)^{\frac{1}{s}} \leqslant 1,$$

所以

$$k \left(\sum_{i=1}^n (a_i)^s\right)^{\frac{1}{s}} \leqslant 1,$$

故

$$\left(\sum_{i=1}^n a_i^s\right)^{\frac{1}{s}} \leqslant \frac{1}{k} = \left(\sum_{i=1}^n a_i^r\right)^{\frac{1}{r}}.$$

4.2 命题分解化归

所谓命题分解，就是将复杂的问题分解为若干种情形，比如情形

1、情形 2、情形 3 等等,然后先解决其中的一种情形,进而将其余的各种情形转化为这一情形处理.

例 1 设 x,y,z 为实数,满足

$$x+y+z=a \ (a>0), \quad x^2+y^2+z^2=\frac{1}{2}a^2,$$

求证:$0 \leqslant x,y,z \leqslant \frac{2a}{3}$.(1957 年北京市数学竞赛题)

分析与证明 本题可以用判别式证明,但用化归法证之,思路别具一格.

先将问题分割为如下两个小问题:

(1) $x,y,z \geqslant 0$;

(2) $x,y,z \leqslant \frac{2a}{3}$.

对于问题(1),由柯西不等式,有

$$(a-x)^2=(y+z)^2 \leqslant 2(y^2+z^2)=a^2-2x^2,$$

所以

$$-2ax+x^2=-2x^2, \quad 即 \quad 2ax \geqslant 3x^2.$$

若 $x=0$,则 $x \geqslant 0$ 成立;

若 $x \neq 0$,则 $x^2 > 0$,两边同除以 x^2,得

$$\frac{1}{x} \geqslant \frac{3}{2a} > 0,$$

所以 $x>0$,结论成立.

问题(1)采用反证法则更简单. 假设 $x<0$,则

$$y+z=a-x>a,$$

于是

$$x^2+y^2+z^2 \geqslant x^2+\frac{1}{2}(y+z)^2=x^2+\frac{1}{2}(a-x)^2 \quad (放缩到 \ x)$$

$$\geqslant \frac{1}{2}(a-x)^2 > \frac{1}{2}a^2,$$

4 化 归

(1) 曲线两端点位于正方形一组对边上;

(2) 曲线两端点位于正方形一组相邻边上;

(3) 曲线两端点位于正方形的同一边上.

对于情形(1),结论显然成立(图 4.11).

对于情形(2),不妨设曲线的两个端点 P,Q 分别在正方形 $ABCD$ 的边 AB,AD 上(图 4.12),此时,为了化归到前一情形,我们想象保持点 P 的位置不变,而将点 Q 移到 CD 上,但"移动"中要保持曲线的长度不变.注意到线段 AD(点 Q 所在的原始位置),CD(点 Q 所在的目标位置)关于 BD 对称,而对称变换保持长度不变,于是,连对角线 BD,由于曲线与 $\angle DAB$ 围成的面积为正方形面积的一半,从而线段 BD 必与曲线有交点,设一个交点为 R,将曲线段 QR 沿 BD 作对称变换,则点 Q 的对称点 Q' 在 CD 上,此时

$$L(PQ) = L(PR) + L(RQ) = L(PR) + L(RQ')$$
$$= L(PQ') \geqslant 1,$$

其中 $L(x)$ 表示曲线 x 的长度,结论成立.

对于情形(3),不妨设曲线的两个端点 P,Q 都在正方形 $ABCD$ 的边 AB 上(图 4.13),此时,我们同样想象保持点 P 的位置不变,而将点 Q 移到 CD 上.注意到线段 AB(点 Q 所在的原始位置),CD(点 Q 所在的目标位置)关于 AD 的垂直平分线对称,于是,作 AD 的垂直平分线,由于曲线与边 AB 围成的面积为正方形面积的一半,从而 AD 的垂直平分线必与曲线有交点,设一个交点为 R,将曲线段 QR 沿 AD 的垂直平分线作对称变换,则点 Q 的对称点 Q' 在 CD 上,此时

$$L(PQ) = L(PR) + L(RQ) = L(PR) + L(RQ')$$
$$= L(PQ') \geqslant 1,$$

结论成立.

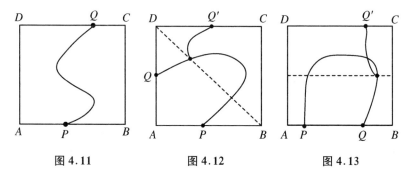

图 4.11　　　　　图 4.12　　　　　图 4.13

例 4　对平面上的任何凸 n 边形 $A_1 A_2 \cdots A_n$ 及内部任何点 P，求 $\min \angle P A_i A_{i+1}$ 的最大值.（《美国数学杂志》1993 年 4 月号问题 1429）

分析与解　首先,将命题分解为如下 3 种情形：

(1) n 边形 $A_1 A_2 \cdots A_n$ 为正 n 边形,点 P 为其中心；

(2) n 边形 $A_1 A_2 \cdots A_n$ 为正 n 边形,点 P 为其内部异于中心的点；

(3) n 边形 $A_1 A_2 \cdots A_n$ 为非正 n 边形.

显然,其中情形(1)非常简单.对所有 $i = 1, 2, \cdots, n$，都有

$$\angle P A_i A_{i+1} = \frac{(n-2)\pi}{2n} = \left(\frac{1}{2} - \frac{1}{n}\right)\pi,$$

此时

$$\min \angle P A_i A_{i+1} = \frac{1}{2} - \frac{1}{n}.$$

由此可猜想 $\min \angle P A_i A_{i+1}$ 的最大值为 $\frac{1}{2} - \frac{1}{n}$.

下面只需证明,对情形(2)和(3),都有 $\min \angle P A_i A_{i+1} \leqslant \frac{1}{2} - \frac{1}{n}$，即存在 $i(1 \leqslant i \leqslant n)$，使 $\angle P A_i A_{i+1} \leqslant \frac{1}{2} - \frac{1}{n}$.

先考虑情形(2),设正 n 边形 $A_1 A_2 \cdots A_n$ 的中心为 O（图 4.14），

则点 P 必属于某个 $\triangle OA_iA_{i+1}$,此时

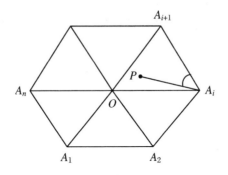

图 4.14

$$\angle PA_iA_{i+1} \leqslant \angle OA_iA_{i+1} = \frac{(n-2)\pi}{2n} = \left(\frac{1}{2} - \frac{1}{n}\right)\pi,$$

结论成立.

对于情形(3),若 n 边形 $A_1A_2\cdots A_n$ 非正 n 边形(图 4.15),不妨设 $\angle PA_nA_1 = \min \angle PA_iA_{i+1}(1 \leqslant i \leqslant n)$,记 $t = \angle PA_nA_1$,则显然有 $t < \frac{\pi}{2}$,下面进一步证明

$$t \leqslant \left(\frac{1}{2} - \frac{1}{n}\right)\pi. \qquad ①$$

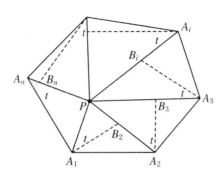

图 4.15

为了将一般多边形化归为正多边形,在 $PA_{i+1}(1 \leqslant i \leqslant n-1)$ 上取点 B_{i+1},使 $\angle PA_iB_{i+1} = t$(转化为与正多边形相接近的情形,因为特例中只用到正多边形的这样的性质: $\angle PA_iA_{i+1} =$ 常数,我们只需将此性质迁移到一般多边形中).

下面设法建立关于 t 的等式或不等式,注意到如下的整体性质:

（ⅰ） $1 = \prod_{i=1}^{n} \dfrac{PA_i}{PA_{i+1}}$;

（ⅱ） $\sum_{i=1}^{n} \angle A_iPA_{i+1} = 2\pi$.

于是,令 $r_i = \angle A_iPA_{i+1}$,由正弦定理(将边的比转向角的比,使之含有 t),有

$$\dfrac{PA_i}{PA_{i+1}} \leqslant \dfrac{PA_i}{PB_{i+1}} = \dfrac{\sin(\pi - (t + r_i))}{\sin t} = \dfrac{\sin(t + r_i)}{\sin t}.$$

所以

$$1 = \prod_{i=1}^{n} \dfrac{PA_i}{PA_{i+1}} \leqslant \prod_{i=1}^{n} \dfrac{\sin(t + r_i)}{\sin t}$$

$$= \dfrac{1}{\sin^n t} \prod_{i=1}^{n} \sin(t + r_i)$$

$$\leqslant \dfrac{1}{\sin^n t} \cdot \left(\dfrac{\sum_{i=1}^{n} \sin(t + r_i)}{n} \right)^n \quad (\text{均值不等式})$$

$$\leqslant \dfrac{1}{\sin^n t} \cdot \sin^n \left(\sum_{i=1}^{n} \left(\dfrac{t + r_i}{n} \right) \right) \quad (\text{琴生不等式})$$

$$= \left(\dfrac{\sin\left(t + \dfrac{2\pi}{n}\right)}{\sin t} \right)^n,$$

故

$$\sin t \leqslant \sin\left(t + \dfrac{2\pi}{n}\right). \qquad ②$$

下面证明式②蕴含式①.

4 化 归

由于目标式①比条件式②简单,且难以从条件式中解脱三角函数符号,从而宜用反证法.

实际上,若 $t > \dfrac{\pi}{2} - \dfrac{\pi}{n}$,则

$$\dfrac{\pi}{2} > t > \dfrac{\pi}{2} - \dfrac{\pi}{n} > 0,$$

所以 $\sin t > \sin\left(\dfrac{\pi}{2} - \dfrac{\pi}{n}\right)$.

能否有 $\sin\left(\dfrac{\pi}{2} - \dfrac{\pi}{n}\right) \geqslant \sin\left(t + \dfrac{2\pi}{n}\right)$?

其中左边 $\sin\left(\dfrac{\pi}{2} - \dfrac{\pi}{n}\right) = \sin\left(\dfrac{\pi}{2} + \dfrac{\pi}{n}\right)$(诱导到同一单调区间),

而 $\dfrac{3\pi}{2} > t + \dfrac{2\pi}{n} > \dfrac{\pi}{2} - \dfrac{\pi}{n} + \dfrac{2\pi}{n} = \dfrac{\pi}{2} + \dfrac{\pi}{n} > \dfrac{\pi}{2}$,所以

$$\sin t > \sin\left(\dfrac{\pi}{2} - \dfrac{\pi}{n}\right) \geqslant \sin\left(t + \dfrac{2\pi}{n}\right),$$

与式②矛盾.

综上所述,$\min \angle PA_i A_{i+1}$ 的最大值为 $\dfrac{1}{2} - \dfrac{1}{n}$.

例5 求所有的正整数 $n > 1$,使 n 满足下列条件:正整数集合 N 可以分为 n 个非空的子集,使得从任 $n-1$ 个子集中各任取一个数,这 $n-1$ 个数相加得到的和在剩下的那个子集中.(第36届IMO备选题)

分析与解 将命题分解为如下3种情况:

(1) $n = 2$;

(2) $n = 3$;

(3) $n > 3$.

其中(1)显然不满足条件,因为一个集合中取一个数必定不在另一个集合中.

对于情形(2),假设 $n = 3$ 满足条件,并设 N 分成了3个合乎条件的非空子集 A_1, A_2, A_3,则其中至少有一个子集含有一个奇数,另

一个子集含有一个偶数.

不妨设奇数 $2p-1 \in A_1$,偶数 $2k \in A_2$,则由已知条件,得
$$(2p-1) + 2k \in A_3,$$
$$(2p-1) + 2 \cdot 2k \in A_1,$$
$$(2p-1) + 3 \cdot 2k \in A_3,$$
$$(2p-1) + 4 \cdot 2k \in A_1,$$

由此可见
$$(2p-1) + 奇数 \cdot 2k \in A_3, \quad (2p-1) + 偶数 \cdot 2k \in A_1.$$
类似可得
$$2k + (2p-1) \in A_3,$$
$$2k + 2(2p-1) \in A_2,$$
$$2k + 3(2p-1) \in A_3,$$
$$2k + 4(2p-1) \in A_2,$$
$$\cdots.$$

由此可见
$$2k + 奇数 \cdot (2p-1) \in A_3, \quad 2k + 偶数 \cdot (2p-1) \in A_2,$$
于是
$$(2p-1) + 2p \cdot 2k \in A_1, \quad 2k + (2k+1) \cdot (2p-1) \in A_3.$$
但
$$(2p-1) + 2p \cdot 2k = (2p-1) + 4pk = 2k + (2k+1)(2p-1),$$
与分拆定义矛盾,从而 $n=3$ 不合乎条件.

对于情形(3),我们将其化归为情形(2).先看 $n=4$ 的情形,假设 $n=4$ 满足条件,并设 N 分成了4个非空子集 A_1, A_2, A_3, A_4,同样,不妨设 A_1 含有奇数,A_2 含有偶数.

如果直接去掉 A_4,则对 $a \in A_1, b \in A_2$,不能推出 $a+b \in A_3$,因为只能是 $a+b+s \in A_3$,其中 $s \in A_4$,由此想到,将 A_4 中的一个数 s "加"到 A_1, A_2, A_3 中去,即令

$$A_1' = s + A_1, \quad A_2' = s + A_2, \quad A_3' = s + A_3,$$
那么 A_1', A_2', A_3' 具有 $n = 3$ 的划分性质.

实际上,对 $a' \in A_1', b' \in A_2'$,有
$$a' = s + a(a \in A_1), \quad b' = s + b(b \in A_2),$$
于是
$$a' + b' = (s + a) + (s + b) = (a + b + s) + s,$$
因为 $a + b + s \in A_3$,所以 $a' + b' \in A_3'$.

一般地,设 N 分成了 $n(n > 3)$ 个合乎条件的非空子集 $A_1, A_2, \cdots, A_n$,同样至少有一个子集含有一个奇数,另一个子集含有一个偶数,不妨设 $2p - 1 \in A_1, 2k \in A_2$.

在 $A_4, A_5, \cdots, A_n$ 中各取一个数作成和 s,令 $A_i' = \{x + s \mid x \in A_i\}(i = 1, 2, 3)$.

显然, $(2p - 1) + s, 2k + s$ 的奇偶性不同且分别属于 A_1', A_2'(即 A_1', A_2' 中有一个含有奇数,有一个含有偶数).

对任意的 $x \in A_i', y \in A_j' (1 \leqslant i < j \leqslant 3)$,有
$$x + y = (x - s) + (y - s) + s + s,$$
因为 $(x - s) \in A_i, (y - s) \in A_j$,且 s 是 $A_4, A_5, \cdots, A_n$ 中各取一个数作成的和,所以
$$(x - s) + (y - s) + s \in A_k,$$
其中 $k \in \{1, 2, 3\} \setminus \{i, j\}$,从而
$$(x - s) + (y - s) + s + s \in A_k',$$
这表明, A_1', A_2', A_3' 是 $A_1' \cup A_2' \cup A_3'$ 的合乎条件的一个划分.

由上面对 $n = 3$ 的讨论(注意我们并未要求 $A_1 \cup A_2 \cup A_3 = N$,只要求 A_1, A_2, A_3 中,有一个含有奇数,有一个含有偶数), A_1', A_2', A_3' 中有两个的交非空,从而 A_1, A_2, A_3 的交非空,矛盾.

综上所述,没有合乎条件的正整数 n.

注 对于 $n \neq 3$ 的证明,我们有如下更简单的方法:

不妨设 $1 \in A_1$, 在 A_2 中取一个数 $k(k>1)$, 则 $k+1 \in A_3$, $k+2 \in A_2, k+3 \in A_3, k+4 \in A_2, \cdots$, 如此下去, 对任何 $x \geqslant k$, $x \in (A_2 \cup A_3)$.

因为 $2k+1 \geqslant k$, 所以 $2k+1 \in (A_2 \cup A_3)$.

但另一方面, 由 $k \in A_2, k+1 \in A_3$, 得 $2k+1 \in A_1$, 这与 $2k+1 \in (A_2 \cup A_3)$ 矛盾.

例 6 "欺诈猜数游戏" 在两个玩家甲和乙之间进行, 游戏依赖于两个甲和乙都知道的正整数 k 和 n.

游戏开始时甲先选定两个整数 x 和 N, $1 \leqslant x \leqslant N$. 甲如实告诉乙 N 的值, 但对 x 守口如瓶. 乙现在试图通过如下方式的提问来获得关于 x 的信息: 每次提问, 乙任选一个由若干正整数组成的集合 S (可以重复使用之前提问中使用过的集合), 问甲 "x 是否属于 S?"乙可以提任意数量的问题. 在乙每次提问之后, 甲必须对乙的提问立刻回答 "是" 或 "否", 甲可以说谎话, 并且说谎的次数没有限制, 唯一的限制是甲在任意连续 $k+1$ 次回答中至少有一次回答是真话.

在乙问完所有想问的问题之后, 乙必须指出一个至多包含 n 个正整数的集合 X, 若 x 属于 X, 则乙获胜; 否则甲获胜. 证明:

(1) 若 $n \geqslant 2^k$, 则乙可保证获胜;

(2) 对所有充分大的整数 k, 存在正整数 $n \geqslant 1.99^k$, 使得乙无法保证获胜.

(2012 年 IMO 试题)

分析与证明 (1) 我们先证明, 只需考虑 $n=2^k$, $N=n+1$ 的情形, 其他情形都可化归到这一情形.

实际上, 只考虑 $n=2^k$ 是显然的. 此外, 如果 $N \leqslant n$, 则乙说出集合 $X=\{1,2,\cdots,N\}$, 乙获胜; 如果 $N>n+1$, 且 $N=n+1$ 时乙有必胜策略, 也就是在 $n+1$ 个元素中乙可判定其中某一个元素不为 x (S 是该元素外的 n 个元素的集合), 这样, 当 $N>n+1$ 时乙任

取 N 个元素中的 $n+1$ 个元素,利用上述结论排除其中一个元素,只剩下 $N-1$ 个元素,如此下去直至剩下 N 个元素.

把 $1,2,\cdots,2^k$ 都写成二进制数 $(a_1a_2\cdots a_{k+1})$,不足 $k+1$ 位的二进制数都在前面补 0 写成 $k+1$ 位数(允许首位为 0),这里 $a_i(i=1,2,\cdots,k+1)$ 是 0 或者 1;记 T 为这 2^k 个二进制数组成的集合.

显然,$2^k = (100\cdots0)$,$2^k + 1 = (100\cdots01)$.

令 $S_1 = \{(100\cdots0)\}$,$S_i = \{(a_1a_2\cdots a_{k+1}) \in T \mid a_1 = 0, a_i = 1\}$,$i = 2,3,\cdots,k+1$,也就是说,$S_i$ 就是 T 中所有满足 $a_i = 1$ 的元素组成的子集 $(i = 1,2,\cdots,k+1)$.

乙采用如下策略:第一次提问,选择 S_1,并且在甲回答"是"之前一直选取 S_1.

如果甲的回答出现连续 $k+1$ 次"否",则 $n = (100\cdots0)$ 可以排除,取 $X = \{1,2,\cdots,n-1,n+1\}$ 即可;

如果在至多 $k+1$ 次回答中,一旦出现"是",乙接下来的 k 次提问,依次选取 $S_2, S_3, \cdots, S_{k+1}$,就能取得胜利.

事实上,若甲最后的 k 次回答都是"是",则 $x \in T$,取 $X = T$ 即可.

若甲最后的 k 次回答有一些是"否",则 x 绝对不可能是 $a = (a_1a_2\cdots a_{k+1})$.

这里,$a_1 = 0$,而

$$a_i = \begin{cases} 0, & \text{若甲回答"是"} \\ 1, & \text{若甲回答"否"} \end{cases} \quad (i = 2,3,\cdots,k+1),$$

取 $X = \{1,2,\cdots,n+1\} - \{a\}$ 即可.

(2) 先将问题转化成等价形式:甲从集合 S 中取定一个元素 $x(|S| = N)$,乙提出一系列的问题.乙的第 j 个问题就是取 S 的子集 D_j,随后甲选取集合 $P_j \in \{D_j, D_j^c\}$,使得对任意的 $j \geq 1$ 都有 $x \in P_j \cup P_{j+1} \cup \cdots \cup P_{j+k}$.

当乙提完他想问的一系列问题后,如果乙能选取一个集合 X 满足 $|X| \leqslant n$,使得 $x \in X$,那么乙获胜;否则甲获胜.

任取实数 p 使得 $2 > p > 1.99$,再选取正整数 k_0,使得当 $k > k_0$ 时,$(2-p)p^{k+1} - 1.99^k > 1$.

设 N 使得 $(2-p)p^{k+1} > N > 1.99^k + 1$,我们来证明,若 $|S| = N$,不妨 $S = \{1, 2, \cdots, N\}$,甲有办法使乙无法胜利.

记 D_j 是乙的第 j 个问题展示的集合,定义 P_j 为 D_j 或者 D_j^c,取决于甲对 D_j 的答案:若甲的回答是"是",$P_j = D_j$,否则 $P_j = D_j^c$;再记 $P_0 = S$. 定义 A_j 如下:
$$A_j = A_j(P_j) = a_0 + pa_1 + p^2 a_2 + \cdots + p^j a_j,$$
这里
$$a_0 = |P_j|,$$
$$a_i = |P_{j-i} \setminus (P_j \cup P_{j-1} \cup \cdots \cup P_{j-i+1})| \quad (i = 1, 2, \cdots, j).$$

此时 $\sum_{i=1}^{j} a_i = N$,其中注意 $A_0 = N$.

我们指出,甲可以使得 $\dfrac{N}{2-p} > A_j$ 成为事实:$\dfrac{N}{2-p} > A_0 = N$.

假设已有 $\dfrac{N}{2-p} > A_j$,甲可选取 $P_{j+1} \in \{D_{j+1}, D_{j+1}^c\}$ 使得 $\dfrac{N}{2-p} > A_{j+1}$. 事实上
$$A_{j+1}(D_{j+1}) = b_0 + pb_1 + p^2 b_2 + \cdots + p^j b_j + p^{j+1} b_{j+1},$$
$$A_{j+1}(D_{j+1}^c) = c_0 + pc_1 + p^2 c_2 + \cdots + p^j c_j + p^{j+1} c_{j+1}.$$

注意
$$b_0 + c_0 = N, \quad b_i + c_i = a_{i-1} \quad (i = 1, 2, \cdots, j+1),$$
于是
$$A_{j+1}(D_{j+1}) + A_{j+1}(D_{j+1}^c) = N + p(a_0 + pa_1 + p^2 a_2 + \cdots + p^j a_j)$$
$$< N + p \cdot \frac{N}{2-p},$$

因此

$$\min\{A_{j+1}(D_{j+1}), A_{j+1}(D_{j+1}^c)\} < \frac{N}{2} + \frac{p}{2} \cdot \frac{N}{2-p} = \frac{N}{2-p}.$$

于是,可以选取 $P_{j+1} \in \{D_{j+1}, D_{j+1}^c\}$ 达到我们的要求.

既然 $p_{k+1} > \frac{N}{2-p} > A_j$,那么,只要 $i \geq k+1$,必定 $a_i = 0$,这导致乙无法排除 S 的任何一个元素,不能取得胜利.

另证 记 p 是满足 $2 > q > p > 1.99$ 的实数,选取正整数 k_0 使得

$$\left(\frac{p}{q}\right)^{k_0} \leq 2\left(1 - \frac{q}{2}\right), \quad p^{k_0} - 1.99^{k_0} > 2.$$

我们指出,对任意 $k \geq k_0$,若 $|S| \in (1.99^k, p^k)$,那么甲有策略,通过回答"是"或者"否",使得下式对所有 $j \in \mathbf{N}$ 成立:

$$P_j \cup P_{j+1} \cup \cdots \cup P_{j+k} = S.$$

这里

$$P_i = \begin{cases} D_i & (\text{若甲对 } D_i \text{ 的提问回答"是"}), \\ D_i^c & (\text{若甲对 } D_i \text{ 的提问回答"否"}). \end{cases}$$

而 D_i 是乙的第 i 个问题所问的集合 $(i \in \mathbf{N})$.

假定 $S = \{1, 2, \cdots, N\}$,定义 $(x)_{j=0}^{\infty} = (x_1^j, x_2^j, \cdots, x_N^j)$ 如下:

$$x_1^0 = x_2^0 = \cdots = x_N^0 = 1, \quad P_0 = S,$$

在 P_{j+1} 选定之后,定义 x^{j+1} 如下:

$$x_i^{j+1} = \begin{cases} 1 & (i \in P_{j+1}), \\ q x_i^j & (i \notin P_{j+1}). \end{cases} \quad \text{①}$$

只要甲使得 $x_i^j \leq q^k (1 \leq i \leq N, j \geq 1)$ 成立,那么乙就不能取得胜利.

记 $T(x) = \sum_{i=1}^{N} x_i$,甲只要使得 $T(x_j) \leq q^k (j \geq 1)$ 即可.

这是可以做到的:显而易见的事情是,$T(x_0) = N \leq p^k < q^k$.

假设已有 $T(x^j) \leqslant q^k$,甲可以就乙的 D_{j+1} 选取 $P_{j+1} \in \{D_{j+1}, D_{j+1}^c\}$,使得 $T(x_{j+1}) \leqslant q^k$.

假定甲回答"是",此时 $P_{j+1} = D_{j+1}$,记 y 是根据式①得到的序列;相应地,甲回答"否",$P_{j+1} = D_{j+1}^c$,记 z 是根据式①得到的序列. 于是

$$T(y) = \sum_{i \in D_{j+1}^c} q x_i^j + |D_{j+1}|,$$

$$T(z) = \sum_{i \in D_{j+1}} q x_i^j + |D_{j+1}^c|,$$

因此

$$T(y) + T(z) = q \cdot T(x^j) + N \leqslant q^{k+1} + p^k.$$

根据选取的 k_0 的性质,得

$$\min\{T(y), T(z)\} \leqslant \frac{q}{2} \cdot q^k + \frac{p^k}{2} \leqslant q^k.$$

例7 设 n 是一个固定的整数,$n \geqslant 2$.试确定最小常数 C,使得不等式

$$\sum_{1 \leqslant i < j \leqslant n} x_i x_j (x_i^2 + x_j^2) \leqslant C \Big(\sum_{i=1}^n x_i\Big)^4$$

对所有的非负实数 $x_1, x_2, \cdots, x_n$ 都成立.

对于这个常数 C,试确定等号成立的充要条件.(第40届IMO试题)

分析与解 不妨假设 $\sum_{i=1}^n x_i = 1$(否则可化归到这一情形),则

$$\sum_{1 \leqslant i < j \leqslant n} x_i x_j (x_i^2 + x_j^2) = \Big(\sum_{i=1}^n x_i^3\Big)\Big(\sum_{i=1}^n x_i\Big) - \Big(\sum_{i=1}^n x_i^4\Big)$$

$$= \Big(\sum_{i=1}^n x_i^3\Big) - \Big(\sum_{i=1}^n x_i^4\Big) = \sum_{i=1}^n (x_i^3 - x_i^4),$$

于是,不等式变为

4 化 归

$$\sum_{i=1}^{n}(x_i^3 - x_i^4) \leqslant C.$$

所以,我们只需求出 $F(x_1, x_2, \cdots, x_n) = \sum_{i=1}^{n}(x_i^3 - x_i^4)$ 的极大值,其中 $\sum_{i=1}^{n} x_i = 1$,且 $x_1, x_2, \cdots, x_n$ 都是非负实数.

(1) 当 $n = 2$ 时,我们要求出 $F(x, y) = x^3 + y^3 - x^4 - y^4$ 的极大值,其中 $x + y = 1$ 及 x, y 为非负实数. 由于

$$\begin{aligned} F(x, y) &= x^3 y + xy^3 = xy(x^2 + y^2) \\ &= x(1-x)(x^2 + (1-x)^2) \\ &= \left(\frac{1}{4} - \left(x - \frac{1}{2}\right)^2\right)\left(\frac{1}{2} + 2\left(x - \frac{1}{2}\right)^2\right) \\ &= \frac{1}{8} - 2\left(x - \frac{1}{2}\right)^4 \leqslant \frac{1}{8}. \end{aligned}$$

因此当 $n = 2$ 时, $C \geqslant \dfrac{1}{8}$,当且仅当 $x = y$ 时等号成立.

(2) 当 $n \geqslant 3$ 时,我们将其化归为 $n = 2$ 的情形.

考虑以下两种情况:

(ⅰ) 对所有的 $i = 1, 2, \cdots, n$,有 $x_i < \dfrac{1}{2}$.

注意二次多项式函数 $x(1-x)$ 在闭区间 $\left[0, \dfrac{1}{2}\right]$ 严格上升,而 $x_i < \dfrac{1}{2}$,于是

$$x_i^2(1 - x_i) < \left(\frac{1}{2}\right)^2 \left(1 - \frac{1}{2}\right) = \frac{1}{8}.$$

$$F(x_1, x_2, \cdots, x_n) = \sum_{i=1}^{n}(x_i^3(1-x_i)) = \sum_{i=1}^{n}(x_i \cdot x_i^2(1-x_i))$$
$$< \sum_{i=1}^{n}\left(x_i \cdot \frac{1}{8}\right) = \frac{1}{8}\left(\sum_{i=1}^{n} x_i\right) = \frac{1}{8}.$$

（ii）存在 $x_i(1 \leqslant i \leqslant n)$，使 $x_i \geqslant \dfrac{1}{2}$.

不妨设 $x_n = \max(x_1, x_2, \cdots, x_n)$，则 $x_n \geqslant \dfrac{1}{2}$.

记 $y = 1 - x_n$，则 $0 \leqslant y \leqslant \dfrac{1}{2}$，且对所有的 $i = 1, 2, \cdots, n-1$，有

$$0 \leqslant x_i \leqslant x_1 + x_2 + \cdots + x_{n-1} = y \leqslant \dfrac{1}{2}.$$

于是，对 $1 \leqslant i \leqslant n-1$，有

$$x_i^2(1 - x_i) \leqslant \left(\dfrac{1}{2}\right)^2 \left(1 - \dfrac{1}{2}\right) = \dfrac{1}{8}.$$

$$\begin{aligned}
F(x_1, x_2, \cdots, x_n) &= \sum_{i=1}^{n}(x_i^3(1-x_i)) \\
&= \sum_{i=1}^{n-1}(x_i^3(1-x_i)) + x_n^3(1-x_n) \\
&= \sum_{i=1}^{n-1}(x_i \cdot x_i^2(1-x_i)) + x_n^3(1-x_n) \\
&\leqslant \sum_{i=1}^{n-1} x_i y^2(1-y) + x_n^3(1-x_n) \\
&= y^3(1-y) + x_n^3(1-x_n) \leqslant \dfrac{1}{8}.
\end{aligned}$$

而最后的不等式是由 $n = 2$ 的情况所得到的，所以

$$C \geqslant \dfrac{1}{8}.$$

利用函数 $x^2(1-x)$ 在闭区间 $\left[0, \dfrac{1}{2}\right]$ 严格上升，当且仅当 $\max(x_1, x_2, \cdots, x_n) = \dfrac{1}{2}$ 时等号成立，其余的 $x_i(i = 1, 2, \cdots, n-1)$ 只有一个为 $\dfrac{1}{2}$，其他为 0.

综上所述，最小的常数 $C = \dfrac{1}{8}$，当且仅当所有 x_i 中恰有两个非

零数,且这两个非零数相等时等号成立.

4.3 操作变换化归

先考察题给对象的一种特殊状态,在此状态下,要证明的结论显然成立,进而对一般状态,构造一种操作,使有关对象在这种操作下,仍保持有关性质不变,或保持某种量不增(减),由此证明一般状态下题中结论也成立.

例1 设点 O 是线段 AB 的中心,点 $A_1, A_2, \cdots, A_n$ 在线段 OA 上,点 $B_1, B_2, \cdots, B_n$ 在线段 OB 上,且 A_i 与 $B_i (i=1,2,\cdots,n)$ 关于点 O 对称.将其中 n 个点染红色,另 n 个点染蓝色,求证:所有红点到点 A 的距离之和等于所有蓝点到点 B 的距离之和.(1985 年北京市数学竞赛题)

分析与证明 先考虑 n 个红点和 n 个蓝点在直线 AB 上的一种特殊分布,一种最简单的情形是:所有红点为 $A_1, A_2, \cdots, A_n$,所有蓝点为 $B_1, B_2, \cdots, B_n$,此时结论显然成立.

对其他任何染色方式 X,记 $X_红$ 为所有红色点到点 A 的距离之和,$X_蓝$ 为所有蓝色点到点 B 的距离之和.

不妨设 OA 上至少有一个蓝色点,则 OB 上必有一个红色点.今进行如下操作:在 OA 上任取一个蓝点 P,将点 P 改为红色,并在 OB 上任取一个红点 Q,将 Q 改为蓝色,得到另一种染色 Y(图 4.16).那么

$$Y_红 = X_红 - QA + PA = X_红 - PQ,$$
$$Y_蓝 = X_蓝 - PB + QB = X_蓝 - PQ,$$

所以

$$Y_红 - Y_蓝 = X_红 - X_蓝.$$

反复进行以上操作,可使所有 A_i 都为红点,而 $X_红 - X_蓝$ 不变,

从而结论成立,命题获证.

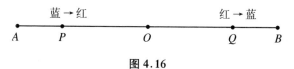

图 4.16

注 如果去掉"A_i 与 $B_i(i=1,2,\cdots,n)$ 关于点 O 对称"的限定,则结论变为:每两个同色点之间的距离之和不大于每两个异色点之间的距离之和(见习题 4 第 16 题).

例 2 将 $1,2,\cdots,n$ 按照顺时针方向递增的顺序排成一个圈,先保留 1,然后按顺时针方向,每隔一个数留下一个数,其余数抹去,直至最后留下一个数,求证:如果 n 的二进制表示为 $n=(a_k a_{k-1}\cdots a_1 a_0)_2$,则最后剩下的数的二进制表示为 $(a_{k-1} a_{k-2}\cdots a_1 a_0 a_k)_2$.(原创题)

分析与证明 用 $(x_1,x_2,\cdots,x_r)$ 表示圆周上 $r(r\leqslant n)$ 个数按逆时针方向排列为 $x_1,x_2,\cdots,x_r$ 的状态,则题中操作可描述为:将排列 $(x_1,x_2,\cdots,x_r)$ 中的第 2 个数删除,并将第 1 个数挪动到排列的末尾,称为一次操作,记为 $(x_1,x_2,\cdots,x_r)\rightarrow(x_3,x_4,\cdots,x_r,x_1)$.

先考虑特例:

当 $n=2=(10)_2$ 时,最后剩下的数为 $1=(01)_2$,结论成立.

当 $n=3=(11)_2$ 时,模拟操作如下:
$$(1,2,3)\rightarrow(3,1)\rightarrow(3),$$
最后剩下的数为 $3=(11)_2$,结论成立.

当 $n=4=(100)_2$ 时,模拟操作如下:
$$(1,2,3,4)\rightarrow(3,4,1)\rightarrow(1,3)\rightarrow(1),$$
最后剩下的数为 $1=(001)_2$,结论成立.

当 $n=5=(101)_2$ 时,模拟操作如下:
$$(1,2,3,4,5)\rightarrow(3,4,5,1)\rightarrow(5,1,3)\rightarrow(3,5)\rightarrow(3),$$
最后剩下的数为 $3=(011)_2$,结论成立.

当 $n=6=(110)_2$ 时,模拟操作如下:
$$(1,2,3,4,5,6) \to (3,4,5,6,1) \to (5,6,1,3)$$
$$\to (1,3,5) \to (5,1) \to (5),$$
最后剩下的数为 $5=(101)_2$,结论成立.

当 $n=7=(111)_2$ 时,模拟操作如下:
$$(1,2,3,4,5,6,7) \to (3,4,5,6,7,1) \to (5,6,7,1,3)$$
$$\to (7,1,3,5) \to (3,5,7) \to (7,3) \to (7),$$
最后剩下的数为 $7=(111)_2$,结论成立.

当 $n=8=(1000)_2$ 时,模拟操作如下:
$$(1,2,3,4,5,6,7,8) \to (3,4,5,6,7,8,1) \to (5,6,7,8,1,3)$$
$$\to (7,8,1,3,5) \to (1,3,5,7)$$
$$\to (5,7,1) \to (1,5) \to (1),$$
最后剩下的数为 $1=(0001)_2$,结论成立.

以上操作总体上没有明显的规律,但可以发现一个有规律的操作子列:$n=2,n=4,n=8$ 时相应操作最后剩下的数都是 1.

由此猜想,$n=2^k(k\in \mathbf{N})$ 时,相应操作最后剩下的数都是 1.

实际上,我们将上述操作分为若干轮,第 i 轮操作结束时,每个数或者被删除,或者恰好被挪动 i 次 $(i=1,2,\cdots)$.

下面证明这样的结论:当 $n=2^k(k\in \mathbf{N})$ 时,对任意排列 $(x_1, x_2, \cdots, x_n)$ 按上述规则操作,最后剩下的数是排列的第一个数 x_1.

实际上,当有 $n=2^k$ 个数时,第一轮操作将排列 $(x_1,x_2,\cdots,x_n)$ 中的偶号位上的数都删除,奇号位上的数都挪动一次,从而在最后的排列中又按原来的顺序排列,所以 x_1 又排列在第一位.

经过第一轮操作后,排列中的数减少一半,剩下的数的个数为 2^{k-1},如果 $k>1$,则 2^{k-1} 又是偶数.

同样,经过第 2 轮操作后,偶号位上的数又被删除,排列中的数又减少一半,且奇号位上的数都挪动一次,从而在最后的排列中剩下

的数又按原来的顺序排列,所以 x_1 又排在第一位,且剩下的数的个数为 2^{k-2}.

如此下去,直至剩下 2 个数,x_1 又排在第一位,最后删除第 2 个数,剩下的数是 x_1.

现在考虑一般情形,对任何 n,总存在自然数 k,使 $2^k \leqslant n < 2^{k+1}$.

我们期望将其化归到 $n = 2^k$ 的情形,为此令 $n = 2^k + r(0 \leqslant r < 2^k)$,将其与 $n = 2^k$ 的情形比较,发现只要先按规则抹去 r 个数,剩下 2^k 个数,则化归到前面的情形.

考察前 r 次操作,共抹去了 r 个数,则前 $2r$ 个数 $(1, 2, \cdots, 2r)$ 中,奇数被留下依次挪动到排列后面,偶数都被抹去,于是,$2r-1$ 被留下,$2r$ 被抹去,此时剩下了 2^k 个数的排列是 $(2r+1, 2r+2, \cdots, n, 1, 3, \cdots, 2r-1)$.

将 $(2r+1, 2r+2, \cdots, n, 1, 3, \cdots, 2r-1)$ 看成初始状态,根据前面的结论,最后留下的数是 $2r+1$.

因为 $2^k \leqslant n < 2^{k+1}$,所以 n 的二进制表示是 $k+1$ 位数,可设

$$n = (a_k a_{k-1} \cdots a_1 a_0)_2,$$

又由 $n = 2^k + r(0 \leqslant r < 2^k)$,得

$$r = n - 2^k.$$

注意到

$$2^k = (100\cdots 0)_2 = (a_k 00 \cdots 0)_2 \quad (k+1 \text{ 位数}),$$

所以

$$r = n - 2^k = (a_k a_{k-1} \cdots a_1 a_0)_2 - (100 \cdots 0)_2 = (a_{k-1} \cdots a_1 a_0)_2,$$

故

$$2r = (a_{k-1} \cdots a_1 a_0 0)_2,$$
$$2r + 1 = (a_{k-1} \cdots a_1 a_0 0)_2 + 1 = (a_{k-1} \cdots a_1 a_0 1)_2$$
$$= (a_{k-1} a_{k-2} \cdots a_1 a_0 a_k)_2.$$

证毕.

本题结论很有趣,若将 n 写成二进制数 $n=(a_k a_{k-1} \cdots a_1 a_0)_2$,则按规则操作,最后留下的数是 $(a_{k-1} a_{k-2} \cdots a_1 a_0 a_k)_2$,即在原来数的二进制表示中,将最前面一数字移到最后一个数位上即可.

例3 将 $1,2,\cdots,n$ 按照顺时针方向递增顺序排成一个圈,先保留 1,每次操作按顺时针方向,隔 2 个数留下一个数,介于留下的 2 个数之间的两个数都抹去,直至最后留下一个数(最后一次操作可能只抹去一个数),问:最后剩下的一个数是什么?(原创题)

分析与解 本题没有彻底解决,下面介绍我们的初步结果.

先考虑一种最简单的情形:n 的三进制表示中只有一个非零数字,其余的数字都是 0,即 $n=(1\underbrace{00\cdots 0}_{k\uparrow 0})_3$,此时,$n$ 的十进制表示为 $n=3^k(k\in \mathbf{N})$.

再取 $k=4$,即 $n=3^4=81$ 进行实验,此时每轮剩下的数依次为:

$1,4,7,\cdots,76,79$,剩下 27 个数.

$1,10,19,\cdots,64,73$,剩下 9 个数.

$1,28,55$,剩下 3 个数.

1,剩下 1 个数.

于是最后剩下的数是 1.

可以归纳发现,当 $n=3^k(k\in \mathbf{N})$ 时,最后剩下的数都是 1.

实际上,当有 3^k 个数时,各轮筛选都去掉原来数的三分之二,剩下原来数的三分之一,从而剩下的数的个数仍为 3 的整数次幂,于是,剩下的数的个数依次为 $3^{k-1},3^{k-2},3^{k-3},\cdots,3^1,3^0$,而每次操作都去掉模 3 的余数不是 1 的那些编号位上的数,剩下的都是模 3 的余数为 1 那些编号位上的数,所以最终剩下的是排在 1 号位的数,此数为 1.

现在考虑一般情形,对任何 n,总存在自然数 k,使 $3^k \leqslant$

$n < 3^{k+1}$.

我们期望将其化归到 $n = 3^k$ 的情形,为此令 $n = 3^k + r(0 \leqslant r < 2 \cdot 3^k)$,将其与 $n = 3^k$ 的情形比较,发现只要先按规则抹去 r 个数,剩下 3^k 个数,则化归到前面的情形.

注意到每次操作都是去掉 2 个数(除最后一次操作外),从而前若干次操作只能去掉偶数个数,由此可见,只有当 r 为偶数时才能化归到 $n = 3^k$ 的情形.

(1) 如果 r 为偶数,令 $r = 2t(t \in \mathbf{N}^*)$,考察前 t 次操作,共抹去了 $2t = r$ 个数,则前 $3t$ 个数$(1, 2, \cdots, 3t)$中,模 3 的余数为 1 的那些数被留下,其余的数都被抹去,于是,$3t - 2$ 被留下,$3t - 1, 3t$ 被抹去,进而下一轮留下的数是 $3t + 1$,下一轮抹去的数是 $3t + 2, 3t + 3$,由此可见,$3t + 1$ 相当于剩下的 3^k 个数中的 1 号位上的数,从而它就是最后留下的数.

所以,当 $n = 3^k + r(0 \leqslant r < 2 \cdot 3^k)$ 时,最后留下的数是 $\dfrac{3r}{2} + 1$.

(2) 如果 r 为奇数,最后留下的数是什么?我们没有得出结果,希望读者能得到答案.

我们还可提出如下的问题:

将 $1, 2, \cdots, n$ 按照顺时针方向递增顺序排成一个圈,先保留 1, 2,去掉 3,以后每次操作都是按顺时针方向隔 2 个数去掉一个数,直至最后留下一个数,问:最后剩下的一个数是什么?

例 4 设 n 为任意给定的正整数,T 为平面上所有满足 $x + y \leqslant n(x, y$ 为自然数$)$的点(x, y)所成的集合,T 中每一点均被染上红色或蓝色,满足:若(x, y)是红色,则 T 中所有满足 $x' \leqslant x$ 且 $y' \leqslant y$ 的点(x', y')均为红色.

如果 n 个蓝点的横坐标各不相同,则称这 n 个蓝点所成的集合为一个 X-集;如果 n 个蓝点的纵坐标各不相同,则称这 n 个蓝点所成的集合为一个 Y-集.

试证：X-集合的个数 $f(X)$ 与 Y-集合的个数 $f(Y)$ 相等.(第 43 届 IMO 试题)

分析与证明 本题原解答很繁(见《中等数学》2002 年第 5 期)，而用操作化归的方法却非常简单.

首先要明确集合 T 的几何特征.

显然，T 的图形是由直线 $x=0, y=0, x+y=n-1$ 围成的三角形区域.

为叙述问题方便，从左至右将直线 $y=0, y=1, \cdots, y=n-1$ 称为第 1 行，第 2 行，$\cdots$，第 n 行；从下至上将直线 $x=0, x=1, \cdots, x=n-1$ 称为第 1 列，第 2 列，$\cdots$，第 n 列；从上至下将直线 $x+y=n-1, x+y=n-2, \cdots, x+y=0$ 称为第 1 斜行，第 2 斜行，$\cdots$，第 n 斜行.

其次，要明确题目条件的实际意义.

条件可表述为：每个红点的左下方闭矩形区域没有蓝点，即一个红点确定一个左下红矩形，这也就导致每个蓝点的右上方闭等腰直角三角形区域没有红点，即一个蓝点确定一个右上蓝等腰直角三角形(图 4.17).

对给定的染色方案，如何计算 $f(X)$ 与 $f(Y)$？

显然，$f(X)$ 等于每列中蓝点个数的积(每列中取一个蓝点)，而 $f(Y)$ 等于每行中蓝点个数的积(每行中取一个蓝点).

先研究特例，考虑什么样的染色最容易计算 $f(X)$ 与 $f(Y)$，最简单的情形莫过于所有点都是

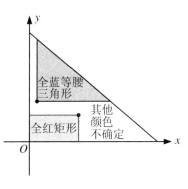

图 4.17

蓝点.

此时,考察 X-集,由于第 1 列(y 轴)上有 n 个点,有 n 种取法;第 2 列上有 $n-1$ 个点,有 $n-1$ 种取法;…;第 n 列上有 1 个点,有 1 种取法,从而

$$f(X) = n!.$$

同理,$f(Y) = n!$,此时显然有

$$f(X) = f(Y).$$

对一般染色情形,我们的想法是,通过适当的操作,将一般情况化归到全为蓝点的情况.

显然,其操作应满足如下两个条件:

(1) 得到的染色仍是合法的(合乎染色规则).

(2) 始终有 $f(X) = f(Y)$,即保持 $f(X)$ 与 $f(Y)$ 的差或比不变.

先考虑如何满足(1),因为红点变成蓝点,得到一个新蓝点,则要求此新蓝点对应的三角形都是蓝点,染色才合法.于是操作应按"斜线"排序,每次都是从最上方的斜线开始,同一条斜线又总是从最上方的红点开始.

先对第 1 斜行,按从上到下的顺序,依次将红点改为蓝点(蓝点不变).

然后再改第 2 斜行,如此下去,直到将所有红点改成蓝点为止.

下面证明上述操作同时满足(1)和(2).其中满足(1)是显然的.

实际上,反设存在染色不合要求,设第一次出现不合法染色是将红点 A 改变成蓝点的时刻.此时,A 所在斜线下方没有出现过新蓝点(变色规则),从而 A 所在斜线及斜线下方的红点对应的矩形仍为全红,这些红点都合乎染色要求.又 A 所在斜线上方已没有红点(变为蓝),从而所有红点都合乎染色要求,矛盾.

下面证明上述操作满足(2).

考察某一时刻将红点 A 改变成蓝点,观察 $f(X)$ 与 $f(Y)$ 怎样发生改变.

对于 $f(X)$,只是 A 所在列的蓝点个数改变,假设该列原来有 x 个蓝点,那么操作前,$f(X)$ 是 x 的倍数(因为该列有 x 种取法),记
$$f(X) = xM,$$
其中 M 是其他各列蓝点个数的积,那么,操作后,由于该列蓝点个数变为 $x+1$,于是
$$f(X') = (x+1)M.$$

对于 $f(Y)$,假设 A 所在行原来有 y 个蓝点,那么操作前,$f(Y)$ 是 y 的倍数(该列有 y 种取法),记
$$f(Y) = yN,$$
其中 N 是其他各行蓝点个数的积,那么,操作后,该列蓝点个数变为 $y+1$,于是
$$f(Y') = (y+1)N.$$
所以
$$\frac{f(X')}{f(Y')} = \frac{(x+1)M}{(y+1)N} = \frac{(x+1)yxM}{(y+1)xyN} = \frac{(x+1)y}{(y+1)x} \cdot \frac{f(X)}{f(Y)},$$
以上先假定 $xy \neq 0$.

下面证明 $x = y$.

事实上,考察某次操作将红点 A 改变为蓝点,则 A 在变色之前它仍然是红点,由染色合法,A 对应的左下方矩形全红,于是 A 所在行在 A 左边没有蓝点,A 所在列在 A 下方没有蓝点(图 4.18).

又由变色规则,A 所在行与列的右上方的点早已全变成

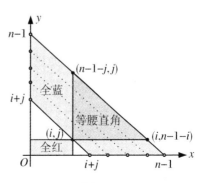

图 4.18

蓝色，A 所在行在 A 右边全为蓝点，A 所在列在 A 上方全为蓝点．由于等腰三角形两腰相等，从而蓝点个数相等（A 本身是红是蓝无关紧要，因为 A 或者同时被计入或者同时不被计入），所以 $x = y$．

由此可见，$\dfrac{f(X')}{f(Y')} = \dfrac{f(X)}{f(Y)}$，即 $\dfrac{f(X)}{f(Y)}$ 在操作中不变．

对于每一种合法的染色，总可经过若干次操作将所有点变成蓝色，此时

$$\dfrac{f(X)}{f(Y)} = \dfrac{n!}{n!} = 1.$$

由不变性，最初的染色也有

$$\dfrac{f(X)}{f(Y)} = 1,$$

即 $f(X) = f(Y)$．

最后，如果 $xy = 0$，不妨设 $x = 0$，即改变 A 时，A 所在列全红，设此列最上一个点（第 1 斜行上）为 P，则 P 为红点，由于 P 对应红矩形，从而 P 所在的行全红，所以 $f(Y) = 0$，从而 $f(X) = f(Y)$，结论仍然成立．

综上所述，命题获证．

例 5 在 $2\,007 \times 2\,007$ 的方格棋盘中每个方格内写一个奇数，设第 i 行所有数的和为 a_i，第 j 列所有数的和为 b_j（$1 \leqslant i, j \leqslant 2\,007$），令 $A = \prod\limits_{i=1}^{2\,007} a_i$，$B = \prod\limits_{j=1}^{2\,007} b_j$，试证：$A + B \neq 0$．（2007年奥地利数学奥林匹克决赛第一轮试题）

分析与解 首先，由于填奇数每个方格都有无数种填法，问题很复杂．

如果用一个新的观点来看待所填的数：将数分成若干类（同一个类中的数本质上是一样的），则填数的可能性便大大减少！其分类最常见的是模 m 的剩余类．

4 化 归

实际上,用 mod m 来考察所填的数,只要 $A + B \equiv 0 \pmod{m}$, 当然有 $A + B \neq 0$.

若用 mod 2 来考察所填的数,则填的数都是 $1 \pmod{2}$,但此时
$$A \equiv B \equiv 1 \pmod{2},$$
有
$$A + B \equiv 2 \equiv 0 \pmod{2},$$
不能推出 $A + B \neq 0$.

若考虑 mod 3,则每个方格填的数有 3 种可能,较复杂,还不如 mod 4 来得简单:因为用 mod 4 来考察所填的数,由于所填的数都是奇数,mod 4 只有两种可能: $\pm 1 \pmod{4}$.

于是,我们用模 4 来处理题中的所有数.

先研究特例. 一种最特殊的写数方法是:棋盘中每个方格内写的数都是 $1 \pmod{4}$.

此时,所有
$$a_i \equiv b_j \equiv 2007 \equiv -1 \pmod{4},$$
$$A = \prod_{i=1}^{2007} a_i \equiv (-1)^{2007} \equiv -1 \pmod{4}.$$
同理
$$B = \prod_{j=1}^{2007} b_j \equiv -1 \pmod{4},$$
于是
$$A + B \equiv -2 \equiv 0 \pmod{4},$$
所以 $A + B \neq 0$.

如果棋盘的方格内写的数存在 $-1 \pmod{4}$,我们可以"强行"将其换成 1(操作化归),然后考察相应 $A + B$ 的变化.

任取其中一个 -1,将其改变为 1,我们称之为一次操作.

设 -1 所在的那一行、列的和在操作前分别为 a_i, b_j,操作后为 a_i', b_j'.

注意由 -1 变到 1,其值增加 2,而其他数不变,于是 $a'_i = a_i + 2$.

再注意到 a_i 是 $2\,007$ 个奇数的和,所以 a_i 是奇数,设 $a_i = 2t+1$,则有
$$2a_i = 4t + 2 \equiv 2 \pmod 4,$$
所以
$$a'_i = a_i + 2 \equiv a_i + 2a_i \equiv 3a_i \equiv -a_i \pmod 4.$$
又其余的行在操作中都不变,从而所有行和的积反号,即
$$A' = \prod_{i=1}^{2\,007} a'_i \equiv -\prod_{i=1}^{2\,007} a_i = -A \pmod 4.$$
同理,有
$$B' \equiv -B \pmod 4.$$
所以
$$A' + B' \equiv -(A+B) \pmod 4.$$
注意到 A,B 都是 $2\,007$ 个奇数的积,为奇数,从而 $A+B$ 是偶数,有
$$2(A+B) \equiv 0 \pmod 4,$$
所以
$$A' + B' \equiv -(A+B) \equiv -(A+B) + 2(A+B)$$
$$\equiv A+B \pmod 4.$$
这表明,操作中,$A+B$ 模 4 不变.

反复进行操作,使所有 -1 都变为 1,最终有 $A+B \equiv (-1) + (-1) \equiv -2 \pmod 4$,于是最初棋盘中,同样有 $A+B \equiv -2 \pmod 4$,故 $A+B \neq 0$.

例 6 在一个 $2\,007 \times 2\,007$ 棋盘的每个单位正方形小方格中都填上 1 或 -1,要求棋盘中的任何一个子正方形内各数的和的绝对值不超过 1,问共有多少种填数的方法?(2007 年土耳其国家队选拔考试题)

4 化 归

分析与解 所谓正方形内各数的和的绝对值不超过 1,实际上就是正方形内 1 和 -1 的个数至多相差 1.一种自然的填法是"交错"填数:使任何两个相邻格填数不同,这样的填法有两种.

下面考虑至少有两个相邻格填数相同的情形,先假定在同一行有两个相邻格填数相同(类似可得在同一列的情形).

如果这两个同行的相邻格 a,b 都填 1,则 a,b 上面及下面一行对应两格都填 -1,由此可见,a,b 所在的两列填的数 1 与 -1 相间,且同行两格填数相同.

下面说明,此时棋盘中任意一列填的数都是 1 与 -1 相间(①).

否则,若某列有 2 个相邻格 c,d 填数相同,不妨设都填 1,则 c,d 左边及右边那两列对应的两格都填 -1,如此下去,c,d 所在的两行填的数 1 与 -1 相间,且同列两格填数相同.

考察这两行与前面两列的交叉位置,即可得到 a,b 所在的两列同行两数不同,矛盾.

由①,只要确定每一列中一个数,则该列被确定,于是,我们只需确定第一行有多少填数方法即可.

又由①可知,对棋盘的任何一个偶正方形(边长为偶数),其中 1 与 -1 的个数相等,合乎条件,对棋盘的任何一个奇正方形(边长为奇数),它的偶数行的和为 0,从而所有数的和为第一行各数的和.由此可见,要使填数合乎条件,在①的保证下,只需第一行任何连续奇数项的和的绝对值不大于 1(②).

所以,合乎条件的方法数就是满足②的第一行的填数方法数.

考察一个由 1 和 -1 组成的满足②的排列 $a_1,a_2,\cdots,a_n$,令每相邻两项为一对,组成了 $n-1$ 对:

$$(a_1,a_2),(a_2,a_3),\cdots,(a_{n-1},a_n),$$

对其中任意一个对 $(a_i,a_{i+1})(1\leqslant i\leqslant n-1)$,如果 a_i,a_{i+1} 相同,则用一个"同"字代替,如果 a_i,a_{i+1} 相异,则用一个"异"字代替,这样便

得到一个由同、异组成的长为 $n-1$ 的排列.

我们证明:由 1 和 -1 组成的排列满足②,等价于它对应的由同、异组成的排列中任意两个相邻的"同"之间夹着奇数个"异".

首先证明:任意两个相邻的"同"之间只能夹着奇数个"异",否则,设某两个相邻的"同"之间夹着偶数个"异",设它们对应的对子为

$$(a_i, a_{i+1}), (a_{i+1}, a_{i+2}), \cdots, (a_{i+k-1}, a_{i+k}),$$

其中,a_{i+1} 与 a_{i+2} 同号,a_{i+k-1} 与 a_{i+k} 同号,而由 a_i 到 a_{i+k} 改变了偶数次符号,从而 $a_{i+1}, a_{i+2}, a_{i+k-1}, a_{i+k}$ 都同号,于是由 a_i 到 a_{i+k} 这奇数个数的和的绝对值为 3,矛盾.

下面证明:如果任意两个相邻的"同"之间都夹着奇数个"异",则对应的 1 和 -1 组成的排列满足②.

采用操作化归的方法证明.

如果任意两个相邻的"同"之间都夹着 1 个"异",则对应的 1 和 -1 组成的排列显然满足②.

现在考察一般情形,如果某两个相邻的"同"之间都夹着奇数个且多于 1 个"异",则去掉连续两个相邻的"异",对于 1 与 -1 的交错排列中去掉一个 1 和与其相邻的一个 -1,从而连续奇数个数的和不变,如此下去,直至"异""同"交错排列,结论成立.

现在来计算这样的长为 $n-1 = 2\,006$ 的"异""同"排列的个数,由于任意两个相邻的"同"之间都夹着奇数个"异",等价于所有"同"都排列在奇数号位置上或所有"同"都排列在偶数号位置上.

先考虑所有"同"都排列在奇数号位置上,由于长为 2 006 的排列中,有 1 003 个奇数号位置,每个位置可以排"同"或不排"同",各有两种选择,而其他位置只有唯一选择,但要去掉没有"同"的排列(棋盘第一行由 1,-1 组成的排列中至少有两个相邻数相同),所以有 $2^{1\,003}$ -1 种排法.同样,所有"同"都排列在偶数号位置上的排法也有 $2^{1\,003}$

-1 种,于是合乎条件的"异""同"排列有 $2(2^{1003}-1)$ 个.

对每一个合乎条件的"异""同"排列,都对应两个合乎条件的 1,-1 排列,这是因为第一个"同"可对应两个 1 或两个 -1,于是,合乎条件的 1,-1 的排列有 $4(2^{1003}-1)$ 个.

这表明,在同一行有两个相邻格填数相同的方法有 $4(2^{1003}-1)$ 种,同样,在同一列有两个相邻格填数相同的方法有 $4(2^{1003}-1)$ 种,又交替填数的方法有两种,于是一共有

$$4(2^{1003}-1)+4(2^{1003}-1)+2=8 \cdot 2^{1003}-6=2^{1006}-6$$

种方法.

例 7 在 $m \times n$ 国际象棋盘上有一只车,A,B 轮流移动车,每次可以按一个方向(水平或垂直方向)移动可能的任意格(不能移到棋盘外),车经过的方格(包括停止和通过的)均被染上红色,每次移动都不能经过和停止在红色格,规定最后一次移动棋子的获胜,试问:谁有必胜策略?

分析与解 当 $m=n=1$ 时,显然谁也不能移动棋子,谁都没有必胜策略.

当 $\max\{m,n\}>1$ 时,由对称性,不妨设 $m \leqslant n$,我们证明 A 有必胜策略.

先考虑一种最特殊的分布:棋子位于棋盘的某个角上.

不妨设棋子位于格 a_{11} 上,此时,甲采用这样的奉陪策略即可:每次走完棋子所在行的其他所有格.

实际上,当 $m=1$ 时,甲走完第一步后,乙无法再移动棋子,甲胜.

当 $m=2$ 时,甲第一步走完第一行的格后,乙只能移动棋子到第二行最边上一格,甲再将棋子走完该行剩余的所有格,甲胜.

当 $m \geqslant 3$ 时,$n \geqslant 3$,甲每次走完棋子所在行的其他所有格后,乙如果可以移动棋子,则只能走到另一行,且乙走后该行至少还有一个

未染色的格(因为 $m \leqslant n$),于是,甲又可将棋子走完该行剩余的所有格,如此下去,甲胜.

对于一般情形,棋子不在 4 个角上,此时,若 $m=1$,则甲将棋子移动到边界上一格,甲胜.

若 $m>1$,我们将其化归到上面的特例.

设棋子所在的行与列将棋盘划分为 2 或 4 块,设其中最长边长为 a,甲的策略是将棋子沿长为 a 的边走到边界一格(使 $a+1$ 个格染红),不妨设甲是横向移动棋子,则乙只能纵向移动棋子,假定移动棋子到达的块连同棋子最初所在的行与列,得到一个 $(a+1) \times (b+1)$ 棋盘 P,则棋子最初位于棋盘 P 的角上.

甲在棋盘 P 中采用前面所述的奉陪策略,如果乙不将棋子移动到棋盘 P 外,则乙每次只能将棋子移动到 P 的一个新的行,同上,甲胜.

如果乙在某一步不移动到一个新的行,而是按横向移动到该行位于 P 外的一个格 g,假定此时甲仍有必胜策略,则甲胜;假设此时乙有必胜策略,则甲可悔一步棋:在乙走到格 g 的前一刻,甲直接将棋子移动到格 g,于是,甲胜.

例 8 圆周上有 n 个点,每个点被染上黑白 2 色之一,实施如下的操作:选择其中的一个黑点,将它两侧的两个点改变成相反的颜色(黑变白,白变黑).求所有的最初状态,使能适当操作若干次,最后只有一个黑点.(1998 年日本数学竞赛题改编)

分析与解 本题比较简单,主要是发现操作中的一个不变量:黑点个数的奇偶性不变.

实际上,考察某次操作,如果改变颜色的两个点都是黑色,则黑点个数减少 2.

如果改变颜色的两个点都是白色,则黑点个数增加 2.

如果改变颜色的两个点不同色,则黑点个数不变.

4 化 归

(● ● ●) → (○ ● ○)　　$3 \equiv 1 \pmod{2}$
(○ ● ○) → (● ● ●)　　$1 \equiv 3 \pmod{2}$
(● ● ○) → (○ ● ●)　　$2 \equiv 2 \pmod{2}$

于是,不论哪种情况,黑点个数 S 的奇偶性不变.

由于最后只有一个黑点,从而初始状态只能有奇数个黑点.

下面证明:对于任何有奇数个黑点的初始状态,都能适当操作若干次,使最后只有一个黑点.

按逆时针方向将圆周上的点依次记为 $a_1, a_2, \cdots, a_n$.

(1) 如果所有黑点都是相邻的(先考虑一种特殊位置状态),不妨设所有黑点为 $a_1, a_2, \cdots, a_{2i+1}$,其中 $i \geq 1$.

再从特殊数目入手,如果只有三个黑点:H,H,H,则对中间一个操作一次即可.

如果有五个黑点:H,H,H,H,H,则对第二个操作一次,得到 B,H,B,H,H,现在要将右边的黑点向左移动,是因左边的黑点无法右移,对倒数第二个黑点操作一次,得到 B,H,H,H,B,从而化归到三个黑点情形.

注意后一个操作相当于把一个白点与一个黑点对换,直至把白点移至最右端,由此即可发现一般的操作方式:依次对 $a_2, a_4, \cdots, a_{2i}$ 实施操作,可使所有黑点仍都相邻,且黑点个数减少2(两端的两个黑点变为白色,其余仍为黑色),将这些操作合成为一个大操作,如此下去(进行大操作),最终剩下一个黑点,结论成立.

下面是 $i = 4$ 的情形:
(H,H,H,H,H,H,H,H,H) → (B,H,B,H,H,H,H,H,H) →
(B,H,H,H,B,H,H,H,H) → (B,H,H,H,H,H,B,H,H) →
(B,H,H,H,H,H,H,H,B).

(2) 如果黑点、白点混合排列,我们的基本想法是,从某段黑点开始,把其他黑点都移动到与它相邻,这当然是从"距离最近"的黑点开始移动. 于是, 选取连续若干个黑点, 设为 $a_1, a_2, \cdots, a_i$, 其中 $i \geqslant 1$, 且 a_n, a_{i+1} 都是白点 (循环排列).

设除 $a_1, a_2, \cdots, a_i$ 外下标最小的一个黑为 a_j, 则 a_{j-1} 为白点, 对 a_j 实施操作, 可使 a_{j-1} 变为黑点.

如果 a_{j-2} 为白点, 则再对 a_{j-1} 实施操作, 则可使 a_{j-2} 变为黑点.

如此下去, 可使 a_{i+1} 变为黑点 (将这些操作合成为一个大操作).

反复进行这样的操作 (进行大操作), 可使所有黑点变得都相邻, 从而问题化归为 (1) 的情形, 结论成立.

(H, H, H, H, H, B, B, H, ⋯) → (H, H, H, H, H, H, B, H, H, B, ⋯) → (H, H, H, H, H, H, H, B, ⋯) →

故所求的初始状态是含有奇数个黑点的状态.

有些问题, 可以用多种操作方法化归, 我们举两个例子.

例 9 平面上任给 n 个互异的点, 每两点连一条线段, 再将所得的 C_n^2 条线段的中点染红色, 求红点个数的最小值.

分析与解 先研究特例, 考虑 n 个点的特殊分布: n 个点共线.

此时, 记 n 个点依次为 $A_1, A_2, \cdots, A_n$, 线段 A_1A_n 的中点为 P (图 4.19), 考察线段 A_1A_i $(i=2,3,\cdots,n)$ 的中点, 这 $n-1$ 个互异的中点都在线段 A_1P 上, 而线段 A_nA_j $(j=1,2,\cdots,n-1)$ 亦有 $n-1$ 个互异的中点在线段 PA_n 上, 于是, 这 $2n-2$ 个中点至多有 P 是公共的点, 所以至少有 $2n-3$ 个互异的中点.

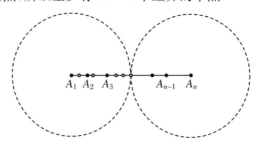

图 4.19

对一般情形,我们采用多种方法化归到上述特例.

方法 1 为了将上述方法迁移到一般情况中,对任意的 n 个点要找到类似于 A_1,A_n 的两个关键点,这只需取距离最大的两个点即可.

不妨设 A_1,A_n 的距离最大(图 4.20),那么 A_1A_i($i=2,3,\cdots,n$)的中点都在以 A_1 为圆心、$\frac{1}{2}A_1A_n$ 为半径的圆内,A_nA_j($j=1,2,\cdots,n-1$)的中点都在以 A_n 为圆心、以 $\frac{1}{2}A_1A_n$ 为半径的圆内.同样,这些点之中至多有一个公共点,即 A_1A_n 的中点,于是至少有 $2n-3$ 个互异的点.

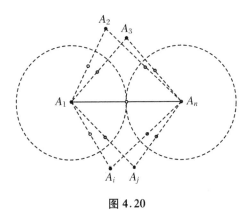

图 4.20

方法 2 设想一条直线 L,使题给的 n 个点在 L 上有 n 个互异的射影,这只需任何两点的连线与 L 不平行也不垂直,这是可以办到的,因为 n 个点至多连 C_n^2(有限)条不同的直线.

设题给的 n 个点为 $A_1,A_2,\cdots,A_n$,它们在 L 上的射影分别为 $B_1,B_2,\cdots,B_n$(图 4.21).

显然,对于线段 A_iA_j 的中

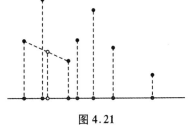

图 4.21

点 P,其射影为线段 B_iB_j 的中点 Q.由前证,由 B_i 所连线段中至少有 $2n-3$ 个互异的(射影)中点,所以由 A_i 所连线段中至少有 $2n-3$ 个互异的中点.

方法 3 考虑到 n 个点共线时,n 点可按直线方向依次排序.于是想到,对一般情况,也采用一种规则对平面上的点"排序"为 A_1,$A_2,\cdots,A_n$.

建立直角坐标系,将各点按下述规则从左到右排列为 $A_1,A_2,\cdots,A_n$:当两点的横坐标不相等时,横坐标小的排在前面;当两点的横坐标相等时,纵坐标小的排在前面(图 4.22).

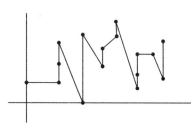

图 4.22

考察 $A_iA_{i+1}(i=1,2,\cdots,n-1)$ 及 $A_iA_{i+2}(i=1,2,\cdots,n-2)$ 的中点,共有 $2n-3$ 个,可以证明这 $2n-3$ 个点互异.

假设有两条线段的中点重合,则这两条线段构成平行四边形的对角线,设该平行四边形为 $ABCD$,设 $A=A_i$,则根据下标编号规则及线段特征(A_iA_{i+1} 及 A_iA_{i+2}),只能是 $C=A_{i+2}$.

在此基础上,由于点 D 位于点 A 的上方,从而必定有 $D=A_{i+1}$;而点 B 位于点 A 的右边,从而必定有 $B=A_{i+1}$,矛盾.

本题还可以通过建立递归不等式得出中点个数的估计.

方法 4 设 n 个点时中点个数的最小值为 $f(n)$,我们证明:$f(n)\geqslant 2n-3$.

对 n 归纳.当 $n=2,3$ 时结论成立,考虑 n 个点的情形.

(1)如果 n 个点的凸包为直线(图 4.23),则设 n 个点在直线上依次为 $A_1,A_2,\cdots,A_n$,由归纳假设,

图 4.23

$A_2,A_3,\cdots,A_n$ 这 $n-1$ 个点中至少有 $f(n-1)$ 个中点,这些中点都位于 A_2A_3 的中点 P 的右边(含点 P),又 A_1A_2,A_1A_3 的中点都位于 A_2A_3 的中点 P 的左边(不含点 P),所以 $f(n)\geqslant f(n-1)+2$.

(2) 如果 n 个点的凸包为 r 边形 $A_1A_2\cdots A_r$(图 4.24),由归纳假设,$A_2,A_3,\cdots,A_n$ 这 $n-1$ 个点中至少有 $f(n-1)$ 个中点,又设线段 A_1A_2 上最靠近 A_1 的点为 P,线段 A_1A_r 上最靠近 A_1 的点为 Q,则 A_1P,A_1Q 的中点不在上述中点中,所以 $f(n)\geqslant f(n-1)+2$.

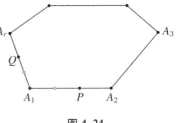

图 4.24

由 $f(n)\geqslant f(n-1)+2$,反复迭代(累加),得 $f(n)\geqslant 2n-3$.

最后,记 n 个点在直线上均匀分布,依次记为 $A_1,A_2,\cdots,A_n$,则恰有 $2n-3$ 个不同的中点,它们为线段 $A_iA_{i+1}(i=1,2,\cdots,n-1)$ 的中点及线段 $A_iA_{i+2}(i=1,2,\cdots,n-2)$ 的中点.

综上所述,所求的最小值为 $2n-3$.

例 10 将 $m\times n$ 棋盘(由 m 行 n 列方格构成)的所有方格都染上红蓝二色之一,如果两个相邻(有公共边)的方格异色,则称这两个方格为一个"标准对",设棋盘中标准对的个数为 S.试问:S 是奇数还是偶数由哪些方格的颜色确定? 什么情况下 S 为奇数? 什么情况下 S 为偶数? 试说明理由.(原创题)

分析与解 取一个 3×4 棋盘,任意选择一种染色方式,计算出 S,然后想象改变哪个格的颜色,可使 S 的奇偶性发生改变,即可发现 S 的奇偶性由哪些格确定.

一般地,所有方格可分为如下 3 类:第一类方格位于棋盘的四个角上,第二类方格位于棋盘的边界(不包括四个角)上,其余的方格为第三类.对于任何一种染色,如果所有方格都是红格,则 $S=0$ 为

偶数.

如果至少一个为蓝色,则将其中一个蓝色改变成红色,如此下去,可将所有方格都变成红色.

对任何一个蓝格 A,将 A 改变为红色后,我们来研究改变过程中 S 的奇偶性的变化.

我们称两个相邻(有公共边界)的格为一个对子,如果恰改变一个对子中一个方格的颜色,则 S 增加 1 或减少 1,从而改变一次 S 的奇偶性.

(1) 若 A 是第一类格,则 A 有 2 个邻格,组成 2 个对子,从而 A 改变颜色后改变 2 次 S 的奇偶性,所以 S 的奇偶性不改变.

(2) 若 A 是第二类格,则 A 有 3 个邻格,组成 3 个对子,从而 A 改变颜色后改变 3 次 S 的奇偶性,所以 S 的奇偶性改变.

(3) 若 A 是第三类格,则 A 有 4 个邻格,组成 4 个对子,从而 A 改变颜色后改变 4 次 S 的奇偶性,所以 S 的奇偶性不改变.

由此可见,改变一个第二类格的颜色,S 的奇偶性发生改变,改变其他格,S 的奇偶性不发生改变.

所以,S 的奇偶性由第二类格的颜色确定.而且,当第二类格中有奇数个蓝色格时,S 改变奇数次奇偶性,所以 S 为奇数;当第二类格中有偶数个蓝色格时,S 改变偶数次奇偶性,所以 S 为偶数.

另解 同样将所有方格分为 3 类,并将所有红色方格填上数 1,所有蓝色方格填上数 -1,记第一类方格的填数分别为 a,b,c,d,第二类方格的填数分别为 $x_1,x_2,\cdots,x_{2m+2n-8}$,第三类方格的填数分别为 $y_1,y_2,\cdots,y_{(m-2)(n-2)}$.

对任何两个相邻的方格,在它们的公共边上标上这两个方格内标数的积,显然,标准对的个数 S 就是公共边的标数中 -1 的个数,设所有公共边上的标数的积为 H.

对每个第一类格,它有两个邻格,所以它的标数在 H 中出现两次;对每个第二类格,它有 3 个邻格,所以它的标数在 H 中出现 3 次;对每个第三类格,它有 4 个邻格,所以它的标数在 H 中出现 4 次,于是

$$H = (abcd)^2 \cdot (x_1 x_2 \cdots x_{2m+2n-8})^3 \cdot (y_1 y_2 \cdots y_{(m-2)(n-2)})^4$$
$$= (x_1 x_2 \cdots x_{2m+2n-8})^3.$$

当 $x_1 x_2 \cdots x_{2m+2n-8} = 1$ 时,$H = 1$,此时 S 为偶数;

当 $x_1 x_2 \cdots x_{2m+2n-8} = -1$ 时,$H = -1$,此时 S 为奇数.

这表明:S 的奇偶性由第二类格的颜色确定.而且,当第二类格中有奇数个蓝色格时,S 为奇数;当第二类格中有偶数个蓝色格时,S 为偶数.

习 题 4

1. 过 $\triangle ABC$ 的重心 G 任作一直线,分别交 AB,AC 于点 E,F,求 $\dfrac{EG}{GF}$ 的最大值.

2. 在半径为 R 的圆的边界上任意两点间连一条曲线,把圆的面积两等分,求证:曲线的长度不小于 $2R$.

3. 在凸四边形 $ABCD$ 中,$AB = a$,$BC = b$,$CD = c$,$DA = d$,$AC = e$,$BD = f$,且 $\max\{a, b, c, d, e, f\} = 1$,求 $abcd$ 的最大值. (2004 年 IMO 中国国家集训队测试题)

4. 设 n 是给定的大于 1 的正整数,S 是 $\{1, 2, \cdots, n\}$ 的一个子集,且 S 中不存在这样的数对:其中一个整除另一个,或与另一个互质,求 $|S|$ 的最大值. (2005 年巴尔干地区数学奥林匹克试题)

5. 有两副扑克牌,每副牌的排列顺序是:第一张是大王,第二张是小王,然后是黑桃、红桃、方块、梅花四种花色排列,每种花色的牌又按 A,2,3,$\cdots$,10,J,Q,K 的顺序排列.某人把按上述排列的两副扑克牌上下叠放在一起,然后从上到下把第一张丢掉,把第二张放到最

底层,再把第三张丢掉,把第四张放到最底层……如此下去,直至最后只剩下一张牌,则所剩的这张牌是什么?(2005年"卡西欧杯"全国初中数学竞赛试题)

6. 设 $\triangle ABC$ 的三边为 a,b,c,面积为 Δ,对 $u,v,w,p \in \mathbf{R}^+$,有
$$\sum \frac{v+w}{u}(bc)^{2p} \geqslant 6\left(\frac{4\Delta}{\sqrt{3}}\right)^{2p}.$$
其中求和对 u,v,w 及 a,b,c 轮换进行.

7. 如果一个十进制 x 的每一个数码都不是零,且 $S(x)|x$,则称 x 为好数,这里 $S(x)$ 表示 x 的各数码之和. 求证:对任意正整数 k,都存在一个 k 位数的好数.

8. 设 $a_1,a_2,\cdots,a_n$ 是 n 个不同的正整数,M 是一个由 $n-1$ 个正整数构成的集合,但是 M 中不包含 $s = a_1 + a_2 + \cdots + a_n$. 一只蚱蜢在实数轴的整数点上跳动,开始时它在 0 点,然后向右跳 n 次,n 次的步长恰好是 $a_1,a_2,\cdots,a_n$ 的一个排列. 求证:可以适当调整 $a_1,a_2,\cdots,a_n$ 的顺序,使得期间蚱蜢不会跳到 M 中的数所在的任何整点上. (2009年IMO试题)

9. 设 A,B 都是平面上的有限点集,$A \cap B = \varnothing$,$A \cup B$ 中无三点共线,且 $|A|$ 和 $|B|$ 中至少有一个不小于 5,求证:存在一个三角形,它的顶点全在 A 中或全在 B 中,且它的内部不含另一个集合的点. (第26届IMO备选题)

10. 能否将边长为 n 的正六边形分成若干个如图 4.25 所示形状的图形?此图形由四个边长为 1 的正三角形所构成,其中有一个点是四个三角形的公共点. (第21届全俄数学奥林匹克试题)

图 4.25

11. 设 $P_1,P_2,\cdots,P_{2n}$ 为平面上 $2n$ 个互异的点,证明:对平面上任意一点 P,若 P 不在任一线段 P_iP_j 上,那么它必在偶数个 $\triangle P_iP_jP_k$ 内 ($1 \leqslant i < j < k \leqslant 2n$).

4 化 归

12. 设 $f(x) = a_n x^n + a_{n-1} x^{n-1} + \cdots + a_1 x + a_0 (a_n a_0 \neq 0)$ 是整系数多项式.

(1) 若 $|a_0|$ 为质数,且 $|a_0| > |a_1| + |a_2| + \cdots + |a_{n-1}| + |a_n|$,则 $f(x)$ 不能分解为两个非常数的整系数多项式之积.

(2) 若 $|a_n|$ 为质数,且 $|a_n| > |a_0| + |a_1| + \cdots + |a_{n-2}| + |a_{n-1}|$,则 $f(x)$ 不能分解为两个非常数的整系数多项式之积.

13. 在 $n \times n$ 棋盘($n > 3$)的每个方格中都填入一个数 1 或 -1,将表中 n 个既不同行又不同列的 n 个数的积称为一个基本项.求证:所有基本项的和被 4 整除.(1989 年全国高中数学联赛试题)

14. 设有 2^n 个由数字 0,1 组成的有限数列,其中任何一个数列都不是另一个数列的前段,求所有数列的长度和 S 的最小值.

15. 设 $\triangle ABC$ 不是钝角三角形,在 $\triangle ABC$ 内部或边界上确定一点 P,使 $\max\{PA, PB, PC\}$ 最小.

16. 在一条直线上标出 n 个互异的蓝点和 n 个互异的红点.求证:每两个同色点之间的距离之和不大于每两个异色点之间的距离之和.(第 20 届全俄数学奥林匹克试题)

17. 设整数 $a_1, a_2, \cdots, a_n$ 中的每一个都为 1 或 -1,且 $a_1 a_2 + a_2 a_3 + \cdots + a_n a_1 = 0$,求证:$n$ 是 4 的倍数.

18. 在 25×25 棋盘中,各个方格填 1 或 -1,第 i 行各数之积为 a_i,第 j 列各数之积为 $b_j (1 \leq i, j \leq 25)$,问 $\sum_{i=1}^{n}(a_i + b_i)$ 能否为零?

19. 给定圆上 $4n$ 个点,每隔一个点染红色,另外点染蓝色,$2n$ 个红点分为 n 组,每组两个点用一条红线段相连,得 n 条红线段,类似得 n 条蓝线段,若圆内每个点至多有上述两条线段通过,求红线段与蓝线段交点个数的最小值.(1991 年全苏数学竞赛试题)

20. 如图 4.26 所示,四边形 $ABCD$ 和 $EFGH$ 都是正方形,且边长均为 2 cm.又点 E 是正方形 $ABCD$ 的中心,求两个正方形公共部分(图中阴影部分)的面积 S.

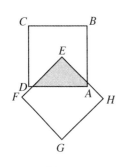

图 4.26

21. 给定正整数 n,又 $k_1, k_2, \cdots, k_n$ 是非负整数.对 $a = (a_1, \cdots, a_n) \in \mathbf{Z}^n$ 和 $a' = (a'_1, \cdots, a'_n) \in \mathbf{Z}^n$,如果 $\{|a_i - a'_i| \mid 1 \leqslant i \leqslant n\} = \{k_i \mid 1 \leqslant i \leqslant n\}$,则称 a 与 a' 相邻.如果对 $\mathbf{Z}^n$ 中任意的 a 和 a' 都存在 $a^{[1]}, \cdots, a^{[m]} \in \mathbf{Z}^n$,使 $a^{[1]} = a$, $a^{[m]} = a'$,且 $a^{[i]}$ 与 $a^{[i+1]}$ 相邻 ($i = 1, 2, \cdots, m-1$),求 $k_1, k_2, \cdots, k_n$ 满足的充分必要条件.

22. 已知二次三项式 $f(x) = ax^2 + bx + c$ 的所有系数都为正,且 $a + b + c = 1$,求证:对于任何满足 $x_1 x_2 \cdots x_n = 1$ 的正数组 $x_1, x_2, \cdots, x_n$,都有

$$f(x_1) f(x_2) \cdots f(x_n) \geqslant 1.$$

习题 4 解答

1. 先作一特殊直线,使不等式等号成立.这只需作 △ABC 的一条中线 BM 即可.此时 $\dfrac{EG}{GF} = 2$.

一般地,设 EF 是过点 G 的任意一条直线,过点 E 作 EH 平行 AC,交 BM 于点 H,则 △EHG ∽ △FMG(图 4.27).于是

$$\frac{EG}{GF} = \frac{HG}{GM} \leqslant \frac{BG}{GM} = 2.$$

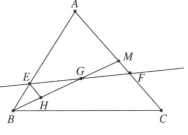

图 4.27

或者利用面积法(此时不需作辅助线):

$$\frac{EG}{GF}(\text{等高三角形}) = \frac{S_{\triangle AEG}}{S_{\triangle AGF}} \leqslant \frac{S_{\triangle ABG}}{S_{\triangle AGM}} = \frac{BG}{GM} = 2.$$

2. 若曲线的两个端点为圆的直径,则结论显然成立(图 4.28).若曲线的两个端点不是圆的直径,设两个端点为 P, Q,过点 P

4 化 归

作圆的直径,交圆于点 Q'.连 QQ',作圆的直径 MN,使 MN 垂直于 QQ'(保证 Q 的对称点为 Q'),则线段 MN 必与曲线有交点,设其中一个交点为 R,将曲线段 QR 沿 MN 作对称变换,则 Q 的对称点为 Q'(图 4.29),此时

$$L(PQ) = L(PR) + L(RQ) = L(PR) + L(RQ')$$
$$= L(PQ') \geqslant 1,$$

结论成立.

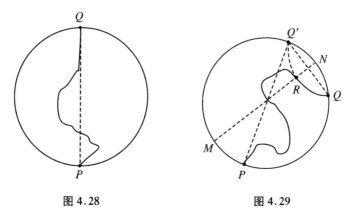

图 4.28 图 4.29

3. 分如下两种情形讨论:

(1) 当 $e = f = 1$ 时,设 AC 与 BD 相交于点 E(图 4.30),记 $AE = m, CE = n, BE = p, DE = q$,则 $m + n = p + q = 1$.

由对称性,不妨设 $p \geqslant m \geqslant n \geqslant q$,易知 $mn \geqslant pq$.

这是因为 $a + b = 1(0 < a < 1)$ 时,ab 在 a 与 b 越接近时越大(利用 $ab = \dfrac{(a+b)^2 - (a-b)^2}{4}$ 即可看出).

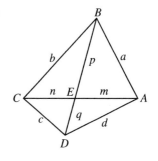

图 4.30

由斯图尔特(Stewart)定理,得

$$p^2 + mn = a^2 n + b^2 m \geqslant 2ab \sqrt{mn},$$

$$q^2 + mn = c^2 m + d^2 n \geqslant 2cd\sqrt{mn}.$$

两式相乘,得

$$4abcdmn \leqslant p^2 q^2 + mn(p^2 + q^2) + m^2 n^2 = mn + (mn - pq)^2,$$

所以 $4abcd \leqslant 1 + \left[\sqrt{mn} - \dfrac{pq}{\sqrt{mn}}\right]^2$(关于 mn 递增,注意到 $mn \geqslant pq$,括号内为正).

因为 $mn \leqslant \dfrac{(m+n)^2}{4} = \dfrac{1}{4}$,所以

$$4abcd \leqslant 1 + \left[\sqrt{mn} - \dfrac{pq}{\sqrt{mn}}\right]^2 \leqslant 1 + \left(\dfrac{1}{2} - 2pq\right)^2.$$

(i) 若 $p \leqslant \dfrac{\sqrt{3}}{2}$ 及 $q = 1 - p$,知

$$\begin{aligned} pq &= p(1-q) \\ &\geqslant \dfrac{\sqrt{3}}{2}\left(1 - \dfrac{\sqrt{3}}{2}\right) \quad (\text{此处找到 } p \text{ 的分界点} \dfrac{\sqrt{3}}{2}) \\ &= \dfrac{\sqrt{3}}{2} - \dfrac{3}{4}, \end{aligned}$$

于是 $\dfrac{1}{2} - 2pq \leqslant 2 - \sqrt{3}$. 所以

$$abcd \leqslant \dfrac{1}{4}(1 + (2 - \sqrt{3})^2) = 2 - \sqrt{3}.$$

(ii) 若 $p > \dfrac{\sqrt{3}}{2}$,由 $q^2 + mn = c^2 m + d^2 n \geqslant 2cd\sqrt{mn}$ 及 $\dfrac{1}{2}\sqrt{mn} \geqslant \sqrt{pq} > q$,得

$$\begin{aligned} 2cd &\leqslant \dfrac{q^2}{\sqrt{mn}} + \sqrt{mn} \\ &\leqslant 2q^2 + \dfrac{1}{2} \quad \left(f(x) = \dfrac{q^2}{x} + x \text{ 在 } \left(q, \dfrac{1}{2}\right] \text{ 上递增}\right) \end{aligned}$$

$$= \frac{(1-p)^2}{x} + x \leqslant 2(1-p)^2 + \frac{1}{2}$$

$$\leqslant 2\left(1 - \frac{\sqrt{3}}{2}\right)^2 + \frac{1}{2} \quad (\text{此处找到 } p \text{ 的分界点} \frac{\sqrt{3}}{2})$$

$$= 4 - 2\sqrt{3}.$$

所以 $cd \leqslant 2 - \sqrt{3}$, 又 $0 < a \leqslant 1, 0 < b \leqslant 1$, 于是 $abcd \leqslant 2 - \sqrt{3}$.

当 $\triangle ABD$ 为边长为 1 的正三角形, c 在 $\angle A$ 的平分线上, 且 $AC = 1$ 时, 等号成立.

(2) 当 $\min\{e, f\} < 1$ 时:

(ⅰ) 若 a, b, c, d 均小于 1, 则此时恰有一条对角线的长为 1, 不妨设 $AC = 1, BD < 1$.

此时作 $\angle ABC$ 的平分线的反向延长线, 并在上面取一点 B' (图 4.31).

因为 $\angle ABC < 180°$, 可知 $\angle ABB'$, $\angle CBB'$ 均大于 $90°$, 又 $\angle DBB'$ 大于 $\angle ABB'$ 或 $\angle CBB'$, 也大于 $90°$, 从而 $AB' > AB$, $CB' > CB, B'D > BD$.

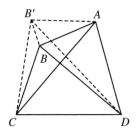

图 4.31

这表明, 当 B 运动到 B' 时, AB, CB, DB 都变大, 必定有一个时刻点 B', 使 $\max\{AB', CB', DB'\} = 1$. 此时, 若 $DB' = 1$, 则由 (1), 得 $abcd \leqslant AB' \cdot B'C \cdot cd \leqslant 2 - \sqrt{3}$.

否则 $AB' = 1$ 或 $CB' = 1$, 问题化为如下 (ⅱ).

(ⅱ) 若 a, b, c, d 中至少有一个 1, 不妨设 $CD = c = 1$.

分别以点 C, D 为圆心, 作半径为 1 的圆弧, 交于点 P(与点 A, B 在 CD 同侧), 则点 A, B 在此区域的内部或边界上.

若点 B 在区域的内部, 作 $\angle ABC$ 的平分线的反向延长线, 交圆弧于点 B', 再作 $\angle B'AD$ 的平分线的反向延长线, 交圆弧于点 A'. (若点 A, B 已经在圆弧上, 就不必再作了, 但点 A, B 不可能同时在圆弧上).

若点 B', A' 分别在 $\overset{\frown}{CP}$, $\overset{\frown}{DP}$ 上(图 4.32),则因为 $AB \leqslant AB' \leqslant A'B'$, $BC \leqslant B'C$, $AD \leqslant A'D$,且等号不可能同时成立,而 $A'C = B'D = 1$,于是由(1)知 $abcd < A'B' \cdot B'C \cdot CD \cdot DA' \leqslant 2-\sqrt{3}$.

若点 B', A' 在同一条圆弧上,不妨设在 $\overset{\frown}{DP}$ 上(图 4.33),此时 $A'B' < A'P$.

把点 B' 调整到点 P,由(1),使得 $abcd < A'P \cdot PC \cdot CD \cdot DA' \leqslant 2-\sqrt{3}$.

综上便知,$abcd$ 的最大值为 $2-\sqrt{3}$.

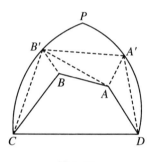

图 4.32

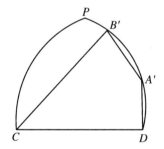

图 4.33

4. 首先,为了使 S 中任何两个数有大于 1 的公约数,可想象每一个数都有一个共同的因子,为了使 S 最大,这个因子应尽可能小,取公因子为 2,则 S 由一些偶数构成(保证任何两个数不互质).

其次,为了使任何一个数不整除另一个,一个充分条件是 S 中最大数与最小数的比小于 2,这样,对 S 中任何两个数 a, b ($a<b$),有 $\dfrac{b}{a}<2$,从而 $a \nmid b$.

从极端考虑,最大数为 n,则最小数要大于 $\dfrac{n}{2}$,于是,取 S 为区间 $\left(\dfrac{n}{2}, n\right]$ 中的所有偶数,则 S 合乎条件,此时 $|S| = \left[\dfrac{n+2}{4}\right]$.

4 化 归

实际上,当 $n \equiv 0 \pmod{4}$ 时,令 $n = 4k$,则 $S = \{2k+2, 2k+4, \cdots, 4k\}$,$|S| = k = \left[\dfrac{n+2}{4}\right]$.

当 $n \equiv 1 \pmod{4}$ 时,令 $n = 4k+1$,则 $S = \{2k+2, 2k+4, \cdots, 4k\}$,$|S| = k = \left[\dfrac{n+2}{4}\right]$.

当 $n \equiv 2 \pmod{4}$ 时,令 $n = 4k+2$,则 $S = \{2k+2, 2k+4, \cdots, 4k, 4k+2\}$,$|S| = k+1 = \left[\dfrac{n+2}{4}\right]$.

当 $n \equiv 3 \pmod{4}$ 时,令 $n = 4k+3$,则 $S = \{2k+2, 2k+4, \cdots, 4k, 4k+2\}$,$|S| = k+1 = \left[\dfrac{n+2}{4}\right]$.

所以 $|S| = \left[\dfrac{n+2}{4}\right]$ 合乎条件.

另一方面,对任何一个合乎条件的 S,我们采用下述操作化归的方法,将 S 中的元素都操作到区间 $\left(\dfrac{n}{2}, n\right]$ 中:

如果 S 中存在元素不大于 $\dfrac{n}{2}$,设 x 是 S 的最小元素,因为 $x | 2x$,所以 $2x \notin S$,现在将 S 中的 x 用 $2x$ 代替,则得到的集合 S' 仍具有题设的性质.

实际上,若存在 $y \in S'(y \neq x, 2x)$,使 $(y, 2x) = 1$,则 $(y, x) = 1$,与 $x, y \in S$ 矛盾.

若存在 $y \in S'(y \neq x, 2x)$,使 $y | 2x$,因为 $y \neq x, 2x$,所以 $y < x$,与 x 最小矛盾.

若存在 $y \in S'(y \neq x, 2x)$,使 $2x | y$,则 $x | y$,与 $x, y \in S$ 矛盾.

如此下去,每次都对 S 中最小的元素进行操作,直至 S 中的元素都大于 $\dfrac{n}{2}$,此时 S 中的元素都属于区间 $\left(\dfrac{n}{2}, n\right]$,且 $|S|$ 不变,S 仍具有题设的性质.

因为任何两个相邻的整数都互质,因此任何两个相邻的整数都至多有一个数属于 S.

当 $n\equiv 0 \pmod 4$ 时,令 $n=4k$,则 $\left(\dfrac{n}{2},n\right]$ 中的所有整数为 $2k+1,2k+2,\cdots,4k$,共有 $2k$ 个,此时 $|S|\leqslant k=\left[\dfrac{n+2}{4}\right]$.

当 $n\equiv 1 \pmod 4$ 时,令 $n=4k+1$,则 $\left(\dfrac{n}{2},n\right]$ 中的所有整数为 $2k+1,2k+2,\cdots,4k+1$,共有 $2k+1$ 个,此时 $|S|\leqslant k+1$.但若 $|S|=k+1$,则 $2k+1,4k+1$ 同时属于 S,而 $(2k+1,4k+1)=1$,矛盾,所以 $|S|\leqslant k=\left[\dfrac{n+2}{4}\right]$.

当 $n\equiv 2 \pmod 4$ 时,令 $n=4k+2$,则 $\left(\dfrac{n}{2},n\right]$ 中的所有整数为 $2k+2,2k+3,\cdots,4k+2$,共有 $2k+1$ 个,此时 $|S|\leqslant k+1=\left[\dfrac{n+2}{4}\right]$.

当 $n\equiv 3 \pmod 4$ 时,令 $n=4k+3$,则 $\left(\dfrac{n}{2},n\right]$ 中的所有整数为 $2k+2,2k+3,\cdots,4k+3$,共有 $2k+2$ 个,此时 $|S|\leqslant k+1=\left[\dfrac{n+2}{4}\right]$.

所以,对所有合乎条件的 S,都有 $|S|\leqslant\left[\dfrac{n+2}{4}\right]$.

综上所述,$|S|$ 的最大值为 $\left[\dfrac{n+2}{4}\right]$.

5. 显然应将扑克牌从上到下依次编号为 $1,2,\cdots,108$,然后模拟操作,看有何规律.

一般地,设有 n 张牌,那么第一轮(每张操作一次——被丢掉或被移动到最底层)之后,编号为奇数的牌被丢掉,剩下编号为偶数的牌.于是,当 n 为偶数时,令 $n=2k$,则最后一张被留下.剩下的编号为 $2\times 1, 2\times 2, \cdots, 2\times k$.但对这些牌的操作,等价于对编号为 $1, 2, \cdots, k$ 的牌操作,但编号为 $2\times k$ 的牌可能被留下(当 k 为偶数)也可能被丢掉(当 k 为奇数),于是,当 k 为奇数时,情况较为复杂.

由此可见,一个数反复除以 2 后仍为偶数,即 n 为 2 的幂时,操作最为简单,解题就从这里找到突破口.

设有 n 张牌,从上到下依次编号为 $1, 2, \cdots, n$,那么,当 n 为 2 的幂时,留下的是最后一张牌,即编号为 n 的牌.

当 n 非 2 的幂时,则必存在整数 k,使 $2^k < n < 2^{k+1}$,于是,可令 $n = 2^k + t$(其中 $0 < t < 2^k$).

当第一轮操作中丢掉 t 张牌后,编号为 $2t$ 的牌移到最后一张,此时共有 2^k 张牌,接下来操作,剩下的是编号为 $2t$ 的牌.

对于本题,$n = 108 = 2^6 + 44$,于是,剩下的是编号为 88 的牌.

前 54 张是第一副牌,编号为 88 的牌是第二副牌的第 34 张,去掉大小王 2 张,去黑桃、红桃两种花色的 26 张,还剩下 6 张,所以编号为 88 的牌是方块花色的第 6 张,即方块 6.

所剩的那张牌是第二副牌中的方块 6.

6. 证法 1:我们将命题分解为两种情形:(1) $p \geq 1$;(2) $0 < p < 1$.

对于情形(1),由平均不等式,有

$$\sum \frac{v+w}{u}(bc)^{2p} = \sum \left(\frac{v}{u}(bc)^{2p} + \frac{u}{v}(ca)^{2p} \right)$$
$$\geq 2(abc)^p (a^p + b^p + c^p)$$
$$\geq 2(abc)^p (3\sqrt[3]{a^p b^p c^p})$$
$$= 6(abc)^p \cdot \sqrt[3]{(abc)^p}.$$

因为 $p \geq 1$,x^p 为凸函数,故 $\sqrt[3]{(abc)^p} \geq \left(\frac{a+b+c}{3} \right)^p$,所以

$$\sum \frac{v+w}{u}(bc)^{2p} \geqslant 6(abc)^p \cdot \sqrt[3]{(abc)^p}$$

$$\geqslant 6(abc)^p \cdot \left(\frac{a+b+c}{3}\right)^p$$

$$= 6(4R\Delta)^p \left(\frac{a+b+c}{3}\right)^p$$

$$= \frac{6(4\Delta)^p}{3^p} \cdot (R^2)^{\frac{p}{2}}(a+b+c)^p$$

$$\geqslant \frac{6(4\Delta)^p}{3^p} \left(\frac{4\Delta}{3\sqrt{3}}\right)^{\frac{p}{2}} (12\sqrt{3}\Delta)^{\frac{p}{2}}$$

$$= 6\left(\frac{4\Delta}{\sqrt{3}}\right)^{2p}.$$

对于情形(2),由 $0<p<1$,易知 a^p,b^p,c^p 是某个三角形的三边,其面积

$$\Delta_p \geqslant \Delta^p \left(\frac{\sqrt{3}}{4}\right)^{1-p}.$$

由此并利用 $\sum \frac{v+w}{u}(bc)^2 \geqslant 6\left(\frac{4\Delta}{\sqrt{3}}\right)^2$ (即 $p=1$ 时的情形),有

$$\sum \frac{v+w}{u}(bc)^{2p} = \sum \frac{v+w}{u}(b^p c^p)^2 \geqslant 6\left(\frac{4\Delta_p}{\sqrt{3}}\right)^2$$

$$= 32\Delta_{p^2} \geqslant 32\left(\Delta^p \left(\frac{\sqrt{3}}{4}\right)^{1-p}\right)^2$$

$$= 6\left(\frac{4\Delta}{\sqrt{3}}\right)^{2p}.$$

从而不等式成立.

注 由于 a,b,c 是某个三角形的某边,则 $\sqrt{a(s-a)}$,$\sqrt{b(s-b)}$,$\sqrt{c(s-c)}$ 亦然,且其面积为 $\frac{1}{2}\Delta$. 于是,由所证的不等式可以推出:对 $p \in \mathbf{R}^+$,有

4 化 归

$$\sum \frac{v+w}{u}(bc(s-b)(s-c))^p \geqslant 6\left(\frac{2\Delta}{\sqrt{3}}\right)^{2p}.$$

因为 $\Delta^{2p} = (s(s-a)(s-b)(s-c))^{2p}$，两边约去此因子，便得到一个新的不等式：

$$\sum \frac{v+w}{u}\left(\frac{bc}{s-a}\right)^p \geqslant 6\left(\frac{4\Delta}{3}\right)^p.$$

证法 2：

$$\begin{aligned}
\sum \frac{v+w}{u}(bc)^{2p} &= \sum \left(\frac{u+v+w}{u}-1\right)(bc)^{2p} \\
&= \sum \frac{u+v+w}{u}(bc)^{2p} - \sum (bc)^{2p} \\
&= \sum u \cdot \sum \frac{(b^p c^p)^2}{u} \\
&\geqslant \left(\sum (bc)^p\right)^2 - \sum (bc)^{2p} \quad (\text{柯西不等式}) \\
&= 2\sum (bc)^p (ca)^p = 2\sum (a^2 bc)^p \\
&\geqslant 6(\sqrt[3]{(abc)^4})^p.
\end{aligned}$$

又

$$a^2 b^2 c^2 = (4R\Delta)^2 \geqslant 16\left(\frac{4\Delta}{3\sqrt{3}}\right)\Delta^2,$$

所以

$$6(\sqrt[3]{(abc)^4})^p \geqslant 6\left(16 \cdot \frac{4\Delta}{3\sqrt{3}} \cdot \Delta^2\right)^{\frac{2p}{3}} = 6\left(\frac{2\Delta}{\sqrt{3}}\right)^{2p}.$$

证法 3：

$$\begin{aligned}
\sum \frac{v+w}{u}(bc)^{2p} &\geqslant 3\left(\frac{v+w}{u} \cdot \frac{w+u}{v} \cdot \frac{u+v}{w}(a^2 b^2 c^2)^{2p}\right)^{\frac{1}{3}} \\
&\geqslant 3\left(8 \frac{\sqrt{vw}}{u} \cdot \frac{\sqrt{wu}}{v} \cdot \frac{\sqrt{uv}}{w}(a^2 b^2 c^2)^{2p}\right)^{\frac{1}{3}} \\
&= 6((a^2 b^2 c^2)^{2p})^{\frac{1}{3}}.
\end{aligned}$$

因为

$$\frac{\Delta^3}{(abc)^2} = \frac{\Delta}{ab} \cdot \frac{\Delta}{bc} \cdot \frac{\Delta}{ca} = \left(\frac{1}{2}\sin\angle C\right)\left(\frac{1}{2}\sin\angle A\right)\left(\frac{1}{2}\sin\angle B\right)$$

$$= \frac{1}{8}\sin\angle A \sin\angle B \sin\angle C \leqslant \frac{3\sqrt{3}}{64},$$

所以 $(abc)^{\frac{2}{3}} \geqslant \frac{4\Delta}{\sqrt{3}}$,代入式①,得

$$\sum \frac{v+w}{u}(bc)^{2p} \geqslant 6((a^2b^2c^2)^{2p})^{\frac{1}{3}} \geqslant 6\left(\frac{4\Delta}{\sqrt{3}}\right)^{2p}.$$

7. 记好数的集合为 A,对任意的 $k \in \mathbf{N}^*$,设 $t = [\log_3 k]$,将命题分解为如下 3 种情形.

(1) 当 $k = 3^t$ 时,一个合乎条件的 k 位好数为 $r_t = \underbrace{11\cdots1}_{k\text{个}1}$. 用数学归纳法证明:首先 $r_0 = 1 \in A$. 其次,由 $S(r_{t+1}) = 3S(r_t)$,$r_{t+1} = \overline{1\underbrace{0\cdots0}_{3^t-1\text{个}0}1\underbrace{0\cdots0}_{3^t-1\text{个}0}1} \times r_t$ 可被 $3r_t$ 整除知,在 $r_t \in A$ 时,有 $r_{t+1} \in A$,从而 $r_t \in A$ 对一切非负整数 t 成立.

(2) 当 $3^t < k < 2 \times 3^t$ 时,设 $l = k - 3^t$,则一个合乎条件的 k 位好数为 $u = \overline{\underbrace{1\cdots1}_{3^t-l\text{个}0}\underbrace{9\cdots9}_{l\text{个}9}\underbrace{8\cdots8}_{3^t-l\text{个}8}}$.

事实上,由于 $S(u) = 9S(r_t)$ 以及 $u = \overline{1\underbrace{0\cdots0}_{3^t-l-1\text{个}}8} \times r_t$,可被 $9r_t$ 整除,由(1)的结论(注意 u 各位都不为 0)可知 $u \in A$.

(3) 当 $2 \times 3^t \leqslant k < 3^{t+1}$ 时,设 $m = k - 2 \times 3^t$,则一个合乎条件的 k 位好数为 $v = \overline{\underbrace{1\cdots1}_{2\times3^t-m\text{个}0}\underbrace{9\cdots9}_{m\text{个}9}\underbrace{8\cdots8}_{2\times3^t-m\text{个}8}}$.

事实上,$S(v) = 18s(r_t)$,$v = \overline{1\underbrace{0\cdots0}_{2\times3^t-m-1\text{个}}8} \times r_t$ 可被 $18r_t$ 整除,v 各位都不为 0,由(1)可得结论.

8. 当 $n = 1$ 时,$M = \varnothing$,结论当然成立.

4 化 归

当 $n=2$ 时，M 是单元素集合，设 $M=\{m\}$，a_1, a_2 中必有一个不等于 m，把它放在第一步即可.

以下假设 $k\geqslant 3$，并且对于任意 $n<k$ 结论都成立.

不失一般性假设 $a_1<a_2<\cdots<a_k$，令 $s_i=\sum_{j=1}^{i}a_j$，则 $s_k=s$.

假设蚱蜢先按照 $a_1, a_2, \cdots, a_k$ 的顺序来跳，如果 $(0,s]=(0,s_k]$ 中只有 $k-2$ 个 M 中的数，则依据归纳假设结论成立.

以下设 $(0,sk]$ 中有 $k-1$ 个 M 中的数，记这 $k-1$ 个数为 $0<m_1<m_2<\cdots<m_{k-1}<s$.

(1) 如果对于所有 $1\leqslant i\leqslant k-1$，都有 $s_i<m_i$，特别地有 $s_{k-1}<m_{k-1}$.

① 如果 $s_{k-1}\notin M$，则由归纳假设可以对前 $k-1$ 步重新调整，使得蚱蜢没遇到 M 中的数；

② 如果 $s_{k-1}\in M$，则对于任意 $1\leqslant i\leqslant k-1$，都有 $s_{k-1}-a_i<s_{k-1}<s_k-a_i$.

由于除了 s 之外只有 $k-2$ 个 M 中的数，因此存在一个 i_0，使得 $s_{k-1}-a_{i_0}, s_k-a_{i_0}$ 都不属于 M.

我们将 a_{i_0} 换到最后一步，a_n 为倒数第二步，这样从目的地倒退两步都没遇到 M 中的数.

由于 $s_k-a_k-a_i<s_{k-1}\leqslant m_{k-2}$，由归纳假设可以调整前步使得蚱蜢没遇到 M 中的数.

(2) 如果存在一个 i 使得 $s_i\geqslant m_i$，则假设 t 是最小的正整数，使得 $s_t\geqslant m_t$，那么 $s_{t-1}<m_{t-1}<s_t$.

① 如果 $t=1$，也即 $s_1=a_1\in M$，由于 $|M|<k$，因此必有一个 $a_{i_1}\notin M$，我们将 a_{i_1} 调整到第一步，由于 $m_1\leqslant a_1<a_{i_1}$，由归纳假设可以调整后步使得蚱蜢没遇到 M 中的数；

② 如果 $t>1$，由 t 的最小性可知 $s_{t-1}<m_{t-1}<m_t\leqslant s_t$，令 $A=$

$\{m_1, m_2, \cdots, m_{t-1}\}$, $B = \{m_t, m_{t+1}, \cdots, m_{k-1}\}$, 则 $M = A \cup B$, 由于 $m_{t-1} < s_t$, 而 s_t 是最短的 t 步之和, 所以无论如何调整, 从第 t 步开始的后 $k-t+1$ 步都不可能遇到 A 中的数.

由归纳假设, 可以调整前 t 步的顺序使得它们得以避开 A 中的 $t-1$ 个数, 而且同(1)中的②, 我们还可以使得 a_t 位于第 t 步或第 $t-1$ 步, 故调整后前 $t-2$ 步所走距离 $< s_t - a_t = s_{t-1} < m_{t-1}$, 因此前 $t-2$ 步也不可能遇到 B 中的数.

如果第 $t-1$ 步也没有走到 M 中的数上, 由归纳假设可以调整后 $k-t+1$ 步使得它们避开 M 中的 $n-t$ 个数, 因此它们也就避开了所有 M 中的数, 结论成立.

如果第 $t-1$ 步恰好走到 M 中的数上, 由于它已经避开了 M 中的前 $t-1$ 个数, 因此这个数属于 B, 这从另一方面说明此时的 $t-1$ 步所走总距离 $> m_{t-1}$.

此时后面的 $n-t$ 步中的任意第 r 步都比第 $t-1$ 步长, 因此将第 r 步和第 $t-1$ 步对换位置之后也肯定避开了 A 中的数.

由于此时第 $t-1$ 步已经遇到了 B 中的一个数, 因此肯定可以选到后 $k-t$ 步中的一步, 使得它与第 $t-1$ 步对换之后, 第 $t-1$ 步没有遇到 B 中的数, 故此时前 $t-1$ 步都成功避开了 M 中的所有数.

由归纳假设, 可以调整后 $k-t+1$ 步使得它们避开 B 中的 $n-t$ 个数, 因此它们也就避开了所有 M 中的数, 故结论成立.

综上所述, 结论成立.

9. 为叙述问题方便, 如果一个三角形的顶点全在 A 中或全在 B 中, 且它的内部不含另一个集合的点, 则称之为奇异三角形.

当 $|A| = 5$ 时, 反设不存在奇异三角形, 考察 A 中五个点的凸包, 由于无三点共线, 凸包的形状有以下几种情形:

(1) 凸包为五边形 $A_1 A_2 \cdots A_5$, 为了找到奇异三角形, 可连

A_1A_3,A_1A_4,得到三个三角形：$\triangle A_1A_2A_3$,$\triangle A_1A_3A_4$,$\triangle A_1A_4A_5$,则这些三角形的内部各有一个 B 中的点(图 4.34),这三点构成一个奇异三角形,矛盾.

(2) 凸包为四边形 $A_1A_2A_3A_4$,此时 A_5 在四边形 $A_1A_2A_3A_4$ 的内部,连 A_5A_i ($i=1,2,3,4$),得到四个三角形,每个三角形中各有 B 中一个点,得到四边形 $B_1B_2B_3B_4$(图 4.35).再连 B_1B_3,则由抽屉原理,$\triangle B_1B_2B_3$ 和 $\triangle B_1B_3B_4$ 中至少有一个不含 A 中的点,此三角形为奇异三角形,矛盾.

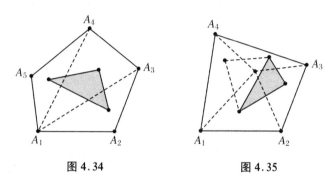

图 4.34　　　　　图 4.35

(3) 凸包为 $\triangle A_1A_2A_3$,此时 A_4,A_5 在 $\triangle A_1A_2A_3$ 的内部,连 A_4A_i ($i=1,2,3$),得到三个三角形,其中必有一个三角形中含有 A_5,不妨设在 $\triangle A_1A_3A_4$ 内,连 A_5A_1,A_5A_3,A_5A_4,则一共得到五个三角形,每个三角形中都有一个 B 中的点,由抽屉原理,其中必有三个 B 中的三个点在直线 A_4A_5 的同侧(图 4.36),此三点构成奇异三角形,矛盾.

当 $|A|>5$ 时,可找到边缘上的五个点,使五点的凸包中不含 A 在这五点之外的其他点,其中找边缘点的技巧是利用凸包和射线旋转(图 4.37).设 A_1,A_2 是 A 的凸包的两个连续顶点,作射线 A_1A_2,令其绕点 A_1 旋转,依次越过的 A 中的点分别记作 A_3,A_4,A_5,$\cdots$.

令 $A'=\{A_1,\cdots,A_5\}$,则对 A' 利用上述结论即证.

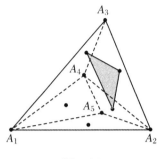
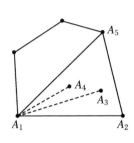

图 4.36　　　　　　　　图 4.37

10. 当 n 为奇数时不能做到,当 n 为偶数时可以做到.

一方面,边长为 n 的正六边形的面积 $S=\dfrac{3\sqrt{3}}{2}n^2$,而分割图形的面积为 $s=\sqrt{3}$,所以分割图形的个数为 $\dfrac{S}{s}=\dfrac{3}{2}n^2$,这样,$2\mid 3n^2$,所以 $2\mid n$.

反之,当 $2\mid n$ 时,我们证明边长为 n 的正六边形可按要求分割,对 n 归纳.

若 $n=2$,则如图 4.38 所示,存在合乎要求的分割.

设结论对自然数 n 成立,考虑边长为 $n+2$ 的正六边形,先将周围的宽度为两个三角形的"圆带形"区域按图 4.39 的方式分割,再对中间的边长为 n 的正六边形进行分割,结论成立.

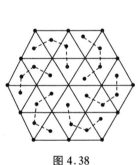
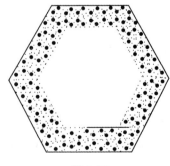

图 4.38　　　　　　　　图 4.39

11. 将题给的 $2n$ 个点任两个点连线,由于只有有限个点,所以只能连出有限条直线,这些直线只能交成有限个交点,故对平面上任意一点 P,都可从点 P 引出一条直线 t,使 t 不通过其中的任何一个交点.

记含有点 P 的三角形的个数为 s,如果点 P 不在任何三角形内,则 $s=0$,结论成立.

如果点 P 至少在其中一个三角形内,则 $s\neq 0$,下面考察当点 P 在直线 t 上运动时 s 的变化.

设想点 P 沿直线 t 运动,穿过一条直线 AB 到达另一个区域.设 t 与直线 AB 的交点为 O, AB 分平面所成的两个半平面记为 I 和 II,点 P 从 I 中的一个区域运动到 II 中的一个区域.

若射线 OA 上或射线 OB 上没有已知点,则 s 的改变量为 0,设射线 OA 上有 k 个已知点,射线 OB 上有 j 个已知点,I 中有 m 个已知点,II 中有 n 个已知点, $k+j+m+n=2n$,则 s 的改变量为 $\Delta = nkj - mkj = (n-m)kj$(因为 OA, OB 上各一个已知点与 I 或 II 中一个已知点必构成一个含点 P 的三角形).

若 Δ 为奇数,则 $n-m$, k, j 均为奇数,从而 $n+m$, k, j 均为奇数,所以 $(n+m)+k+j$ 为奇数,但 $(n+m)+k+j=2n$,矛盾.

所以 Δ 为偶数,即 s 的改变量模 2 不变,直至点 P 运动到不在任何三角形内, $s=0$,故点 P 在偶数个三角形内.

另证:先考察 $n=4$ 的特殊情形. 4 个点的凸包有如下 4 种情形:

(1) 凸包为线段 A_1A_4,另两点 A_3, A_4 在线段上(4 点共线);

(2) 凸包为 $\triangle A_1A_2A_3$,另一点 A_4 在线段 A_1A_2 上;

(3) 凸包为 $\triangle A_1A_2A_3$,另一点 A_4 在 $\triangle A_1A_2A_3$ 内;

(4) 凸包为四边形 $A_1A_2A_3A_4$.

此时,对平面上任何不在 P_iP_j 上的点 P,显然点 P 均在偶数个 $\triangle P_iP_jP_k$ 内($1 \leq i < j < k \leq 4$),结论成立.

考察 $2n$ 个点的情形,因为 $2n$ 个点共有 C_{2n}^4 个 4 点组,设这些 4 点组为 $M_1, M_2, \cdots, M_k (k = C_{2n}^4)$,对任何点 P(点 P 不在 $P_i P_j$ 上),由 (1) 知,点 P 属于 M_i 中的偶数(记为 $2a_i$)个三角形($1 \leqslant i \leqslant k$),于是,点 P 共属于 $\sum_{i=1}^{k} 2a_i = 2\sum_{i=1}^{k} a_i$ 个三角形(因为每个三角形都至少属于一个 4 点组).

由于一个三角形共属于 $C_{2n-3}^1 = 2n - 3$ 个 4 点组,被计数 $2n-3$ 次,从而含点 P 的三角形有 $\dfrac{2}{2n-3} \sum_{i=1}^{k} a_i$ 个.

设 $\dfrac{2}{2n-3} \sum_{i=1}^{k} a_i = x$,则 $2\sum_{i=1}^{k} a_i = (2n-3)x$,故 $2 \mid (2n-3)x$,所以 $2 \mid x$,即 $x = \dfrac{2}{2n-3}\sum_{i=1}^{k} a_i$ 为偶数,故点 P 属于偶数个三角形,命题获证.

12. (1) 易知对 $f(x)$ 的任何根 α,必有 $|\alpha| > 1$,否则
$$|a_0| = |a_n \alpha^n + a_{n-1}\alpha^{n-1} + \cdots + a_1 \alpha|$$
$$\leqslant |a_n||\alpha^n| + |a_{n-1}||\alpha^{n-1}| + \cdots + |a_1||\alpha|$$
$$< |a_n| + |a_{n-1}| + \cdots + |a_1| < |a_0|,$$
矛盾.

反设 $f(x) = g(x)h(x)$,其中 $g(x), h(x)$ 的次数分别为 $s, t (s, t \geqslant 1, s+t = n)$,设 $g(x), h(x)$ 的常数项分别为 b_0, c_0,则 $a_0 = b_0 c_0$.

但 a_0 为质数,所以 $|b_0|, |c_0|$ 中有一个为 1.

不妨设 $|b_0| = 1$,而 $g(x)$ 的首项系数为整数,由韦达定理,$g(x)$ 的所有根的绝对值的积不大于 1,所以必有一个根的绝对值不大于 1,矛盾.

(2) 令 $p(x) = y^n f\left(\dfrac{1}{y}\right)$,则化归为 (1).

实际上

4 化 归

$$f\left(\frac{1}{y}\right) = a_n\left(\frac{1}{y}\right)^n + a_{n-1}\left(\frac{1}{y}\right)^{n-1} + \cdots + a_1\left(\frac{1}{y}\right) + a_0 \quad (a_n a_0 \neq 0),$$

$$y^n f\left(\frac{1}{y}\right) = a_n + a_{n-1}y + a_{n-2}y^2 + \cdots + a_2 y^{n-2} + a_1 y^{n-1} + a_0 y^n.$$

①

反设 $f(x) = g(x)h(x)$,其中 $g(x),h(x)$ 的次数分别为 $s,t(s,t \geq 1, s+t=n)$,则由式①,得

$$y^n g\left(\frac{1}{y}\right) h\left(\frac{1}{y}\right)$$
$$= a_n + a_{n-1}y + a_{n-2}y^2 + \cdots + a_2 y^{n-2} + a_1 y^{n-1} + a_0 y^n,$$

即

$$y^s g\left(\frac{1}{y}\right) \cdot y^t h\left(\frac{1}{y}\right)$$
$$= a_n + a_{n-1}y + a_{n-2}y^2 + \cdots + a_2 y^{n-2} + a_1 y^{n-1} + a_0 y^n,$$

令 $p(y) = y^s g\left(\frac{1}{y}\right), q(y) = y^t h\left(\frac{1}{y}\right)$,则 $p(y), q(y)$ 为整系数多项式,且 $a_n + a_{n-1}y + a_{n-2}y^2 + \cdots + a_2 y^{n-2} + a_1 y^{n-1} + a_0 y^n = p(y)q(y)$,与(1)的结论矛盾.

13. 考察一种最特殊的情形:所有方格中的数都为 1,此时,所有基本项之和为 $n!$.

因为 $4 \mid n!$,所以结论成立.

此外,对任何一个数表,记所有基本项之和为 P. 若表中有 -1,任取其中一个 -1,将其改变为 1,记改变后的数表的所有基本项的和为 P'.

考察 P 到 P' 的改变量,因为含所改变的 -1 的基本项有 $(n-1)!$ 个,-1 变为 1,其值增加 2,于是 P 到 P' 增加了 $2(n-1)!$.

注意到 $4 \mid 2(n-1)!$,所以 $P \equiv P' \pmod{4}$,即上述操作模 4 不变.

如此下去,直至将所有 -1 都变为 1,得到 $P^* = n!$,所以

$$P \equiv P' \equiv \cdots \equiv P^* \equiv 0 \pmod{4}.$$

14. 一个数列可以看成是一个排列,对两个不同的排列,其中有关不是另一个的前段的一个充分条件是:它们的长度相等.

假设它们的长度都是 r,那么互异的排列有 2^r 个.但题给的数列有 2^n 个,所以 $r=n$,即长为 n 的互异的排列有 2^n 个,它们中任何一个不是另一个的前段,此时 $S = n \times 2^n$.

下面证明 $S \geqslant n \times 2^n$.我们只需把任意一个合乎条件的排列组中的每一个排列都操作到长度不小于 n.我们称长度为 n 的排列为标准排列,长度小(大)于 n 的排列为短(长)排列.

如果合乎条件的排列组中存在短排列,则必存在长排列,否则,每个短排列至少可以扩充为两个互异的标准排列,使得标准排列个数超过 2^n,矛盾.

任取一个短排列 A,必存在长排列 B,去掉 A,B,加入两个排列:$A \cup \{0\}, A \cup \{1\}$,得到的排列组仍合乎条件,因为 $|A| < n, |B| \geqslant n$,于是操作后长度和 S 的增量为 $|A|+1+|A|+1-|A|-|B| = 2+|A|-|B| \leqslant 2+(n-1)-(n+1)=0$,即 S 不增.

如此下去,直至排列中存在短排列,必有 $f \geqslant f' \geqslant n \times 2^n$.

15. 先猜出极值点,然后不等式控制,证明目标函数大于极值点之值.想象 $PA=PB=PC$,则点 P 为 $\triangle ABC$ 的外心.

设 $\triangle ABC$ 的外接圆半径为 R,分别以点 A,B,C 为圆心,以 R 为半径作三个圆,显然三个圆相交于 $\triangle ABC$ 的外心 O,因为 $\triangle ABC$ 不是钝角三角形,所以点 O 在 $\triangle ABC$ 的内部或边界上.

于是,三个圆将 $\triangle ABC$ 划分为六个区域,因为三个圆没有公共区域,所以当点 P 在其中任何一个区域时,点 P 必在其中一个圆的外面或边界上,所以 PA, PB, PC 中必有一个不小于 R,即 $\max\{PA, PB, PC\} \geqslant R$.

又当 P 与 O 重合时(图 4.40),$\max\{PA, PB, PC\} = R$,所以点

P 在 $\triangle ABC$ 的外心时,$\max\{PA,PB,PC\}$ 最小.

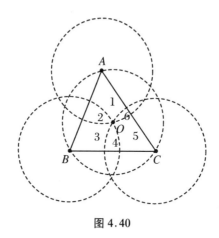

图 4.40

另解:先证明引理:若 M 在 $\triangle XYZ$ 的内部或边界上,则 $MY + MZ \leqslant XY + XZ$(延长 YM 交 XZ 于点 N 即证).

设点 P 是 $\triangle ABC$ 内部或边界上任意一点,点 O 是 $\triangle ABC$ 的外心.

由于 $\triangle ABC$ 不是钝角三角形,所以点 O 在 $\triangle ABC$ 内部或边界上(图 4.41).

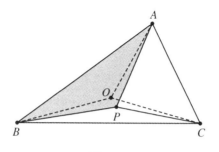

图 4.41

连 PA,PB,PC,不妨设点 O 在 $\triangle ABP$ 内部或边界上,则由引理,$OA + OB \leqslant PA + PB$,即 $2R \leqslant PA + PB$(其中 R 是 $\triangle ABC$ 的外

接圆半径),于是 $\max\{PA, PB\} \geq R$,所以 $\max\{PA, PB, PC\} \geq R$.

等号在点 P 为 $\triangle ABC$ 的外心时成立,故 $\triangle ABC$ 的外心为所求的点,$\max\{PA, PB, PC\}$ 的最小值为 R.

16. 我们证明更一般的结论:一条直线上标出 n 个蓝点和 n 个红点,其中任何两个点可以重合,包括两个异色点,则每两个同色点对之间的距离之和不大于每两个异色点之间的距离之和.

用 S 表示同色点之间的距离之和,S' 表示异色点之间的距离之和,要证 $S - S' \leq 0$.

先考察一种最特殊的情况:所有 $2n$ 个点重合为一个点,此时 $S - S' = 0$,结论成立.

对其他情况,设共有 N 个互异的点$(A_1, A_2, \cdots, A_N)$,它们在直线上从左至右依次排列,将 A_1 点处的所有点都移至 A_2 处,对应的 S 与 S' 分别记为 S_1, S_1',我们证明:$S - S' \leq S_1 - S_1'$.

实际上,不妨设 A_1 处有 p 个红点,q 个蓝点,那么,A_2 到 A_n 中共有 $n - p$ 个红点和 $n - q$ 个蓝点.

将 A_1 的 $p + q$ 个点移到 A_2,使同色点之间的距离减少了
$$(p(n - p) + q(n - q)) \cdot |A_1 A_2|,$$
即
$$S - S_1 = (p(n - p) + q(n - q)) \cdot |A_1 A_2|.$$
而异色点之间的距离减少了
$$(q(n - p) + p(n - q)) \cdot |A_1 A_2|,$$
即
$$S' - S_1' = (q(n - p) + p(n - q)) \cdot |A_1 A_2|.$$
所以
$$(S' - S_1') - (S - S_1) = (p(p - p) + q(q - p)) \cdot |A_1 A_2|$$
$$= |A_1 A_2| (p - q)^2 \geq 0.$$

如此下去,将所有点移至一个点 A_N 处,命题获证.

4 化 归

17. 令 $S = a_1a_2 + a_2a_3 + \cdots + a_na_1$. 先考察一种特殊情况：所有 $a_1, a_2, \cdots, a_n$ 都是 1，则 $S = n$.

对满足题设条件 $a_1a_2 + a_2a_3 + \cdots + a_na_1 = 0$ 的 $a_1, a_2, \cdots, a_n$，现将其中一个 $a_i = -1$ 换成 $a'_i = 1$，我们证明，这一操作使 S 关于模 4 不变.

实际上，操作后 S 的增量为

$$(a_{i-1}a'_i + a'_ia_{i+1}) - (a_{i-1}a_i + a_ia_{i+1})$$
$$= (a_{i-1} + a_{i+1}) - (-a_{i-1} - a_{i+1})$$
$$= 2(a_{i-1} + a_{i+1})$$
$$= \begin{cases} 0 & (\text{当 } a_{i-1} = -a_{i+1} \text{ 时}), \\ 4 & (\text{当 } a_{i-1} = a_{i+1} = 1 \text{ 时}) \\ -4 & (\text{当 } a_{i-1} = a_{i+1} = -1 \text{ 时}). \end{cases} \equiv 0 \pmod{4},$$

故

$$0 = a_1a_2 + a_2a_3 + \cdots + a_na_1 \equiv 1 + 1 + \cdots + 1 = n \pmod{4}.$$

18. 不能.

记数表为 A，$S(A) = \sum_{i=1}^{n}(a_i + b_i)$. 先考察特例：若各格都填 1，则显然有 $S(A) \neq 0$.

对其他情形，可通过操作化为这一情形. 将数表中的一个数改变符号得到数表 A'，这时 $a_1, a_2, \cdots, a_{25}$ 中恰有一个增加或减少 2，而其余的不变，所以 $\sum_{i=1}^{n} a_i$ 增加或减少 2. 同理，$\sum_{i=1}^{n} b_i$ 增加或减少 2.

于是

$$S(A') = \left(\sum_{i=1}^{n} a_i \pm 2\right) + \left(\sum_{i=1}^{n} b_i \pm 2\right)$$
$$= \sum_{i=1}^{n}(a_i + b_i) + t \quad (t = 0 \text{ 或 } 4),$$

所以

$$S(A') \equiv S(A) \pmod 4.$$

对任何一个数表 A,总可以通过多次操作使得变为 A',而 A' 中的数都是 1,于是,$S(A) \equiv S(A') \equiv 2 \not\equiv 0 \pmod 4$.

另证:反设存在填数方法,对合乎条件的填数,设 $a_1, a_2, \cdots, a_{25}$ 中恰有 s 个 -1,$b_1, b_2, \cdots, b_{25}$ 中恰有 t 个 -1,则

$$0 = \sum_{i=1}^{n}(a_i + b_i) = (25-s) - s + (25-t) - t$$
$$= 50 - 2s - 2t,$$

所以 $s + t = 25$.

注意到 $\prod_{i=1}^{25} a_i =$ 数表中各数的积 $= \prod_{i=1}^{25} b_i$,所以

$$1 = (\prod_{i=1}^{25} a_i)2 = (\prod_{i=1}^{25} a_i)(\prod_{i=1}^{25} b_i)$$
$$= (-1)^s(-1)^t = (-1)^{s+t} = (-1)^{25} = -1,$$

矛盾.

19. 先构造一种合乎条件的图,由此猜出最小值. 对一般情形,通过单调调整(交点个数不增),化归到前述情形.

称红线段与红线段的交点为红交点,蓝线段与蓝线段的交点为蓝交点,红线段与蓝线段的交点为奇异交点.

首先,如图 4.42 所示,共有 n 个奇异交点.

此图的特征是:红线段(粗线)不相交,从而每条红线段上至少一个奇异点.

对一般情形,我们将其调整到红线段都不相交.

一般地,设图中有 k 个奇异交点,若图中有两条红线段 AB, CD 相交,那么用线段 AD, BC 代替 AB, CD,则图中红色交点的个数至少减少 1. 这是因为,如果有一条红线段 PQ 与 AD 相交于点 M,则 PQ 至少与 AB, CD 之一相交于点 M_1(图 4.43),于是,每一个新交点

都至少与一个旧交点对应,而 AB 与 CD 相交得到的旧交点没有新交点与之对应(无三线共点).

图 4.42

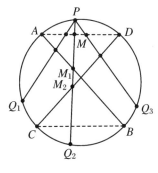

图 4.43

设经过这样一次操作后奇异交点的个数变为 k_1,则 $k_1 \leqslant k$. 这是因为某条蓝色弦 XY 与 AD 或 BC 相交,则至少与 AB, CD 之一相交.

如果操作一次以后还有红交点,则继续上述操作,直至没有红交点为止.

设此时的奇异交点个数为 $k_t (k_t \leqslant k_{t-1} \leqslant \cdots \leqslant k_1 \leqslant k)$,由于图中无红交点,对每一条红线段 a 而言,圆周上在它的每侧都有偶数个红点,从而每侧有奇数个蓝点,于是,至少有一条蓝点出发的蓝线段与 a 相交得一个奇异交点,即每条红线段上至少有一个奇异交点,从而 $k \geqslant k_t \geqslant n$.

综上所述,所求的最小值为 n.

20. 1.

我们先考虑正方形 $EFGH$ 的特殊位置,即它的各边与正方形 $ABCD$ 的各边对应平行的情况(图 4.44). 此时,显然有 $S = 1 \cdot 1 = 1$.

现在将一般情况变成上述特殊情况.

自点 E 向 AB 和 AD 分别作垂线 EN 和 EM(图 4.45),则有 $\angle 1 = \angle 2 = \angle 3$, $EM = EN$,所以 $\mathrm{Rt}\triangle PME \cong \triangle QNE$,所以

$$S = S_{\triangle PME} + S_{四边形 AMEQ} = S_{\triangle EQN} + S_{四边形 AMEQ} = S_{正方形 AMEN} = 1.$$

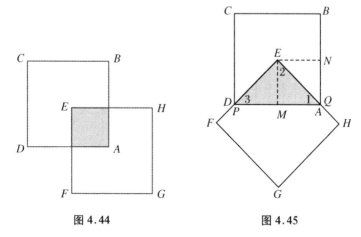

图 4.44　　　　　　　图 4.45

21. 充分必要条件为:$k_1, k_2, \cdots, k_n$ 的最大公约数为 1,且其中有奇数个奇数,但不全为奇数.

必要性:若 $\gcd(k_1, k_2, \cdots, k_n) = d > 1$,则相邻点的各坐标 mod d 均同余,故对点 $(0, 0, \cdots, 0)$ 与点 $(0, 0, \cdots, 0, 1)$ 不可能存在题述点列. 若这 n 个数中有偶数个奇数,则相邻两点的各坐标之和必同奇偶,故对上面两点也不可能存在题述点列. 最后若 $k_1, \cdots, k_n$ 全为奇数,则对两个相邻点,如果其中一个的各坐标同奇偶,则另一个点也如此,故对上面两点也不可能存在题述点列.

充分性:由于 $\gcd(k_1, k_2, \cdots, k_n) = 1$,故存在整数 $m_j (1 \leqslant j \leqslant n)$,使得 $k_1 m_1 + k_2 m_2 + \cdots + k_n m_n = 1$. 现在对任何 $a = (a_1, a_2, \cdots, a_n) \in \mathbf{Z}^n$,显然 a 与 $b = (a_1 + k_1, a_2 + k_2, \cdots, a_n + k_n)$ 相邻,而 b 又与 $c = (a_1 + 2k_1, a_2, \cdots, a_n)$ 相邻,故从 a 出发,可以使 a 的第一分量增加 $2k_1$. 同样的,也可以使 a 的第一分量减少 $2k_1$. 同理,也可以使 a 的第一分量增加或减少 $2k_j$,其中 $1 \leqslant j \leqslant n$. 于是可以使 a 的第一分量增加或减少 $2(k_1 m_1 + k_2 m_2 + \cdots + k_n m_n) = 2$. 同样的结论适用于第二,第三,$\cdots$,第 n 分量. 因此,只要 $a = (a_1, a_2, \cdots,$

a_n)与 $b=(b_1,b_2,\cdots,b_n)$ 的各分量同奇偶,就可以从 a 出发经过这样的操作变到 b. 于是我们不妨设 $(a_1,a_2,\cdots,a_n)$ 中各数都是 $\mod 2$ 的余数.

我们只要证明从 $(0,0,\cdots,0)$ 出发,通过上述操作可以得到任何一个 n 元数组即可(操作化归).设诸 k_j 中有 s 个为奇数,则进行一次操作相当于将 n 个分量中的 s 个改变奇偶性.而由条件有 s 为奇数,$s<n$.对任何两个分量 p 和 q,显然可以任取其他 $s-1$ 个分量(这里用到 $s<n$),先将 p 和那 $s-1$ 个分量改变奇偶性,再将 q 和那 $s-1$ 个分量改变奇偶性,则总的效果相当于将 p 和 q 改变奇偶性.于是通过这样的操作可以将任取的两个分量改变奇偶性.现在对任一分量 r,我们可以再取 $s-1$ 个分量,现将这 $s-1$ 个分量连同 r 一起改变奇偶性,再将这 $s-1$ 个分量分成若干对(由于 $s-1$ 为偶数),每对分别改变奇偶性,则总的效果相当于将 r 改变奇偶性.最后,从 $(0,0,\cdots,0)$ 出发,将需要改变奇偶性的分量都改变奇偶性即可得到任何一个 n 元数组.充分性成立.

22. 先考虑特殊情形:$x_1=x_2=\cdots=x_n=1$,则
$$f(x_1)f(x_2)\cdots f(x_n)=1,$$
结论成立.

若 $x_1,x_2,\cdots,x_n$ 不全相等,我们通过变量替换,化归到前一情形.

实际上,其中必有 $x_i>1,x_j<1$(不妨设 $i>j$),由
$$\begin{aligned}&f(x_i)f(x_j)-f(1)f(x_ix_j)\\&=(ax_i^2+bx_i+c)(ax_j^2+bx_j+c)\\&\quad-(a+b+c)(ax_i^2x_j^2+bx_ix_j+c)\\&=-abx_ix_j(x_i-1)(x_j-1)-ac(x_i^2-1)(x_j^2-1)\\&\quad-bc(x_i-1)(x_j-1)>0,\end{aligned}$$
可作变换:

$$\begin{cases} x'_k = x_k \quad (k \neq i, k \neq j), \\ x'_i = x_i x_j, \quad x'_j = 1. \end{cases}$$

则

$$\begin{cases} x'_1 x'_2 \cdots x'_n = x_1 x_2 \cdots x_n = 1, \\ f(x'_1)f(x'_2)\cdots f(x'_n) < f(x_1)f(x_2)\cdots f(x_n). \end{cases}$$

当 $x'_1, x'_2, \cdots, x'_n$ 不全相等时,则又进行同样的变换,每次变换都使 $x_1, x_2, \cdots, x_n$ 中等于 1 的个数增加一个,至多进行 $n-1$ 次变换,必可将所有的 x_i 都变为 1,从而结论成立.

5 建立递归关系

我们知道,所谓递归关系,就是某种序列中的任意一个对象与前面若干个对象之间的一种关系.

值得指出的是,我们这里的序列并非一定是数列.在研究特例的过程中,或者得到不同特例下的不同结果或状态,或者得到各个特例的不同处理方式,而建立递归关系,就是要发掘这些结果、状态或处理方式之间的联系.

一般地说,关于自然数 n 的命题,我们可先考虑 $n=1,2,3$ 等特殊情形,然后思考后一个特例是否包含前一特例的某些内容,或者研究如何在前一特例的基础上获得解决后一特例的方法,由此建立递归关系,使问题获解.

5.1 "进式"递归

所谓"进式"递归,是考虑如何在 k 个对象的情形中增加一个对象,使之得到 $k+1$ 个对象的情形,由此建立两者之间的递归关系.

例1 平面上 n 条直线,它们将平面划分为若干个区域.求证:可以将区域 2-染色,使有公共边界的任何两个区域异色.

分析与证明 此题的难点在于,直线的条数过多.比如:如何在

平面上画出 n 条直线？连直线都画不好，又如何染色？实际上，谁也不能给出具体的染色方法，只能给出一个染色的规则.这个规则可以通过研究特例来发现.

当 $n=1$ 时，染色很容易进行：将直线的一侧染 1 色，另一侧染 2 色即可(图 5.1).但这种特殊情况过于简单，一时还难以发现它对一般问题的解决有没有帮助.

当 $n=2$ 时，平面上 2 条直线只有两种可能的位置：相交或平行，对每一个情况，染色都容易进行.

现在我们来研究，$n=2$ 的染色如何由 $n=1$ 的染色得到.

由 $n=1$ 的染色产生 $n=2$ 的染色有如图 5.2~图 5.4 所示的三种情形.

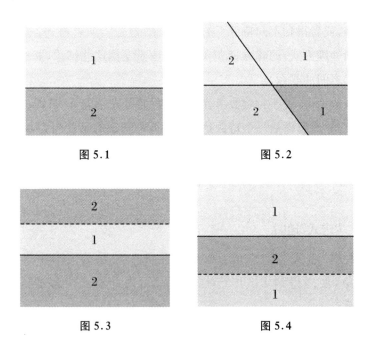

图 5.1　　　　　图 5.2

图 5.3　　　　　图 5.4

如何找到一种变动法则，使各种情形按同一法则变动后，染色合乎条件.

我们用 $n=3$ 的染色来验证其正确性(图 5.5).

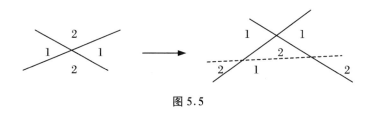

图 5.5

假设 k 条直线划分的区域可以按要求染色,考察 $k+1$ 条直线划分区域的情形.

添加一条直线 L 后,将 L 一侧的所有区域改变成与原来相反的颜色,而另一侧的染色保持不变,我们证明这种染色合乎要求.

实际上,对任何两个有公共边界的区域 P 和 Q,它们所在的位置有以下一些情况:

(1) P,Q 都在 L 的未改变颜色的那一侧,则因为 P,Q 有公共边界,它们在 k 条直线划分的区域中是异色的,添加 L 后,它们都未改变颜色,仍然异色.

(2) P,Q 都在 L 的已改变了颜色的那一侧,则因为 P,Q 有公共边界,它们在 k 条直线划分的区域中是异色的,添加 L 后,它们都改变颜色,仍然异色.

(3) P,Q 之一在 L 的未改变颜色的那一侧,而另一个在 L 的改变了颜色的那一侧,则因为 P,Q 有公共边界,它们的公共边界只能在 L 上.

在 k 条直线划分的区域中它们为同一个区域,从而同色,添加 L 后,它们其中之一改变颜色,因而异色.

综上所述,命题获证.

显然,上面的解答并没有给出具体的染色方法,而是以递推的方式给出了一种染色方案.

例2 设 $S_n = \left\{1,2,3,\cdots,\dfrac{3^n+1}{2}\right\}$,试证:存在 S_n 的一个含 2^n 个元素的子集 M_n,使其中任何三个数不成等差数列.

分析与解 从简单情况开始.

当 $n=1$ 时,$S_1=\{1,2\}$,令 $M_1=\{1,2\}$,即可满足题目要求.

当 $n=2$ 时,$S_2=\{1,2,3,4,5\}$,我们可采用逐增构造:先取 $1,2\in M_2$,但 $1,2,3$ 成等差数列,从而下一个数不能取 3.进而可取 $4,5\in M_2$,于是,令 $M_2=\{1,2,4,5\}$,即可满足题目要求.

当 $n=3$ 时,$S_3=\{1,2,3,\cdots,14\}$,仍采用逐增构造:同上,先取 $1,2,4,5\in M_3$,但 $4,5,6;1,4,7;2,5,8;1,5,9$ 分别成等差数列,从而下一个数不能取 $6,7,8,9$.进而可取 $10,11\in M_3$.又 $10,11,12$ 成等差数列,从而下一个数不能取 12,进而可取 $13,14\in M_3$,于是,令 $M_3=\{1,2,4,5,10,11,13,14\}$,即可满足题目要求.

现在,我们来研究上述特例中合乎题目要求的集合之间的联系.

显然,M_2 是在 $M_1=\{1,2\}$ 的基础上扩充两个元素 $4,5$ 而成,那么 $4,5$ 与 $1,2$ 之间是否有某种联系呢,一种显然的关系是 $4=1+3,5=2+3$.

再考察 M_3,显然,M_3 是在 $M_2=\{1,2,4,5\}$ 的基础上扩充 2^2 个元素 $10,11,13,14$ 而成,那么 $10,11,13,14$ 与 $1,2,4,5$ 之间是否有某种联系呢,一种显然的关系是 $10=1+3^2,11=2+3^2,13=4+3^2,14=5+3^2$.

由此可见,当 $n=k$ 时,若存在满足题目要求的集合 M_k,那么,构造如下集合:
$$M_{k+1} = M_k \cup \{3^k + x \mid x \in M_k\}.$$

我们证明:当 $n=k+1$ 时,上述构造的 M_{k+1} 满足题目要求.

首先,因为 $|M_k|=2^k$,所以 $|M_{k+1}|=2|M_k|=2\cdot 2^k=2^{k+1}$.

又由归纳假设,对任何 $x\in M_k$,有 $x\leqslant\dfrac{3^k+1}{2}$,于是,对任何 $y\in$

M_k,有
$$y = x + 3^k \leqslant \frac{3^k + 1}{2} + 3^k = \frac{3^{k+1} + 1}{2},$$
从而 M_{k+1} 是 S_{k+1} 的一个含 2^{k+1} 个元素的子集.

下面证明 M_{k+1} 中没有三个数成等差数列,用反证法.

反设 M_{k+1} 中存在三个数 $x,y,z(x<y<z)$ 成等差数列,则 $x+z=2y$. 由归纳假设,x,y,z 不能都属于 M_k,也不能都属于 $\{3^k+x\mid x\in M_k\}$,从而
$$x\in M_k, \quad z\in\{3^k+x\mid x\in M_k\}.$$

若 $y\in M_k$,则 $y\leqslant\frac{3^k+1}{2}$,即 $2y\leqslant 3^k+1$. 但 $x\geqslant 1, z\geqslant 3^k+1$,所以
$$2y = x+z \geqslant 3^k+2 > 3^k+1 \geqslant 2y,$$
矛盾.

若 $y\in\{3^k+x\mid x\in M_k\}$,则 $y\geqslant 3^k+1$. 但 $x\in M_k, z\in M_{k+1}$,有
$$x\leqslant\frac{3^k+1}{2}, \quad z\leqslant\frac{3^{k+1}+1}{2},$$
所以
$$x+z \leqslant \frac{3^k+1}{2} + \frac{3^{k+1}+1}{2} = \frac{3^k+3^{k+1}+2}{2}$$
$$= \frac{3^k+3\cdot 3^k+2}{2} = 2\cdot 3^k + 1 < 2\cdot 3^k+2 \leqslant 2y,$$
矛盾.

综上所述,命题获证.

例 3 设 n 是给定的正整数,是否可以将 $1,2,\cdots,n$ 排成一行,使这些数中任意两个项的算术平均数都不等于夹在它们之间的某个项的值?换句话说:是否存在 $1,2,\cdots,n$ 的一个排列 $a_1,a_2,\cdots,a_n$,满足不存在下标 $i<k<j$,使 $2a_k=a_i+a_j$?

分析与解 我们称 $1,2,\cdots,n$ 的合乎条件的排列为好排列,先考

虑特殊情形.

取 $n=2$,此时本质上只有唯一的排列:$(1,2)$,它显然合乎要求.

取 $n=3$,此时有四个好排列:$(1,3,2),(2,3,1),(2,1,3),(3,1,2)$.

显然,$n=3$ 的好排列难以与 $n=2$ 的好排列建立联系.

再考察 $n=4$ 的好排列,有以下情形:

如果 1 排首位,则 2,3 都排在 1 的后面,必须逆序,得到顺序排列:$\cdots,1,\cdots,3,\cdots,2,\cdots$.现在插入 4,得到两个合乎条件的排列:
$$(1,3,4,2),(1,3,2,4).$$

如果 2 排首位,则 3,4 都排在 1 的后面,必须逆序,得到顺序排列:$\cdots,2,\cdots,4,\cdots,3,\cdots$.现在插入 1,得到 3 个合乎条件的排列:
$$(2,1,4,3),(2,4,1,3),(2,4,3,1).$$

我们现在来研究 $n=4$ 的好排列与 $n=2,3$ 的好排列有何联系.

不难看出,$n=4$ 的好排列与 $n=3$ 的好排列的联系不明显,而 $n=4$ 的好排列与 $n=2$ 的好排列却有紧密的联系.

注意到 $n=2$ 的好排列 $(1,2)$ 以 1 排首位,所以我们只考察 $n=4$ 的好排列中以 1 排首位的排列,其中与 $(1,2)$ 有紧密联系的是 $(1,3,2,4)$.

实际上,将 $(1,3,2,4)$ 分为两组:$(1,3)\cup(2,4)$,则每一组都可以与 $n=2$ 的好排列 $(1,2)$ 建立联系:
$$(1,3)=(2\times1-1,2\times2-1),$$
$$(2,4)=(2\times1,2\times2),$$
也就是说,设 $n=2$ 的好排列为 $(a_1,a_2)=(1,2)$,则 $n=4$ 的好排列为
$$(2a_1-1,2a_2-1,2a_1,2a_2)=(1,3,2,4).$$

注意到这种递归构造每次使排列的长度增加一倍,接下来要考虑 $n=8$ 的好排列.

假定由 $n=4$ 的好排列 $(a_1,a_2,a_3,a_4)=(1,3,2,4)$,按上述方法构造 $n=8$ 的好排列,则其排列应为
$$(2a_1-1,2a_2-1,2a_3-1,2a_4-1,2a_1,2a_2,2a_3,2a_4)$$
$$=(1,5,3,7,2,6,4,8).$$
容易验证:$(1,5,3,7,2,6,4,8)$ 确实是 $n=8$ 的好排列.

如此下去,即可构造出 $n=2^k(k\in\mathbf{N})$ 的好排列.

于是,我们先证明,对任何正整数 k,都存在长为 $n=2^k$ 的好排列.

对 k 归纳.

当 $k=1$ 时,$n=2$,相应的好排列为 $(1,2)$,结论成立.

假设结论对 k 成立,并设 $(a_1,a_2,\cdots,a_{2^k})$ 是长为 2^k 的好排列,考虑长为 2^{k+1} 的排列
$$(b_1,b_2,\cdots,b_{2^{k+1}})=(2a_1-1,2a_2-1,\cdots,2a_{2^k}-1,2a_1,2a_2,\cdots,2a_{2^k}),$$
我们分别称 $(2a_1-1,2a_2-1,\cdots,2a_{2^k}-1)$,$(2a_1,2a_2,\cdots,2a_{2^k})$ 为该排列的前部和后部,前部由 1 和 2^k+1 之间的所有奇数构成,而后部是该范围内的所有偶数,因此,排列 $(b_1,b_2,\cdots,b_{2^{k+1}})$ 是 $1,2,\cdots,2^{k+1}$ 的一个排列.

下面证明 $(b_1,b_2,\cdots,b_{2^{k+1}})$ 是好排列.

实际上,反设数列中存在 3 个数 $b_i,b_p,b_j(i<p<j)$,使 $b_i+b_j=2b_p$,则 b_i+b_j 为偶数,从而 b_i,b_j 同奇偶,所以 b_i,b_j 同属于序列的前部或同属于序列的后部.

如果 b_i,b_j 同属于序列的前部,注意到 $i<p<j$,则 b_p 也属于序列的前部,不妨设 $b_i=2a_s-1,b_j=2a_t-1,b_r=2a_r-1$,则
$$(2a_s-1)+(2a_t-1)=2(2a_r-1),由此得 a_s+a_t=2a_r.$$

由 $i<p<j$,得 $s<r<t$,这与 $a_1,a_2,\cdots,a_{2^k}$ 是 $1,2,\cdots,2^k$ 的一个合乎要求的排列矛盾.

如果 b_i,b_j 同属于序列的后部,注意到 $i<p<j$,则 b_p 也属于

序列的后部,不妨设 $b_i = 2a_s$, $b_j = 2a_t$, $b_r = 2a_r$,则 $2a_s + 2a_t = 2 \cdot 2a_r$,由此得 $a_s + a_t = 2a_r$.

由 $i<p<j$,得 $s<r<t$,这与 $a_1, a_2, \cdots, a_{2^k}$ 是 $1, 2, \cdots, 2^k$ 的一个合乎要求的排列矛盾.

综上所述,结论成立.

最后证明,对任何正整数 n,都存在长为 n 的好排列.

实际上,对给定的正整数 n,必定存在自然数 k,使 $2^k \leqslant n < 2^{k+1}$.

令 $n = 2^{k+1} - r (0 < r \leqslant 2^k)$,先由前面的结论,可构造一个长为 2^{k+1} 的好排列,然后删除该排列中大于 n 的 r 个数,即得到长为 n 的好排列,这是因为,任何一个好排列,删除一些项后得到的排列仍是好排列.

综上所述,对任何正整数 n,都可将 $1, 2, \cdots, n$ 排成合乎要求的排列.

例 4 证明存在无穷多个正整数 n 具有以下性质:数 $1, 2, \cdots, n^2$ 可以排成一个 $n \times n$ 正方形数阵,这些数字中任意两个的算术平均不包含在包含它们的最小矩形中,即 a_{ij} 和 a_{kl} 的算术平均值不是某个已知数 a_{rs}. 其中 $\min\{i, k\} \leqslant r \leqslant \max\{i, k\}$, $\min\{j, l\} \leqslant s \leqslant \max\{j, l\}$.

分析与解 这是上题的一个推广,有一定的难度,主要难在检验数阵是否具有所描述的性质.

如果 $1, 2, \cdots, n^2$ 被排列成 $n \times n$ 数阵,我们设 z 为两个数 x 和 y 之间的数,如果 z 包含在含有 x 和 y 的最小矩形中,我们将证明形如 2^k 的数具有题设性质.

然而,这一次,我们的解法不能证明所有 n 合乎条件. 在序列中删除几个数可产生一个新的序列. 但是,在方形数阵中删除几个给定的数不一定会产生另一个方形数阵,它只是在数阵中产生一些孔.

5 建立递归关系

我们对 k 归纳. 对于 $k=1$, 数阵 $\begin{bmatrix} 1 & 2 \\ 3 & 4 \end{bmatrix}$ 合乎条件.

假设对于某个 $k \geqslant 1$ 可以将 $1, 2, \cdots, (2^k)^2$ 排成 $2^k \times 2^k$ 的方阵 $\boldsymbol{A} = (a_{ij})$, 使任何两个给定数的算术平均数不在它们之间.

考察四个 $2^k \times 2^k$ 数阵:
$$\boldsymbol{A}_0 = (4a_{ij}), \quad \boldsymbol{A}_1 = (4a_{ij} - 1),$$
$$\boldsymbol{A}_2 = (4a_{ij} - 2), \quad \boldsymbol{A}_3 = (4a_{ij} - 3),$$
其中最大的数在 $\boldsymbol{A}_0 = (4a_{ij})$ 中, 且为 (a_{ij}) 中最大数的 4 倍, 即
$$4(2^k)^2 = (2^{k+1})^2,$$
于是, 它们包含 1 和 $(2^{k+1})^2$ 之间的所有数. 同时, $\boldsymbol{A}_i$ 中的数模 4 同余 ($i = 0, 1, 2, 3$). 将这些数阵排列成一个 $2^{k+1} \times 2^{k+1}$ 的数阵 $\boldsymbol{B} = \begin{bmatrix} \boldsymbol{A}_0 & \boldsymbol{A}_1 \\ \boldsymbol{A}_2 & \boldsymbol{A}_3 \end{bmatrix}$, 它包含所有的数字 $1, 2, \cdots, (2^{k+1})^2$, 只需验证, $\boldsymbol{B}$ 的任何两项的算术平均数不在这两项之间. 为叙述问题方便, 我们称 $\boldsymbol{A}_0$, $\boldsymbol{A}_1, \boldsymbol{A}_2, \boldsymbol{A}_3$ 为四个象限.

如果两个已知数 x 和 y 在同一象限, 即它们都属于数阵 $\boldsymbol{A}_0, \boldsymbol{A}_1$, $\boldsymbol{A}_2, \boldsymbol{A}_3$ 中的一个, 这是该象限内的问题, 很容易解决.

事实上, 如果 $x = 4a_{ij} - r$ 和 $y = 4a_{kl} - r$ 的平均值 ($r = 0, 1, 2, 3$) 在这两个数之间, 通过如前述证明中的简单计算可知, $\boldsymbol{A}$ 不是 1, $2, \cdots, (2^k)^2$ 的合乎要求的解 (x, y 的平均值为 $2a_{ij} + 2a_{kl} - r$, 它等于某个 $4a_{st} - r$, 则 $2a_{ij} + 2a_{kl} = 4a_{st}$, 得 $a_{ij} + a_{kl} = 2a_{st}$). 这与归纳假设相违背. 如果 x 和 y 位于 $\boldsymbol{B}$ 的同一行或同一对角的象限中, 也不必担心, 因为它们的算术平均值不是整数.

由此可见, 我们只需要检验 $x \in \boldsymbol{A}_0, y \in \boldsymbol{A}_2$ 或 $x \in \boldsymbol{A}_1, y \in \boldsymbol{A}_3$ 时的情况.

在第一种情况下, 我们有 $x \equiv 0 \pmod{4}, y \equiv 2 \pmod{4}$, 所以

$\frac{1}{2}(x+y)$ 是奇数,必属于 A_1 或 A_3. 在第二种情况下,x 和 y 是在 B 的"右半"部分,而它们的算术平均值是偶数,必属于 B 的"左半"部分,这两种情况都有 $\frac{1}{2}(x+y)$ 不在 x,y 之间. 因此,B 符合我们的要求,归纳完成.

我们可以将上述问题进一步推广到 3 维空间,得到如下的问题.

例 5 试证:对任何正整数 n,可以将数 $1,2,3,\cdots,8^n$ 排成一个 $2^n \times 2^n \times 2^n$ 正方体数阵,这些数字中任意两个的算术平均不包含在包含它们的最小长方体中,即 a_{ijp} 和 a_{klq} 的算术平均值不是某个已知数 a_{rst}. 其中 $\min\{i,k\} \leqslant r \leqslant \max\{i,k\}$,$\min\{j,l\} \leqslant s \leqslant \max\{j,l\}$,$\min\{p,q\} \leqslant t \leqslant \max\{p,q\}$.

分析与解 对于 $n=1$,数阵 $\begin{pmatrix} 1 & 2 \\ 3 & 4 \end{pmatrix} \cup \begin{pmatrix} 5 & 6 \\ 7 & 8 \end{pmatrix}$ 合乎条件,其中 $\begin{pmatrix} 1 & 2 \\ 3 & 4 \end{pmatrix}, \begin{pmatrix} 5 & 6 \\ 7 & 8 \end{pmatrix}$ 分别表示 $2 \times 2 \times 2$ 正方体数阵的上下两层 2×2 正方形数阵.

假设对于某个 $k \geqslant 1$ 可以将 $1,2,\cdots,(2^k)^3$ 排成 $2^k \times 2^k \times 2^k$ 的方阵 $A = (a_{ijp})$ 使任何两个给定数的算术平均数在它们之间.

考察八个 $2^k \times 2^k \times 2^k$ 数阵 $A_h = (8a_{ijp} - h)(h = 0,1,2,\cdots,7)$,其中最大的数在 $A_0 = (8a_{ijp})$ 中,且为 (a_{ijp}) 中最大数的 8 倍,即 $8(2^k)^3 = (2^{k+1})^3$. 于是,它们包含 1 和 $(2^{k+1})^3$ 之间的所有数,同时,A_h 中的数模 8 同余 $(h=0,1,2,\cdots,7)$.

将这些数阵排列成一个 $2^{k+1} \times 2^{k+1} \times 2^{k+1}$ 数阵 $B = \begin{pmatrix} A_0 & A_1 \\ A_2 & A_3 \end{pmatrix} \cup \begin{pmatrix} A_4 & A_5 \\ A_6 & A_7 \end{pmatrix} = B_1 \cup B_2$,其中 $B_1 = \begin{pmatrix} A_0 & A_1 \\ A_2 & A_3 \end{pmatrix}$,$B_2 = \begin{pmatrix} A_4 & A_5 \\ A_6 & A_7 \end{pmatrix}$ 表示 B 的上下两层,每一层由四个 $2^k \times 2^k \times 2^k$ 的方阵

排成.

显然,B 包含 $1,2,\cdots,(2^{k+1})^3$ 中的所有的数. 我们只需验证,B 的任何两个数 x,y 的算术平均数不在 x,y 之间.

如果两个数 x,y 属于同一个 B_i($i=1$ 或 2),不妨设 x,y 属于 B_1,我们称 A_0,A_1,A_2,A_3 为四个象限.

如果两个已知数 x 和 y 位于 B_1 的同一象限,反设 $x=8a_{ijp}-h$ 和 $y=8a_{klq}-h$ 的平均值($h=0,1,2,3$)在这两个数之间,通过简单计算可知,A 不是 $1,2,\cdots,(2^k)^3$ 的合乎要求的解(x,y 的平均值为 $4a_{ijp}+4a_{klq}-h$,它等于某个 $8a_{rst}-h$,则 $4a_{ijp}+4a_{klq}=8a_{rst}$,得 $a_{ijp}+a_{klq}=2a_{rst}$).这与归纳假设相违背.如果 x 和 y 位于 B_1 的同一行或同一对角的象限中,则它们的算术平均值不是整数.

由此可见,我们只需要检验 $x\in A_0,y\in A_2$ 或 $x\in A_1,y\in A_3$ 时的情况.

在第一种情况下,我们有 $x\equiv 0\ (\text{mod } 8),y\equiv 2\ (\text{mod } 8)$,所以 $\frac{1}{2}(x+y)$ 是奇数,必属于 A_1 或 A_3. 在第二种情况下,x 和 y 是在 B_1 的"右半"部分,而它们的算术平均值是偶数,必属于 B_1 的"左半"部分,这两种情况都有 $\frac{1}{2}(x+y)$ 不在 x,y 之间.

将 B 改写成 $B=\begin{pmatrix} A_0 & A_1 \\ A_4 & A_5 \end{pmatrix}\cup\begin{pmatrix} A_2 & A_3 \\ A_6 & A_7 \end{pmatrix}=C_1\cup C_2$,其中 $C_1=\begin{pmatrix} A_0 & A_1 \\ A_4 & A_5 \end{pmatrix}$,$C_2=\begin{pmatrix} A_2 & A_3 \\ A_6 & A_7 \end{pmatrix}$ 表示 B 的前后两层,每一层由 4 个 $2^k\times 2^k\times 2^k$ 的方阵排成.

类似于上面的证明,如果两个数 x,y 属于同一个 C_i($i=1$ 或 2),则 $\frac{1}{2}(x+y)$ 不在 x,y 之间.

例 6 正整数的 $n(n>1)$ 进制表示中,各位数字互不相同,且每

个数字均与它前面的某个数字的差的绝对值为 1,这样的正整数有多少个?

分析与解 设合乎条件的 n 进制数有 x_n 个,而允许 0 排首位的 n 进制数(称为"广义 n 进制数")有 y_n 个,我们先求广义 n 进制数的个数 y_n.

首先,由归纳法可以证明:广义 n 进制数只能是由若干个连续的自然数适当排列而成,且末位数码是最大的或是最小的(因为每次添加的数只能是比最大的大 1 或比最小的小 1).

这一结果可由如图 5.6 所示的树图给出.

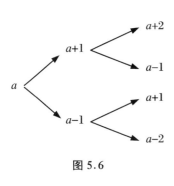

图 5.6

下面采用进的策略来递归(设法在广义 n 进制数的后面添加一个数码使之变为广义 $n+1$ 进制数).

假定共有 y_n 个广义 n 进制数,我们考虑在此基础上可得到多少个广义 $n+1$ 进制数,这就要考虑:由每个广义 n 进制数可得到多少个广义 $n+1$ 进制数.

要建立一个对应 f:1 个广义 n 进制数 $\longrightarrow k$ 个广义 $n+1$ 进制数(k 为常数).

下面来寻求 f.

设广义 n 进制数为 $\overline{a_1 a_2 \cdots a_p}$,想象添加一个数码,使之变成广义 $n+1$ 进制数,则添加的数码可以是 $m-1$ 和 $M+1$,其中 $m = \min\{a_1, a_2, \cdots, a_p\}$, $M = \max\{a_1, a_2, \cdots, a_p\}$.

当添加的数是 $M+1$ 时,立即得到合乎条件的广义 $n+1$ 进制数.

当添加的数是 $m-1$ 时,$m-1$ 可能小于 0,于是还须将得到的数的每个数字都加上 1.

5 建立递归关系

由以上分析可知,每个广义 n 进制数都有两种方法得到广义 $n+1$ 进制数.

反之,由这两种方法可否得到所有的广义 $n+1$ 进制数呢(有没有遗漏)?

首先注意,这样得到的广义 $n+1$ 进制数至少是二位数(遗漏了一位数的情形),因为在广义 n 进制数的基础上增加一个数位.

其次,对任何至少有两个数位的广义 $n+1$ 进制数,还要看它是否按照上述方法的逆得到广义 n 进制数.

设 $\overline{a_1 a_2 \cdots a_p}$ 是一个 p 位广义 $n+1$ 进制数,如何由它得到一个 $p-1$ 位的广义 n 进制数呢?——也有两种方案:一是直接划去最大数字,二是先划去最小数字再将得到的数的每个数字都减去 1(以保证最大数字小于 $n-1$).

综上所述,一个广义 n 进制数 $\longrightarrow$ 两个至少有两个数位的广义 $n+1$ 进制数.

考察任意一个 p 位的广义 n 进制数 $x = \overline{a_1 a_2 \cdots a_p}$,令 $m = \min\{a_1, a_2, \cdots, a_p\}$,$M = \max\{a_1, a_2, \cdots, a_p\}$,则 x 都有两种方法扩充为 $p+1$ 位的 $n+1$ 进制数:第一种方法是在 x 的末尾添加 $M+1$,得到 $\overline{a_1 a_2 \cdots a_p (M+1)}$;第二种方法是将 x 的每个数码都加上 1,再在其末尾添加 m,得到 $\overline{(a_1+1)(a_2+1) \cdots (a_p+1) m}$.

显然,当 $x = \overline{a_1 a_2 \cdots a_p}$,$y = \overline{b_1 b_2 \cdots b_p}$ 不同时,按上述方法得到的四个数

$$\overline{a_1 a_2 \cdots a_p (M+1)}, \quad \overline{(a_1+1)(a_2+1) \cdots (a_p+1) m},$$
$$\overline{b_1 b_2 \cdots b_p (N+1)}, \quad \overline{(b_1+1)(b_2+1) \cdots (b_p+1) n}$$

互不相同(没有重复).

下面我们证明:每个至少有两个数码的广义 $n+1$ 进制数都可由广义 n 进制数通过上述方法扩充而得到(除一位数外没有遗漏).

实际上,考察任意一个 $p(p>1)$ 位的广义 $n+1$ 进制数 $x =$

$\overline{a_1 a_2 \cdots a_p}$,如果 a_p 是最大的,则去掉 a_p,便得到 $p-1$ 位的广义 n 进制数 $p = \overline{a_1 a_2 \cdots a_{p-1}}$,这表明 x 是由广义 n 进制数 p 按第一种方法扩充得到的;

如果 a_p 是最小的,则去掉 a_p 且将每个数码都减少 1,便得到 $p-1$ 位的广义 n 进制数 $q = \overline{(a_1-1)(a_2-1)\cdots(a_p-1)}$,这表明 x 是由广义 n 进制数 q 按第二种方法扩充得到的.

最后,注意到一位的广义 $n+1$ 进制数有 $0,1,2,\cdots,n$ 共 $n+1$ 个,于是

$$y_{n+1} = 2y_n + n + 1.$$

由此得

$$y_n + n + 2 = 2(y_{n-1} + n - 1 + 2),$$
$$y_n + n + 2 = 2^{n-2}(y_2 + 2 + 2) = 2^{n+1},$$
$$b_n = 2^{n+1} - n - 2.$$

因为首位为 0 且至少有二位的 n 进制数有 $01,012,\cdots,0123\cdots(n-1)$ 共 $n-1$ 个,所以

$$x_n = y_n - (n-1) = 2^{n+1} - 2n - 1.$$

例 7 一个有限数集 A 中所有数的和称为 A 的容量(空集的容量为 0).设 $S = \{1,2,3,\cdots,100\}$,求出 S 的容量为 5 的倍数的子集的个数.(1994 年数学通讯赛试题)

分析与解 我们称容量为 5 的倍数的子集为好子集.

令 $S_n = \{1,2,3,4,5,6,\cdots,5n\}$,对于一个好子集,去掉一些模 5 为 0 的数后仍为好子集,加上一些模 5 为 0 的数也仍是好子集,于是,可先将 S 中模 5 为 0 的数去掉,求出所有的好子集以后再添加模 5 为 0 的数.

令 $S'_n = \{1,2,3,4,6,7,8,9,\cdots,5n-4,5n-3,5n-2,5n-1\}$.

假设 S'_n 中有 x_n 个好子集,考察 $S'_{n+1} = S'_n \bigcup \{5n+1,5n+2,5n+3,5n+4\}$,它的好子集可分为两类:一类是 S'_n 的好子集,这类好子

集有 x_n 个;另一类是至少有一个元素在 $\{5n+1, 5n+2, 5n+3, 5n+4\}$ 中的好子集,这类好子集必是 S'_n 的一个子集(包括空集)与 $\{5n+1, 5n+2, 5n+3, 5n+4\}$ 的一个非空子集并成.要并成好子集,必须考察子集的容量模 5 后的余数.

将 $\{5n+1, 5n+2, 5n+3, 5n+4\}$ 的非空子集按其容量模 5 的余数可分为五类,则每一类中都恰有三个子集.

模 5 余 0:$\{1,4\}, \{2,3\}, \{1,2,3,4\}$.
模 5 余 1:$\{1\}, \{2,4\}, \{1,2,3\}$.
模 5 余 2:$\{2\}, \{3,4\}, \{1,2,4\}$.
模 5 余 3:$\{3\}, \{1,2\}, \{1,3,4\}$.
模 5 余 4:$\{4\}, \{1,3\}, \{2,3,4\}$.

于是,对于 S'_n 的每一个子集(不论好坏),都有 $\{5n+1, 5n+2, 5n+3, 5n+4\}$ 中的三个非空子集与之并成好子集,但 S'_n 有 2^{4n} 个子集,由此可产生 3×2^{4n} 个第二类的好子集.

于是
$$x_{n+1} = 3 \times 2^{4n} + x_n, \quad x_1 = 4,$$
解得
$$x_n = \frac{1}{5}(2^{4n} - 16) + 4.$$

注意到 S_n 中有 n 个数为 5 的倍数构成集合 $A = \{5, 10, 15, \cdots, 5n\}$,则 A 有 2^n 个好子集.

因为 $S_n = S'_n \cup A$,对 S'_n 的每一个好子集,并上 A 的一个好子集,便得到 S_n 的一个好子集,于是,由乘法原理,S_n 的所有好子集的个数为 $2^n x_n = \frac{1}{5}(2^{5n} + 4 \times 2^n)$.

注 本题若不去掉"容量为 5 的倍数"这一条件,则过程较繁.此时设 S_n 的好子集的个数为 y_n,则
$$y_{n+1} = 6 \times 2^{5n} + 2y_n, \quad y_1 = 8,$$

解得

$$y_n = \frac{1}{5}(2^{5n} + 4 \times 2^n).$$

其中注意将 S_1 的子集除空集和全集外,平均分为五类,再补进 S_n 的好子集,并上 $\{0,1,2,\cdots,5\}$ 及空集便得.

5.2 "退式"递归

所谓"退式"递归,是考虑如何在 k 个对象的情形中去掉一个对象,使之得到 $k-1$ 个对象的情形,由此建立两者之间的递归关系.

值得一提的是,有些问题是不能采用"进式"递归的,其原因是在 k 个对象的情形中增加一个对象,并不一定得到合乎题目要求的 $k+1$ 个对象的情形. 比如,对于"某个范围内任何 n 个对象都具有性质 P"的命题,由 $n=k$ 的归纳假设:"某个范围内任何 k 个对象都具有性质 P",在这 k 个对象的基础上增加一个对象,虽然得到了 $k+1$ 个对象,但它并不是"某个范围内任何 $k+1$ 个对象",因为其中已包含了归纳假设中的 k 个对象,从而这 $k+1$ 个对象不具有任意性.

如果一个问题不能采用"进式"递归,或者不方便使用"进式"递归,则可考虑使用"退式"递归.

例 1 已知凸 $n(n \geqslant 4)$ 边形被若干条不相交的对角线剖分成若干个三角形,试证:可以在凸 n 边形的每个顶点上标上 2007 的数码(即用 2,0,7 三个数码),使得该剖分中任意一个由有公共边的两个剖分三角形组成的凸四边形的顶点上标的数字和为 9,即分别为 2,0,0,7.(2007 年奥地利数学奥林匹克决赛第二轮试题)

分析与证明 为叙述问题方便,我们称由有公共边的两个剖分三角形组成的凸四边形为"奇异四边形".

先考虑特例. 当 $n=4$ 时,在四个顶点上分别标上 2,0,0,7 即可.

当 $n=5$ 时,凸五边形的剖分本质上只有一种方式,同样存在合乎条件的编号方法,如图 5.7 所示.

我们来研究, $n=5$ 的编号如何由 $n=4$ 的编号得到.

关键顶点为不引出对角线的顶点(图 5.8 中的 A_5),去掉 A_5 及其相连的边,余下部分变成 $n=4$ 的编号.

(去掉点 A_1 是不行的,此时只剩下非封闭的 3 条边,不构成凸四边形的剖分.)

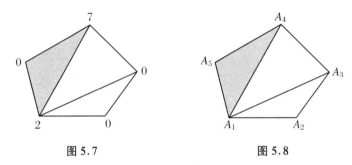

图 5.7 　　　　　　　　　图 5.8

现在,添加点 A_5,并将点 A_2 的编号作为点 A_5 的编号即可.

那么,点 A_5 与点 A_2 有何关系? 考察点 A_5 所在的奇异四边形,它唯一存在,为凸四边形 $A_5A_1A_3A_4$,如果去掉该四边形的顶点 A_5,添加点 A_2,则得到另一个奇异四边形 $A_1A_2A_3A_4$,也就是说,奇异四边形 $A_5A_1A_3A_4$ 与奇异四边形 $A_1A_2A_3A_4$ 有 3 个公共点,于是,将点 A_2 的编号作为点 A_5 的编号,则编号合乎要求.

一般地,对 n 归纳.

设结论对小于 n 的正整数成立,考虑 $n(n>4)$ 的情形.

为了化归到 $n-1$ 的情形,需要在凸 n 边形的剖分中找到凸 $n-1$ 边形的剖分以利用归纳假设,这就要找到以凸 n 边形的连续个顶点为顶点的剖分三角形.

因为凸 n 边形剖分成 $n-2$ 个三角形,考虑凸 n 边形的 n 条边在剖分三角形中的归属,必定有两条边属于同一个剖分三角形,这两条边必定是凸 n 边形的两条相邻边,设这两条相邻边的公共顶点为

P(图5.9),所在的剖分三角形为 PAB.

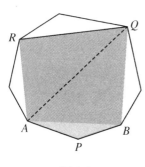

图 5.9

连 AB,去掉边 PA,PB,得到一个凸 $n-1$ 边形的剖分,依归纳假设,凸 $n-1$ 边形可以按照要求进行编号.

现在,要对顶点 P 进行编号,为此,要找到点 P 所在的奇异四边形.在凸 $n-1$ 边形中考察含边 AB 的剖分三角形,由于对角线不相交,从而含边 AB 的剖分三角形唯一存在,设其另一顶点为 Q,于是,P 所在的奇异四边形唯一存在,为凸四边形 $APBQ$.

现在,我们要找到与奇异四边形 $APBQ$ 有 3 个公共顶点的奇异四边形,这只需 AQ 或 BQ 属于一个新的剖分三角形.

因为 $n>4$,从而 QA,QB 中至少有一条是对角线,设为 QA,则 QA 必须属于它已在的剖分 $\triangle QAB$ 外的另一个剖分三角形,设为 $\triangle QAR$,依题意,四边形 $ABQR$ 的顶点上的标数是 $2,0,0,7$ 的一个排列.

现在,将 P 标上 R 上的标数,则四边形 $APBQ$ 的顶点上的标数是 $2,0,0,7$ 的一个排列.

下面证明,此时 n 边形编号合乎要求.

实际上,考察任意一个奇异四边形,如果它不含顶点 P,则它是凸 $n-1$ 边形中的奇异四边形,由归纳假设,其顶点编号是 $2,0,0,7$ 的一个排列.如果它含顶点 P,则它是凸四边形 $APBQ$,其顶点编号也是 $2,0,0,7$ 的一个排列.所以结论对 n 成立.

综上所述,命题获证.

例2 一种密码锁的密码设置是在正 n 边形 $A_1A_2\cdots A_n$ 的每个顶点处赋值 0 或 1,同时在每个顶点处涂染红、蓝两种颜色之一,使得任意相邻的两个顶点的数字或颜色中至少有一个相同.问:该种

密码锁共有多少种不同的密码设置?(2010 年全国高中数学联赛加试试题)

分析与解 命题组给出的解答虽然巧妙,但过程复杂,而且不容易想到.下面给出一个简单的解法,在此基础上,很容易将原问题进行推广,这也许是命题组给出的解答所不能及的.

用 0 表示红色,1 表示蓝色,这样,问题等价于:在 n 边形 $A_1A_2\cdots A_n$ 的顶点 A_i($i=1,2,\cdots,n$)处标一个有序数对(x_i,y_i),其中 $x_i=0$ 或 1,$y_i=0$ 或 1,使对任何 i($1\leqslant i\leqslant n$),(x_i,y_i) 与 (x_{i+1},y_{i+1}) 都至少有一个分量相同,其中规定 $x_{n+1}=x_1,y_{n+1}=y_1$.

设合乎条件的标数方法共有 a_n 种,则 $a_1=4,a_2=4\cdot 3$(第 2 个顶点处的数组,其分量不能都是第 1 个顶点处对应分量的"补数")$=12$.

当 $n\geqslant 3$ 时,如果不考虑"首尾"两点(x_1,y_1)与(x_n,y_n)是否满足上述要求(容斥思想),而其他相邻点都满足上述要求(我们称为拟染色),那么(x_1,y_1)有 4 种可能,(x_2,y_2)有 3 种可能(第 2 个顶点处的数组,其分量不能都是第 1 个顶点处对应分量的"补数"),$\cdots$,(x_n,y_n)有 3 种可能(第 n 个顶点处的数组,其分量不能都是第 $n-1$ 个顶点处对应分量的"补数"),一共有 $4\cdot 3^{n-1}$ 种方法.

现在考虑上述方法中不满足题目要求的方法数 t,此时(x_1,y_1)与(x_n,y_n)的任何分量都不相同.

对于这样的标数,不妨设(x_1,y_1)=(0,0)(此处不是分步计数,而是利用递归假设:凸 k 边形的合乎条件的标数方法有 a_k 种,从而不能说(x_1,y_1)处的标数有 4 种方法),则(x_n,y_n)=(1,1).

于是,我们只需考虑(x_2,y_2),(x_3,y_3),$\cdots$,(x_{n-1},y_{n-1})有多少种标数方法.

由拟染色规则,有(x_2,y_2)≠(1,1),假定(x_2,y_2),(x_3,y_3),$\cdots$,(x_{n-1},y_{n-1})中不为(1,1)的下标最大的一个为(x_k,y_k),即(x_k,y_k)

$\ne (1,1)$,而$(x_{k+1}, y_{k+1}) = (x_{k+2}, y_{k+2}) = \cdots = (x_n, y_n) = (1,1)$
$(2 \leqslant k \leqslant n-1)$.

连$A_1 A_k$,此时因为$A_{k+1}, A_{k+2}, \cdots, A_n$的标数都为$(1,1)$,我们只需考察多边形$A_1 A_2 \cdots A_k$的顶点的标数.

多边形$A_1 A_2 \cdots A_k$的合乎题意的总的标数方法有a_k种,但按上述拟染色规则,有$(x_k, y_k) \ne (0,0)$,否则,由$(x_{k+1}, y_{k+1}) = (1,1)$,知相邻顶点$(x_k, y_k)$与$(x_{k+1}, y_{k+1})$的任何分量都不相同,矛盾.

于是,上述拟染色中多边形$A_1 A_2 \cdots A_k$的顶点的标数方法不含$(x_k, y_k) = (0,0)$的情形,应在a_k中去掉这些情形.

而当$(x_k, y_k) = (0,0)$时,$(x_k, y_k) = (0,0) = (x_1, y_1)$,将$A_1$与$A_k$合并为一个点,得到$k-1$边形的合乎条件的标数方法,有$a_{k-1}$种,于是多边形$A_1 A_2 \cdots A_k$的顶点的标数不含$(x_k, y_k) = (0,0)$的情形的共有$a_k - a_{k-1}$种.

而$A_{k+1}, A_{k+2}, \cdots, A_n$的标数都唯一确定,所以多边形$A_1 A_2 \cdots A_n$的顶点的标数在$(x_1, y_1) = (0,0)$,$(x_n, y_n) = (1,1)$,且$(x_2, y_2), (x_3, y_3), \cdots, (x_{n-1}, y_{n-1})$中不为$(1,1)$的下标最大的一个为$(x_k, y_k)$的有$a_k - a_{k-1}$种.

注意到$k = 2, 3, \cdots n$,于是

$$t = \sum_{k=2}^{n-1} (a_k - a_{k-1}) = a_{n-1} - a_1 = a_{n-1} - 4,$$

所以

$$a_n = 4 \cdot 3^{n-1} - t = 4 \cdot 3^{n-1} - a_{n-1} + 4,$$

故

$$a_n + a_{n-1} = 4 \cdot 3^{n-1} + 4,$$
$$(-1)(a_{n-1} + a_{n-2}) = (-1)(4 \cdot 3^{n-2} + 4),$$
$$(-1)^2 (a_{n-2} + a_{n-3}) = (-1)^2 (4 \cdot 3^{n-3} + 4),$$

$$\cdots,$$
$$(-1)^{n-3}(a_3 + a_2) = (-1)^{n-3}(4 \cdot 3^2 + 4),$$
$$(-1)^{n-2}(a_2 + a_1) = (-1)^{n-2}(4 \cdot 3 + 4),$$

各式相加,得

$$a_n + (-1)^n a_1 = 4(3^{n-1} + (-1) \cdot 3^{n-2} + \cdots + (-1)^{n-2} \cdot 3)$$
$$+ \frac{1 + (-1)^n}{2} \cdot 4$$
$$= 4 \cdot \frac{3^{n-1}\left(1 - \left(-\frac{1}{3}\right)^{n-1}\right)}{1 - \left(-\frac{1}{3}\right)} + \frac{1 + (-1)^n}{2} \cdot 4$$
$$= t \cdot \frac{3^{n-1} + (-1)^n}{1 + \frac{1}{3}} + 2 + 2 \cdot (-1)^n$$
$$= 3(3^{n-1} + (-1)^n) + 2 + 2 \cdot (-1)^n$$
$$= 3^n + 3 \cdot (-1)^n + 2 + 2 \cdot (-1)^n,$$

所以

$$a_n = 3^n + 5 \cdot (-1)^n + 2 - (-1)^n a_1$$
$$= 3^n + 5 \cdot (-1)^n + 2 - 4 \cdot (-1)^n = 3^n + 2 + (-1)^n.$$

下面将该问题推广如下.

例3 一种密码锁的密码设置是在正 n 边形 $A_1 A_2 \cdots A_n$ 的每个顶点处标上一个 k 维数组 $(p_1, p_2, \cdots, p_k)$,其中 $p_i \in \{0,1\}$ ($i = 1, 2, \cdots, k$),使得任意相邻的两个顶点的 k 维数组中至少有一个分量相同.问:该种密码锁共有多少种不同的密码设置?

分析与解 设合乎条件的标数方法共有 a_n 种,则

$$a_1 = 2^k, \quad a_2 = 2^k \cdot (2^k - 1) = 4^k - 2^k.$$

当 $n \geqslant 3$ 时,如果不考虑"首尾"两个顶点:A_1 上的数组 $(p_1, p_2, \cdots, p_k)$ 与 A_n 上的数组 $(q_1, q_2, \cdots, q_k)$ 之间的关系是否满足

上述要求,而其他相邻点都满足上述要求,那么 A_1 上的数组有 2^k 种可能,A_2 上的数组有 2^k-1 种可能,$\cdots$,A_n 上的数组有 2^k-1 种可能,一共有 $2^k \cdot (2^k-1)^{n-1}$ 种方法.

现在考虑上述方法中,"首尾"两个顶点:$A_1(p_1,p_2,\cdots,p_k)$ 与 $A_n(q_1,q_2,\cdots,q_k)$ 的任何分量都不相同的方法数 T.

不妨设 $A_1(p_1,p_2,\cdots,p_k) = A_1(0,0,\cdots,0)$,则 $A_n(q_1,q_2,\cdots,q_k) = A_n(1,1,\cdots,1)$.

由染色规则,A_2 上的数组不是 $(1,1,\cdots,1)$,设 $A_2,A_3,\cdots,A_{n-1}$ 中不为 $(1,1,\cdots,1)$ 的下标最大的一个为 A_j($2 \leqslant j \leqslant n-1$),即 A_j 上的数组不是 $(1,1,\cdots,1)$,但 $A_{j+1},A_{j+2},\cdots,A_n$ 上的数组都是 $(1,1,\cdots,1)$.

连 $A_1 A_j$,考察多边形 $A_1 A_2 \cdots A_j$ 的顶点的标数,总的合乎条件的标数方法有 a_j 种,但按上述规则染色,有 A_j 上的数组不是 $(0,0,\cdots,0)$,否则,由于 A_{j+1} 上的数组是 $(1,1,\cdots,1)$,相邻顶点 A_j 与 A_{j+1} 的任何分量都不相同,矛盾.

于是,多边形 $A_1 A_2 \cdots A_j$ 的顶点的标数方法不含 A_j 上的数组是 $(0,0,\cdots,0)$ 的情形.而当 A_j 上的数组是 $(0,0,\cdots,0)$ 时,A_1 与 A_j 上的数组完全一致,将 A_1 与 A_j 合并为一个点,得到 $j-1$ 边形的合乎条件的标数方法,有 a_{j-1} 种,于是多边形 $A_1 A_2 \cdots A_j$ 的顶点的标数共有 $a_j - a_{j-1}$ 种.

注意到 $j = 2, 3, \cdots, n$,于是
$$T = \sum_{j=2}^{n-1}(a_j - a_{j-1}) = a_{n-1} - a_1 = a_{n-1} - 2^k,$$
所以
$$a_n = 2^k \cdot (2^k-1)^{n-1} - T = 2^k \cdot (2^k-1)^{n-1} - a_{n-1} + 2^k,$$
令 $t = 2^k$,则 $a_n = t \cdot (t-1)^{n-1} - a_{n-1} + t$,所以
$$a_n + a_{n-1} = t \cdot (t-1)^{n-1} + t,$$

$$(-1)(a_{n-1} + a_{n-2}) = (-1)(t \cdot (t-1)^{n-2} + t),$$

$$(-1)^2(a_{n-2} + a_{n-3}) = (-1)^2(t \cdot (t-1)^{n-3} + t),$$

$$\cdots,$$

$$(-1)^{n-3}(a_3 + a_2) = (-1)^{n-3}(t \cdot (t-1)^2 + t),$$

$$(-1)^{n-2}(a_2 + a_1) = (-1)^{n-2}(t \cdot (t-1) + t),$$

各式相加,得

$$\begin{aligned}
a_n &+ (-1)^n a_1 \\
&= t((t-1)^{n-1} + (-1)(t-1)^{n-2} + \cdots + (-1)^{n-2}(t-1)) \\
&\quad + \frac{1+(-1)^n}{2} t \\
&= t \cdot \frac{(t-1)^{n-1}\left(1 - \left(-\frac{1}{t-1}\right)^{n-1}\right)}{1 - \left(-\frac{1}{t-1}\right)} + (n-1)t \\
&= t \cdot \frac{(t-1)^{n-1} + (-1)^n}{1 + \frac{1}{t-1}} + \frac{1+(-1)^n}{2} t \\
&= (t-1)((t-1)^{n-1} + (-1)^n) + \frac{1+(-1)^n}{2} t \\
&= (t-1)^n + (-1)^n(t-1) + \frac{1+(-1)^n}{2} t,
\end{aligned}$$

所以

$$\begin{aligned}
a_n &= (t-1)^n + (-1)^n(t-1) + \frac{1+(-1)^n}{2} t - (-1)^n a_1 \\
&= (t-1)^n + (-1)^n(t-1) + \frac{1+(-1)^n}{2} t - (-1)^n t \\
&= (t-1)^n + \frac{t}{2} + (-1)^n \cdot \frac{t-2}{2} \\
&= (2^k - 1)^n + 2^{k-1} + (-1)^n(2^{k-1} - 1).
\end{aligned}$$

特别地,当 $k = 2$ 时,便有 $a_n = 3^n + 2 + (-1)^n$,这便是原题的答案.

遗留问题：我们还可考虑本题的如下更广泛的推广．

一种密码锁的密码设置是在正 n 边形 $A_1A_2\cdots A_n$ 的每个顶点处标上一个 k 维数组 $(p_1,p_2,\cdots,p_k)$，其中 $p_i \in P_i(i=1,2,\cdots,n)$，而 $P_1,P_2,\cdots,P_k$ 是 k 个给定的集合，$|P_i|=t_i(i=1,2,\cdots,n)$，使得任意相邻的两个顶点的 k 维数组中至少有一个分量相同．问：该种密码锁共有多少种不同的密码设置？

遗憾的是，利用上述方法，似乎难以得到该问题的答案，如何求解？希望有兴趣的读者继续讨论．

例 4 设 n 是一个固定的正偶数，考虑一个 $n \times n$ 的正方形棋盘，如果两个方格至少有一条公共边，则称它们是相邻的．

现在，将棋盘上 N 个方格作上标记，使得棋盘上任何一个方格（作上标记的和未作上标记的）都与至少一个作上标记的方格相邻．试确定 N 的最小值．(第 40 届 IMO 试题)

分析与解 先研究特例．

当 $n=2$ 时，$N_{\min}=2$，且只有唯一的构造方式(图 5.10)．

当 $n=4$ 时，先构造 $n=2$ 的"影子"，将 a_{11},a_{12} 标记，然后在边缘按逆时针方向隔 2 个空格(保证标记的格比较稀疏)，再构造 $n=2$ 的"影子"，将 a_{24},a_{34} 标记，类似地，将 a_{42},a_{41} 标记(图 5.11)，猜想 $N_{\min}=6$．

图 5.10

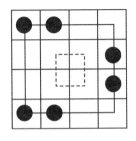

图 5.11

当 $n=6$ 时，类似构造，其中中心恰好包含 $n=2$ 的构造(图

5.12).

当 $n=8$ 时,类似构造,其中中心恰好包含 $n=4$ 的构造(图 5.13).

观察上述构造,发现标记的格都在第奇数层圈内,由此想到将棋盘划分为 2 块,将 $n\times n$ 板按如下方式染色:如果 n 不被 4 整除,则按图 5.14 染色,否则按图 5.15 染色.

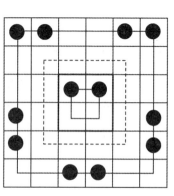

图 5.12

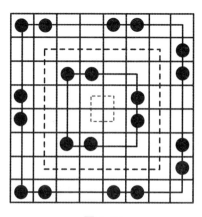

图 5.13

图 5.14

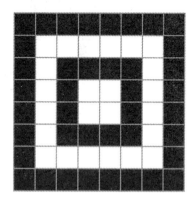

图 5.15

考虑所有黑色方格,若 $n=4k$,按图 5.15 染色,它们共有
$$4\times 3+4\times 7+\cdots+4\times(4k-1)=2k(4k+2)$$

个;若 $n=4k+2$,按图 5.14 染色,它们共有

$$4\times 1+4\times 5+\cdots+4\times(4k+1)=2(k+1)(4k+2)$$

个.总之,黑色方格共有 $\frac{1}{2}n(n+2)$ 个.

显然,每个标记的格至多与 2 个黑格相邻,又依题意,每个黑格至少与一个标记的格相邻,于是,$\frac{1}{2}n(n+2)=$ 黑格数 $\leqslant 2N$,所以

$$N\geqslant \frac{1}{4}n(n+2).$$

另一方面,我们证明,可适当标记 $n=\frac{1}{4}n(n+2)$ 个格,使之合乎题目要求.事实上,如图 5.16 所示,我们将棋盘的"第一层边框"的 $4(n-1)$ 个方格从左上角开始,按逆时针方向依次编号为 $1,2,\cdots,4n-4$,将编号被 4 除余 $1,2$ 的方格作标记(用阴影表示).

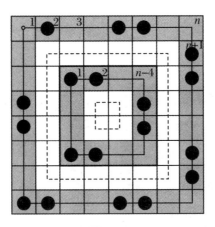

图 5.16

去掉棋盘的外围两层边框(其中第 2 层边框中没有阴影格),对剩下的棋盘仍从左上角开始,沿顺时针方向编号,将编号被 4 除余 $1,2$ 的方格作上标记……直到此步骤不能再进行为止.这样,我们恰对

一半的黑色方格作了标记,故共有 $\frac{1}{4}n(n+2)$ 个方格作了标记,下面证明这种标记方法符合要求.

事实上,由图不难看出任意两个标记方格不会有一个公共的"邻格",假设这些标记的方格为 $A_1, \cdots, A_N$,其中 $N = \frac{1}{4}n(n+2)$,与 A_i 相邻的方格集合为 M_i,则 $M_i (i = 1, 2, \cdots, N)$ 两两不交. 位于角上的格 A_i, $|M_i| = 2$(共有 2 个这样的格);位于边上的格 A_i, $|M_i| = 3$(共有 $2n-4$ 个这样的格);位于中央的 A_i, $|M_i| = 4$(共有 $\frac{n^2-6n+8}{4}$ 个这样的格),所以

$$|M_1 \cup M_2 \cup \cdots \cup M_N| = \frac{n^2-6n+8}{4} \times 4 + (2n-4) \times 3 + 2 \times 2 = n^2,$$

故 $M_1 \cup M_2 \cup \cdots \cup M_N$ 包含了所有的方格,即每个方格都与某一个标记方格相邻.

综上所述,$N_{\min} = \frac{1}{4}n(n+2)$.

例 5 对正整数 a, n,定义

$$F_n(a) = q + r,$$

其中 q, r 为非负整数,$a = qn + r, 0 \leqslant r < n$.

求最大的正整数 A,使得存在正整数 $n_1, n_2, \cdots, n_6$,对于任意正整数 $a \leqslant A$,都有 $F_{n_6}(F_{n_5}(F_{n_4}(F_{n_3}(F_{n_2}(F_{n_1}(a)))))) = 1$. (1998 年全国高中数学联赛试题)

分析与解 考虑问题的一般情形:求最大的正整数 A,使存在正整数 $n_1, n_2, \cdots, n_k$,对于任意正整数 $a \leqslant A$,都有

$$F_{n_k}(\cdots F_{n_2}(F_{n_1}(a))) = 1.$$

记这样的 A 的最大值为 x_k,这就是说,若 $A \leqslant x_k$,则存在正整数 $n_1, n_2, \cdots, n_k$,使对于任意正整数 $a \in \{1, 2, \cdots, A\}$,都有

$$F_{n_k}(\cdots F_{n_2}(F_{n_1}(a)))=1.$$

若 $A\geqslant x_k+1$,则对任何正整数 $n_1,n_2,\cdots,n_k$,总存在 $a\in\{1,2,\cdots,A\}$,使

$$F_{n_k}(\cdots F_{n_2}(F_{n_1}(a)))\neq 1.$$

从问题表现形式的复杂程度,显然不能直接求 x_6,我们希望寻找一种递归关系(目标):$x_k=f(x_{k-1})$.

对此,其关键是奠基(子目标),即寻找递归关系 $x_2=f(x_1)$.

先求 x_1,此时要找到合乎条件的正整数 n_1,对于任意正整数 $a\in\{1,2,\cdots,A\}$,都有

$$F_{n_1}(1)=F_{n_1}(2)=\cdots=F_{n_1}(a)=1.$$

易知 $x_1=2$.

首先,当 $A=2$ 时,取 $n_1=2$ 即可,此时显然有 $F_{n_1}(1)=F_{n_1}(2)=1$,所以 $x_1\geqslant 2$.

而当 $A\geqslant 3$ 时,这样的 n_1 不存在(要否定一切自然数).

实际上,若 $n_1=1$ 或 2,则 $F_{n_1}(3)>1$;若 $n_1\geqslant 3$,则 $F_{n_1}(2)=2\neq 1$.所以 $x_1<3$,故 $x_1=2$.

类似地可求得 $x_2=6$.现在,我们需要寻求关系

$$x_2=f(x_1).$$

假定找到了整数 n_1,n_2,使

$$F_{n_2}(F_{n_1}(1))=F_{n_2}(F_{n_1}(2))=\cdots=F_{n_2}(F_{n_1}(x_2))=1,$$

也即 $a\in\{1,2,\cdots,x_2\}=X_2$ 时,恒有

$$F_{n_2}(F_{n_1}(a))=1.$$

如何运用此条件?由目标"$x_2=f(x_1)$"想到:要思考如何将问题转化为 $k=1$ 的情形(以利用 x_1).

发现差异:对 $k=1$ 的情形,有

$$a\in\{1,2,\cdots,x_1\}=X_1 \text{ 时},\quad F_{n_1}(a)=1.$$

对 $k=2$ 的情形,有

$a \in \{1,2,\cdots,x_2\} = X_2$ 时，$F_{n_2}(F_{n_1}(a)) = 1$.

现在构造相同实现转化,视 $F_{n_1}(a)$ 为 a',则

$$F_{n_2}(F_{n_1}(a)) = 1 \text{ 变为 } F_{n_2}(a') = 1.$$

由 $k=1$ 的情形,保证 $F_{n_2}(a') = 1$ 的一个充分条件是

$$a' = F_{n_1}(a) \in X_1.$$

但这个条件是否必要? 也就是说,是否一定要 $a' = F_{n_1}(a) \leqslant x_1$,才能保证 $a \in \{1,2,\cdots,x_2\} = X_2$ 时,恒有 $F_{n_2}(F_{n_1}(a)) = 1$?

易知,$F_{n_1}(x)$ 的值域为从 1 开始的连续正整数的集合.

实际上,当 $x = 0,1,2,\cdots,a$ 时,$F_{n_1}(x)$ 的值依次为 $0,1,2,\cdots,n_1-1,1,2,\cdots,n_1,2,3,\cdots,n_1+1,\cdots$(每隔 n_1 个数后增加 1),于是,不管 a 为什么正整数,$F_{n_1}(x)(x \in \{1,2,\cdots,a\})$ 的值域为从 1 开始的连续正整数的集合.

所以对于 $a \in \{1,2,\cdots,x_2\}$,若有某个 a 使 $F_{n_1}(a) \geqslant x_1+1$,则一定有某个 b,使 $F_{n_1}(b) = x_1+1$.

这样,$a' = F_{n_1}(a) \in \{1,2,\cdots,x_1+1\}$ 时,有

$$F_{n_2}(a') = F_{n_2}(F_{n_1}(a)) = 1,$$

这与 x_1 的最大性矛盾.

于是,$F_{n_2}(a') = 1 \Leftrightarrow a' = F_{n_1}(a) \leqslant x_1$,即所找的正整数 x_2 必须满足

$$F_{n_1}(a) \leqslant x_1 \quad (\forall a \in \{1,2,\cdots,x_2\}).$$

这是一个新条件(中间结论),我们的目标是:$x_2 = f(x_1)$.

x_1 的意义:$a \in \{1,2,\cdots,x_1\} = X_1$ 时,$F_{n_1}(a) = 1$.

x_2 的意义:$a \in \{1,2,\cdots,x_2\} = X_2$ 时,$F_{n_2}(F_{n_1}(a)) = 1$.

我们可用的条件有两个:

(1) F_n 的定义:

$$F_n(a) = q + r.$$

(2) x_2 满足:

$$F_{n_1}(a) \leqslant x_1 \quad (\forall a \in \{1, 2, \cdots, x_2\}). \qquad ①$$

显然,条件(2)与目标 $x_2 = f(x_1)$ 较接近(此时想到目标可退一步,先求关系 $x_2 \leqslant f(x_1)$),存在的差异是:条件式①不是关于 x_2 的不等式,这可通过"构造相同"来消除差异:

取 $a = x_2$,则

$$F_{n_1}(x_2) \leqslant x_1, \qquad ②$$

与目标比较,还要将式②中的 $F_{n_1}(x_2)$ 表述成关于 x_2 的式子.

根据 F 的定义,不妨设 $x_2 = q \cdot n_1 + r$,则式②变成 $F_{n_1}(x_2) = q + r \leqslant x_1$.

此式与目标比较,应将 q, r 消去(还原成 x_2——本题最难之处!).

先消去 r,有 $F_{n_1}(x_2) = q + x_2 - q \cdot n_1$,从而上式变为 $q + x_2 - q \cdot n_1 \leqslant x_1$,移项得,$x_2 \leqslant x_1 + n_1(q-1)$.

再与目标 $x_2 \leqslant f(x_1)$ 比较,发现子目标:$n_1(q-1) \leqslant g(x_1)$,这相当于上式右边要消去 n_1 和 q.

如何消元?——再一次利用条件式①.

这就要发掘条件式①的本质功能:$\{1, 2, \cdots, x_2\}$ 中任何点处的函数值可放大到 x_1,也就是说,形如 "$q + r$" 的数,可还原成函数值 $F_{n_1}(qn_1 + r)$,进而扩大到 x_1.

所存在的差异是:条件式①是关于 q, r 的"和",而子目标是关于 $q, (n_1 - 1)$ 的"积",由此想到利用二元均值不等式来消除差异:

$$x_2 \leqslant x_1 + n_1(q-1) \leqslant x_1 + \left(\frac{n_1 + q - 1}{2}\right)^2.$$

(凑"和",还原成 $F_{n_1}(?)$ 以利用式①.)

现在,要将其中的 $n_1 + (q-1)$ 还原成函数值.

首先,n_1 不能充当余数,只能以 $n_1 - 1$ 为余数 r'.

进一步,q 也不能充当商数,是因为 $qn_1 + (n_1 - 1)$ 未必属于

$\{1,2,\cdots,x_2\}$,而条件式①中要求 $qn_1 + r \in \{1,2,\cdots,x_2\}$.

所以,只能以 $q-1$ 为商数 q',以 $n_1 - 1$ 为余数 r' 还原成函数值:

$$x_2 \leqslant x_1 + \left(\frac{n_1 + q - 1}{2}\right)^2 = x_1 + \left(\frac{(q-1) + (n_1 - 1) + 1}{2}\right)^2$$

$$= x_1 + \left(\frac{F_{n_1}((q-1)n_1 + (n_1 - 1)) + 1}{2}\right)^2$$

$$= x_1 + \left(\frac{F_{n_1}(qn_1 - 1) + 1}{2}\right)^2.$$

是否有 $F_{n_1}(qn_1 - 1) \leqslant x_1$?

上述结论成立! 是因为 $qn_1 - 1 < qn_1 + r = x_2$,即 $qn_1 - 1 \in \{1,2,\cdots,x_2\}$.

所以 $x_2 \leqslant x_1 + \left(\dfrac{F_{n_1}(qn_1 - 1) + 1}{2}\right)^2 \leqslant x_1 + \left(\dfrac{x_1 + 1}{2}\right)^2$.

(不等式方向是否改变,取决于是否有 $q' = q - 1 \geqslant 0$, $r' = n_1 - 1 \geqslant 0$.)

注意到 x_2 为整数,所以

$$x_2 \leqslant \left[x_1 + \left(\frac{x_1 + 1}{2}\right)^2\right] = \left[x_1 + \frac{x_1^2}{4} + \frac{x_1}{2} + \frac{1}{4}\right]$$

$$= x_1 + \frac{x_1^2}{4} + \frac{x_1}{2} = \frac{x_1^2 + 6x_1}{4},$$

其中注意 x_1 是偶数.

另一方面,注意到

$$\frac{x_1^2 + 6x_1}{4} = \frac{x_1^2}{4} + \frac{3x_1}{2} = \frac{x_1}{2} \cdot \frac{x_1}{2} + x_1 + \frac{x_1}{2} = \frac{x_1}{2}\left(\frac{x_1}{2} + 2\right) + \frac{x_1}{2},$$

于是,取 $n_1 = \dfrac{x_1}{2} + 2$,则当 $a \in \left\{1,2,\cdots,\dfrac{x_1^2 + 6x_1}{4}\right\}$ 时,令 $a = q \cdot n_1 + r$,必有 $q \leqslant \dfrac{x_1}{2}$.

如果 $q = \dfrac{x_1}{2}$,则因 $a \leqslant \dfrac{x_1}{2}\left(\dfrac{x_1}{2}+2\right)+\dfrac{x_1}{2}$,有 $r \leqslant \dfrac{x_1}{2}$,于是

$$q+r \leqslant \dfrac{x_1}{2}+\dfrac{x_1}{2}=x_1.$$

如果 $q < \dfrac{x_1}{2}$,则 $q \leqslant \dfrac{x_1}{2}-1$.

因为 $r < n_1$,即 $r \leqslant \left(\dfrac{x_1}{2}+2\right)-1=\dfrac{x_1}{2}+1$,于是

$$q+r \leqslant \left(\dfrac{x_1}{2}-1\right)+\left(\dfrac{x_1}{2}+1\right)=x_1.$$

所以,不论何种情形,当 $a \in \left\{1, 2, \cdots, \dfrac{x_1^2+6x_1}{4}\right\}$ 时,都有 $F_{n_1}(a) \leqslant x_1$,于是

$$x_2 \geqslant \dfrac{x_1^2+6x_1}{4}.$$

综上所述,$x_2 = \dfrac{x_1^2+6x_1}{4}$.

一般地,设 $x_1, x_2, \cdots, x_k$ 都已求出,且 $x_1, x_2, \cdots, x_k$ 都是偶数,则可得到 $x_{k+1} = \dfrac{x_k^2+6x_k}{4}$ ($k=1,2,\cdots$).

由此可知,$x_1=2, x_2=4, x_3=10, x_4=40, x_5=460, x_6=53\,590$.

例 6 给定正整数 m ($m > 1$),求最小的正整数 n,使以任何方式将 k_n 的边 2-染色时,总存在 m 个具有相同颜色且两两没有公共顶点的单色三角形.(原创题)

分析与解 记 n 的最小值为 $f(m)$,先考虑简单情形.

$m = 2$ 的情形:求最小的正整数 n,使以任何方式将 k_n 的边 2-染色时,总存在 2 个具有相同颜色的没有公共顶点的单色三角形.

我们证明,$f(2)=10$.

当 $n=9$ 时,如何构造一个 2 色 K_9,使图中任何 2 个颜色相同的单色三角形都至少有一个公共点?采用极端构造——一种颜色的边

尽可能多.

注意到 2 个没有公共点的三角形至少有 6 个不同顶点,从而 K_5 中任何 2 个三角形都有公共点,于是,可构造一个红色的 K_5(其中没有 2 个无公共点的同色三角形):$A_1A_2A_3A_4A_5$.

另外,将边 A_6A_7, A_6A_8, A_6A_9 染红色,而其余的边都染蓝色,则其中红色三角形只能在红色的 K_5 中,任何 2 个都有公共点.

此外,如果图中去掉蓝边 A_7A_8, A_8A_9, A_9A_7 及所有红边,则得到一个蓝色的 2 部分图 $K_{3,5}$,其中没有三角形,从而所有蓝色三角形都含有 $\triangle A_7A_8A_9$ 中的一条边,于是,任何两个蓝色三角形都含有 $\triangle A_7A_8A_9$ 中的 2 条边,这 2 条边有公共点,即任何两个蓝色三角形都有公共点,从而没有 2 个没有公共点的颜色相同的单色三角形.

当 $n<9$ 时,在上述染色后的 K_9 中去掉 $9-n$ 个点及其关联的边,得到的图不含两个颜色相同的无公共顶点的单色三角形.

另一方面,若 $n \geqslant 10$,则将 K_n 的边 2-染色,必有两个颜色相同的无公共顶点的单色三角形.

反设结论不成立,考察其中的一个 K_{10}.用实线表示红色,用虚线表示蓝色.先证明 K_{10} 中必有一个红色三角形和一个蓝色三角形,它们恰有一个公共点.

实际上,2 色 K_{10} 中必有单色三角形,不妨设为红色 $\triangle ABC$.去掉点 A,B,C,剩下的 K_7 中又必有单色 $\triangle DPQ$,显然 $\triangle DPQ$ 为蓝色.

考察 $\triangle ABC$ 与 $\triangle DPQ$ 之间的 9 条边,其中必有 5 条边同色,设为蓝色.将此 5 条蓝色边归入顶点 A,B,C,必有某个点,设为 C,引出两条蓝色边,设这两条蓝色边为 CP,CQ,这样,红色 $\triangle ABC$ 与蓝色 $\triangle CPQ$ 恰有一个公共顶点 C.

在 K_{10} 中去掉点 A,B,C,P,Q,剩下的 K_5 中没有单色三角形(否则,其单色三角形与 $\triangle ABC$, $\triangle CPQ$ 无公共点),必是一个红色的 C_5:$DEFGH$(凸五边形)和一个蓝色的 C_5:$DFHEG$(五角星).

因为点 C 与 $K_5: DEFGH$ 组成的 K_6 中有单色三角形,由对称性,不妨设有红色 $\triangle CDH$.

考察点 B 与 $K_5: DEFGH$ 组成的 K_6,其中有 2 个单色三角形 $\triangle_1, \triangle_2$,但 $K_5: DEFGH$ 中没有单色三角形,所以 $\triangle_1, \triangle_2$ 都有一个顶点为 B.

显然 $\triangle_1, \triangle_2$ 都是红色(因为其与 $\triangle CPQ$ 无公共点),从而 $\triangle_1, \triangle_2$ 都至少有一个顶点为 H, D 之一.

如果 $\triangle_1, \triangle_2$ 都不同时以 D, H 为顶点,则 $\triangle_1, \triangle_2$ 只能分别为 $\triangle BHG, \triangle BDE$,所以 BH, BD 为红边.

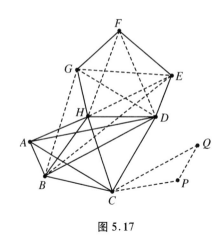

图 5.17

如果 $\triangle_1, \triangle_2$ 中有一个同时以 D, H 为顶点,也有 BH, BD 为红边. 所以,不论哪种情况,都有 BH, BD 为红边. 同理, AH, AD 为红边(图 5.17).

这样,BE 为蓝边(否则有红色 $\triangle ACH, \triangle BDE$), BG 为蓝边(否则有红色 $\triangle ACD, \triangle BGH$). 此时,有蓝色 $\triangle BEG, \triangle CPQ$,矛盾,所以 $f(2) = 10$.

再看 $m = 3$ 的情形:求最小的正整数 n,使以任何方式将 k_n 的边 2-染色时,总存在 3 个具有相同颜色且两两没有公共顶点的单色三角形.

我们证明,$f(3) = 15$.

首先,当 $n = 14$ 时,在 K_{14} 中,将一个 $K_8: A_1 A_2 \cdots A_8$ 的边都染红色,再将一个 $K_5: A_9 A_{10} \cdots A_{13}$ 的边都染蓝色,点 A_{14} 与 $K_5: A_9 A_{10} \cdots A_{14}$ 中的点之间的边都染红色,其他边都染蓝色,得到一

个 2 色的 14 阶完全图 G(图 5.18).

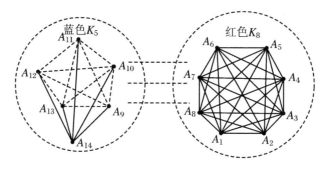

图 5.18

因为红色三角形都在红色的 $K_8: A_1A_2\cdots A_8$ 中,但 3 个两两没有公共顶点的红色三角形有 9 个不同顶点,而 K_8 只有 8 个顶点,所以不存在 3 个两两没有公共顶点的红色三角形.

去掉蓝色 $K_5: A_9A_{10}\cdots A_{14}$ 的边,剩下的蓝色边构成一个蓝色的 $K_{6,8}$,其中无蓝色三角形,于是,G 中每个蓝色三角形都至少含有 $K_5: A_9A_{10}\cdots A_{14}$ 中的一条边,于是,对任何 3 个蓝色三角形,它们至少一共含有 $K_5: A_9A_{10}\cdots A_{14}$ 中的 3 条边,这 3 条边有 6 个顶点,但 $K_5: A_9A_{10}\cdots A_{14}$ 只有 5 个顶点,从而有 2 条边有公共点,所以不存在 3 个两两没有公共顶点的蓝色三角形.

所以 $n \geq 15$.

其次,当 $n=15$ 时,我们证明 2 色 K_{15} 中一定有 3 个具有相同颜色且两两没有公共顶点的单色三角形.

因为任何 2 色 K_6 中有单色三角形,在 K_{15} 中取一个单色 $\triangle ABC$,去掉点 A, B, C,剩下的 K_{12} 中又有单色 $\triangle DEF$. 再去掉点 D, E, F,剩下的 K_9 中又有单色 $\triangle GHI$,若这 3 个单色三角形颜色相同,则结论成立,不妨设 $\triangle ABC$ 为红色,$\triangle DEF$ 为蓝色.

考察 $\triangle ABC, \triangle DEF$ 之间的 9 条边,必定有 5 条同色,设有 5 条为蓝色,将其端点归结为 A, B, C,必有 2 条蓝边具有相同的端点,设

为 C，并设这两条蓝边为 CD, CE，这样便得到一个红色 $\triangle ABC$ 和一个蓝色 $\triangle CDE$，它们恰有一个公共点 C.

去掉点 A, B, C, D, E，由 $f(2)=10$ 可知，剩下的 K_{10} 中有 2 个具有相同颜色且没有公共顶点的单色三角形. 显然，$\triangle ABC, \triangle CDE$ 中有一个与这两个单色三角形同色，从而结论成立.

对一般情形，我们证明 $f(m)=5m$.

首先，当 $n=5m-1$ 时（图 5.19），在 K_{5m-1} 中，将一个 K_{3m-1}：$A_1 A_2 \cdots A_{3m-1}$ 的边都染红色，再将一个 K_{2m-1}：$A_{3m} A_{3m+1} \cdots A_{5m-2}$ 的边都染蓝色，点 A_{5m-1} 与 K_{2m-1}：$A_{3m} A_{3m+1} \cdots A_{5m-2}$ 中的点之间的边都染红色，其他边都染蓝色，得到一个 2 色的 $5m-1$ 阶完全图 G.

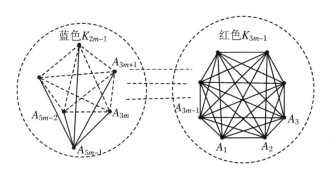

图 5.19

因为红色三角形都在红色 K_{3m-1}：$A_1 A_2 \cdots A_{3m-1}$ 中，但 m 个两两没有公共顶点的红色三角形有 $3m$ 个不同顶点，而 K_{3m-1} 只有 $3m-1$ 个顶点，所以不存在 m 个两两没有公共顶点的红色三角形.

去掉蓝色 K_{2m-1}：$A_{3m} A_{3m+1} \cdots A_{5m-2}$ 的边，剩下的蓝色边构成一个蓝色的 $K_{2m, 3m-1}$，其中无蓝色三角形，于是，G 中每个蓝色三角形都至少含有 K_{2m-1}：$A_{3m} A_{3m+1} \cdots A_{5m-2}$ 中的一条边，于是，对任何 m 个蓝色三角形，它们至少一共含有 K_{2m-1}：$A_{3m} A_{3m+1} \cdots A_{5m-2}$ 中的 m 条边，这 m 条边有 $2m$ 个顶点，但 K_{2m-1}：$A_{3m} A_{3m+1} \cdots A_{5m-2}$ 中只有 $2m-1$ 个点，于是必有 2 条边有公共点，所以不存在 m 个两两没有

公共顶点的蓝色三角形.

所以 $n \geq 5m$.

其次,当 $n=5m$ 时,我们证明 2 色 K_{5m} 中一定有 m 个具有相同颜色且两两没有公共顶点的单色三角形.

对 m 归纳. 当 $m=2$ 时,由上面讨论,结论成立. 设结论对小于 m 的正整数成立,考察 $m(m>2)$ 的情形.

因为任何 2 色 K_6 中有单色三角形,在 K_{5m} 中取一个单色 $\triangle ABC$,去掉点 A,B,C,剩下的 K_{5m-3} 中又有单色 $\triangle DEF$. 再去掉点 D,E,F,剩下的 K_{5m-6} 中又有单色 $\triangle GHI$ …… 如此下去,共可取出 m 个两两无公共顶点的单色三角形.

若这 m 个单色三角形颜色相同,则结论成立,不妨设 $\triangle ABC$ 为红色,$\triangle DEF$ 为蓝色. 考察 $\triangle ABC,\triangle DEF$ 之间的 9 条边,必定有 5 条同色,设有 5 条为蓝色,将其端点归结为 A,B,C,必有 2 条蓝边具有相同的端点,设为 C,并设这两条蓝边为 CD,CE,这样便得到一个红色 $\triangle ABC$ 和一个蓝色 $\triangle CDE$,它们恰有一个公共点 C.

去掉点 A,B,C,D,E,由归纳假设,剩下的 K_{5m-5} 中有 $m-1$ 个具有相同颜色且没有公共顶点的单色三角形. 显然,$\triangle ABC,\triangle CDE$ 中有一个与这 $m-1$ 个单色三角形同色,从而结论成立.

综上所述,最小的正整数 $n_{\min}=5m$.

例 7 对于任何正整数 k,令 $f(k)$ 表示集合 $\{k,k+1,k+2,\cdots,2k\}$ 中所有在二进制表示中恰有三个 1 的元素的个数.

(1) 求证:对每个正整数 m,至少存在一个正整数 k,使 $f(k)=m$.

(2) 确定所有的正整数 m,对每个 m,恰有一个正整数 k,使 $f(k)=m$.

(第 35 届 IMO 试题)

分析与解 如果一个数的二进制的表示中恰有三个 1,则称为好的,否则称为坏的.

记 $A_k = \{k, k+1, k+2, \cdots, 2k\}$,则 $f(k)$ 是 A_k 中的好数的个数.

显然,求出 $f(k)$ 的通式是比较困难的,所以我们期望能建立 $\{f(k)\}$ 的递归关系或求出其一个子列 $\{f(k_n)\}$ 的通式.

考察若干特例,相应的 $f(k)$ 的值如表 5.1 所示.

表 5.1

k	1	2	3	4	5	6	7	8	9	10
$f(k)$	0	0	0	1	1	2	3	3	3	4
k	11	12	13	14	15	16	17	18	19	
$f(k)$	5	5	6	6	6	6	6	7	8	

从表 5.1 中难以发现规律,我们将 k 表示成 2 的不同幂的和(即二进制),得到表 5.2.

表 5.2

k	2^0	2^1	2^1+2^0	2^2	2^2+2^0	2^2+2^1	$2^2+2^1+2^0$	2^3
$f(k)$	0	0	0	1	1	2	3	3
k	2^3+2^0	2^3+2^1	$2^3+2^1+2^0$		2^3+2^2		$2^3+2^2+2^0$	
$f(k)$	3	4	5		5		6	
k	$2^3+2^2+2^1$			$2^3+2^2+2^1+2^0$			2^4	
$f(k)$	6			6			6	
k	2^4+2^0			2^4+2^1			$2^4+2^1+2^0$	
$f(k)$	6			7			8	

由表 5.2 可以发现:

(ⅰ) $0 \leqslant f(k+1) - f(k) \leqslant 1$;

(ⅱ) $f(2^n+2) = C_n^2 + 1$.

先证明(ⅰ).注意如下事实,$2x$ 的二进制数是在 x 的二进制数后面添加一个 0 而得到,从而 x 与 $2x$ 同为好数或同为坏数.

5 建立递归关系

$A_{k+1} = A_k \cup \{2k+1, 2k+2\} \setminus \{k+1\}$,而 $2k+2$ 与 $k+1$ 同为好数或同为坏数,所以 A_{k+1} 与 $A_k \cup \{2k+1\}$ 中的好数个数相等,于是

$$f(k+1) = \begin{cases} f(k)+1 & (2k+1 \text{ 为好数}), \\ f(k) & (2k+1 \text{ 不为好数}). \end{cases}$$

所以结论(ⅰ)成立.

下面证明(ⅱ),我们直接计算 $f(2^n+2)$,此时 $A_{2^n+2} = \{2^n+3, 2^n+4, \cdots, 2^{n+1}+4\}$.

因为 A 中的二进制数都是 $n+1$ 位或 $n+2$ 位数,考察所有 $n+1$ 位的二进制好数,这些好数的首位都是 1,由于好数共有三个 1,另两个 1 需放在后 n 位中的两个位置上,有 C_n^2 种方式,所以 $n+1$ 位的二进制好数共有 C_n^2 个.

注意到最小的三个 $n+1$ 位的二进制数:$2^n, 2^n+1 = 2^n+2^0, 2^n+2 = 2^n+2^1$ 都不是好数,所以 $\{2^n+3, 2^n+4, \cdots, 2^{n+1}-1\}$ 中有 C_n^2 个好数.

又 $2^{n+1}, 2^{n+1}+2^0, 2^{n+1}+2^1, 2^{n+1}+2^2$ 都不是好数,而 $2^{n+1}+3 = 2^{n+1}+2^1+2^0$ 是好数,所以 $f(2^n+2) = C_n^2 + 1$,结论(ⅱ)成立.

(1) 显然 $f(1) = 0$,而对任何正整数 m,都存在正整数 n,使 $C_n^2 > m$,即 $f(1) < m \leqslant f(2^n+2)$.

设 k 是使 $f(k) \geqslant m$ 的最小正整数,由 k 的最小性,有 $f(k-1) \leqslant m-1$.

再由(ⅰ),得 $f(k) \leqslant f(k-1)+1 \leqslant m$,所以 $f(k) = m$,命题获证.

(2) 假设恰有一个 k,使 $f(k) = m$,则由(ⅰ),有

$$m-1 \leqslant f(k-1) \leqslant m,$$

但由唯一性,$f(k-1) \neq m$,所以

$$f(k-1) = m-1,$$

类似地,有
$$f(k+1) = m + 1.$$

所以
$$f(k) = f(k-1) + 1, \quad f(k+1) = f(k) + 1.$$

而上面已证明 $f(k) = f(k-1) + 1$ 当且仅当 $2k+1$ 为好数,从而 $2k-1, 2k+1$ 都是好数.进而由二进制的加法知,k 必为 $2^n + 2$ ($n \geqslant 2$) 的形式.比如:

当 $k = 2^n + 2 = \underbrace{100\cdots010}_{n-2\text{个}0}$ 时,有

$2k - 1 = 2^{n+1} + 2^2 - 1 = \underbrace{100\cdots0100}_{n-2\text{个}0} - 1 = \underbrace{100\cdots011}_{n-1\text{个}0}$,

$2k + 1 = 2^{n+1} + 2^2 + 1 = \underbrace{100\cdots0100}_{n-2\text{个}0} + 1 = \underbrace{100\cdots0101}_{n-1\text{个}0}.$

所以
$$m = f(k) = f(2^n + 2) = C_n^2 + 1.$$

最后,易知 $n \geqslant 2$ 时,$m = C_n^2 + 1$ 的确合乎条件,故所求的 m 的取值为 $C_n^2 + 1$ ($n \geqslant 2$).

注 此题原来的解答相当烦琐(见《数学通报》1994 年第 12 期第 18 页),我们给出的解答较之简单得多.

此外,作者的学生彭建波(满分金牌得主)在当年的竞赛中给出了一个巧妙的解答,现介绍如下:

用 $g(k)$ 表示集合 $B = \{1, 3, 5, \cdots, 2k-1\}$ 在二进制下恰有三个数码为 1 的元素的个数,下面证明 $f(k) = g(k)$.

首先,$f(1) = 0 = g(1)$.

用 S 表示正整数集合内在二进制下恰有三个 1 的所有元素组成的集合,注意到 $f(k+1)$ 是 $\{k+2, k+3, \cdots, 2k+2\}$ 内在二进制下恰有三个 1 的所有元素组成的集合,在二进制下,$k+1$ 的个位数后面添加一个 0 便得到 $2(k+1)$ 的二进制表示,于是 $k+1$ 与 $2(k+1)$ 同

5 建立递归关系

时属于 S 或同时不属于 S，且

$$f(k+1) = \begin{cases} f(k) & (2k+1 \notin S), \\ f(k)+1 & (2k+1 \in S). \end{cases} \quad ①$$

显然

$$g(k+1) = \begin{cases} g(k) & (2k+1 \notin S), \\ g(k)+1 & (2k+1 \in S). \end{cases} \quad ②$$

所以 $f(k)$ 与 $g(k)$ 满足相同的初值和相同的递归关系，$f(k) = g(k)$。

易知，$g(1) = g(2) = g(3) = 0, g(4) = 1$。

设 $g(k) = m$，而 $2k+1, 2k+3, \cdots$ 中必有在二进制下恰含三个 1 的数，设这样的数中最小的一个奇数为 $2t-1$，$g(t) = g(k)+1 = m+1$。

所以当 k 取遍所有自然数时，$g(k)$ 取遍所有的非负整数，问题的前一部分获证（下略）。

例 8 设 $A = \{a_1, a_2, \cdots, a_{2010}\}$，其中 $a_n = n + \left[\sqrt{n} + \dfrac{1}{2}\right]$ ($1 \leqslant n \leqslant 2010$)，正整数 k 具有如下的性质：存在正整数 m，使 $m+1, m+2, \cdots, m+k$ 都属于 A，而 $m, m+k+1$ 都不属于 A，求这样的正整数 k 的所有取值的集合。（原创题）

分析与解 对 $2 \leqslant n \leqslant 2010$，有

$$0 < a_n - a_{n-1} = 1 + \left[\sqrt{n} + \frac{1}{2}\right] - \left[\sqrt{n-1} + \frac{1}{2}\right]$$

$$< \left(1 + \sqrt{n} + \frac{1}{2}\right) - \left(\sqrt{n-1} + \frac{1}{2} - 1\right)$$

$$= 2 + \sqrt{n} - \sqrt{n-1} = 2 + \frac{1}{\sqrt{n} + \sqrt{n-1}} < 3,$$

所以

$$a_n - a_{n-1} = 1 \text{ 或 } 2.$$

因为

$a_n - a_{n-1} = 2 \Leftrightarrow \left[\sqrt{n} + \frac{1}{2}\right] - \left[\sqrt{n-1} + \frac{1}{2}\right] = 1$

$\Leftrightarrow$ 存在整数 k，使 $\left[\sqrt{n} + \frac{1}{2}\right] = k+1$，且 $\left[\sqrt{n-1} + \frac{1}{2}\right] = k$

$\Leftrightarrow k \leqslant \sqrt{n-1} + \frac{1}{2} < k+1 \leqslant \sqrt{n} + \frac{1}{2} < k+2$

$\Leftrightarrow k - \frac{1}{2} \leqslant \sqrt{n-1} < k + \frac{1}{2} \leqslant \sqrt{n} < k + \frac{3}{2}$

$\Leftrightarrow k^2 + k + \frac{1}{4} \leqslant n < k^2 + k + \frac{5}{4}$

$\Leftrightarrow n = k^2 + k + 1$

$\Leftrightarrow f(n) = k^2 + k + 1 + \left[\sqrt{n} + \frac{1}{2}\right]$
$= k^2 + k + (k+1) = (k+1)^2 + 1$,

且 $f(n-1) = k^2 + k + \left[\sqrt{n-1} + \frac{1}{2}\right]$
$= k^2 + k + k = (k+1)^2 - 1$,

所以，$a_{n-1} + 1 = (k+1)^2$（平方数），所以

$$a_n = \begin{cases} a_{n-1} + 1 & (f(n-1) \text{ 不为平方数}), \\ a_{n-1} + 2 & (f(n-1) \text{ 为平方数}). \end{cases}$$

注意到

$a_1 = 2$，$a_{2010} = 2010 + \left[\sqrt{2010} + \frac{1}{2}\right] = 2010 + 45 = 2055$,

从而

$$A = \bigcup_{i=1}^{45} A_i,$$

其中

$A_i = \{n \mid i^2 < n < (i+1)^2, n \in \mathbf{N}\} \quad (i = 1, 2, \cdots, 44)$,

$$A_{45} = \{2\,026, 2\,027, \cdots, 2\,055\}.$$

因为

$$|A_i| = ((i+1)^2 - 1) - i^2 = 2i \quad (i = 1, 2, \cdots, 44),$$
$$|A_{45}| = 2\,055 - 2\,025 = 30,$$

故所有的合乎条件的正整数 k 的集合为

$$\{2, 4, \cdots, 28, 32, 34, 36, \cdots, 88\}.$$

习 题 5

1. 将圆划分为 n 个扇形，今用 r 种颜色对扇形染色，每个扇形染一种颜色，且任何两个相邻的扇形不同色，问有多少种染色方法？

2. 求证：对任何非空有限集 A，可将 A 的所有子集排成一列，使得每两个相邻的子集恰相差一个元素．(1971 年波兰数学奥林匹克试题)

3. 设 n 是一个给定的正整数，有一个天平以及 n 个重量分别为 $2^0, 2^1, 2^2, \cdots, 2^{n-1}$ 的砝码，现在通过 n 次操作逐个将每个砝码都放上天平，每次操作都是将一个尚未放上天平的砝码放在天平的右边或者左边，并且要求天平右边的重量始终不超过天平左边的重量．请问有多少种不同的操作过程？(2011 年 IMO 试题)

4. 某情报站有 A，B，C，D 四种互不相同的密码，每周使用其中的一种密码，且每周都是从上周未使用的三种密码中等可能地随机选用一种．设第 1 周使用 A 种密码，求第 7 周也使用 A 种密码的概率．(2012 年全国高中数学联赛试题)

5. 如图 5.20 所示，有一列曲线 $P_0, P_1, P_2, \cdots$，已知 P_0 所围成的图形是面积为 1 的等边三角形，P_{k+1} 是对 P_k 进行如下操作得到的：将 P_k 的每条边三等分，以每边中间部分的线段为边，向外作等边三角形，再将中间部分的线段去掉（$k = 0, 1, 2, 3, \cdots$），记 S_n 为曲线

P_k 所围成图形面积.

(1) 求数列 $\{S_n\}$ 的通项公式;

(2) 求 $\lim\limits_{n\to\infty} S_n$.

(2002年全国高中数学联赛试题)

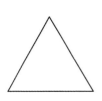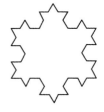

图 5.20

6. 设 x_1, x_2 是方程 $x^2 - x + 1 = 0$ 的两个根,令 $A_n = x_1^n + x_2^n$.

(1) 求证:$A_n(n \in \mathbf{N}^*)$ 是整数;

(2) 求 $A_1 + A_2 + \cdots + A_{2000}$.

7. 计算:

$$\sqrt{2010 + 2006\sqrt{2011 + 2007\sqrt{2012 + 2008\sqrt{2013 + \cdots}}}}.$$

8. 求所有函数 $f:\mathbf{Z}^+ \to \mathbf{Z}^+$,使得对于任意正整数 a,b,都存在以 $a, f(b), f(b+f(a)-1)$ 为三边长的一个三角形.(2009年 IMO 试题)

9. 设 n,k 为自然数,$k \leqslant n$,并设 S 是含有 n 个互异实数的集合,又设 T 是所有形如 $x_1 + x_2 + \cdots + x_k$ 的实数的集合,其中 $x_1, x_2, \cdots, x_k$ 是 S 中的 k 个互异元素,求证:T 中至少有 $k(n-k)+1$ 个元素.(第34届 IMO 备选题)

10. 求最大的正整数 r,使以任何方式将 k_{10} 的边 2-染色时,总存在具有相同颜色的 r 个单色三角形,其中任何两个三角形没有公共顶点.

11. 求最大的正整数 r,使以任何方式将 k_{14} 的边 2-染色时,总存在具有相同颜色的 r 个单色三角形,其中任何两个三角形没有公共顶点.

习题 5 解答

1. 设有 x_n 种染色方法.

易知,$x_1 = r$,$x_2 = r(r-1)$,对于 x_n,一个圆盘被分成 n 个扇形,第一个扇形有 r 种染色方法,第二个扇形所染颜色不与第一个扇形的颜色相同,有 $r-1$ 种染色方法……如此下去,第 n 个扇形所染颜色不与第 $n-1$ 个扇形的颜色相同,有 $r-1$ 种染色方法,于是共有 $r \cdot (r-1)^{n-1}$ 种染色方法.

但其中含有不合乎条件的染色方法,因为第 n 个扇形所染颜色可能与第 1 个扇形的颜色相同,此时,将第 n 个扇形与第 1 个扇形合并看作一个扇形,它恰好是 $n-1$ 个扇形的合乎条件的染色方法,于是 $x_n = r \cdot (r-1)^{n-1} - x_{n-1} (n \geqslant 3)$.

令 $y_n = \dfrac{x_n}{(r-1)^{n-1}}$,则 $y_n = -\dfrac{1}{r-1} y_{n-1} + r$,所以

$$y_n - r + 1 = -\frac{1}{r-1}(y_{n-1} - r + 1),$$

注意到 $n \geqslant 3$,所以

$$\begin{aligned} y_n - r + 1 &= (y_2 - r + 1)\left(-\frac{1}{r-1}\right)^{n-2} \\ &= \left(\frac{r(r-1)}{(r-1)^{2-1}} - r + 1\right)\left(-\frac{1}{r-1}\right)^{n-2} \\ &= \left(-\frac{1}{r-1}\right)^{n-2}, \end{aligned}$$

所以

$$\frac{x_n}{(r-1)^{n-1}} = 3 + \left(-\frac{1}{r-1}\right)^{n-2},$$

即

$$x_n = (r-1)^n + (r-1)(-1)^n \quad (n \geqslant 2).$$

而 $n=1$ 时,$x_1=r$,故

$$x_n = \begin{cases} (r-1)^n + (r-1)(-1)^n & (n \geqslant 2), \\ r & (n=1). \end{cases}$$

2. 对 $|A|$ 归纳.

当 $|A|=1$ 时,A 有两个子集:$\varnothing, A$,这显然就是合乎条件的排列,结论成立.

再看看 $|A|=2$ 时的排法,以便发现递归方式.

当 $|A|=2$ 时,设 $A=\{a_1,a_2\}$.A 的所有子集为 $\varnothing,\{a_1\},\{a_2\},\{a_1,a_2\}$.此时,将这些子集排列成 $\varnothing,\{a_1\},\{a_1,a_2\},\{a_2\}$,结论成立.

为了便于看出规律,我们将 $|A|=1$ 时的排法改写为:$\varnothing,\{a_1\}$.于是 $|A|=2$ 时的排法可看作是在 $|A|=1$ 时的排法基础上扩充的.

这一扩充究竟有什么规律呢?为此,将 $|A|=2$ 时的排法中的 a_2 去掉,得到"过渡"的拟排法:

$$\varnothing,\{a_1\},\{a_1\},\varnothing.$$

上述排法相当于两个 $|A|=1$ 时的排法,其中一个是正向的,一个是逆向的.然后在逆向排法中补进一个 a_2 即得到 $|A|=2$ 时的排法,这一方法显然具有一般性.

实际上,设 $|A|=n-1$ 时,结论成立,考察 $|A|=n$ 的情形.设 $A=\{a_1,\cdots,a_n\}$,由归纳假设知,集合 $A'=\{a_1,a_2,\cdots,a_{n-1}\}$ 的子集可排成合乎条件的一列:$A_1,A_2,\cdots,A_t$,其中 $t=2^{n-1}$,那么,$A_t,A_{t-1},\cdots,A_1$ 也是合乎条件的一列.于是,A 的所有子集可以排成:$A_1,A_2,\cdots,A_t,A_t\cup\{a_n\},A_{t-1}\cup\{a_n\},\cdots,A_1\cup\{a_n\}$.以上排列显然合乎要求.命题获证.

3. 设有 a_n 种不同的操作过程,显然 $a_1=1$.

对于任意 $n \geqslant 2$,考虑最轻的砝码 2^0,去掉这个砝码产生的过程仍然保持右边的重量始终不超过天平左边的重量,对应 a_{n-1} 种方法.

而对于任意满足天平右边的重量始终不超过天平左边的重量将 $2^1, 2^2, \cdots, 2^{n-1}$ 逐个放上天平的放法,2^0 可以插在 n 个位置,如果 2^0 插在第一次前面,则只能放在天平的左边;如果插在其他位置,由于之前左边总量至少比右边总量大 2,因此无论放在左边还是右边都满足要求,因此 2^0 共有 $1+2(n-1)=2n-1$ 种插入的方法,所以 $a_n = (2n-1)a_{n-1}$,由此得 $a_n = (2n-1)!!$.

另解:每次只要已经放在天平上的砝码中最重的砝码在左边即可.假设第 i 次操作 2^{n-1},则只能放在左边,这时只要前 $i-1$ 次满足要求即可,后面的 $n-i$ 个砝码可以随意摆放,因此

$$a_n = \sum_{i=1}^{n} C_{n-1}^{i-1} a_{i-1}(n-i)! 2^{n-i} = \sum_{i=1}^{n} \frac{a_{i-1} 2^{n-i}(n-1)!}{(i-1)!}$$

$$= a_{n-1} + \sum_{i=1}^{n-1} \frac{a_{i-1} 2^{n-i}(n-i)!}{(i-1)!},$$

所以

$$a_n = a_{n-1} + 2(n-1) \sum_{i=1}^{n-1} \frac{a_{i-1} 2^{n-1-i}(n-2)!}{(i-1)!}$$

$$= a_{n-1} + 2(n-1)a_{n-1} = (2n-1)a_{n-1}.$$

由于 $a_1 = 1$,求得 $a_n = (2n-1)!!$.

4. 用 P_k 表示第 k 周用 A 种密码的概率,则第 k 周末用 A 种密码的概率为 $1-p_k$.于是,$P_{k+1} = \frac{1}{3}(1-P_k), k \in \mathbf{N}^*$,即

$$P_{k+1} - \frac{1}{4} = -\frac{1}{3}\left(P_k - \frac{1}{4}\right).$$

由 $P_1 = 1$ 知,$\left\{P_k - \frac{1}{4}\right\}$ 是首项为 $\frac{3}{4}$、公比为 $-\frac{1}{3}$ 的等比数列,所以

$$P_k - \frac{1}{4} = \frac{3}{4}\left(-\frac{1}{3}\right)^{k-1},$$

即

$$P_k = \frac{3}{4}\left(-\frac{1}{3}\right)^{k-1} + \frac{1}{4},$$

故 $P_7 = \dfrac{61}{243}$.

5. (1) 对 P_0 进行操作,容易看出 P_0 的每条边变成 P_1 的 4 条边,故 P_1 的边数为 3×4;同样,对 P_1 进行操作,P_1 的每条边变成 P_2 的 4 条边,故 P_2 的边数为 3×4^2,从而不难得到 P_n 的边数为 3×4^n.

已知 P_0 的面积为 $S_0 = 1$,比较 P_1 与 P_0,容易看出 P_1 在 P_0 的每条边上增加了一个小等边三角形,其面积为 $\dfrac{1}{3^2}$,而 P_0 有 3 条边,故 $S_1 = S_0 + 3 \times \dfrac{1}{3^2} = 1 + \dfrac{1}{3}$.

再比较 P_2 与 P_1,容易看出 P_2 在 P_1 的每条边上增加了一个小等边三角形,其面积为 $\dfrac{1}{3^2} \times \dfrac{1}{3^2}$,而 P_1 有 3×4 条边,故

$$S_2 = S_1 + 3\times 4 \times \frac{1}{3^4} = 1 + \frac{1}{3} + \frac{4}{3^3}.$$

类似地,有

$$S_3 = S_2 + 3 \times 4^2 \times \frac{1}{3^6} = 1 + \frac{1}{3} + \frac{4}{3^3} + \frac{4^2}{3^5}.$$

所以

$$S_n = 1 + \frac{1}{3} + \frac{4}{3^3} + \frac{4^2}{3^5} + \cdots + \frac{4^{n-1}}{3^{2n-1}} = 1 + \frac{3}{4}\sum_{k=1}^{n}\left(\frac{4}{9}\right)^k$$

$$= \frac{8}{5} - \frac{3}{5}\cdot\left(\frac{4}{9}\right)^n. \qquad ①$$

下面用数学归纳法证明式①.

当 $n=1$ 时,由上面已知式①成立.

假设当 $n=k$ 时,有
$$S_k = \frac{8}{5} - \frac{3}{5} \cdot \left(\frac{4}{9}\right)^k.$$

当 $n=k+1$ 时,易知第 $k+1$ 次操作后,比较 P_{k+1} 与 P_k,P_{k+1} 在 P_k 的每条边上增加了一个小等边三角形,其面积为 $\dfrac{1}{3^{2(k+1)}}$,而 P_k 有 3×4^k 条边.故
$$S_{k+1} = S_k + 3 \times 4^k \times \frac{1}{3^{2(k+1)}} = \frac{8}{5} - \frac{3}{5} \cdot \left(\frac{4}{9}\right)^{k+1}.$$

综上所述,对任何 $n \in \mathbf{N}$,式①成立.

(2) $\lim\limits_{n \to \infty} S_n = \lim\limits_{n \to \infty}\left(\dfrac{8}{5} - \dfrac{3}{5} \cdot \left(\dfrac{4}{9}\right)^n\right) = \dfrac{8}{5}$.

6. 因为 x_1 是方程 $x^2 - x + 1 = 0$ 的两个根,所以 $x_1^2 - x_1 + 1 = 0$,于是
$$x_1^n - x_1^{n-1} + x_1^{n-2} = 0.$$

同理
$$x_2^n - x_2^{n-1} + x_2^{n-2} = 0.$$

两式相加,得
$$(x_1^n + x_2^n) - (x_1^{n-1} + x_2^{n-1}) + (x_1^{n-2} + x_2^{n-2}) = 0,$$
即 $A_n - A_{n-1} + A_{n-2} = 0$,所以 $A_n = A_{n-1} - A_{n-2}$.

(1) 我们用数学归纳法证明 A_n ($n \in \mathbf{N}^*$) 是整数. $A_1 = x_1 + x_2 = 1$,$A_2 = x_1^2 + x_2^2 = (x_1 + x_2)^2 - 2x_1x_2 = 1 - 2 = -1$,所以 $n=1,2$ 时结论成立.设结论对小于 n 的正整数成立,对正整数 n,因为 $A_n = A_{n-1} - A_{n-2}$,所以 A_n 是整数,结论成立.

(2) 因为 $A_1 = 1, A_2 = -1, A_3 = -2, A_4 = -1, A_5 = 1, A_6 = 2, A_7 = 1, A_8 = -1$,所以 $(A_1, A_2) = (A_7, A_8)$,又 $A_n = A_{n-1} - A_{n-2}$,所以 $\{A_n\}$ 是周期为 6 的周期数列,于是,任何连续 6 项的和相

等,故

$$A_1 + A_2 + \cdots + A_{2000} = A_1 + A_2 + 333(A_1 + A_2 + \cdots + A_6)$$
$$= A_1 + A_2 = 0.$$

7. 2 008.

令

$$f(x) = \sqrt{x + (x-4)\sqrt{(x+1) + (x-3)\sqrt{(x+2) + (x-2)\sqrt{(x+3) + \cdots}}}},$$

则 $f(x) = \sqrt{x + (x-4)f(x+1)}$,所以

$$(f(x))^2 = x + (x-4)f(x+1). \quad ①$$

当 $f(x) = x - 2$ 时,方程式①成立,即

$$\sqrt{x + (x-4)\sqrt{(x+1) + (x-3)\sqrt{(x+2) + (x-2)\sqrt{(x+3) + \cdots}}}}$$
$$= x - 2$$

对任何满足 $x - 2 > 0$ 的 x 成立,令 $x = 2\,010$,得 $f(2\,010) = 2\,008$.

8. 整数边三角形如果有一边长为1,则另外两边一定相等(两边之差小于第三边),因此取 $a = 1$,可知对于任意正整数 b,都有

$$f(b) = f(b + f(1) - 1). \quad ①$$

若 $f(1) \neq 1$,则 $f(1) > 1$.令 $f(1) - 1 = a$,代入式①,得 $f(b) = f(b+a)$,所以 f 是一个以 a 为周期的函数,因此 f 的值域有界,令 $\max\{f(x)\} = M$,若取 $a = 3M$,则以 $a, f(b), f(b + f(a) - 1)$ 为边不能形成三角形,矛盾.因此,$f(1) = 1$.

令 $b = 1$,则 $a, f(1) = 1, f(f(a))$ 可以形成一个三角形,所以 $f(f(a)) = a$ 对于任意正整数 a 都成立,因此 f 是一个 $\mathbf{Z}^+ \to \mathbf{Z}^+$ 的一一映射.

由条件,以 $2, f(b), f(b + f(2) - 1)$ 为边可以形成一个三角形,由上面讨论可知 $f(2) > 1$.令 $t = f(2) - 1 > 0$,则由于 f 是一一映射,有 $0 < |f(b+t) - f(b)| < 2$,因此对于任意正整数 b,都有 $f(b+t)$

$= f(b) \pm 1$.

由数学归纳法可知 $f(b+nt) = f(b) \pm n$ 对于任意正整数都成立.

由于 $f(b+nt) > 0$, 所以只能有 $f(b+nt) = f(b) + n$, 所以 $f(b+t) = f(b) + 1$ 对于任意正整数 b 都成立.

因此, $f(1) = 1, f(1+t), f(1+2t), \cdots, f(1+nt), \cdots$ 取遍全体正整数, 但 f 是一一映射, 所以 $1, 1+t, 1+2t, \cdots$ 也取遍全体正整数, 所以 $t=1$.

因此对于任意正整数 b, 都有 $f(b+1) = f(b) + 1$.

由于 $f(1) = 1$, 所以 $f(n) = n$ 对于任意正整数 n 都成立.

综上所述, $f(n) = n$ 为唯一的解.

9. 设 $a_1 < a_2 < \cdots < a_n$ 是 S 的 n 个元素, 固定 k, 对 n 用数学归纳法.

当 $n=1$ 时, $S = \{a_1\}$, 此时 $k \leqslant n = 1$, 所以 $k=1, T=S, |T| = 1 = k(n-k) + 1$, 结论成立.

当 $n=2$ 时, $S = \{a_1, a_2\}$, 此时 $k \leqslant n = 2$, 所以 $k=1,2$.

若 $k=1$, 则 $T = S = \{a_1, a_2\}$, 此时 $|T| = 2 = 1(2-1) + 1$, 结论成立.

若 $k=2$, 则 $T = \{a_1 + a_2\}$, 此时 $|T| = 1 = 2(2-2) + 1$, 结论成立.

设结论对 $n-1$ 成立, 即对 $S_{n-1} = \{a_1, a_2, \cdots, a_{n-1}\}$, 有 $|T_{n-1}| \geqslant k(n-1-k) + 1$.

考察 n 的情形, 此时 $1 \leqslant k \leqslant n$.

若 $k=1$, 则 $T = S = \{a_1, a_2, \cdots, a_n\}$, 此时 $|T| = n = 1(n-1) + 1$, 结论成立.

若 $k=n$, 则 $T = \{a_1 + a_2 + \cdots + a_n\}$, 此时 $|T| = 1 = n(n-n) + 1$, 结论成立.

若 $2 \leqslant k \leqslant n-1$，设 $S=\{a_1,a_2,\cdots,a_n\}$，其中 $a_1<a_2<\cdots<a_n$，考察 S 中最大的 $k+1$ 个数：$a_n,a_{n-1},\cdots,a_{n-k}$，因为 $n-k\geqslant 1$，所以这些数都存在，在这 $k+1$ 个数中任取 k 个作和，共得到 $k+1$ 个和，其中只有最小的一个和 $(a_{n-1}+a_{n-2}+\cdots+a_{n-k})$ 在 T_{n-1} 中，这是因为上述 $k+1$ 个和都不小于 $a_{n-1}+a_{n-2}+\cdots+a_{n-k}$，且 T_{n-1} 中最大的一个和为 $a_{n-1}+a_{n-2}+\cdots+a_{n-k}$，所以

$$|T_n|\geqslant |T_{n-1}|+k\geqslant k(n-1-k)+1+k=k(n-k)+1,$$

结论成立.

另证：设 $a_1<a_2<\cdots<a_n$ 是 S 的 n 个元素，固定 n，对 k 用数学归纳法.

当 $k=1$ 和 $k=n$ 时，结论显然成立.

设 $k\leqslant n-1$，并设结论对 $S_0=\{a_1,a_2,\cdots,a_{n-1}\}$ 成立，令 T_0 是当把 S 换为 S_0 时与 T 相应的集合. 于是，由归纳假设可知，$|T_0|\geqslant k(n-k+1)+1$.

令 $x=a_n+a_{n-1}+\cdots+a_{n-k}$，$y_i=x-a_{n-i}(i=0,1,2,\cdots,k)$，则 $y_i\in T$，且 $y_0<y_1<\cdots<y_k$. 因为 y_0 是 T_0 中的最大元素，所以 y_i 属于 T 而不属于 $T_0(i=1,2,\cdots,k)$，故

$$|T|\geqslant |T_0|+k=k(n-k-1)+1+k=k(n-k)+1,$$

结论成立.

10. $r_{max}=2$.

首先，构造两个没有公共顶点的红色 K_5，两个红色 K_5 之间的边都染蓝色，得到一个 2 色的 10 阶完全图 G. 对 G 中任何 3 个顶点，必有两个点在同一个 K_5 中，从而连接这两点的边为红色，所以 G 中没有蓝色三角形.

又 G 中的红色三角形必定属于某个 K_5 中. 如果 $r\geqslant 3$，考察 G 中 3 个红色三角形，必有 2 个红色三角形在同一个 K_5 中，但 K_5 只有 5 个顶点，从而这两个三角形有公共点，矛盾. 所以 $r\leqslant 2$.

其次,由 5.2 节例 6 可知,2 色 K_{10} 中必有 2 个单色三角形,这 2 个单色三角形的颜色相同,且两个三角形没有公共顶点,故 $r_{\max} = 2$.

11. $r_{\max} = 2$.

首先,将 K_{14} 中一个 $K_8:A_1A_2\cdots A_8$ 和一个 $K_{3,3}:A_9A_{10}A_{11}-A_{12}A_{13}A_{14}$ 的边染红色,其中 K_8 与 $K_{3,3}$ 没有公共顶点,将 K_{14} 中的其他边都染蓝色,得到一个 2 色的 14 阶完全图 G.

因为红色 $K_{3,3}$ 中没有红色三角形,所以红色三角形都在红色的 K_8 中,但 3 个两两没有公共顶点的红色三角形有 9 个不同顶点,而 K_8 只有 8 个顶点,所以不存在 3 个两两没有公共顶点的红色三角形.

去掉 2 个蓝色 $\triangle A_9A_{10}A_{11}$,$\triangle A_{12}A_{13}A_{14}$ 的边,剩下的蓝色边构成一个蓝色的 $K_{6,8}$,其中无蓝色三角形,于是,G 中每个蓝色三角形都至少含有 $\triangle A_9A_{10}A_{11}$,$\triangle A_{12}A_{13}A_{14}$ 中的一条边.考察 G 中任何 3 个蓝色三角形,它们至少一共含有 $\triangle A_9A_{10}A_{11}$,$\triangle A_{12}A_{13}A_{14}$ 中的 3 条边,这 3 条边中一定有 2 条同时属于 $\triangle A_9A_{10}A_{11}$,$\triangle A_{12}A_{13}A_{14}$ 中的某一个,从而这 2 条边有公共点,所以不存在 3 个两两没有公共顶点的蓝色三角形.

所以 $r \leqslant 2$.

其次,对任何 2 色 K_{14},取其中一个 2 色 K_{10},由 5.2 节例 6 可知,2 色 K_{10} 中必有 2 个单色三角形,这 2 个单色三角形的颜色相同,且这 2 个三角形没有公共顶点,故 $r_{\max} = 2$.

6 归纳通式

所谓"通式",就是特殊情况适合于一般情况的统一表现形式. 这种表现形式,不仅仅指问题结论的最后表达式,更广泛地是指处理问题的方法或问题的转化过程、推理过程中出现的各种式子所具有的一般规律.

解题中,我们常常对所求结果的一般表现形式及其相关结构不甚清楚,通过研究特例,归纳出各特例中相应结果的共同特征,由此探索一般问题的相应结论.

6.1 数值通式

所谓数值通式,实质上就是某种数列的通项. 在特例的研究过程中,每一个特例得到的结果如果是一些数值,则可由这些数归纳出数列的通项,进而用数学归纳法或其他方法证明其结论的正确性,由此使问题获解. 这是归纳通式中最简单的一种形式.

例1 设 $a_n = 503 + n^2 (n = 1, 2, 3, \cdots)$,对每个正整数 n,记 a_n 与 a_{n+1} 的最大公约数为 d_n,求证:$\{d_n\}$ 是周期数列,并求出 d_n 的所有可能取值.(原创题)

分析与解 我们考虑更一般的问题:

设 $a_n = p + n^2 (n = 1, 2, 3, \cdots)$,其中 p 是一个给定的正整数,对

6 归纳通式

每个正整数 n,记 a_n 与 a_{n+1} 的最大公约数为 d_n,我们证明:$\{d_n\}$ 是周期数列,并求出 d_n 的所有可能取值.

从特例开始.

当 $p=1$ 时,$a_n=1+n^2$,此时,a_n 与 d_n 的对应取值如表 6.1 所示.

表 6.1

a_n	2	5	10	17	26	37	50	65	82	101	122	145	170	⋯
$d_n=(a_n,a_{n+1})$	1	5	1	1	1	1	5	1	1	1	1	5	1	

由此不难发现,数列 $\{d_n\}$ 是以 $T_1=5$ 为周期的数列.

当 $p=2$ 时,$a_n=2+n^2$,类似列表(表 6.2).

表 6.2

a_n	3	6	11	18	27	38	51	66	83	102	123	146	171	⋯
$d_n=(a_n,a_{n+1})$	3	1	1	9	1	1	3	1	1	3	1	1	3	

不难发现,数列 $\{d_n\}$ 是以 $T_2=9$ 为周期的数列.

同样可知,当 $p=3$ 时,数列 $\{d_n\}$ 是以 $T_3=13$ 为周期的数列.

归纳通式:$p=1,T_1=5$;$p=2,T_2=9$;$p=3,T_3=13$.

由此不难发现一般规律:对任何正整数 p,数列 $\{d_n\}$ 是以 $T_p=4p+1$ 为周期的数列.

为了求出 d_n 的所有可能值,进一步观察上面的列表,可发现下面的结论:

引理 设 $a_n=p+n^2$ ($n=1,2,3,\cdots$),对每个正整数 n,记 a_n 与 a_{n+1} 的最大公约数为 d_n,则

$$d_n \mid 4p+1, \quad \text{且} \quad d_n \mid 2n+1 \quad (n=1,2,3,\cdots).$$

引理的证明 注意到

$$4p+1 = 4p+4n^2-4n^2+1 = 4(p+n^2)+(1-2n)(1+2n),$$

只需证

$$d_n \mid 2n+1 \quad 或 \quad d_n \mid 2n-1.$$

由 d_n 的定义,有

$$d_n \mid p+n^2, \quad d_n \mid p+(n+1)^2,$$

所以 $d_n \mid (n+1)^2-n^2$,即 $d_n \mid 2n+1$,所以 $d_n \mid 4p+1$,引理获证.

下面证明周期性:$d_{n+4p+1} = d_n$.这等价于

$$d_n \mid d_{n+4p+1} \quad 且 \quad d_{n+4p+1} \mid d_n.$$

先证明:$d_n \mid d_{n+4p+1}$.注意到 $d_{n+4p+1} = (a_{n+4p+1}, a_{n+4p+2})$,只需证

$$d_n \mid p+(n+4p+1)^2, \quad d_n \mid p+(n+4p+2)^2.$$

由条件,有

$$d_n \mid p+n^2, \quad d_n \mid p+(n+1)^2 \quad (定义),$$
$$d_n \mid 2n+1, \quad d_n \mid 4p+1 \quad (引理).$$

又注意到恒等式 1:

$$p+(n+4p+1)^2 = (p+n^2)+(4p+1)(2n+4p+1).$$

由定义,有 $d_n \mid p+n^2$.

由引理,有 $d_n \mid 4p+1$,

结合上式,有 $d_n \mid p+(n+4p+1)^2$.

再注意到恒等式 2:

$$p+(n+4p+2)^2 = (p+(n+4p+1)^2)+(2n+1)+2(4p+1).$$

又由引理,有 $d_n \mid 4p+1, d_n \mid 2n+1$.

而已证 $d_n \mid p+(n+4p+1)^2$,于是 $d_n \mid p+(n+4p+2)^2$,所以 $d_n \mid d_{n+4p+1}$.

再证 $d_{n+4p+1} \mid d_n$.

注意到 $d_n = (a_n, a_{n+1})$,只需证

$$d_{n+4p+1} \mid p+n^2, \quad d_{n+4p+1} \mid p+(n+1)^2.$$

由条件,有
$$d_{n+4p+1} \mid p + (n+4p+1)^2,$$
$$d_{n+4p+1} \mid p + (n+4p+2)^2 \quad (定义),$$
$$d_{n+4p+1} \mid 4p+1 \quad (引理).$$

由定义、引理及由前面的恒等式 1,有
$$d_{n+4p+1} \mid p + n^2.$$

再由前面的恒等式 2,有
$$d_{n+4p+1} \mid 2n+1.$$

又注意到
$$p + (n+1)^2 = (p + n^2) + (2n+1),$$
所以
$$d_{n+4p+1} \mid p + (n+1)^2,$$
故
$$d_{n+4p+1} \mid (p + n^2, p + (n+1)^2),$$
即
$$d_{n+4p+1} \mid d_n.$$

综上所述,$d_{n+4p+1} = d_n$,即 $\{d_n\}$ 是以 $4p+1$ 为周期的数列.

下面求 d_n 的所有可能取值.

利用上面得到的周期性可知,我们只需求出 $d_1, d_2, \cdots, d_{4p+1}$ 的所有可能值.

首先注意到 $d_n \mid 4p+1$,所以 $d_n \in \{4p+1 \text{ 的正因数}\}$.

一个自然的想法是:d_n 能否取到 $4p+1$ 的所有正因数呢? 也就是说,对任何 $2r+1 \mid 4p+1$,是否存在正整数 t,使得 $d_t = 2r+1$?

再考察特例:取 $p = 2, 5, 6, 8, 11, 12$(使得 $4p+1$ 不是质数),设 $4p+1$ 的非平凡因子为 $2r+1$,并设 $d_t = 2r+1$,则相应结果如表 6.3 所示.

表 6.3

p	2	5	6	8	11	12
$4p+1$	9	21	25	33	45	49
因子 $2r+1$	3	3,7	5	3,11	3,5,9	7
d_t	$d_1=3$	$d_1=3,$ $d_3=7$	$d_2=5$	$d_1=3,$ $d_5=11$	$d_1=3,$ $d_2=5,$ $d_4=9$	$d_3=7$

由此进一步猜想:对任何 $2r+1 \mid 4p+1$,都有 $d_r=2r+1$. 它等价于

$$d_r \mid 2r+1 \quad 且 \quad 2r+1 \mid d_r.$$

前者是显然的(引理),所以只需证明(子目标)

$$2r+1 \mid d_r=(p+r^2, p+(r+1)^2).$$

这等价于

$$2r+1 \mid p+r^2, \quad 2r+1 \mid p+(r+1)^2.$$

下面构造恒等式以利用条件"$2r+1 \mid 4p+1$". 一方面,因为

$$4(p+r^2)=(4p+1)+(2r+1)(2r-1),$$

所以

$$2r+1 \mid 4(p+r^2).$$

又因为 $(4, 2r+1)=1$,所以

$$2r+1 \mid p+r^2.$$

注意到

$$p+(r+1)^2=(p+r^2)+(2r+1),$$

所以

$$2r+1 \mid p+(r+1)^2.$$

于是 $2r+1 \mid d_r$,所以 $2r+1=d_r$.

最后,还要证明存在 t,使得 $d_t=1$.

注意到我们已经证明:$d_r=2r+1(r \in \mathbf{N}$,当 $2r+1 \mid 4p+1$ 时),

6 归纳通式

如果我们允许 $r=0$，那么应该有 $d_0=1$.

但 d_0 没有定义，再注意到数列的周期为 $4p+1$，因而可用 d_{4p+1} 代替 d_0，即应有 $d_{4p+1}=1$.

它等价于（子目标）：$d_{4p+1} \mid 1$.

注意到条件

$$d_{4p+1} \mid p+(4p+1)^2, \quad d_{4p+1} \mid p+(4p+2)^2 \quad （定义），$$
$$d_{4p+1} \mid 4p+1 \quad （引理）.$$

由此可知

$$d_{4p+1} \mid (4p+2)^2-(4p+1)^2,$$

即

$$d_{4p+1} \mid 8p+3 = 2(4p+1)+1.$$

而 $d_{4p+1} \mid 4p+1$（引理），所以 $d_{4p+1} \mid 1$，故 $d_{4p+1}=1$.

综合上面的讨论可知，数列 $\{d_n\}$ 是周期为 $4p+1$ 的周期数列，且 d_n 的一切取值为 $4p+1$ 的所有正因数.

特别地，当 $p=503$ 时，$4p+1=2\,013=3 \cdot 11 \cdot 61$，$\{d_n\}$ 是以 $2\,013$ 为周期的数列，且 d_n 的一切取值的集合为 $\{1,3,11,61,33,183,671,2\,013\}$.

注 我们还有如下的一个巧妙解答.

首先，设 $\{d_n\}$ 的周期为 T，则由 $(4,2n+1)=1$，有

$$d_n = (p+n^2, p+(n+1)^2) = (p+n^2, 2n+1)$$
$$= (4p+4n^2, 2n+1) = (4p+1, 2n+1),$$

于是

$$d_{n+T} = (4p+1, 2(n+T)+1).$$

为了使 $d_{n+T}=d_n$，只需 $2T$ 是 $4p+1$ 的倍数，一个充分条件是取 $T=4p+1$ 即可.

故 $4p+1$ 是数列的周期.

因为 $d_n=(4p+1,2n+1)$，所以 $d_n \mid 4p+1$.

反之,若 $d_n | 4p+1$,设 $4p+1$ 的因数为 $2r+1$,则当 $r>0$ 时,有
$$d_r = (4p+1, 2r+1) = 2r+1.$$
当 $r=0$ 时,有
$$d_{2p+1} = (4p+1, 4p+3) = (4p+1, 2) = 1 = 2r+1.$$
故 d_n 的一切取值为 $4p+1$ 的所有正因数.

例2 有一只花猫,每次捉到老鼠后,总是要做这样的游戏:它将捉到的老鼠排成一排,先吃掉排在奇数号位上的老鼠,而剩下的老鼠则按原来的次序又排成一排,再吃掉排在奇数号位上的老鼠……如此下去,最后剩下一只老鼠则将其放掉.

有一天,花猫捉了一些老鼠,按上述方法吃掉一些老鼠之后,其中一只小白鼠被放掉.第二天,花猫比前一天多捉了4只老鼠,第三天,花猫又比前一天多捉了3只老鼠,它惊奇地发现,每次都是那只小白鼠被放掉.

花猫问:"你用什么方法逃命的呢?"小白鼠答:"这3天我都站在同一号位置上."花猫又问:"是不是不管我捉到多少只老鼠,你都站在同一号位置上就可活命?"小白鼠答:"不是,比如你明天比今天多捉一只,我就要站到另一个位置上去了."你能知道花猫第一天捉了多少只老鼠,而小白鼠这3天都站在第几号位置上吗?(原创题)

分析与解 用 i 表示站在第 i 号位置上的老鼠,从特例开始,观察前面几轮"筛选",每一轮剩下的老鼠代号分别为:

第1轮:$2, 4, 6, 8, 10, \cdots$.

第2轮:$4, 8, 12, 16, 20, \cdots$.

第3轮:$8, 16, 24, 32, 40, \cdots$.

第4轮:$16, 32, 48, 64, 80, \cdots$.

于是,吃了 k 轮之后,剩下的老鼠代号依次为(归纳通式)
$$2^k, 2 \cdot 2^k, 3 \cdot 2^k, 4 \cdot 2^k. \qquad ①$$

如果最后只剩下一只老鼠,则最后的数列只有一项,即形如式①

6 归纳通式

的数列的第一项,由此可见,剩下老鼠的编号是 2 的方幂.

所以,当 $2^m \leqslant n < 2^{m+1}$ 时,最后剩下的老鼠的编号是 2^m.

设第一天捉了 n 只老鼠,则第三天捉了 $n+7$ 只老鼠.

不妨假定 $2^m \leqslant n < 2^{m+1}$,则由前面的结论可知,小白鼠这 3 天都站在第 2^m 号位置上,且 $n+7 \in [2^m, 2^{m+1})$.

再注意到如果第三天多捉了一只老鼠,则小白鼠不能站在第 2^m 号位置上,这表明 $n+8 \notin [2^m, 2^{m+1})$,但 $n+7 \in [2^m, 2^{m+1})$,所以

$$n+8 = 2^{m+1}, \quad 即 \quad n = 2^{m+1} - 8.$$

将之代入 $2^m \leqslant n$,得

$$2^m \leqslant 2^{m+1} - 8,$$

所以 $m \geqslant 3$.

故花猫第一天捉了 $n = 2^{m+1} - 8 \ (m \geqslant 3, m \in \mathbf{N})$ 只老鼠,小白鼠前 3 天都站在第 2^m 号位置上.

比如 $m=3$ 时,花猫第一天捉了 8 只老鼠,小白鼠前 3 天都站在第 8 号位置上.

又比如 $m=4$ 时,花猫第一天捉了 24 只老鼠,小白鼠前 3 天都站在第 16 号位置上.

例 3 设定义在有序正整数对上的函数 f 满足如下条件:

(1) $f(x, x) = x$;

(2) $f(x, y) = f(y, x)$;

(3) $(x+y)f(x, y) = yf(x, x+y)$.

求 $f(x, y)$. (原创题)

分析与解 显然,有

$$f(1,1) = 1, \quad f(2,2) = 2, \quad \cdots, \quad f(n,n) = n.$$
$$f(1,2) = 1 \cdot f(1, 1+1) = (1+1)f(1,1) = 2.$$

由数学归纳法可知,$f(1, n) = n$.

此外,由 $(x+y)f(x,y) = yf(x,x+y)$,得

$$f(x, x+y) = \frac{x+y}{y} f(x,y),$$

所以

$$f(2,3) = f(2,2+1) = \frac{2+1}{1} f(2,1) = 3f(1,2) = 3 \cdot 2 = 6,$$

$$f(2,4) = f(2,2+2) = \frac{2+2}{2} f(2,2) = 2 \cdot 2 = 4,$$

$$f(2,5) = f(2,2+3) = \frac{2+3}{3} f(2,3) = \frac{5}{3} \cdot 6 = 10,$$

$$f(4,6) = f(4,4+2) = \frac{4+2}{2} f(4,2) = 3f(2,4) = 3 \cdot 4 = 12.$$

观察上述一些特例,可以猜想:$f(x,y) = [x,y]$.

下面给出证明.

首先证明 $f(x,y) = [x,y]$ 满足条件(1)~(3).

实际上,条件(1)和(2)显然满足.

又对任何正整数 a,b,有 $[a,b] = \dfrac{ab}{(a,b)}$,于是

$$(x+y)f(x,y) = (x+y)[x,y] = (x+y)\frac{xy}{(x,y)}$$

$$= \frac{xy(x+y)}{(x,y)},$$

$$yf(x,x+y) = y[x,x+y] = y \cdot \frac{x(x+y)}{(x,x+y)}$$

$$= y \cdot \frac{x(x+y)}{(x,y)} = \frac{xy(x+y)}{(x,y)},$$

所以条件(3)满足.

下面证明 $f(x,y)$ 满足条件(1)~(3)时,必有 $f(x,y) = [x,y]$.

对 $x+y$ 归纳.

当 $x+y=2$ 时,$x=y=1$,此时 $f(x,y) = f(1,1) = 1 = [1,1] =$

6 归纳通式

$[x,y]$,结论成立.

设 $x+y<k(k\geqslant 2)$ 时,$f(x,y)=[x,y]$.

那么,当 $x+y=k$ 时,不妨设 $x\leqslant y$.

若 $x=y$,则 $f(x,y)=f(x,x)=x=[x,x]=[x,y]$,结论成立.

若 $x<y$,则令 $y-x=z$,则 $x+z=y<k$,于是 $f(x,z)=[x,z]$,所以

$$zf(x,y)=zf(x,x+z)=(x+z)f(x,z)$$
$$=(x+z)[x,z]=(x+z)\cdot\frac{xz}{(x,z)},$$

故

$$f(x,y)=(x+z)\cdot\frac{x}{(x,z)}=\frac{x(x+z)}{(x,z)}=\frac{x(x+z)}{(x,x+z)}$$
$$=[x,x+z]=[x,y],$$

结论成立.

综上所述,所求的 $f(x,y)=[x,y]$.

例 4 如果 $m\times n$ 长方形方格棋盘的一条对角线 l 恰好穿过 2 014 个 1×1 的方格,求 $m+n$ 的最大值(其中 m,n 为正整数,$m\neq n$).(原创题)

分析与解 显然,为了求最大值,其宏观思路是:先求出 $m\times n$ 长方形方格棋盘的对角线 l 穿过的 1×1 方格的个数 $f(m,n)$,然后"建立等式" $f(m,n)=2\,014$,进而得到 $m+n\leqslant A$,最后构造一种情况,使 $m+n=A$ 即可.

如何求出 $f(m,n)$?

先研究特例:考察 2×3 的长方形(图 6.1),问题很简单,对角线 l 穿过了 4 个方格.

我们要找到公式:$S=f(m,n)$,即 f 具体是什么函数时,有 $f(2,3)=4$?

再考察 3×4 的长方形(图 6.2),对角线 l 穿过了 6 个方格,从而

$f(3,4)=6.$

归纳一般规律:$4=2+3-1,6=3+4-1$,于是猜想:

$m\times n$ 棋盘的对角线 l 穿过的方格数 $f(m,n)=m+n-1$.

有没有例外的情况?

采用"倍增"的方法来产生新的特例:对于 3×4 的长方形,在其对角上再接一个 3×4 的长方形,然后扩充为 6×8 的长方形(图6.3).

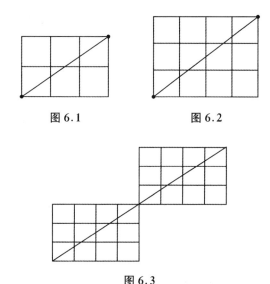

图6.1　　　　图6.2

图6.3

因为对角线 l 穿过每个 3×4 长方形的 6 个方格,从而 l 穿过每个 6×8 长方形的 $2\cdot 6=12$ 个方格.

此时 $f(6,8)=12=6+8-2\neq 6+8-1$.

进而发现:"2"恰好是对角线上 3×4 长方形的个数,进一步发现这个"个数"就是 6 与 8 的最大公约数 $(6,8)$.

于是,猜想:$f(m,n)=m+n-(m,n)$.

取几个 m,n 不互质的长方形来检验.

考察 2×2 棋盘(图6.4),对角线 l 穿过了 2 个方格,$2=2+2-$

$(2,2)$；

然后考察 2×4 棋盘(图6.5)，对角线 l 穿过了4个方格, $4=2+4-(2,4)$；

再考察 3×6 棋盘(图6.6)，对角线 l 穿过了6个方格, $6=3+6-(3,6)$.

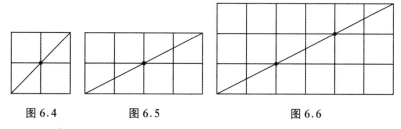

图6.4　　　　图6.5　　　　　　图6.6

下面证明: $f(m,n)=m+n-(m,n)$.

上面考察特例的"倍增"方法，使我们想到证明这一结论可先考虑 $(m,n)=1$ 的情形，而对 $(m,n)\neq 1$ 的情形，只需在对角线上分割出若干个 $p\times q$ (其中 $(p,q)=1$)长方形即可.

当 $(m,n)=1$ 时，我们要证明 $f(m,n)=m+n-1$.

如何计算对角线 l 穿过的方格个数？——将穿过的方格相间染色，即可发现:

长方形对角线 l 穿过的方格个数

　　$\Leftrightarrow$　对角线 l 被方格分割的段数

　　$\Leftrightarrow$　对角线与方格边界线的交点个数 $+1$,

因此，我们只需计算对角线上的交点个数.

这些交点是如何产生的？显然，其"交点"是对角线 l 与长方形所有非边界的格线相交的交点.

对于 $m\times n$ 矩形，对角线与 $m-1$ 条横向格线及 $n-1$ 条纵向格线交有 $m+n-2$ 个交点.

但其中可能有重复计数，比如: 当对角线 l 经过棋盘内部的格点

(方格顶点)时同时与横向、纵向非边界的格线相交,被计算 2 次.

假设对角线 l 经过棋盘内部的格点 $(a,b)(a<m,b<n)$,则由相似三角形,有
$$\frac{a}{b}=\frac{m}{n},$$
所以 $an=bm$,因此 $m\mid an$,但 $(m,n)=1$,故有 $m\mid a$,与 $a<m$ 矛盾.

所以没有交点被重复计算,于是,$m+n-2$ 个不同的交点将对角线 l 分成 $m+n-1$ 段,每一段穿过一个方格,从而共穿过 $m+n-1$ 个方格.

所以 $f(m,n)=m+n-1$.

若 $(m,n)\neq 1$,令 $(m,n)=d,m=ad,n=bd$,则 $(a,b)=1$.

将 $m\times n$ 棋盘分割为 d^2 个 $a\times b$ 棋盘,则对角线 l 恰穿过其中的 d 个 $a\times b$ 棋盘.

对穿过的每一个 $a\times b$ 棋盘,l 穿过了它的 $a+b-1$ 个格,从而对角线 l 共穿过 $d(a+b-1)=da+db-d=m+n-d=m+n-(m,n)$ 个格.

所以 $f(m,n)=m+n-(m,n)$.

下面求 $m+n$ 的最大值.

令 $(m,n)=d$,由条件
$$m+n-(m,n)=2\,014,$$
得
$$m+n=2\,014+d,$$
于是只需求 d 的最大值.

因为 $d\mid m,d\mid n$,可知 $d\mid 2\,014$.

又因为 $m\geq d,n\geq d$(放缩消元,消去 m,n),所以
$$2\,014+d=m+n\geq d+d=2d,$$

6 归纳通式

故
$$d \leqslant 2\,014.$$

如果 $d = 2\,014$,则所有等号成立,有 $m = n = d$,与题目条件 $m \neq n$ 矛盾,所以 $d < 2\,014$. 但 $d | 2\,014$,有 $2\,014 = kd \geqslant 2d$,所以 $d \leqslant 1\,007$,于是
$$m + n = 2\,014 + d \leqslant 2\,014 + 1\,007 = 3\,021.$$

当 $m = 2\,014, n = 1\,007$ 时,有
$$m + n - (m,n) = 2\,014 + 1\,007 - 1\,007 = 2\,014,$$
合乎条件,此时 $m + n = 2\,014 + 1\,007 = 3\,021$.

综上所述,$m + n$ 的最大值为 $3\,021$.

例 5 设 a, b, c 为大于 1 的整数,如果 $a \times b \times c$ 长方体棋盘的一条对角线 l 至少穿过 $2\,012$ 个 $1 \times 1 \times 1$ 的方格,求 $a + b + c$ 的最小值.(原创题)

分析与解 同上题思路:先求出 $a \times b \times c$ 长方体棋盘的对角线 l 穿过的 $1 \times 1 \times 1$ 方格的个数 $f(a,b,c)$,然后"解不等式" $f(a,b,c) \geqslant 2\,012$,即可得到 $a + b + c \geqslant A$,最后构造一种情况,使 $a + b + c = A$ 即可.

如何求出 $f(a, b, c)$?

先退到平面问题:求出 $a \times b$ 长方形棋盘的一条对角线 l 穿过的 1×1 方格的个数
$$f(a, b) = a + b - (a, b).$$

将上述结论的推导过程直接类比到长方体问题中,则格线变成格面,便得到
$$f(a, b, c) = a + b + c - (a, b) - (a, c) - (a, c) + (a, b, c).$$

实际上,对于 $a \times b \times c$ 长方体,对角线与 $a-1$ 条横向格面,$b-1$ 条纵向格面及 $c-1$ 条竖向格面交有 $a+b+c-3$ 个交点,但其中有重复计数.

其中:有一类点被计算 2 次(l 同时与 2 个方向的格面相交,即 l 穿过棱),有一类点被计算 3 次(l 同时与 3 个方向的格面相交,即 l 穿过格点).

设 $(a,b) = d_1, (b,c) = d_2, (c,a) = d_3, (a,b,c) = d$,将长方体投影到水平方向的底面(图 6.7),此时横向、纵向格面的交线(棱)投影为二维棋盘上横向、纵向格线的交点(格点).

于是,l 穿过棱,等价于底面对角线 l_1 穿过格点,从而对角线 l 有 $d_1 - 1$ 次同时与横向、纵向格面相交.

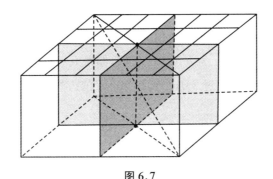

图 6.7

同理,对角线 l 有 $d_2 - 1$ 次同时与纵向、竖向格面相交,有 $d_3 - 1$ 次同时与竖向、横向格面相交,于是有 $(d_1 - 1) + (d_2 - 1) + (d_3 - 1) = d_1 + d_2 + d_3 - 3$ 个点被计算 2 次,应减去 $d_1 + d_2 + d_3 - 3$ 个交点.

但对角线 l 有 $d - 1$ 次同时通过横向、纵向、竖向格面,被计数 3 次,而这 3 次都被减去,因而补上 $d - 1$ 个交点,所以对角线上的交点个数为

$$(a + b + c - 3) - (d_1 + d_2 + d_3 - 3) + (d - 1)$$
$$= a + b + c - d_1 - d_2 - d_3 + d - 1,$$

所以对角线 l 共穿过了

$$a + b + c - d_1 - d_2 - d_3 + d$$

$$= a + b + c - (a,b) - (b,c) - (c,a) + (a,b,c)$$

个 $1\times1\times1$ 的方格. 依题意

$$a + b + c - (a,b) - (b,c) - (c,a) + (a,b,c) \geqslant 2\,012,$$

于是

$$2\,012 \leqslant a + b + c - (a,b) - (b,c) - (c,a) + (a,b,c)$$
$$\leqslant a + b + c - (a,b) - (b,c) - (c,a) + (a,b)$$
$$= a + b + c - (b,c) - (c,a) \leqslant a + b + c - 2,$$

所以

$$a + b + c \geqslant 2\,014.$$

等号在 $a+b+c=2\,014$,且 $(a,b)=(b,c)=(c,a)=1$ 时成立.

取 $a=3, b=5, c=2\,006$,则

$$a + b + c - (a,b) - (b,c) - (c,a) + (a,b,c) = 2\,012,$$

即对角线 l 穿过 $2\,012$ 个 $1\times1\times1$ 的方格, 故 $a+b+c$ 的最小值为 $2\,014$.

例 6 给定正整数 n,求 $\sum_{k=1}^{n}\left[\dfrac{n}{2^k} - \dfrac{1}{2}\right]$ 之值. (原创题)

分析与解 本题由第 10 届 IMO 试题改编的,原题为: 给定正整数 n,求 $\sum_{k=1}^{\infty}\left[\dfrac{n}{2^k} + \dfrac{1}{2}\right]$. 其解法是利用厄米特恒等式 $\left[x+\dfrac{1}{2}\right] = [2x] - [x]$ 进行差分,答案为 n.

本题看似与其相近,但其解法却有天壤之别.

先考虑特例, 当 $n=3,4,5$ 时, 其值分别为

$$\sum_{k=1}^{3}\left[\dfrac{3}{2^k} - \dfrac{1}{2}\right] = \left[\dfrac{3}{2^1} - \dfrac{1}{2}\right] + \left[\dfrac{3}{2^2} - \dfrac{1}{2}\right] + \left[\dfrac{3}{2^3} - \dfrac{1}{2}\right]$$
$$= [1] + \left[\dfrac{1}{4}\right] + \left[-\dfrac{1}{8}\right] = 1 + 0 + (-1) = 0,$$

$$\sum_{k=1}^{4}\left[\dfrac{4}{2^k} - \dfrac{1}{2}\right] = \left[\dfrac{4}{2^1} - \dfrac{1}{2}\right] + \left[\dfrac{4}{2^2} - \dfrac{1}{2}\right] + \left[\dfrac{4}{2^3} - \dfrac{1}{2}\right] + \left[\dfrac{4}{2^4} - \dfrac{1}{2}\right]$$

$$= \left[\frac{3}{2}\right] + \left[\frac{1}{2}\right] + [0] + \left[-\frac{1}{4}\right]$$
$$= 1 + 0 + 0 + (-1) = 0,$$
$$\sum_{k=1}^{5}\left[\frac{5}{2^k} - \frac{1}{2}\right] = \left[\frac{5}{2^1} - \frac{1}{2}\right] + \left[\frac{5}{2^2} - \frac{1}{2}\right] + \left[\frac{5}{2^3} - \frac{1}{2}\right]$$
$$+ \left[\frac{5}{2^4} - \frac{1}{2}\right] + \left[\frac{5}{2^5} - \frac{1}{2}\right]$$
$$= [2] + \left[\frac{3}{4}\right] + \left[\frac{1}{8}\right] + \left[-\frac{3}{16}\right] + \left[-\frac{11}{32}\right]$$
$$= 2 + 0 + 0 + (-1) + (-1) = 0.$$

由此猜想,对一切正整数 n,有
$$\sum_{k=1}^{n}\left[\frac{n}{2^k} - \frac{1}{2}\right] = 0.$$

注意到
$$\left[\frac{n}{2^k} - \frac{1}{2}\right] = \left[\frac{n}{2^k}\right] + \left[\left\{\frac{n}{2^k}\right\} - \frac{1}{2}\right],$$

为了方便估计 $\left[\frac{n}{2^k}\right]$, $\left\{\frac{n}{2^k}\right\}$,我们将 n 用二进制表示.令
$$n = a_m 2^m + a_{m-1} 2^{m-1} + \cdots + a_1 2^1 + a_0,$$
其中 $a_i = 0, 1 (i = 0, 1, \cdots, m)$,且 $a_m \neq 0$.此时
$$2^m \leqslant n < 2^{m+1},$$
从而 $m \leqslant \log_2 n < m + 1$,所以 $[\log_2 n] = m$.

(1) 若 $k \geqslant m + 2$,则
$$-\frac{1}{2} < \frac{n}{2^k} - \frac{1}{2} < \frac{2^{m+1}}{2^{m+2}} - \frac{1}{2} = 0,$$
此时 $\left[\frac{n}{2^k} - \frac{1}{2}\right] = -1$.

(2) 若 $k = m + 1$,则
$$\left[\frac{n}{2^k} - \frac{1}{2}\right] = \left[\frac{a_m}{2} + \frac{a_{m-1}}{2^2} + \cdots + \frac{a_1}{2^m} + \frac{a_0}{2^{m+1}} - \frac{1}{2}\right]$$

$$= (a_m = 1)\left[\frac{a_{m-1}}{2^2} + \cdots + \frac{a_1}{2^m} + \frac{a_0}{2^{m+1}}\right]$$

$$\leqslant \left[\frac{1}{2^2} + \cdots + \frac{1}{2^m} + \frac{1}{2^{m+1}}\right]$$

$$= \left[\frac{1}{2}\left(1 - \frac{1}{2^m}\right)\right] = 0,$$

又 $\frac{n}{2^k} - \frac{1}{2} \geqslant \frac{2^m}{2^{m+1}} - \frac{1}{2} = 0$,所以 $\left[\frac{n}{2^k} - \frac{1}{2}\right] = 0.$

(3) 若 $k = m$,则

$$\left[\frac{n}{2^k} - \frac{1}{2}\right] = \left[a_m + \frac{a_{m-1}}{2} + \frac{a_{m-2}}{2^2} + \cdots + \frac{a_1}{2^{m-1}} + \frac{a_0}{2^m} - \frac{1}{2}\right]$$

$$= \left[a_m + \frac{a_{m-1}}{2} - \frac{1}{2}\right] = \begin{cases} 0 & (a_{m-1} = 0) \\ 1 & (a_{m-1} = 1) \end{cases} = a_{m-1}.$$

(4) 若 $k \leqslant m-1$,则

$$\left[\frac{n}{2^k} - \frac{1}{2}\right] = \left[a_m 2^{m-k} + a_{m-1} 2^{m-k-1} + \cdots + a_k + \frac{a_{k-1}}{2}\right.$$
$$\left. + \frac{a_{k-2}}{2^2} + \cdots + \frac{a_0}{2^k} - \frac{1}{2}\right],$$

所以

$$\left[\frac{n}{2^k} - \frac{1}{2}\right] = \begin{cases} a_m 2^{m-k} + a_{m-1} 2^{m-k-1} + \cdots + a_k - 1 + 0 & (a_{k-1} = 0) \\ a_m 2^{m-k} + a_{m-1} 2^{m-k-1} + \cdots + a_k - 1 + 1 & (a_{k-1} = 1) \end{cases}$$

$$= a_m 2^{m-k} + a_{m-1} 2^{m-k-1} + \cdots + a_k + a_{k-1} - 1.$$

故

$$\sum_{k=1}^{[\log_2 n]} \left[\frac{n}{2^k} - \frac{1}{2}\right]$$

$$= \sum_{k=1}^{m} \left[\frac{n}{2^k} - \frac{1}{2}\right] = \sum_{k=1}^{m-1} \left[\frac{n}{2^k} - \frac{1}{2}\right] + a_{m-1}$$

$$= a_{m-1} + \sum_{k=1}^{m-1} (a_m 2^{m-k} + a_{m-1} 2^{m-k-1} + \cdots + a_k + a_{k-1} - 1)$$

$$= a_{m-1} + a_m 2^{m-1} + a_{m-1} 2^{m-2} + a_{m-2} 2^{m-3} + \cdots + a_3 2^2$$
$$+ a_2 2^1 + a_1 + a_0 - 1 + a_m 2^{m-2} + a_{m-1} 2^{m-3}$$
$$+ a_{m-2} 2^{m-4} + \cdots + 2a_3 + a_2 + a_1 - 1 + a_m 2^{m-3}$$
$$+ a_{m-1} 2^{m-4} + a_{m-2} 2^{m-5} + \cdots + a_3 + a_2 - 1 + \cdots$$
$$+ a_m 2^2 + a_{m-1} 2^1 + a_{m-2} + a_{m-3} - 1$$
$$+ a_m 2^1 + a_{m-1} + a_{m-2} - 1$$
$$= a_{m-1} + a_m \sum_{k=1}^{m-1} 2^{m-k} + a_{m-1} \sum_{k=1}^{m-1} 2^{m-k-1} + \cdots$$
$$+ \sum_{k=1}^{m-1} a_{k-1} - \sum_{k=1}^{m-1} 1$$
$$= a_m(2^m - 2) + a_{m-1}(2^{m-1} - 2) + \cdots$$
$$+ a_1(2^1 - 2) + a_{m-1} + \sum_{k=1}^{m-1} a_{k-1} - (m-1)$$
$$= a_m 2^m + a_{m-1} 2^{m-1} + \cdots + a_1 2^1 + a_0 - m - 1$$
$$= n - m - 1.$$

于是

$$\sum_{k=1}^{n} \left[\frac{n}{2^k} - \frac{1}{2} \right] = \sum_{k=1}^{m} \left[\frac{n}{2^k} - \frac{1}{2} \right] + \left[\frac{n}{2^{m+1}} - \frac{1}{2} \right] + \sum_{k=m+2}^{n} \left[\frac{n}{2^k} - \frac{1}{2} \right]$$
$$= (n - m - 1) + 0 + \sum_{k=m+2}^{n} (-1)$$
$$= (n - m - 1) - (n - m - 1) = 0.$$

 状态通式

所谓状态通式,就是构成某种数学对象的若干个体的一种通用表现形式.在特例的研究过程中,由每一个特例可能都能得到某种数学对象的一种特殊状态,由此归纳出一般情况下相关对象的状态,进而使问题获解.

6 归纳通式

在大多数情况下,状态可用若干参数来刻画,此时的状态通式,实际上就是若干个数值通式的复合.

例 1 将 $n=2^r$(r 为正整数)个围棋子均匀放在圆周上,若相邻两个棋子同色,则在它们之间放一个黑子;若相邻两个棋子异色,则在它们之间放一个白子,然后把原来的 n 个棋子拿走. 如果进行 m 次这样的操作,不论最初 n 个围棋子颜色如何,都能使所有棋子都变为黑色,求 m 的最小值.

分析与解 本题是 3.3 节例 2 中的问题,这里介绍另一种解法. 同前面的解法,将黑子用 $+1$ 代替,白子用 -1 代替,则每次操作是将圆周上的每个数都同时换成它与它右侧数的积.

用 $(x_1,x_2,\cdots,x_n)$ 表示圆周上 n 个围棋子对应的数按逆时针方向依次为 $x_1,x_2,\cdots,x_n$ 的状态,则操作可以表示为 $(x_1,x_2,\cdots,x_n) \to (x_1x_2,x_2x_3,\cdots,x_{n-1}x_n,x_nx_1)$.

在前面的解答中,我们是将状态中出现的所有形如 x_i^2 的因子都换成 1,如果我们在模拟操作的过程中保留这些因子,则可以归纳出所有操作状态的通式.

实际上,设 $A_0=(x_1,x_2,\cdots,x_n)$,对之操作,得到的状态依次为

$A_1=(x_1x_2,x_2x_3,\cdots,x_nx_1)$,

$A_2=(x_1x_2^2x_3,x_2x_3^2x_4,\cdots,x_nx_1^2x_2)$,

$A_3=(x_1x_2^3x_3^3x_4,x_2x_3^3x_4^3x_5,\cdots,x_nx_1^3x_2^3x_3)$,

$A_4=(x_1x_2^4x_3^6x_4^4x_5,x_2x_3^4x_4^6x_5^4x_6,\cdots,x_nx_1^4x_2^6x_3^4x_4)$,

$A_5=(x_1x_2^5x_3^{10}x_4^{10}x_5^5x_6,x_2x_3^5x_4^{10}x_5^{10}x_6^5x_7,\cdots,x_nx_1^5x_2^{10}x_3^{10}x_4^5x_5)$,

$\cdots$.

将以上各状态第一个分量各字母的指数按原有顺序排成一列,它们依次为

$A_0:(1)$,

$A_1:(1,1)$,

$A_2 : (1,2,1)$,

$A_3 : (1,3,3,1)$,

$A_4 : (1,4,6,4,1)$,

$A_5 : (1,5,10,10,5,1)$,

不难发现,第 k 个状态 A_k 对应的排列恰好是二项式 $(1+1)^k$ ($k=1$, $2,\cdots$)的展开式的系数,它们从上到下依次排列成一个"杨辉三角".

由此可归纳出:对 $A_0 = (x_1, x_2, \cdots, x_n)$ 操作 k ($k \in \mathbf{N}$)次后得到的状态为

$A_k = (x_1^{C_k^0} x_2^{C_k^1} x_3^{C_k^2} \cdots x_{k+1}^{C_k^k}, x_2^{C_k^0} x_3^{C_k^1} x_4^{C_k^2} \cdots x_{k+2}^{C_k^k}, \cdots, x_n^{C_k^0} x_1^{C_k^1} x_2^{C_k^2} \cdots x_k^{C_k^k})$,

其中 x_i 的下标按模 n 理解.

由此可见,记最初的 n 个围棋子序列为 $(x_1, x_2, \cdots, x_n)$,设第 k 次操作后 n 个围棋子序列为 $(x_1^{(k)}, x_2^{(k)}, \cdots, x_n^{(k)})$,那么,从第 $k-1$ 次到第 k 次操作满足如下规律:

$$x_i^{(k)} = x_i^{(k-1)} x_{i+1}^{(k-1)},$$

进而,对操作次数 i 归纳,可以证明:i 次操作后($i \leqslant n-1$),有

$$x_k^{(i)} = x_k^{C_i^0} x_{k+1}^{C_i^1} \cdots x_{k+i}^{C_i^i} \quad (k=1,2,\cdots,n).$$

实际上

$(x_1, x_2, \cdots, x_n)$

$\rightarrow (x_1 x_2, x_2 x_3, \cdots, x_{n-1} x_n, x_n x_1)$

$\rightarrow (x_1 x_2^2 x_3, x_2 x_3^2 x_4, \cdots, x_{n-1} x_n^2 x_1, x_n x_1^2 x_2)$

$\rightarrow (x_1 x_2^3 x_3^3 x_4, x_2 x_3^3 x_4^3 x_5, \cdots, x_{n-1} x_n^3 x_1^3 x_2, x_n x_1^3 x_2^3 x_3)$,

所以 $i=1,2,3$ 时结论成立.

设结论对 $i-1$ 成立,即 $i-1$ 次操作后($i \leqslant n-1$),有

$$x_k^{(i-1)} = x_k^{C_{i-1}^0} x_{k+1}^{C_{i-1}^1} \cdots x_{k+i-1}^{C_{i-1}^{i-1}} \quad (k=1,2,\cdots,n),$$

考虑 i 的情形,有

$$x_1^{(i)} = (x_1^{C_{i-1}^0} x_2^{C_{i-1}^1} \cdots x_i^{C_{i-1}^{i-1}})(x_2^{C_{i-1}^0} x_3^{C_{i-1}^1} \cdots x_{i+1}^{C_{i-1}^{i-1}})$$

$$= (x_1^{C_{i-1}^0} x_2^{C_{i-1}^1 + C_{i-1}^0} x_3^{C_{i-1}^2 + C_{i-1}^1} \cdots x_i^{C_{i-1}^{i-1} + C_{i-1}^{i-2}} x_{i+1}^{C_{i-1}^{i-1}})$$

$$= x_1^{C_i^0} x_2^{C_i^1} \cdots x_{i+1}^{C_i^i},$$

同理

$${x_k}^{(i-1)} = x_k^{C_{i-1}^0} x_{k+1}^{C_{i-1}^1} \cdots x_{k+i-1}^{C_{i-1}^{i-1}} \quad (k = 1, 2, \cdots, n),$$

所以,结论对 i 成立.由此可见,$n-1$ 次操作后,有

$${x_1}^{(n-1)} = x_1^{C_{n-1}^0} x_2^{C_{n-1}^1} \cdots x_n^{C_{n-1}^{n-1}}.$$

注意到 $n-1 = 2^r - 1$,由下面的引理 2 可知,对 $j = 0, 1, \cdots, n-1, C_{n-1}^j$ 都是奇数,又 $x_j = \pm 1$,从而 $x_j^{C_{n-1}^j} = x_j$,所以

$${x_1}^{(n-1)} = x_1^{C_{n-1}^0} x_2^{C_{n-1}^1} \cdots x_n^{C_{n-1}^{n-1}} = x_1 x_2 \cdots x_n,$$

同理可知,对 $2 \leqslant i \leqslant 2n$,有

$${x_i}^{(n-1)} = x_1 x_2 \cdots x_n,$$

于是

$$T^{(n-1)}(A) = (x_1 x_2 \cdots x_n, x_1 x_2 \cdots x_n, \cdots, x_1 x_2 \cdots x_n),$$

所以

$$T^{(n)}(A) = T(x_1 x_2 \cdots x_n, x_1 x_2 \cdots x_n, \cdots, x_1 x_2 \cdots x_n) = (1, 1, \cdots, 1).$$

又当 $x_1 = -1, x_2 = x_3 = \cdots = x_n = 1$ 时,至少操作 n 次,于是 r 的最小值为 n.

为了证明下面的引理 2,我们先要证明引理 1,为此,我们先给出如下的定义.

定义 对于整系数多项式 $f(x)$ 与 $g(x)$,如果它们同次项的系数同奇偶,则记为 $f(x) \equiv g(x) \pmod{2}$.

显然,若

$$f_1(x) \equiv g_1(x) \pmod{2}, \quad f_2(x) \equiv g_2(x) \pmod{2},$$

则

$$f_1(x) f_2(x) \equiv g_1(x) g_2(x) \pmod{2}.$$

特别地,若

$$f(x) \equiv g(x) \pmod{2},$$

则

$$f^2(x) \equiv g^2(x) \pmod{2}.$$

引理 1 对一切自然数 k,有

$$(1+x)^{2^k} \equiv 1 + x^{2^k} \pmod{2}.$$

证明 当 $k=0$ 时,有

$$(1+x)^{2^0} = 1 + x = 1 + x^{2^0} \equiv 1 + x^{2^0} \pmod{2},$$

结论成立.

当 $k=1$ 时,有

$(1+x)^{2^1} = (1+x)^2 = 1 + 2x + x^2 \equiv 1 + x^2 = 1 + x^{2^1} \pmod{2},$

结论成立.

设 $(1+x)^{2^k} \equiv 1 + x^{2^k} \pmod{2}$,那么

$(1+x)^{2^{k+1}} = ((1+x)^{2^k})^2 \equiv (1 + x^{2^k})^2 = 1 + 2x^{2^k} + x^{2^{k+1}}$

$$\equiv 1 + x^{2^{k+1}} \pmod{2},$$

结论成立,引理 1 获证.

引理 2 当且仅当 $n = 2^t - 1$ ($t \in \mathbf{N}^*$) 时,$C_n^0, C_n^1, C_n^2, \cdots, C_n^n$ 都是奇数.

证明 设 $n = 2^{k_1} + 2^{k_2} + \cdots + 2^{k_t}$ ($0 \leqslant k_1 < k_2 < \cdots < k_t$)(即 n 的二进制中有 t 个 1),那么

$(1+x)^n = (1+x)^{2^{k_1}+2^{k_2}+\cdots+2^{k_t}} = (1+x)^{2^{k_1}}(1+x)^{2^{k_2}}\cdots(1+x)^{2^{k_t}}$

$\equiv (1 + x^{2^{k_1}})(1 + x^{2^{k_2}})\cdots(1 + x^{2^{k_t}})$ （引理 1）

$= x^0 + x^{r_1} + x^{r_2} + \cdots + x^{r_{2^t-1}} \pmod{2},$

其中注意展开式中共有 2^t 个项,系数都是 1,根据二进制表示的唯一性,没有同类项(每个指数都对应二进制数,它是各因子中一些 2 的幂的和,因此 $r_1, r_2, \cdots, r_{2^t-1}$ 是一组确定的互异正整数参数).又

$$(1+x)^n = C_n^0 x^0 + C_n^1 x^1 + C_n^2 x^2 + \cdots + C_n^n x^n,$$

比较两式,得

6 归纳通式

$$C_n^0 x^0 + C_n^1 x^1 + C_n^2 x^2 + \cdots + C_n^n x^n$$
$$\equiv x^0 + x^{r_1} + x^{r_2} + \cdots + x^{r_{2^t-1}} \pmod{2},$$

即 $C_n^0, C_n^1, C_n^2, \cdots, C_n^n$ 中共有 2^t 个奇数,其中 t 是 n 的二进制表示中"1"的个数. (∗)

因为 $C_n^0, C_n^1, C_n^2, \cdots, C_n^n$ 都是奇数,有 $n+1$ 个奇数,于是,由(∗),有

$n + 1 = 2^t$ (其中 t 是 n 的二进制表示中"1"的个数),

所以 $n = 2^t - 1$.

反之,设 $n = 2^t - 1$,则

$$n = 2^t - 1 = (\underbrace{100\cdots0}_{t \uparrow 0})_2 - 1 = (\underbrace{11\cdots1}_{t \uparrow 1})_2,$$

于是 n 的二进制表示中共有 t 个"1",由(∗),$C_n^0, C_n^1, C_n^2, \cdots, C_n^n$ 中共有 $2^t = n+1$ 个奇数,所以 $C_n^0, C_n^1, C_n^2, \cdots, C_n^n$ 都是奇数.

我们可提出如下的问题:

求所有的正整数 n,使对初始状态 $A_0 = (x_1, x_2, \cdots, x_n)$,其中 $x_i^2 = 1 (i = 1, 2, \cdots, n)$,可以按上述规则操作有限次,最终得到全为 1 的状态.

由上面的结果可知,$n = 2^r (r \in \mathbf{N})$ 合乎条件.遗留的问题是,除此之外,是否其他形式的正整数 n 合乎条件?

例 2 已知 a, b 是互质的正整数,满足 $a + b = 2\,005$,用 $[x]$ 表示实数 x 的整数部分,并记

$$A = \left[\frac{2\,005 \times 1}{a}\right] + \left[\frac{2\,005 \times 2}{a}\right] + \cdots + \left[\frac{2\,005 \times a}{a}\right],$$

$$B = \left[\frac{2\,005 \times 1}{b}\right] + \left[\frac{2\,005 \times 2}{b}\right] + \cdots + \left[\frac{2\,005 \times b}{b}\right],$$

求 $A + B$ 的值. (2005 年全国初中数学联赛试题)

分析与解 先考察特殊情形. 取 $a = 2, b = 3$,则

$$A = \left[\frac{5 \times 1}{2}\right] + \left[\frac{5 \times 2}{2}\right] = 2 + 5,$$

$$B = \left[\frac{5\times1}{3}\right] + \left[\frac{5\times2}{3}\right] + \left[\frac{5\times3}{3}\right] = 1+3+5,$$

$$A+B = 1+2+3+5+5.$$

取 $a=5, b=6$,则

$$A = \left[\frac{11\times1}{5}\right] + \left[\frac{11\times2}{5}\right] + \left[\frac{11\times3}{5}\right] + \left[\frac{11\times4}{5}\right] + \left[\frac{11\times5}{5}\right]$$

$$= 2+4+6+8+11,$$

$$B = \left[\frac{11\times1}{6}\right] + \left[\frac{11\times2}{6}\right] + \left[\frac{11\times3}{6}\right] + \left[\frac{11\times4}{6}\right] + \left[\frac{11\times5}{6}\right]$$

$$+ \left[\frac{11\times6}{6}\right] = 1+3+5+7+9+11,$$

$$A+B = 1+2+3+4+5+\cdots+9+11+11.$$

取 $a=3, b=8$,则

$$A = \left[\frac{11\times1}{3}\right] + \left[\frac{11\times2}{3}\right] + \left[\frac{11\times3}{3}\right] = 3+7+11,$$

$$B = \left[\frac{11\times1}{8}\right] + \left[\frac{11\times2}{8}\right] + \left[\frac{11\times3}{8}\right] + \left[\frac{11\times4}{8}\right]$$

$$+ \left[\frac{11\times5}{8}\right] + \left[\frac{11\times6}{8}\right] + \left[\frac{11\times7}{8}\right] + \left[\frac{11\times8}{8}\right]$$

$$= 1+2+4+5+6+8+9+11,$$

$$A+B = 1+2+3+4+5+\cdots+9+11+11.$$

如果割裂地观察 A,B,则没有规律,但整体上 $A+B$ 却有规律.

一般地,对任意的正整数 $k\leqslant a, t\leqslant b$,将 $\left[\frac{2\,005\times k}{a}\right]$($k=1,2,$ $\cdots, a-1$)与 $\left[\frac{2\,005\times t}{b}\right]$($t=1,2,\cdots,b-1$)合并在一起考察,发现它们除每类最后一个数都是 2 005 外,其余 2 003 个数恰好是 $1,2,\cdots,$ 2 003 的一个排列.对此,我们只需证明其余 2 003 个数:

(1) 都小于 2 004;

(2) 互不相同.

实际上,对任何 $1 \leqslant k < a < 2005$,有
$$1 < \frac{2005 \times k}{a} \leqslant \frac{2005 \times (a-1)}{a} = 2005 - \frac{2005}{a}$$
$$\leqslant 2005 - \frac{2005}{2004} < 2004,$$

所以 $\left[\dfrac{2005 \times k}{a}\right] \in \{1, 2, \cdots, 2003\}$.

同理,$\left[\dfrac{2005 \times t}{b}\right] \in \{1, 2, \cdots, 2003\}$,所以(1)成立.

对任何 $1 \leqslant i < j < a$,因为
$$\frac{2005 \times j}{a} - \frac{2005 \times i}{a} = \frac{2005 \times (j-i)}{a} \geqslant \frac{2005 \times 1}{a} > 1,$$

所以对任何 $1 \leqslant i < j < a$,有
$$\left[\frac{2005 \times i}{a}\right] \neq \left[\frac{2005 \times j}{a}\right].$$

同理,对任何 $1 \leqslant i < j < b$,有
$$\left[\frac{2005 \times i}{b}\right] \neq \left[\frac{2005 \times j}{b}\right].$$

下面证明:对任何 k $(1 \leqslant k < a)$,t $(1 \leqslant t < b)$, $\left[\dfrac{2005 \times k}{a}\right] \neq \left[\dfrac{2005 \times t}{b}\right]$.

若不然,则不妨设 $n < \dfrac{2005 \times k}{a} \leqslant \dfrac{2005 \times t}{b} < n+1$,有 $2005k > na$, $2005t > nb$,相加得 $2005(k+t) > n(a+b)$,即 $k+t > n$.

类似地,也有 $2005k < (n+1)a$,$2005t < (n+1)b$,相加得 $2005(k+t) < (n+1)(a+b)$,即 $k+t < n+1$.

所以 $n < k+t < n+1$,但 $k+t$ 为整数,矛盾,所以(2)成立.

综上所述,$\left[\dfrac{2005 \times k}{a}\right]$ $(k=1, 2, \cdots, a-1)$ 及 $\left[\dfrac{2005 \times t}{b}\right]$ $(t=1, 2, \cdots, b-1)$ 是 $\{1, 2, \cdots, 2003\}$ 中的 $a-1+b-1 = 2005-2 = 2003$

个互异的整数,从而它们是 $1,2,\cdots,2\,003$ 的一个排列.

故 $A+B=(1+2+\cdots+2\,003)+2\,005+2\,005=2\,011\,016$.

例 3 在凸 n 边形的顶点处放置一些火柴,每次操作允许将某个顶点处移动两根火柴,分别放到它两侧相邻顶点处各一根.求证:如果若干次移动后,各顶点处的火柴数恢复到和原来一样,那么操作的次数为 n 的倍数.(第 20 届全俄数学奥林匹克试题)

分析与证明 本题有两个难点:一是初值不确定,但这一点无关紧要,因为"各顶点处的火柴数恢复到和原来一样",意味着与初值无关,只需各点处的增量为 0.另一个难点是:操作是变性操作(操作的位置不确定),有些点可能操作多次,于是可以通过设参使之具有"定性".

设各顶点依次为 $A_1,A_2,\cdots,A_n$,操作结束时,顶点 A_i 处进行了 x_i 次操作($i=1,2,\cdots,n$),那么,操作的总次数 $S=x_1+x_2+\cdots+x_n$.

显然,操作结束后顶点 A_i 处的火柴减少 $2x_i$ 根,增加 $x_{i-1}+x_{i+1}$.

依题意,A_i 处火柴数不变,所以 $2x_i=x_{i-1}+x_{i+1}$($1\leqslant i\leqslant n$),其中 x_i 的下标均按模 n 理解.

我们要证明 $S=x_1+x_2+\cdots+x_n$ 为 n 的倍数,这就要由 $2x_i=x_{i-1}+x_{i+1}$ 发掘 $x_1,x_2,\cdots,x_n$ 的特征.

可从特例入手,先考察 $n=3$ 的情形,有 $2x_1=x_3+x_2,2x_2=x_1+x_3,2x_3=x_2+x_1$,此时 x_1,x_2,x_3 中每个数都是另两个数的平均数,从而 x_1,x_2,x_3 都相等.

再考察 $n=4$ 的情形,有 $2x_1=x_4+x_2,2x_2=x_1+x_3,2x_3=x_2+x_4,2x_4=x_3+x_1$,由第 1,3 两个等式,有 $x_3=x_1$,代入第 2,4 两个等式,有 $x_2=x_1=x_3,x_4=x_1=x_3$,于是,此时仍有 x_1,x_2,x_3,x_4 都相等.

6 归纳通式

对一般情形,我们猜想 $x_1, x_2, \cdots, x_n$ 都相等.

从极端元入手,记 $\min\{x_1, \cdots, x_n\} = a$,不妨设 $x_1 = a$,那么,由 $2a = 2x_1 = x_n + x_2 \geqslant a + a = 2a$,知不等式等号成立,从而 $x_2 = a$,即 x_2 也是最小元.

类似地,由 $2x_2 = x_1 + x_3$,知 x_3 也是最小元.

如此下去,$x_1, x_2, \cdots, x_n$ 都是最小元,即 $x_1 = x_2 = \cdots = x_n$.

故操作的总次数 $S = x_1 + x_2 + \cdots + x_n = nx_1$,为 n 的倍数,命题获证.

例 4 设函数 $f(x)$ 定义在非负整数集合上,且满足
$$f(0) = 1, \quad f(1) = 0,$$
$$f(2n) = 2f(n) + 1, \quad f(2n+1) = f(2n) - 1.$$
求最小的正整数 n,使得
$$f(n) = 2^{1996} + 1.$$

分析与解 先考察若干初值.因为
$f(0) = 1, \quad f(1) = 0, \quad f(2) = 1, \quad f(3) = 0, \quad f(4) = 3,$
$f(5) = 2, \quad f(6) = 1, \quad f(7) = 0, \quad f(8) = 7, \quad f(9) = 6,$
$f(10) = 5, \quad \cdots.$

观察上述一些结果,乍一看,好像没有规律,但将各数用二进制表示,则规律明显:

$f(0) = 1, \quad f(1) = 0, \quad f(10) = 1, \quad f(11) = 0, \quad f(100) = 11,$
$f(101) = 10, \quad f(110) = 1, \quad f(111) = 0, \quad f(1\,000) = 111,$
$f(1\,001) = 110, \quad f(1\,010) = 101, \quad \cdots.$

若将函数值的数位补齐与自变量相同(允许首位为零),则规律更明显:

$$f(0) = 1, \quad f(1) = 0, \quad f(10) = 01, \quad f(11) = 00,$$
$$f(100) = 011, \quad f(101) = 010, \quad f(110) = 001,$$
$$f(111) = 000, \quad f(1\,000) = 0111, f(1\,001) = 0110,$$

$$f(1\,010) = 0101, \cdots.$$

由上述特例,不难发现:一般地,我们有
$$f((a_k a_{k-1} \cdots a_1 a_0)_2) = (b_k b_{k-1} \cdots b_1 b_0)_2,$$
其中 $a_i = 1 - b_i (i = 1, 2, \cdots, k)$.

下面用数学归纳法证明,奠基已经完成. 设结论对不大于 n 的自然数成立,令
$$n = ((a_k a_{k-1} \cdots a_1 a_0)_2 = a_k \cdot 2^k + a_{k-1} \cdot 2^{k-1} + \cdots + a_1 \cdot 2^1 + a_0,$$
则
$$f(n) = f((a_k a_{k-1} \cdots a_1 a_0)_2) = (b_k b_{k-1} \cdots b_1 b_0)_2.$$

考察 $n+1$ 的情形,有以下几种情况:

(1) 若 $a_0 = 0$,则
$$n + 1 = (a_k a_{k-1} \cdots a_1 1)_2 = a_k \cdot 2^k + a_{k-1} \cdot 2^{k-1} + \cdots + a_1 \cdot 2^1 + 1$$
为奇数,所以由递归关系,有
$$f(n+1) = f(n) - 1 = (b_k b_{k-1} \cdots b_1 b_0)_2 - 1$$
$$= (b_k b_{k-1} \cdots b_1 1)_2 - 1 = (b_k b_{k-1} \cdots b_1 0)_2,$$
结论成立.

(2) 若 $a_k = a_{k-1} = \cdots = a_1 = a_0 = 1$, 即
$$n = (11 \cdots 11)_2 = 2^k + 2^{k-1} + \cdots + 2^1 + 2^0,$$
则
$$n + 1 = 2^k + 2^{k-1} + \cdots + 2^1 + 2^0 + 1 = 2^{k+1} = (100 \cdots 0)_2$$
为偶数,此时
$$f(n+1) = 2f\left(\frac{n+1}{2}\right) + 1 = 2f(2^k) + 1 = 2 \cdot (011 \cdots 1)_2$$
$$= 2 \cdot (2^{k-1} + 2^{k-2} + \cdots + 2^0) + 1$$
$$= 2^k + 2^{k-1} + \cdots + 2^1 + 2^0 = (011 \cdots 11)_2,$$
结论成立.

(3) 若 $a_0 = 1$, 且 $a_{k-1}, \cdots, a_1, a_0$ 中至少一个为零,则设下标最

小的满足 $a_i = 0$,即
$$a_{i-1} = a_{i-2} = \cdots = a_1 = a_0 = 1, \quad a_i = 0,$$
此时
$$n = (a_k a_{k-1} \cdots a_i 11 \cdots 1)_2 \quad (k+1 \text{ 位数}),$$
$$\begin{aligned} n+1 &= (a_k a_{k-1} \cdots a_i 11 \cdots 1)_2 + 1 \\ &= (a_k a_{k-1} \cdots a_{i+1} 10 \cdots 0)_2 \quad (k+1 \text{ 位数}) \\ &= a_k \cdot 2^k + a_{k-1} \cdot 2^{k-1} + \cdots + a_{i+1} \cdot 2^{i+1} + 2^i \end{aligned}$$
为偶数,所以
$$\begin{aligned} f(n+1) &= 2f\left(\frac{n+1}{2}\right) + 1 \\ &= 2f(a_k \cdot 2^{k-1} + a_{k-1} \cdot 2^{k-2} + \cdots + a_{i+1} \cdot 2^i + 2^{i-1}) + 1 \\ &= 2f(a_k a_{k-1} \cdots a_{i+1} 10 \cdots 0)_2 (k \text{ 位数}) + 1 \\ &= 2 \cdot (b_k b_{k-1} \cdots b_{i+1} 01 \cdots 1)_2 (k \text{ 位数}) + 1 \\ &= 2 \cdot (b_k \cdot 2^{k-1} + b_{k-1} \cdot 2^{k-2} + \cdots \\ &\quad + b_{i+1} \cdot 2^i + 2^{i-2} + 2^{i-3} + \cdots + 2^0) + 1 \\ &= (b_k \cdot 2^k + b_{k-1} \cdot 2^{k-1} + \cdots + b_{i+1} \cdot 2^{i+1} \\ &\quad + 2^{i-1} + 2^{i-2} + \cdots + 2^1) + 1 \\ &= (b_k b_{k-1} \cdots b_{i+1} 01 \cdots 1)_2 \quad (k+1 \text{ 位数}), \end{aligned}$$
结论成立.

因为
$$\begin{aligned} f(n) &= 2^{1996} + 1 = (100 \cdots 01)_2 \quad (1\,997 \text{ 位数,有 } 1\,995 \text{ 个 } 0) \\ &= (00 \cdots 0100 \cdots 01)_2 \quad (\text{前面添加任意多个 } 0), \end{aligned}$$
所以
$$n = (11 \cdots 1011 \cdots 10)_2$$
(前段有任意多个且至少一个 1,后段有 1 995 个 1),故
$$\begin{aligned} n_{\min} &= (1011 \cdots 10)_2 (1\,998 \text{ 位数}) = (1011 \cdots 11)_2 (1\,998 \text{ 位数}) - 1 \\ &= (1100 \cdots 00)_2 (1\,998 \text{ 位数}) - 2 = 2^{1999} + 2^{1998} - 2. \end{aligned}$$

综上所述,$n_{\min} = 2^{1999} + 2^{1998} - 2$.

例 5 给定正整数 a,设 $a_1 < a_2 < \cdots < a_n = a$,其中 $a_1, a_2, \cdots, a_n$ 是正整数,$n > 1$,若对任何 $i \geq 2$,都存在 $1 \leq p \leq q \leq r \leq i-1$,使 $a_i = a_p + a_q + a_r$,求 n 的最大、最小值.(原创题)

分析与解 先求 n 的最大值. 对任意正整数 m,如果存在自然数 t,使

$$m \equiv 0 \pmod{2^t}, \quad 且 \quad m \not\equiv 0 \pmod{2^{t+1}},$$

则称 2 在 m 中的指数为 t,记为 $\tau_2(m) = t$.

对于合乎条件的数列 $a_1, a_2, \cdots, a_n$,易知

$$a_2 = a_1 + a_1 + a_1 = 3a_1,$$
$$a_3 = 2a_1 + a_2 = 2a_1 + 3a_1 = 5a_1,$$
或 $\quad a_3 = a_1 + 2a_2 = a_1 + 6a_1 = 7a_1,$
或 $\quad a_3 = 3a_2 = 9a_1,$

观察上述特例,我们发现:

对 $i = 1, 2, \cdots, n$,有 $\tau_2(a_i) = \tau_2(a_1)$.

下面用数学归纳法证明之. 当 $i = 1$ 时,结论显然成立.

设 $i \leq k (k \geq 1)$ 时结论成立,当 $i = k+1$ 时,由题设条件,存在 $1 \leq p \leq q \leq r \leq k$,使 $a_{k+1} = a_p + a_q + a_r$.

由归纳假设可知

$$\tau_2(a_p) = \tau_2(a_q) = \tau_2(a_r) = \tau_2(a_1),$$
$$a_p = b_p \cdot 2^t, \quad a_q = b_q \cdot 2^t, \quad a_r = b_r \cdot 2^t,$$

其中 b_p, b_q, b_r 为奇数,$t \in \mathbf{N}$,则

$$a_{k+1} = a_p + a_q + a_r = b_p \cdot 2^t + b_q \cdot 2^t + b_r \cdot 2^t$$
$$= (b_p + b_q + b_r) 2^t.$$

因为 b_p, b_q, b_r 为奇数,所以 $b_p + b_q + b_r$ 为奇数,所以

$$\tau_2(a_{k+1}) = t = \tau_2(a_p) = \tau_2(a_1),$$

由归纳原理,结论成立.

6 归纳通式

解答原题:先求 n 的最大值.因为 a 是给定的正整数,不妨设
$$a = (2s+1) \cdot 2^t,$$
其中 $s, t \in \mathbf{N}$.

若 $s=0$,则数列的最大项 $a_n = a = 2^t$,注意到 $n>1$,由上面讨论可知,其他项都含有因子 2^t,必定大于 $a = 2^t$,矛盾,故不存在合乎条件的数列.

若 $s>0$,我们证明 n 的最大值为 $s+1$.

实际上,由上面的结论可知,对 $i = 1, 2, \cdots, n$,有
$$\tau_2(a_i) = \tau_2(a_n) = \tau_2(a) = t.$$

对 $i = 1, 2, \cdots, n-1$,设
$$a_i = b_i \cdot 2^t, \quad a_{i+1} = b_{i+1} \cdot 2^t,$$
其中 b_i, b_{i+1} 为正奇数,$b_i < b_{i+1}$,则
$$a_{i+1} - a_i = b_{i+1} \cdot 2^t - b_i \cdot 2^t = (b_{i+1} - b_i) 2^t \geqslant 2 \cdot 2^t = 2^{t+1},$$
$$a_{i+1} \geqslant 2^{t+1} + a_i.$$

而由 $\tau_2(a_1) = t$,知 $a_1 \geqslant 2^t$,所以
$$(2s+1) \cdot 2^t = a_n \geqslant a_{n-1} + 2^{t+1} \geqslant a_{n-2} + 2 \times 2^{t+1}$$
$$\geqslant a_{n-3} + 3 \times 2^{t+1} \geqslant \cdots \geqslant a_1 + (n-1) \times 2^{t+1}$$
$$\geqslant 2^t + (n-1) \times 2^{t+1} = 2^t(2n-1),$$
所以 $2n - 1 \leqslant 2s + 1$,所以 $n \leqslant s+1$.

又当 $n = s+1$ 时,取
$$a_i = (2i-1) \cdot 2^t \quad (i = 1, 2, \cdots, s+1),$$
则对 $i \geqslant 2$,有
$$a_i = a_{i-1} + 2^{t+1} = a_{i-1} + a_1 + a_1,$$
所以 $n = s+1$ 合乎条件,故 n 的最大值为 $s+1$.

下面求 n 的最小值.

(ⅰ)当 $a \equiv 0 \pmod{3}$ 时,n 的最小值为 2.

首先,因为 $a \equiv 0 \pmod 3$,令 $a = 3p$,取 $a_1 = p, a_2 = 3p = a$,有

$$a_2 = a_1 + a_1 + a_1,$$

所以 $n=2$ 合乎条件.

又显然 $n \neq 1$,所以 $n \geqslant 2$,故 n 的最小值为 2.

（ⅱ）当 $p=5,7$ 时,有 $a \equiv 0 \pmod{p}$,但 $a \not\equiv 0 \pmod{3}$,则 n 的最小值为 3.

首先,当 $a \equiv 0 \pmod{5}$ 时,令 $a=5p$,取 $a_1=p, a_2=3p, a_3=5p=a$,有

$$a_2 = a_1 + a_1 + a_1, \quad a_3 = a_1 + a_1 + a_2,$$

此时 $n=3$ 合乎条件.

当 $a \equiv 0 \pmod{7}$ 时,令 $a=7p$,取 $a_1=p, a_2=3p, a_3=7p=a$,则有

$$a_2 = a_1 + a_1 + a_1, \quad a_3 = a_1 + a_2 + a_2,$$

此时 $n=3$ 合乎条件.

又若 $n=2$,则由题设条件,存在 $1 \leqslant p \leqslant q \leqslant r \leqslant 1$,使 $a=a_2=a_p+a_q+a_r=a_1+a_1+a_1=3a_1 \equiv 0 \pmod{3}$,矛盾.所以 $n \geqslant 3$,故 n 的最小值为 3.

（ⅲ）当 $p=11,13,17,19$ 时,$a \equiv 0 \pmod{p}$,而 $p=3,5,7$ 时 $a \not\equiv 0 \pmod{p}$,则 n 的最小值为 4.

首先,当 $a \equiv 0 \pmod{11}$ 时,令 $a=11p$,取

$$a_1 = p, \quad a_2 = 3p, \quad a_3 = 5p, \quad a_4 = 11p = a,$$

有

$$a_2 = a_1 + a_1 + a_1, \quad a_3 = a_1 + a_1 + a_2, \quad a_4 = a_2 + a_2 + a_3,$$

此时 $n=4$ 合乎条件.

当 $a \equiv 0 \pmod{13}$ 时,令 $a=13p$,取

$$a_1 = p, \quad a_2 = 3p, \quad a_3 = 7p, \quad a_4 = 13p = a,$$

有

$$a_2 = a_1 + a_1 + a_1, \quad a_3 = a_1 + a_2 + a_2, \quad a_4 = a_2 + a_2 + a_3,$$

此时 $n=4$ 合乎条件.

当 $a\equiv 0\pmod{17}$ 时,令 $a=17p$,取
$$a_1=p,\quad a_2=3p,\quad a_3=7p,\quad a_4=17p=a,$$
有
$$a_2=a_1+a_1+a_1,\quad a_3=a_1+a_2+a_2,\quad a_4=a_2+a_3+a_3,$$
此时 $n=4$ 合乎条件.

当 $a\equiv 0\pmod{19}$ 时,令 $a=17p$,取
$$a_1=p,\quad a_2=3p,\quad a_3=9p,\quad a_4=19p=a,$$
有
$$a_2=a_1+a_1+a_1,\quad a_3=a_2+a_2+a_2,\quad a_4=a_1+a_3+a_3,$$
此时 $n=4$ 合乎条件.

又若 $n=2$,则同(ⅱ),$a=a_2=3a_1\equiv 0\pmod{3}$,矛盾.

若 $n=3$,则 $a=a_3$,令 $a_1=p$,有 $a_2=3a_1=3p$.

由题设条件,存在 $1\leqslant p\leqslant q\leqslant r\leqslant 2$,使
$$a_3=a_p+a_q+a_r.$$

若 $p=q=r$,则 $a_3=a_p+a_q+a_r=3a_p\equiv 0\pmod{3}$,矛盾,所以
$$a_3=a_1+a_1+a_2\quad\text{或}\quad a_1+a_2+a_2.$$

若 $a_3=a_1+a_1+a_2$,则 $a_3=a_1+a_1+a_2=p+p+3p=5p\equiv 0\pmod{5}$,矛盾.

若 $a_3=a_1+a_2+a_2$,则 $a_3=a_1+a_2+a_2=p+3p+3p=7p\equiv 0\pmod{7}$,矛盾.

所以 $n\geqslant 4$,故 n 的最小值为 4.

猜想:记 n 的最小值为 $f(a)$,设 a 的最小奇质因数为 p,则 $f(a)=f(p)$.

比如,将所有质数由小到大排成一列:$p_1,p_2,p_3,\cdots$,设 p 是该数列中的第 k 项,则 $f(a)=f(p)=g(k)$.

基本想法：设 $a = (2s+1) \cdot 2^t$，其中 $s, t \in \mathbf{N}$，则由上面的结论，2 在数列中所有项中的指数都是 t，令 $a_i = b_i \cdot 2^t$，其中 b_i 为奇数，则数列 $b_1, b_2, b_3, \cdots, b_n$ 也是合乎题设条件的数列，其中 $b_n = 2s+1$. 所以我们只需考虑 a 为奇数的情形.

进一步，数列中每个项都是首项的倍数，所以我们只需考虑 a 为奇质数的情形，此时首项为 1.

设 $a_1 = 1$，则 $a_2 = 3$，a_3 有三种可能：5, 7, 9，得到如下三个长为 3 的数列.

长为 3 时：
$$(1,3,5),(1,3,7),(1,3,9),$$
其中以新出现的奇质数结尾的数列是以 3 为最小值的数列.

长为 4 时：
$$1,3,5,(7,9,11,13,15),$$
$$1,3,7,(9,11,13,15,17,21),$$
$$1,3,9,(11,13,15,19,21,27),$$
其中以新出现的奇质数结尾的数列是以 4 为最小值的数列.

长为 5 时：
$$1,3,5,7,(9,11,13,15,17,19,21),$$
$$1,3,5,9,(11,13,15,17,19,21,23,27),$$
$$1,3,5,11,(13,15,17,19,23,25,27,33),$$
$$1,3,5,13,$$
$$1,3,5,15,$$
$$1,3,7,9,$$
$$1,3,7,11,$$
$$1,3,7,13,(29),$$
$$1,3,7,15,(31,37),$$
$$1,3,7,17,(41),$$

$$1,3,7,21,(43),$$
$$1,3,9,11,$$
$$1,3,9,13,$$
$$1,3,9,15,$$
$$1,3,9,19,(47)$$
$$1,3,9,21,(43),$$
$$1,3,9,27,$$

其中以新出现的奇质数结尾的数列是以 4 为最小值的数列.

长为 6 时:

$$1,3,5,7,(9,11,13,15,17) \quad (\leqslant 51)$$
$$1,3,5,7,19,(45,57),$$
$$1,3,5,7,21,(49,63),$$
$$1,3,5,9,(11,13,15,17) \quad (\leqslant 51),$$
$$1,3,5,9,19,(47,57),$$
$$1,3,5,9,21,(51,63),$$
$$1,3,5,11,(13,15,17) \quad (\leqslant 51),$$
$$1,3,5,11,19,(49,57),$$
$$1,3,5,11,23,(51,57).$$

由此进一步猜想:设 a 的最小奇质因数为 p,则 $f(a) = f(p)$,且 $f(p)$ 是非严格递增函数.

但单调性猜想是错误的,有如下的反例: $f(163) = 6$,数列为 $(1,3,9,27,81,163)$.

但容易验证 $f(157) > 6$.

此外,对任意正整数 m,如果存在自然数 t,使

$$m \equiv 0 \pmod{p^t}, \quad 且 \quad m \not\equiv 0 \pmod{p^{t+1}},$$

其中 p 为质数,则称 p 在 m 中的指数为 t,记为 $\tau_p(m) = t$.

对于合乎条件的数列 $a_1, a_2, \cdots, a_n$,我们用数学归纳法证明:对

$i=1,2,\cdots,n$,有 $\tau_p(a_i) \geqslant \tau_p(a_1)$.

当 $i=1$ 时,结论显然成立;设 $i \leqslant k(k \geqslant 1)$ 时结论成立,当 $i=k+1$ 时,由题设条件,存在 $1 \leqslant p \leqslant q \leqslant r \leqslant k$,使 $a_{k+1}=a_p+a_q+a_r$.

由归纳假设可知,$\tau_p(a_p),\tau_p(a_q),\tau_p(a_r) \geqslant t = \tau_p(a_1)$,令
$$a_p = b_p \cdot p^t, \quad a_q = b_q \cdot p^t, \quad a_r = b_r \cdot p^t,$$
其中 b_p, b_q, b_r 为整数,$t \in \mathbf{N}$,则
$$a_{k+1} = a_p + a_q + a_r = b_p \cdot p^t + b_q \cdot p^t + b_r \cdot p^t$$
$$= (b_p + b_q + b_r) p^t.$$

因为 b_p, b_q, b_r 为整数,所以 $b_p + b_q + b_r$ 为整数,故 $\tau_p(a_{k+1}) \geqslant t = \tau_p(a_1)$,由归纳原理,结论成立.

例 6 任意给定大于 3 且不被 3 整除的奇整数 n,能否给 $n \times n$ 方格表填写 n^2 个整数(每格填一个数,第 i 行、第 j 列交汇处方格所填写的数记为 a_{ij}),满足以下要求:

(ⅰ)每行填写的数都是 $1,2,\cdots,n$ 的一个排列,每列填写的数也都是 $1,2,\cdots,n$ 的一个排列;

(ⅱ)不同位置的数对 $(a_{ij}, a_{ji})(i<j)$ 各不相同.

(2001 年 IMO 中国国家集训队测试试题)

分析与解 先考虑 $n=5$ 的情形,我们先将 $1,2,3,4,5$ 依次填在主对角线上,即 $a_{ii}=i(1 \leqslant i \leqslant 5)$,然后考虑棋盘第一列的填数.

显然,第一列第 2 格不能填 2(因为 $a_{22}=2$),尝试取 $a_{21}=3$,进而想象第一列构成公差为 2 的等差数列,则填数依次为 $1,3,5,7,9$,再将每个数取模 5 的最小非负剩余,得到第一列的填数依次为 $1,3,5,2,4$.

类似考虑第二列填的数,同样想象第 2 列构成公差为 2 的等差数列,则填数依次为 $0,2,4,6,8$,再将每个数取模 5 的最小正剩余,得

到第 2 列的填数依次为 5,2,4,1,3.

显然,第 2 列填的数是第 1 列填的数的一个轮换.

如此下去,得到 5×5 棋盘的合乎要求的填数如图 6.8 所示.

再考虑 $n=7$ 的情形,类似的填数如图 6.9 所示.

1	5	4	3	2
3	2	1	5	4
5	4	3	2	1
2	1	5	4	3
4	3	2	1	5

图 6.8

1	7	6	5	4	3	2
3	2	1	7	6	5	4
5	4	3	2	1	7	6
7	6	5	4	3	2	1
2	1	7	6	5	4	3
4	3	2	1	7	6	5
6	5	4	3	2	1	7

图 6.9

一般地,在 $n\times n$ 方格表第 i 行、第 j 列交汇处的方格中填数 $a_{ij}=2i-j$,其中的数按模 n 理解,即大于 n 的数换成关于模 n 的最小正余数.

下面验证这样的填法符合要求.

(ⅰ) 对于固定的 i,当 j 从 1 变到 n 时,相应的 $2i-j$ 遍历 mod n 的一个完全剩余系,因而第 i 行所填的数为 $1,2,\cdots,n$ 的一个排列.

因为$(2,n)=1$,所以对固定的 j,当 i 从 1 变到 n 时,相应的 $2i-j$ 遍历 mod n 的一个完全剩余系,因而第 j 列所填的数为 $1,2,\cdots,n$ 的一个排列.

(ⅱ) 如果$(a_{ij},a_{ji})=(a_{kl},a_{lk})$$(i<j,k<l)$,那么,$a_{ij}=a_{kl}$,$a_{ji}=a_{lk}$,即

$$2i-j\equiv 2k-l\ (\bmod n),\quad 2j-i\equiv 2l-k\ (\bmod n).$$

两式相加,得

$$i+j\equiv k+l\ (\bmod n),\qquad ①$$

两式相减,得

$$3(i-j) \equiv 3(k-l) \pmod{n}. \quad ②$$

注意到$(3,n)=1$,由式②可得

$$i-j \equiv k-l \pmod{n}. \quad ③$$

由①+③,①-③,得到

$$2i \equiv 2k, \quad 2j \equiv 2l \pmod{n}.$$

又因为$(3,n)=1$,所以$i=k,j=l$,矛盾.

综上所述,对任意给定大于3且不被3整除的奇整数n,都存在合乎题目要求的填数.

注 如果我们将$1,2,\cdots,n$依次填入第一行,也可以得到合乎要求的数表,具体填法请读者自己完成.

 **结构通式**

所谓结构通式,就是构成某种数学对象的若干个体的相互关系的一种通用表达方式.在特例的研究过程中,由每一个特例可能都得到某种数学对象的一种特殊结构,由此归纳出一般情况下相关对象的结构,进而使问题获解.

例1 求证:不等式$\sum\limits_{k=1}^{70}\dfrac{k}{x-k}\geqslant\dfrac{5}{4}$的解集是互不相交的区间的并集,且区间的长度之和为$1\,988$.(1988年IMO试题)

分析与证明 不等式左边含有70个项,不宜一开始就对一般的问题进行讨论.

先减少项数,退到简单的情形,考察以下两个不等式:

不等式1:$\dfrac{1}{x-1}\geqslant\dfrac{5}{4}$;

不等式2:$\dfrac{1}{x-1}+\dfrac{2}{x-2}\geqslant\dfrac{5}{4}$.

这两个不等式直接"去分母"即可求解,但我们需要的是"通用解法",即求解的方法应适合一般情况.

显然,代数方法不能适应一般情形,由此想到利用几何方法求解.

对于不等式 1,令
$$y_1 = \frac{1}{x-1},$$
作出该函数的图像(作图步骤:先确定间断点 $x=1$,再考察函数在间断点附近的变化趋势,比如:$x \to 1^-$,$y \to -\infty$,$x \to 1^+$,$y \to +\infty$),则由图像可知(图 6.10),不等式 $y_1 \geqslant \frac{5}{4}$ 的解为 $(1, x_1]$,其中 x_1 是方程 $y_1 = \frac{5}{4}$ 的根.

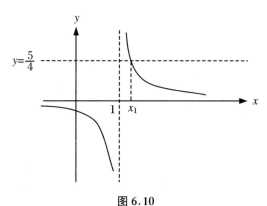

图 6.10

对于不等式 2,令
$$y_2 = \frac{1}{x-1} + \frac{2}{x-2},$$
作出该函数的图像,则由图像可知(图 6.11),不等式 $y_2 \geqslant \frac{5}{4}$ 的解为 $(1, x_1] \cup (2, x_2]$,其中 x_1, x_2 是方程 $y_2 = \frac{5}{4}$ 的根.

观察前两个函数图像的结构特征,第 1 个图像可分为 2 个部分,它恰好是一条双曲线的两支;第 2 个图像可分为 3 个部分,第 1,3 部

分类似于一条双曲线的两支,而第 2 部分类似于余切曲线在一个周期内的图像. 如此下去,不难发现,若令

$$y_{70} = \frac{1}{x-1} + \frac{2}{x-2} + \cdots + \frac{70}{x-70},$$

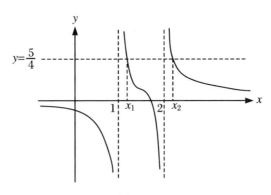

图 6.11

则该函数的图像可分为 71 个部分,其中第 1,71 部分类似于一条双曲线的两支,而第 2,3,…,70 部分都类似于余切曲线在一个周期内的图像(图 6.12).

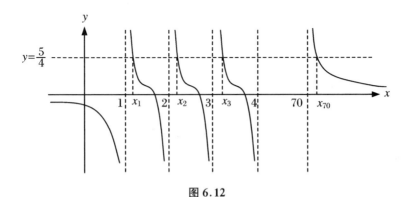

图 6.12

由图像可知,不等式 $y_{70} \geqslant \dfrac{5}{4}$ 的解为 $(1, x_1] \cup (2, x_2] \cup \cdots \cup$

$(70, x_{70}]$,其中 $x_1, x_2, \cdots, x_{70}$ 是方程
$$y_{70} = \frac{5}{4} \qquad ①$$
的根. 下面证明
$$\sum_{i=1}^{70}(x_i - i) = 1988,$$
即
$$\sum_{i=1}^{70} x_i = 1 + 2 + 3 + \cdots + 70 + 1988.$$

由于涉及方程①的 70 个根的和,自然想到一元 n 次方程的韦达定理:
$$\begin{cases} x_1 + x_2 + \cdots + x_n = -\dfrac{a_{n-1}}{a_n}, \\[4pt] x_1 x_2 + x_1 x_3 \cdots + x_1 x_n + \cdots + x_{n-1} x_n = \dfrac{a_{n-2}}{a_n}, \\[4pt] x_1 x_2 x_3 + x_1 x_2 x_4 + \cdots + x_{n-2} x_{n-1} x_n = -\dfrac{a_{n-3}}{a_n}, \\[4pt] \cdots, \\[4pt] x_1 x_2 \cdots x_n = (-1)^n \dfrac{a_0}{a_n}. \end{cases}$$

为了利用韦达定理,需将方程①化为整式方程,去分母,得
$$\prod_{i \neq 1}(x-i) + 2\prod_{i \neq 2}(x-i) + \cdots + 70\prod_{i \neq 70}(x-i) - \frac{5}{4}\prod_{i=1}^{70}(x-i) = 0.$$
此方程中,x^{70} 的系数为
$$a_{70} = -\frac{5}{4},$$
x^{69} 的系数为
$$a_{69} = 1 + 2 + 3 + \cdots + 70 - \frac{5}{4}(-1 - 2 - \cdots - 70)$$
$$= \frac{9}{4}(1 + 2 + \cdots + 70),$$

其中注意 $\prod_{i=1}^{70}(x-i)$ 中含有 x^{69}. 所以

$$x_1 + x_2 + \cdots + x_{70} = -\frac{a_{69}}{a_{70}} = \frac{9}{5}(1+2+\cdots+70)$$
$$= 1 + 2 + \cdots + 70 + 1988.$$

综上所述,命题获证.

例 2 设点 O 为正 n 边形 $A_1A_2\cdots A_n$ 的中心,用 $1,2,\cdots,n$ 将它的各边编号,又用这些整数将 $OA_1, OA_2, \cdots, OA_n$ 编号,是否存在一种编号方法,使各个三角形 OA_iA_{i+1} 各边上各数之和相等?

分析与解 设存在一种合乎条件的编号方法,并设 OA_i 上的编号为 a_i,边 A_iA_{i+1} 上的编号为 b_i,三角形 OA_iA_{i+1} 各边上各数之和为 $S_i(i=1,2,\cdots,n)$,则 $S_1 = S_2 = \cdots = S_n = S$.

现在,将各个"局部和"相加,得

$$nS = S_1 + S_2 + \cdots + S_n$$
$$= 2(a_1 + a_2 + \cdots + a_n) + (b_1 + b_2 + \cdots + b_n)$$
$$= 2(1+2+\cdots+n) + (1+2+\cdots+n)$$
$$= 3(1+2+\cdots+n) = \frac{3}{2}n(n+1),$$

其中注意到各边 A_iA_{i+1} 恰属于一个三角形,而 OA_i 恰属于两个三角形,被计数两次. 所以

$$S = \frac{3}{2}(n+1),$$

故 $n+1$ 为偶数,即 n 为奇数.

反之,当 n 为奇数时,我们来尝试构造合乎条件的编号.

先研究特例. 当 $n=5$ 时,$S=9$. 在正五边形 $ABCDE$ 中,假定 OA, OB, OC, OD, OE 上的编号分别为 $x_1, x_2, \cdots, x_5$,其中 $x_1, x_2, \cdots, x_5$ 为 $1, 2, \cdots, n$ 的一个排列,则各个三角形各边上(除正五边形的边外)所填数之和分别为

6 归纳通式

$$x_1+x_2, \quad x_2+x_3, \quad x_3+x_4, \quad x_4+x_5, \quad x_5+x_1.$$

现在要将 $1,2,3,4,5$(正五边形的边的编号)分配到每一个"和"中,使得到的 5 个"和"都等于 $S(=9)$,所以

$$x_1+x_2, \quad x_2+x_3, \quad x_3+x_4, \quad x_4+x_5, \quad x_5+x_1$$

是 $4,5,6,7,8$ 的一个排列.

所以,如果能将 $1,2,3,4,5$ 适当排列为 $x_1, x_2, \cdots, x_5$,使 $x_1+x_2, x_2+x_3, x_3+x_4, x_4+x_5, x_5+x_1$ 是 $4,5,6,7,8$ 的一个排列,则其构造可以实现.

我们尝试能否有

$$(x_1+x_2, x_2+x_3, x_3+x_4, x_4+x_5, x_5+x_1)=(4,5,6,7,8),$$

由 $x_1+x_2=4$,知

$$(x_1,x_2)=(1,3) \quad 或 \quad (3,1).$$

如果 $(x_1,x_2)=(1,3)$,则

$$x_5+x_1=x_5+1\leqslant 5+1<8,$$

矛盾,于是只能是 $(x_1,x_2)=(3,1)$.进而由

$$(x_2+x_3, x_3+x_4, x_4+x_5, x_5+x_1)=(5,6,7,8),$$

得 $x_3=4, x_4=2, x_5=5$,即

$$(x_1,x_2,x_3,x_4,x_5)=(3,1,4,2,5)$$

合乎条件.

现在的问题是,这种构造有没有一般规律?我们将序列 $(3,5,2,4,1)$ 中的"1"轮换到最前面,得到 $(1,3,5,2,4)$,则可以发现前面 3 个数成递增的等差数列.为了保证上述序列在整体上也呈现递增的特征,我们将后面两个数 $2,4$ 用其"等价"的数来代替,这里"等价"的意义是关于模 5 同余.于是,将 $2,4$ 分别换成与之等价的数 $7,9$,则得到序列 $(1,3,5,7,9)$,该序列的规律明显:是公差为 2 的等差数列.

这一规律是否具有一般性呢?我们用 $n=7$ 的情况来检验,发现其构造同样成立,只是相应的等差数列的公差变成 3(图 6.14).

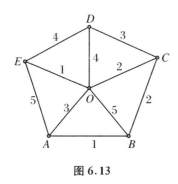 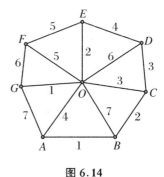

图 6.13 　　　　　　　　图 6.14

这种结构是否符合一般情况呢？我们用 $n=7$ 的情况来检验，发现其构造同样成立(图 6.14).

至此，我们不无理由相信：对一般情况，也可照此办理. 因为 n 为奇数，编号肯定可以进行到底，但要证明这一编号法合乎条件却并不容易，我们期望用另一种方式来描述这一编号方法.

对于图 6.13，按逆时针方向依次观察 OE, OA, OB, OC, OD 上的编号，它们分别为 $1,3,5,2,4$.

这一编号具有明显的规律：前 3 个数为奇数，后 3 个数为偶数. 不仅如此，前 3 个数还构成递增的等差数列，后 3 个数也构成递增的等差数列. 这就使我们产生这样的想法：能否将后面 2 个数用相应的"影子"来代替，使通过"影子"替代得到的整个数列是递增的等差数列？

显然，其中 $2,4$ 要用 $7,9$ 来代替，我们分别称 $7,9$ 是 $2,4$ 的"影子". 现在要弄清楚的是，一个数与其影子有何关系？

关系很明显，一个数与其影子相差 5，也就是模 5 同余. 由此我们发现 $n=5$ 时的一个规律更明显的构造方法：将 OE, OA, OB, OC, OD 分别用公差为 2 的等差数列 $1,3,5,7,9$ 中的项依次编号，然后将编号大于 5 的数换成它关于模 5 的正余数，则编号合乎条件.

对 $n=7$，这一编号法则同样适应：将 $OG, OA, OB, OC, OD,$

6 归纳通式

OE, OF 分别用公差为 3 的等差数列 $1, 4, 7, 10, 13, 16, 19$ 的各项依次编号,再将编号大于 7 的数换成它关于模 7 的正余数,则编号合乎条件.

一般地,对任何正整数 t,记 $\overline{t} \equiv t \pmod{n}$,其中 $1 \leqslant \overline{t} \leqslant n$. 当 n 为奇数时,令 $n = 2k+1$,在正 n 边形中,令 $A_i A_{i+1}$ 上的编号为 i,而 OA_i 上的编号为 $\overline{ik+1}$(其中 $\{ik+1\}$ 是公差为 k 的等差数列),则这种编号合乎要求.

验证如下:首先证明,$\overline{ik+1}(i = 1, 2, \cdots, 2k+1)$ 是 $1, 2, \cdots, 2k+1$ 的一个排列,这等价于 $ik+1(i = 1, 2, \cdots, 2k+1)$ 是模 $2k+1$ 的一个完系.

实际上,因为 $i(i = 1, 2, \cdots, 2k+1)$ 是模 $2k+1$ 的一个完系,又 $(k, 2k+1) = (k, 1) = 1$,所以 $ik(i = 1, 2, \cdots, 2k+1)$ 是模 $2k+1$ 的一个完系,进而 $ik+1(i = 1, 2, \cdots, 2k+1)$ 是模 $2k+1$ 的一个完系.

其次,考察第 i 个三角形 $OA_i A_{i+1}$ 三边上的编号,$A_i A_{i+1}$ 上的编号为 i,OA_i 上的编号为 $\overline{ik+1}$,OA_{i+1} 上的编号为 $\overline{(i+1)k+1}$. 我们需要证明

$$i + \overline{ik+1} + \overline{(i+1)k+1} = \frac{3}{2}(n+1) = 3k+3.$$

这只要证

$$i + \overline{ik+1} + \overline{(i+1)k+1} \equiv 3k+3 \pmod{2k+1},$$

且

$$k+2 < i + \overline{ik+1} + \overline{(i+1)k+1} < 5k+4.$$

实际上

$$i + \overline{ik+1} + \overline{(i+1)k+1} \equiv i + (ik+1) + (ik+k+1)$$
$$\equiv 2ik + k + i + 2$$
$$\equiv i(2k+1) + k + 2$$
$$\equiv k+2 \equiv 3k+3 \pmod{2k+1}.$$

此外,令 $\overline{ik+1} = r(0 < r \leqslant 2k+1)$,并记 $A = i + \overline{ik+1}$

$+\overline{(i+1)k+1}.$

若 $r \leqslant k+1$,则

$$A = i + r + \overline{r+k}$$
$$= i + r + (r+k) \leqslant (2k+1) + 2(k+1) + k$$
$$= 5k + 3 < 5k + 4,$$

且

$$A = i + r + \overline{r+k} = i + r + (r+k) > k+2.$$

若 $r \geqslant k+2$,则

$$A = i + r + \overline{r+k} = i + r + (r+k-(2k+1))$$
$$\leqslant i + r + k \leqslant (2k+1) + (2k+1) + k = 5k + 2,$$

且

$$A = i + r + \overline{r+k} > r \geqslant k+2.$$

综上所述,当 n 为奇数时,相应的编号存在;当 n 为偶数时,相应的编号不存在.

例 3 设 $A = \{a_1, a_2, \cdots, a_{2015}\}$,其中 $a_n = n + \left[\sqrt{n} + \dfrac{1}{2}\right]$ ($1 \leqslant n \leqslant 2015$),正整数 k ($k \geqslant 2$) 具有如下的性质:存在正整数 m,使 $m+1, m+2, \cdots, m+k$ 都属于 A,而 $m, m+k+1$ 都不属于 A,求这样的正整数 k 的所有取值的集合.(原创题)

分析与解 如果 $m+1, m+2, \cdots, m+k$ 都属于 A,而 $m, m+k+1$ 都不属于 A,则称 $(m+1, m+2, \cdots, m+k)$ 是 A 中的一条链.这样,问题变为:

求所有的正整数 k ($k \geqslant 2$),使 A 中存在长为 k 的链.

我们先研究 A 由哪些数组成,从特例开始,有

$$a_1 = 1 + \left[\sqrt{1} + \dfrac{1}{2}\right] = 1 + 1 = 2,$$

$$a_2 = 2 + \left[\sqrt{2} + \dfrac{1}{2}\right] = 2 + 1 = 3,$$

6 归纳通式

$$a_3 = 3 + \left[\sqrt{3} + \frac{1}{2}\right] = 3 + 2 = 5,$$

$$a_4 = 4 + \left[\sqrt{4} + \frac{1}{2}\right] = 4 + 2 = 6,$$

$$a_5 = 5 + \left[\sqrt{5} + \frac{1}{2}\right] = 5 + 2 = 7,$$

$$a_6 = 6 + \left[\sqrt{6} + \frac{1}{2}\right] = 6 + 2 = 8,$$

$$a_7 = 7 + \left[\sqrt{7} + \frac{1}{2}\right] = 7 + 3 = 10,$$

$$\cdots.$$

由上面的初值可知，数列 $\{a_n\}$ 取到非平方数的所有正整数.

为了证明上述结论，我们先研究数列相邻两项的间距，则有 $a_n - a_{n-1} = 0$ 或 1.

实际上，当 $n \geqslant 2$ 时，有

$$0 < a_n - a_{n-1} = 1 + \left[\sqrt{n} + \frac{1}{2}\right] - \left[\sqrt{n-1} + \frac{1}{2}\right]$$

$$< \left(1 + \sqrt{n} + \frac{1}{2}\right) - \left(\sqrt{n-1} + \frac{1}{2} - 1\right)$$

$$= 2 + \sqrt{n} - \sqrt{n-1} = 2 + \frac{1}{\sqrt{n} + \sqrt{n-1}} < 3,$$

所以 $a_n - a_{n-1} = 1$ 或 2.

下面讨论什么时候有 $a_n - a_{n-1} = 2$. 注意到

$$a_n - a_{n-1} = 2 \Leftrightarrow \left[\sqrt{n} + \frac{1}{2}\right] - \left[\sqrt{n-1} + \frac{1}{2}\right] = 1$$

$$\Leftrightarrow \text{存在整数 } k, \text{使} \left[\sqrt{n} + \frac{1}{2}\right] = k + 1,$$

$$\text{且} \left[\sqrt{n-1} + \frac{1}{2}\right] = k$$

$$\Leftrightarrow k \leqslant \sqrt{n-1} + \frac{1}{2} < k + 1 \leqslant \sqrt{n} + \frac{1}{2} < k + 2$$

$$\Leftrightarrow \quad k - \frac{1}{2} \leqslant \sqrt{n-1} < k + \frac{1}{2} \leqslant \sqrt{n} < k + \frac{3}{2}$$

$$\Leftrightarrow \quad k^2 + k + \frac{1}{4} \leqslant n < k^2 + k + \frac{5}{4}$$

$$\Leftrightarrow \quad n = k^2 + k + 1.$$

由此可见,当且仅当 n 为 $k^2 + k + 1$ 型数时,$a_n - a_{n-1} = 2$.

而当 $n = k^2 + k + 1$ 时,有

$$\sqrt{n} = \sqrt{k^2 + k + 1} > k + \frac{1}{2},$$

所以

$$\left[\sqrt{n} + \frac{1}{2}\right] = k + 1,$$

故

$$a_n = n + \left[\sqrt{n} + \frac{1}{2}\right] = (k^2 + k + 1) + (k + 1) = (k+1)^2 + 1,$$

$$a_{n-1} = (n-1) + \left[\sqrt{n-1} + \frac{1}{2}\right] = k^2 + k + \left[\sqrt{k^2 + k} + \frac{1}{2}\right]$$

$$= (k^2 + k) + k = (k+1)^2 - 1.$$

这表明,当 $n = k^2 + k + 1$ 时,数列 $\{a_n\}$ 跳过了一个平方数 $(k+1)^2$.

想象不存在正整数 n,使 $a_n - a_{n-1} = 2$,那么数列 $\{a_n\}$ 是公差为 1 的等差数列,又 $a_1 = 2$,于是,$a_n = n + 1 (n \in \mathbf{N})$.

此时,当 $n = k^2 + k + 1$ 时,应该有 $a_n = k^2 + k + 2$.

但实际上 $a_n = (k+1)^2 + 1 = (k^2 + k + 2) + k$,这表明当 $n = k^2 + k + 1$ 时,数列 $\{a_n\}$ 的第 n 项是将相应等差数列的第 n 项向后移动了 k 个位置.

这恰好说明,数列 $\{a_n\}$ 跳过了相应等差数列的 k 个项,这 k 个项恰好是 1 以后的连续 k 个平方数:$2^2, 3^2, \cdots, (k+1)^2$. 所以

$$a_n = \begin{cases} a_{n-1} + 1 & (a_{n-1} + 1 \text{ 不为平方数}), \\ a_{n-1} + 2 & (a_{n-1} + 1 \text{ 为平方数}). \end{cases}$$

6 归纳通式

实际上,将所有 k^2+k+1 型数 n 及数列对应的项 a_n, a_{n-1} 排列如表 6.4 所示,则上述结论一目了然.

表 6.4

k	1	2	3	4	5	6	7
$n = k^2+k+1$	3	7	13	21	31	43	57
a_n	$a_3 = 2^2+1$	$a_7 = 3^2+1$	$a_{13} = 4^2+1$	$a_{21} = 5^2+1$	$a_{31} = 6^2+1$	$a_{43} = 7^2+1$	$a_{57} = 8^2+1$
a_{n-1}	$a_2 = 2^2-1$	$a_6 = 3^2-1$	$a_{12} = 4^2-1$	$a_{20} = 5^2-1$	$a_{30} = 6^2-1$	$a_{42} = 7^2-1$	$a_{56} = 8^2-1$

注意到

$$a_1 = 2, \quad a_{2015} = 2015 + \left[\sqrt{2015} + \frac{1}{2}\right] = 2015 + 45 = 2060,$$

所以

$$A = \{a_1, a_2, \cdots, a_{2015}\} = \{2, 3, \cdots, 2060\} \setminus \{i^2 \mid i = 2, 3, \cdots, 45\}.$$

即

$$A = \bigcup_{i=1}^{45} A_i,$$

其中 $A_i = \{n \mid i^2 < n < (i+1)^2, n \in \mathbf{N}\} (i = 1, 2, \cdots, 44)$,且

$$A_{45} = \{2026, 2027, \cdots, 2060\}.$$

对 $i = 1, 2, \cdots, 45$, A_i 中的数构成一个长为 $|A_i|$ 的链,而

$$|A_i| = ((i+1)^2 - 1) - i^2 = 2i \quad (i = 1, 2, \cdots, 44),$$

$$|A_{45}| = 2060 - 2025 = 35,$$

故所有的合乎条件的正整数 k 的集合为 $\{2, 4, \cdots, 88\} \cup \{35\}$.

例 4 对图 G 中任意两点,连接它们的最短链的长度称为它们的距离,图 G 中所有两点间的距离的最大值称为 G 的直径,记为 $d(G)$.

设 $G, \overline{G}$ 都是 n 阶简单连通图,求 $d(G) + d(\overline{G})$ 的最小值.

（原创题）

分析与解 用 $d(A,B)$，$\overline{d}(A,B)$ 分别表示 A,B 两点在 $G,\overline{G}$ 中的距离.

首先，易知 $d(G) \geqslant 2, d(\overline{G}) \geqslant 2$.

实际上，若 $d(G)=1$，则 G 是完全图，从而 $\overline{G}$ 不连通，矛盾. 所以 $d(G) \geqslant 2$，同理 $d(\overline{G}) \geqslant 2$，所以
$$d(G)+d(\overline{G}) \geqslant 4.$$
如果 $d(G)+d(\overline{G})=4$，则必有 $d(G)=d(\overline{G})=2$.

下面探讨能否有 $d(G)=d(\overline{G})=2$，从而特例开始. 显然，$n \geqslant 4$，否则，$G,\overline{G}$ 中必有一个不连通，矛盾.

当 $n=4$ 时，因为 $G,\overline{G}$ 都连通，所以 $\|G\| \geqslant 3$，$\|\overline{G}\| \geqslant 3$，又 $\|G\|+\|\overline{G}\|=C_4^2=6$，所以 $\|G\|=\|\overline{G}\|=3$.

如果 G 中有圈或有一个点的度为 3，则 $\overline{G}$ 不连通，从而 G 只能是长为 3 的链，从而 $\overline{G}$ 是长为 3 的链，所以
$$d(G)=3, \quad d(\overline{G})=3, \quad d(G)+d(\overline{G})=6,$$
此时 $d(G)+d(\overline{G})$ 的最小值为 6.

当 $n=5$ 时，我们考虑能否有 $d(G)=2$，一种简单情形是 G 为长为 5 的圈，此时 $\overline{G}$ 也是长为 5 的圈，从而 $d(G)=d(\overline{G})=2$，得 $d(G)+d(\overline{G})$ 的最小值为 4.

当 $n=6$ 时，我们考虑能否有 $d(G)=2$，与 $n=5$ 类似，先在 G 中构造长为 6 的圈 $A_1A_2 \cdots A_6$，此时 $d(A_1,A_4)>2$，若连 A_4A_1，则 $\overline{d}(A_1,A_4)>2$，从而修改为连 A_6A_4. 对称地，连 A_3A_5，此时 $d(G)=d(\overline{G})=2$，得 $d(G)+d(\overline{G})$ 的最小值为 4.

当 $n=7$ 时，我们考虑能否有 $d(G)=2$，与 $n=6$ 类似，先在 G 中构造长为 7 的圈 $A_1A_2 \cdots A_7$，并连 A_7A_4, A_3A_6，此时 $d(A_1,A_5)>2$，与上类似，再连 A_7A_5, A_3A_5，此时 $d(G)=d(\overline{G})=2$，得 $d(G)+d(\overline{G})$ 的最小值为 4.

6 归纳通式

为了使上述 3 个构造有统一的规律,可在 $n=7$ 的构造中增加一条边 A_4A_6,这样,$A_3,A_4,\cdots,A_7$ 构成 G 中一个 5 阶完全子图,但去掉了边 A_3A_7.

由此发现如下构造:

当 $n \geqslant 5$ 时,构造如下的图 G:设其 n 个顶点为 $A_1,A_2,\cdots,A_n$,当且仅当 $j=i+1$ $(i=1,2,\cdots,n)$ 及 $3 \leqslant i < j \leqslant n$,但 $(i,j) \neq (3,n)$ 时,A_i 与 A_j 相连,此时,$A_1,A_2,\cdots,A_n$ 为 G 中一个长为 n 的圈,$A_3,A_4,\cdots,A_n$ 构成 G 中一个 $n-2$ 阶完全子图,但去掉了边 A_3A_n.

我们证明此图中,有 $d(G)+d(\overline{G})=4$.

实际上,当 $n=5$ 时,$G,\overline{G}$ 都是长为 5 的圈,结论成立. 下设 $n \geqslant 6$.

① 若 $(i,j)=(1,2)$,则 $d(A_i,A_j)=1$,而 A_4 与 A_i,A_j 都不相连,所以 $\overline{d}(A_i,A_j)=2$.

② 若 $3 \leqslant i < j \leqslant n$,则有以下情况:

(ⅰ) $(i,j)=(3,n)$,此时 A_4 与 A_i,A_j 都相连,所以 $d(A_i,A_j)=2$,而 A_i,A_j 不相连,所以 $\overline{d}(A_i,A_j)=1$.

(ⅱ) $4 \leqslant i < j \leqslant n-1$,此时 A_i,A_j 相连,所以 $d(A_i,A_j)=1$,而 A_1 与 A_i,A_j 都不相连,所以 $\overline{d}(A_i,A_j)=2$.

(ⅲ) $3 \leqslant i < j \leqslant n-1$ 或 $4 \leqslant i < j \leqslant n$,此时 A_i,A_j 相连,所以 $d(A_i,A_j)=1$,而 A_1 或 A_2 与 A_i,A_j 都不相连,所以 $\overline{d}(A_i,A_j)=2$.

③ 若 $i \in \{1,2\}$,$j \in \{3,4,\cdots,n\}$,不妨设 $i=1$,则有以下情况:

(ⅰ) $(i,j)=(1,n)$,此时 A_i,A_j 相连,所以 $d(A_i,A_j)=1$,而 A_3 与 A_i,A_j 都不相连,所以 $\overline{d}(A_i,A_j)=2$.

(ⅱ) $(i,j)=(1,3)$,此时 A_2 与 A_i,A_j 都相连,所以 $d(A_i,A_j)=2$,而 A_i,A_j 不相连,所以 $\overline{d}(A_i,A_j)=1$.

(ⅲ) $4 \leqslant j \leqslant n-1$,此时 A_n 与 A_i,A_j 都相连,所以 $d(A_i,A_j)$

$=2$,而 A_i, A_j 不相连,所以 $\overline{d}(A_i, A_j) = 1$.

由①~③可知,对图 G 中任意两个点 $A_i, A_j (1 \leqslant i < j \leqslant n)$,有 $d(A_i, A_j) \leqslant 2$, $\overline{d}(A_i, A_j) \leqslant 2$,从而 $d(G) \leqslant 2$ 且 $d(\overline{G}) \leqslant 2$.

又 $d(G) \geqslant 2, d(\overline{G}) \geqslant 2$,于是 $d(G) = 2, d(\overline{G}) = 2$,所以 $d(G) + d(\overline{G}) = 4$.

所以 $n \geqslant 5$ 时,$d(G) + d(\overline{G})$ 的最小值为 4.

综上所述,$(d(G) + d(\overline{G}))_{\min} = \begin{cases} 6 & (n = 4), \\ 4 & (n \geqslant 5). \end{cases}$

例5 在 $n \times n$ 的方格棋盘上放有若干个 1×3 骨牌,每个 1×3 骨牌都恰好覆盖棋盘的 3 个方格,如果棋盘上不能再放进任何 1×3 骨牌,则称上述覆盖为 $n \times n$ 方格棋盘的 1×3 骨牌的饱和覆盖.

设 P 是 $n \times n (n > 1)$ 方格棋盘的 1×3 骨牌的任意一个饱和覆盖,覆盖 P 中骨牌数的最小值为 $|P|$,试证:
$$\frac{1}{6}(n^2 - 2n) \leqslant |P| \leqslant \frac{1}{5}(n^2 + 2n).$$

(原创题)

分析与解 在《棋盘上的组合数学》一书中,我们研究了方格棋盘各种覆盖形的饱和覆盖问题,本题的结论是我们在进一步研究中得到的一个简单结果.

有趣的是,第 31 届美国数学奥林匹克竞赛中有一个类似的试题,但其结果是
$$\frac{1}{7}(n^2 - 2n) \leqslant |P| \leqslant \frac{1}{5}(n^2 + 27n).$$

显然,我们的结果比这一不等式左右两边的估计都要强些.

我们先证明 $|P| \leqslant \frac{1}{5}(n^2 + 2n)$.

当 $n = 1, 2$ 时,显然 $|P| = 0 \leqslant \frac{1}{5}(n^2 + 2n)$,结论成立.

当 $n=3$ 时,每行放 1 个 1×3 的横向骨牌时,棋盘的覆盖显然是饱和的,所以

$$|P|\leqslant 3=n\leqslant \frac{1}{5}(n^2+2n),$$

结论成立.

当 $n=4,5$ 时,按如下方式每行放 1 个 1×3 的横向骨牌,其中序号为奇数的行的骨牌覆盖该行的前 3 个格,序号为偶数的行的骨牌覆盖该行的后 3 个格,此时,棋盘的覆盖是饱和的,所以

$$|P|\leqslant n\leqslant \frac{1}{5}(n^2+2n),$$

结论成立.

当 $n\geqslant 6$ 时,通过研究 $n=6,7,8,9,10$ 的饱和覆盖的结构,不难归纳出如下的饱和覆盖方式.

设 $n=5k+r(0\leqslant r\leqslant 4)$,则有如下几种情况:

(1) 如果 $r=0$,则每行按如下方式放置 k 个 1×3 的横向骨牌:将每行的格每连续 5 个为一组,共分为 k 个组,每组放置一个 1×3 的横向骨牌.其中,序号为奇数的行,每组的骨牌覆盖该组的前 3 个格,序号为偶数的行,每组的骨牌覆盖该组的后 3 个格,此时,棋盘中共有 nk 个骨牌,且棋盘的覆盖是饱和的.所以

$$|P|\leqslant nk=n\cdot\frac{n}{5}\leqslant\frac{1}{5}(n^2+2n),$$

结论成立.

(2) 如果 $r=1$,则在棋盘左边的 $n\times 5k$ 子棋盘中,每行按(1)的方式放置 k 个 1×3 的横向骨牌,则 $n\times 5k$ 子棋盘中共放有 nk 个 1×3 骨牌.

对于棋盘最后一列(第 $5k+1$ 列),按如下方式放置 $\left[\dfrac{n+1}{3}\right]$ 个 1×3 的纵向骨牌.其中:

$n \equiv 0 \pmod{3}$ 时,从最上一格开始覆盖,放置 $\dfrac{n}{3} = \left[\dfrac{n+1}{3}\right]$ 个骨牌;

$n \equiv 1 \pmod{3}$ 时,从第二列的格开始覆盖,放置 $\dfrac{n-1}{3} = \left[\dfrac{n+1}{3}\right]$ 个骨牌;

$n \equiv 2 \pmod{3}$ 时,从第二列的格开始覆盖,放置 $\dfrac{n-2}{3}$ 个骨牌.此时如果最后一个空格与左边两个空格相邻,则加盖一张骨牌,共 $\dfrac{n-2}{3}+1 = \left[\dfrac{n+1}{3}\right]$ 张骨牌.

所以,不论哪种情况,第 $5k+1$ 列都放有 $\left[\dfrac{n+1}{3}\right]$ 张骨牌.

此时,棋盘中共有 $nk + \left[\dfrac{n+1}{3}\right]$ 个骨牌,且棋盘的覆盖是饱和的.所以

$$|P| \leqslant nk + \left[\dfrac{n+1}{3}\right] \leqslant nk + \dfrac{n+1}{3} + (r-1)(k+1).$$

(3) 如果 $2 \leqslant r \leqslant 4$,则在棋盘左边的 $n \times 5k$ 子棋盘中,每行按(1)的方式放置 k 个 1×3 的横向骨牌,则 $n \times 5k$ 子棋盘中共放有 nk 个 1×3 骨牌.

棋盘的第 $5k+1$ 列,按(2)的方式放置 $\left[\dfrac{n+1}{3}\right]$ 个 1×3 的纵向骨牌.

棋盘的第 $5k+j(2 \leqslant j \leqslant r)$ 列,按如下方式,放置不多于 $k+1$ 个 1×3 的纵向骨牌:

当 j 为偶数时,从上到下每连续 5 个格的前 3 个格放置一个 1×3 的纵向骨牌,共放 k 个骨牌,该列剩下 r 个格,如果 $r \geqslant 3$,则再放一个 1×3 的纵向骨牌,于是该列最多放 $k+1$ 个 1×3 的纵

向骨牌.

当 j 为奇数时,从下到上每连续 5 个格的前 3 个格放置一个 1×3 的纵向骨牌,共放 k 个骨牌,该列剩下 r 个格,如果 $r\geqslant 3$,则再放一个 1×3 的纵向骨牌,于是该列最多放 $k+1$ 个 1×3 的纵向骨牌.

其中 $r=3$ 的情形如图 6.15 所示.

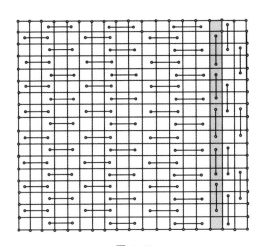

图 6.15

此时,棋盘中共有 $nk+\left[\dfrac{n+1}{3}\right]+(r-1)(k+1)$ 个骨牌,且棋盘的覆盖是饱和的. 所以

$$|P|\leqslant nk+\left[\dfrac{n+1}{3}\right]+(r-1)(k+1)$$
$$\leqslant nk+\dfrac{n+1}{3}+(r-1)(k+1).$$

因此,对于(2)和(3),我们都有

$$|P|\leqslant nk+\dfrac{n+1}{3}+(r-1)(k+1)$$
$$=n\cdot\dfrac{n-r}{5}+\dfrac{n+1}{3}+(r-1)\left(\dfrac{n-r}{5}+1\right)$$

$$= \frac{1}{15}(3n^2 + 2n + 18r - 3r^2 - 10)$$

$$= \frac{1}{15}(3n^2 + 2n) + \frac{3}{15} \cdot r(6-r) - \frac{10}{15}$$

$$\leqslant \frac{1}{15}(3n^2 + 2n) + \frac{3}{15}\left(\frac{r+6-r}{2}\right)^2 - \frac{10}{15}$$

$$= \frac{1}{15}(3n^2 + 2n) + \frac{17}{15}$$

$$\leqslant \frac{1}{15}(3n^2 + 2n) + \frac{3n}{15} \quad (因为 n \geqslant 10)$$

$$\leqslant \frac{n^2}{5} + \frac{n}{3} \leqslant \frac{1}{5}(n^2 + 2n).$$

所以,不论哪种情形,都有

$$|P| \leqslant \frac{1}{5}(n^2 + 2n).$$

下面证明

$$|P| \geqslant \frac{1}{6}(n^2 - 2n).$$

考察任一个饱和覆盖 P,引入容量参数,设 P 中放置的横向的 1×3 骨牌个数为 x,纵向的 1×3 骨牌个数为 y.

对任意一个空格(未被覆盖的格),称之为它所在的行左边与它最靠近的那块骨牌(横向或纵向)的伙伴.

显然,每个横向骨牌最多 2 个伙伴(图 6.16),每个纵向骨牌最多 4 个伙伴(图 6.17、图 6.18),于是所有伙伴最多有 $2x + 4y$ 个.

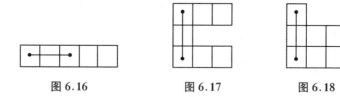

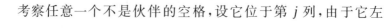

图 6.16　　　　图 6.17　　　　图 6.18

考察任意一个不是伙伴的空格,设它位于第 j 列,由于它左边没有被覆盖的格,如果 $j \geqslant 3$,则可以再放入一只横向的 1×3 骨牌,矛盾,所以 $j \leqslant 2$,这表明:所有不是伙伴的空格都在最左边的两列.

显然最左边两列最多 $2n$ 个空格,所以棋盘至多有 $2n + 2x + 4y$ 个空格,所以
$$(2n + 2x + 4y) + (3x + 3y) \geqslant n^2,$$
即 $5x + 7y \geqslant n(n-2)$. 由对称性,有
$$5y + 7x \geqslant n(n-2),$$
所以
$$12(x+y) \geqslant 2n(n-2),$$
故
$$|P| = x + y \geqslant \frac{1}{6}(n^2 - 2n).$$

综上所述,命题获证.

例 6 求所有正整数 n,使得存在非负整数 $a_1, a_2, \cdots, a_n$,满足
$$\frac{1}{2^{a_1}} + \frac{1}{2^{a_2}} + \cdots + \frac{1}{2^{a_n}} = \frac{1}{3^{a_1}} + \frac{2}{3^{a_2}} + \cdots + \frac{n}{3^{a_n}} = 1.$$

(2012 年 IMO 试题)

分析与解 所求 $n \equiv 1, 2 \pmod{4}$.

先考虑去掉等式 $\frac{1}{3^{a_1}} + \frac{2}{3^{a_2}} + \cdots + \frac{n}{3^{a_n}} = 1$ 左边各项的分母,设 $M = \max\{a_1, a_2, \cdots, a_n\}$,则 $M - a_k \in \mathbf{N}$.

由条件,有
$$3^M = 3^M \cdot \sum_{k=1}^{n} \frac{k}{3^{a_k}} = \sum_{k=1}^{n} k \cdot 3^{M-a_k} \equiv \sum_{k=1}^{n} k = \frac{n(n+1)}{2} \pmod{2},$$
所以 $\frac{n(n+1)}{2}$ 是奇数,从而 $n \equiv 1, 2 \pmod{4}$.

下面证明 $n \equiv 1, 2 \pmod{4}$ 满足条件.

首先,若奇数 $n = 2m + 1$ 满足条件,则存在非负整数序列 $(a_1,$

$a_2, \cdots, a_n$)使得

$$\frac{1}{2^{a_1}} + \frac{1}{2^{a_2}} + \cdots + \frac{1}{2^{a_n}} = \frac{1}{3^{a_1}} + \frac{2}{3^{a_2}} + \cdots + \frac{n}{3^{a_n}} = 1.$$

注意到

$$\frac{1}{2^{a_{m+1}}} = \frac{1}{2^{a_{m+1}+1}} + \frac{1}{2^{a_{m+1}+1}},$$

$$\frac{m+1}{3^{a_{m+1}}} = \frac{m+1}{3^{a_{m+1}+1}} + \frac{2(m+1)}{3^{a_{m+1}+1}} = \frac{m+1}{3^{a_{m+1}+1}} + \frac{n+1}{3^{a_{m+1}+1}},$$

可知

$$(a_1, a_2, \cdots, a_m, a_{m+1}+1, a_{m+2}, \cdots, a_n, a_{m+1}+1)$$

也为满足题意的序列. 这说明, 若奇数 n 满足条件, 则 $n+1$ 也满足条件.

由此可见, 我们只需证明 $n = 4m+1$ 满足条件, 则 $n = 4m+2$ 也满足条件.

当 $m = 0$ 时, 取 $a_1 = 0$ 即可.

当 $m \neq 0$ 时, 要找到满足 $\sum_{i=1}^{4m+1} \frac{1}{2^{a_i}} = 1$ 的自然数列 $a_1, a_2, \cdots, a_{4m+1}$ 是很容易的: 利用等比数列求和可知, 取

$$(a_1, a_2, \cdots, a_{4m+1}) = (1, 2, \cdots, 4m, 4m)$$

即可.

对于上述取定的 a_i, 我们要找到 $1, 2, \cdots, 4m+1$ 的一个排列 $b_1, b_2, \cdots, b_{4m+1}$, 使

$$\sum_{i=1}^{4m+1} \frac{b_i}{3^{a_i}} = 1.$$

其中注意, 我们让各分母保持单调顺序, 让分子排列方便些, 这是因为分子是连续自然数.

对 $X_m = (b_1, b_2, \cdots, b_{4m+1})$, 定义

$$D(X_m) = \sum_{i=1}^{4m+1} \frac{b_i}{3^{a_i}},$$

6 归纳通式

下面只需找到 $1,2,\cdots,4m+1$ 的一个排列 X_m，使得 $D(X_m)=1$。

从特例出发可以发现构造：当 $m=1$ 时，取 $X_1=(2,1,3,5,4)$，此时

$$D(X_1)=\frac{2}{3}+\frac{1}{9}+\frac{3}{27}+\frac{5}{81}+\frac{4}{81}=1.$$

现在我们来研究 $X_1=(2,1,3,5,4)$ 的结构特征，一个显然的特征是中间 3 个为奇数，首尾两个为偶数，但这一特征不能迁移，因为 $4m+1$ 个连续自然数中不是只有 2 个偶数。当然，其研究奇偶特征的方向还是可取的。

为了发现具有一般规律的特征，我们再考察特例 $m=2$，此时，取 $X_2=(2,1,4,3,5,8,7,9,6)$，则

$$D(X_2)=\frac{2}{3}+\frac{1}{9}+\frac{4}{27}+\frac{3}{81}+\frac{5}{243}+\frac{8}{729}+\frac{7}{2\,187}+\frac{9}{6\,561}+\frac{6}{6\,561}$$
$$=1.$$

显然，X_2 的前 4 个分量具有较强的结构特征：奇数项是前 2 个连续偶数，偶数项是前 2 个连续奇数。进一步发现，如果将最后一项"6"移到"3"的后面，得到 $X_2'=(2,1,4,3,6,5,8,7,9)$，则除最后一项为最大的数外，其奇数项是前 4 个连续偶数，偶数项是前 4 个连续奇数。

将上述结构特征迁移到一般情况，可令

$$X_m'=(2,1,4,3,6,5,\cdots,4m-2,4m-3,4m,4m-1,4m+1),$$

其中除最后一项为最大的数 $4m+1$ 外，其奇数项是前 $2m$ 个连续偶数，偶数项是前 $2m$ 个连续奇数。再令

$$X_m=(2,1,4,3,\cdots,2m,2m-1,2m+1,2m+4,2m+3,\cdots,$$
$$4m,4m-1,4m+1,2m+2),$$

它是将 X_m' 中的项"$2m+2$"移到最后得到的。

下面证明，对上述 X_m，有 $D(X_m)=1$。

注意 $D(X_m')$ 的值比较容易计算（每两项合并即可），我们先计算

$D(X'_m)$：

$$D(X'_m) = \sum_{k=1}^{2m}\left(\frac{2k}{3^{2k-1}} + \frac{2k-1}{3^{2k}}\right) + \frac{4m+1}{3^{4m}} = \sum_{k=1}^{2m}\frac{8k-1}{3^{2k}} + \frac{4m+1}{3^{4m}}$$

$$= \sum_{k=1}^{2m}\frac{8k-1}{9^k} + \frac{4m+1}{3^{4m}}.$$

令 $S = \sum_{k=1}^{2m}\frac{8k-1}{9^k}$，则 $\frac{S}{9} = \sum_{k=1}^{2m}\frac{8k-1}{9^{k+1}}$，于是

$$S - \frac{S}{9} = \sum_{k=1}^{2m}\frac{8k-1}{9^k} - \sum_{k=1}^{2m}\frac{8k-1}{9^{k+1}} = \sum_{k=1}^{2m}\frac{8k-1}{9^k} - \sum_{k=2}^{2m+1}\frac{8k-9}{9^k}$$

$$= \frac{7}{9} - \frac{16m-1}{9^{2m}} + \sum_{k=2}^{2m}\frac{8k-1}{9^k} - \sum_{k=2}^{2m}\frac{8k-9}{9^k}$$

$$= \frac{7}{9} - \frac{16m-1}{9^{2m+1}} + \sum_{k=2}^{2m}\frac{8}{9^k} = -\frac{1}{9} - \frac{16m-1}{9^{2m+1}} + \sum_{k=1}^{2m}\frac{8}{9^k}$$

$$= -\frac{1}{9} - \frac{16m-1}{9^{2m+1}} + \frac{\frac{8}{9}\left(1 - \frac{1}{9^{2m}}\right)}{1 - \frac{1}{9}}$$

$$= -\frac{1}{9} - \frac{16m-1}{9^{2m+1}} + \left(1 - \frac{1}{9^{2m}}\right) = \frac{8}{9} - \frac{16m+8}{9^{2m+1}},$$

所以 $S = \frac{9}{8} \cdot \left(\frac{8}{9} - \frac{16m+8}{9^{2m+1}}\right) = 1 - \frac{2m+1}{9^{2m}}$，所以

$$D(X'_m) = \sum_{k=1}^{2m}\frac{8k-1}{9^k} + \frac{4m+1}{3^{4m}} = 1 - \frac{2m+1}{9^{2m}} + \frac{4m+1}{3^{4m}}$$

$$= 1 + \frac{2m}{3^{4m}}.$$

注意到 $D(X'_m)$ 与 $D(X_m)$ 各项的分母相同，通过简单计算可得

$D(X'_m) - D(X_m) = \frac{2m}{3^{4m}}$，所以 $D(X_m) = 1$.

这说明 $n \equiv 1,2 \pmod{4}$ 合乎要求.

综上所述，所求的 n 为满足 $n \equiv 1,2 \pmod{4}$ 的正整数.

6.4 模式通式

所谓模式通式,就是产生某种数学对象的若干步骤的一种通用描述方式.在特例的研究过程中,由每一个特例都能得到产生某种数学对象的一种特殊步骤,由此归纳出一般情况下产生相关对象的步骤,从而使问题获解.

例1 是否存在 $1,2,\cdots,2\,005$ 的一个排列 $a_1,a_2,\cdots,a_{2\,005}$,使得
$$f(n)=n+a_n \quad (n=1,2,\cdots,2\,005)$$
都是完全平方数?(《中等数学》2005 年 10 月号奥林匹克数学问题 162)

分析与解 注意到 $f(n)=n+a_n>n\geqslant 1$,所以平方数只能是 $4,9,16,\cdots$.

先考虑 $f(n)=n+a_n=2^2$,则 $n=1,2,3$ 时,可令 a_n 分别为 $3,2,1$,简称为 $1,2,3$ 可按要求排列为 $(3,2,1)$,使 $3+1=2+2=1+3=2^2$.

接下来考察 $f(n)=n+a_n=3^2$,则 $4,5$ 可按要求排列为 $(5,4)$,使 $5+4=4+5=3^2$.

接下来考察 $f(n)=n+a_n=4^2$,则 $6,7,8,9,10$ 可按要求排列为 $(10,9,8,7,6)$,使 $10+6=9+7=8+8=7+9=6+10=4^2$.

接下来考察 $f(n)=n+a_n=5^2$,则 $11,12,13,14$ 可按要求排列为 $(14,13,12,11)$,使 $14+11=13+12=12+13=11+14=5^2$.

由此发现这样的规律:如果正整数 $a<b$,使 $a+b$ 是平方数,则存在 $a,a+1,\cdots,b$ 的一排列:$x_a,x_{a+1},\cdots,x_b$,使 $n+x_n(n=a,a+1,\cdots,b)$ 都是平方数,这只需将 $a,a+1,\cdots,b$ 由大到小排列即可.

由此可见,对于原来的问题,存在合乎条件的排列的一个充分条

件是:可以将 $1,2,\cdots,2005$ 按照原来的顺序分成若干组 $(1,2,\cdots,a_1),(a_1+1,a_1+1,\cdots,a_2),\cdots,(a_{r-1}+1,a_{r-1}+2,\cdots,a_r=2005)$,使每一组首尾两个数的和是平方数.

对于前面的构造,其分组可以表示为 $(1,2,3),(4,5),(6,7,8,9,10),(11,12,13,14),(15,16,\cdots,21),(22,23,\cdots,27),\cdots$,如此下去,可以发现合乎条件的构造,但过程较繁.

改进:我们可以一开始就构造一个尽可能长的组 $(1,2,\cdots,44^2-1=1935)$,剩下 $(1936,1937,\cdots,2005)$,由于剩下的数太大,难以发现合乎要求的分法,由此想到采用"逆向推理",从最后一个数 2 005 开始进行分组,找到最长的合乎要求的一个组,剩下少数几个数则变得容易处理.

我们希望找到尽可能小的正整数 a,使 $a+2005$ 是完全平方数,显然 $a=20$ 合乎要求,由此得到分组 $(20,21,\cdots,2005)$,剩下 $(1,2,\cdots,19)$.

再考虑 $19+b$ 为平方数,取 $b=6$ 即可,得到分组 $(6,7,\cdots,19)$,剩下 $(1,2,3,4,5)$.

再考虑 $5+c$ 为平方数,取 $c=4$ 即可,得到分组 $(4,5)$,剩下 $(1,2,3)$.此时 $1+3$ 是平方数,分组成功.

于是 $1,2,\cdots,2005$ 的一个合乎条件的排列为

$(3,2,1),(5,4),(19,18,\cdots,6),(2005,2004,\cdots,20)$.

构造显然是不唯一的,比如,另一个合乎条件的排列为 $(3,2,1),(5,4),(10,9,\cdots,6),(110,109,\cdots,11),(2005,2004,\cdots,111)$.

建议读者可尝试再构造一个合乎条件的排列,并探索能否得到所有合乎条件的排列.

进一步,我们可提出如下的问题:

能否求出所有满足这样条件的正整数 n,使存在 $1,2,\cdots,n$ 的一个排列 $a_1,a_2,\cdots,a_n$,对任何正整数 $k\in\{1,2,\cdots,n\}$,都有

6 归纳通式

$f(k) = k + a_k$ 为完全平方数?

该问题难度太大,我们可降低难度,将问题变为:

求出所有满足这样条件的正整数 $n(1 \leqslant n \leqslant 100)$,使存在 1,$2,\cdots,n$ 的一个排列 $a_1, a_2, \cdots, a_n$,对任何正整数 $k \in \{1, 2, \cdots, n\}$,都有 $f(k) = k + a_k$ 为完全平方数.

如果称合乎上述条件的正整数 n 为"可排"的,否则为"不可排"的,则显然有 $n = 1, 2$ 是不可排的.

其次,有如下一些结论:

(1) $n = 4$ 是不可排的.

实际上,$f(4) = 4 + a_4 > 4$,$f(4) = 4 + a_4 \leqslant 4 + 4 = 8 < 9$,所以 $2^2 < f(4) < 3^2$,故 $f(4)$ 不是平方数,从而 $n = 4$ 是不可排的.

(2) $n = 6, 7$ 是不可排的.

实际上,若 $n = 6$ 或 7 是可排的,则因 $f(6) = 6 + a_6 > 4$,$f(6) = 6 + a_6 \leqslant 6 + 7 = 13 < 16$,即 $2^2 < f(6) < 4^2$,所以 $9 = f(6) = 6 + a_6$,从而 $a_6 = 3$;又 $f(1) = 1 + a_1 > 1$,$f(1) = 1 + a_1 \leqslant 1 + 7 = 8 < 9$,即 $1^2 < f(1) < 3^2$,所以 $4 = f(1) = 1 + a_1$,从而 $a_1 = 3 = a_6$,矛盾,故 $n = 6, 7$ 是不可排的.

此外,$n = 3$ 是可排的,相应的排列为 $(3, 2, 1)$;

$n = 5$ 是可排的,相应的排列为 $(3, 2, 1), (5, 4)$;

$n = 8$ 是可排的,相应的排列为 $(8, 7, \cdots, 1)$.

由此可见,对任何正整数 t,$n = t^2 + 2t$ 是可排的,相应的排列为 $(t^2 + 2t, t^2 + 2t - 1, t^2 + 2t - 2, \cdots, 1)$.

进一步,$n = 9$ 是可排的,相应的排列为 $8, 2, 6, (5, 4), 3, 9, 1, 7$.

有趣的是,该排列不是按照上述分组模式得到的,而是通过逐增构造得到的:首先,同上可知,$3^2 < f(9) < 5^2$,所以 $16 = f(9) = 9 + a_9$,从而 $a_9 = 7$.

同样可知,$1^2 < f(2) < 4^2$,注意到 $a_2 \neq a_9 = 7$,所以 $4 = f(2) = 2 + a_2$,从而 $a_2 = 2$;

剩下的数即可发现 1,8 配对(即 $a_1=8, a_8=1$),3,6 配对,4,5 配对,得到构造.

上述构造使我们发现构造的更一般的法则:将 $1,2,\cdots,n$ 的数两两配对(数 i,j 配对的意义是 $a_i=j, a_j=i$),使每对数的和为平方数(自己可和自己配对).

$n=10$ 是可排的,相应的排列为 $(3,2,1),(5,4),(10,9,\cdots,6)$.

$n=11$ 是不可排的.

实际上,若 $n=11$ 是可排的,则因 $11+a_{11}$ 为平方数,且 $11+a_{11}>9, 11+a_{11}\leqslant 11+11=22<25$,所以 $11+a_{11}=16$,从而 $a_{11}=5$.

进而,设 $a_i=11$,则 $i+a_i=i+11$ 为平方数,同样有 $9<i+11<25$,所以 $i+11=16$,故 $i=5$,即 $a_5=11$,所以 5 与 11 配对.同样可知,6 与 10 配对,7 与 9 配对.

至此,$a_8+8=9$ 或 16.如果 $a_8=8$,则 $n=4$ 是可排的,矛盾,所以 $a_8=1$.

设 $a_i=8(1\leqslant i\leqslant 4)$,而 $f(i)=i+a_i=i+8$ 为平方数,所以 $i=1$,即 1,8 配对.此时,2,3,4 无法排列,矛盾,故 $n=11$ 是不可排的.

$n=13$ 是可排的,我们采用穷举的方式来构造.

因为 $11+a_{11}$ 为平方数,且 $11+a_{11}>9, 11+a_{11}\leqslant 11+13=24<25$,所以 $11+a_{11}=16$,从而 $a_{11}=5$.

进而设 $a_i=11$,有 $i=5$,即 $a_5=11$,所以 5 与 11 配对.同样可知,6 与 10 配对,7 与 9 配对.

因为 $4+a_4$ 为平方数,$a_4\in\{1,2,3,4,8,12,13\}$,所以 $a_4=12$.进而设 $a_i=4$,由 $i+a_i=i+4$ 为平方数,$i\in\{1,2,3,4,8,12,13\}$,有 $i=12$,即 $a_{12}=4$.

由此下去,因为 $13+a_{13}$ 为平方数,有 $a_{13}=3$,同样由 $a_i=13$,得 $i=3$,即 $a_3=13$.至此,1,8 配对,2,2 配对,得到唯一排列:

$$8,2,13,12,11,10,9,1,7,6,5,4,3.$$

我们还有如下的递推方式：如果 $n=t-1$ 是可排的，则当 $p^2 \geqslant 2t$ 时，$n=p^2-t$ 是可排的，相应的排列为 $(a_1, a_2, \cdots, a_{t-1})$，$(p^2-t, p^2-t-1, \cdots, t)$，其中 $(a_1, a_2, \cdots, a_{t-1})$ 是 $n=t-1$ 时合乎条件的排列.

例 2 将一枚棋放在一个 $n \times n$ 的棋盘上 ($n \geqslant 2$)，交替进行如下两种运动. 一种是直线运动：棋子从所在格走到其邻格 (具有公共边) 中；另一种是对角运动：棋子从所在格走到与其相连的格 (恰具有一个公共点) 中.

求出所有的正整数 n，使得存在棋子的一个初始位置和一系列运动，其中第一步为对角运动，而棋子走遍所有方格，且每个方格只走过一次. (2007 年捷克和斯洛伐克数学奥林匹克试题)

分析与解 原来的解答很烦琐 (见《中等数学》2008 年增刊第 74 页)，我们的解答较之简明得多.

设棋盘第 i 行、第 j 列的格为 a_{ij} ($1 \leqslant i, j \leqslant n$)，先试验 $n=2, 3, 4, 5, \cdots$ 特殊情况.

当 $n=2$ 时，棋子所在的初始位置本质上是唯一的，且行走方式也是唯一的，由图 6.19 可知，$n=2$ 合乎条件.

当 $n=3$ 时，穷举各种行走方案，可知 $n=3$ 不合乎条件.

当 $n=4$ 时，为简单起见，设棋子所在的初始位置为格 a_{11}，则第一步走的方式是唯一的，而第二步有 4 种走法，为了容易发现规律，我们期望前面若干步占据的行或列尽可能少，于是，我们假定前面若干步都行走在第 1, 2 列中，此时第二步只有 2 种走法. 通过实验，第二步若采用横向走法则不合乎要求，从而第二步应采用纵向走法. 注意到后面若干步尽可能在第 1, 2 列中，发现存在一种走法先走完第 1, 2 列的所有格然后按类似的方式走完第 3, 4 列的格 (图 6.20)，所以 $n=4$ 合乎条件.

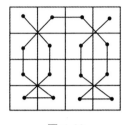

图 6.19　　　　　　　图 6.20

由此猜想，n 为偶数时合乎条件，这只需将前面的行走模式迁移到一般情形之中即可.

实际上，当 n 为偶数时，将棋子放在格 a_{11} 中，先在前两列进行如下一系列向下行走的运动，运动方向序列为（以 4 为周期）：右下，下，左下，下，右下，下，左下，下……每次运动都是走到所在格的下面一行中前两列的一个格，直至走到最后一行（图 6.21）.

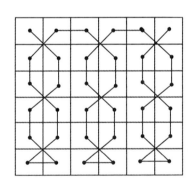

图 6.21

因为棋子最初在第一行，所以总是在进行对角运动时走到偶数行，进行直线运动时走到奇数行，当走到第 n（偶数）行时，进行的是对角运动，下一步是直线运动，可走到第 n 行前两列中剩下的那个格. 然后向上行走，每次运动都是走到所在格的上面一行中前两列中未走过的一格，且运动方式与对应行中向下行走的方式完全相反（上下左右依次换成下上右左），此时，总是进行对角运动时走到奇数行,进行直线运动时走到偶数行,当走到第 1(奇数)行时,到达第 1 行的第二格 a_{12},且进行的是对角运动,下一步是直线运动,可走到格 a_{13}.

如此下去,对后面每两列都进行类似的运动,即可走完所有格,图 6.21 就是 $n=6$ 的行走方法,所以 n 为偶数时合乎条件.

现在考虑 n 为奇数的情形,为了证明合乎条件的路线不存在,我们应先研究行走的每一个步具有的局部性质,由此扩充到整体,发现矛盾.

行走的每一步要么是直线运动,要么是对角运动,这两个运动具有什么不同特征呢? 显然,光凭行走方向的区别(斜与直)是难以完成证明的,我们要找到一个与棋盘特征相关的性质.

联想到棋盘常用的一个技巧,可将棋盘每个格染黑白 2 色之一,使相邻的格不同色,且不妨设格 a_{11} 为黑色,那么,直线行走时方格变色,对角行走时方格不变色(第一个层次的奇偶性分析).

假设存在一条合乎条件的路线,则棋子所走过的格的颜色构成一个以 4 为周期的序列:黑黑白白黑黑白白……或白白黑黑白白黑黑……

考察上述序列,一下还未能发现矛盾,现在考虑如何利用 n 为奇数.

注意到序列 $1,2,3,\cdots,n$ 中,奇数比偶数多一个,如果我们称棋盘中序号为奇(偶)数的行为奇(偶)行,那么,棋盘中奇行比偶行多一行.称奇(偶)数行中的黑格为奇(偶)黑格,令 $n=2k+1$,则奇黑格个数为

$$g_{奇} = (k+1) \cdot (k+1) = k^2 + 2k + 1,$$

偶黑格个数为

$$g_{偶} = k \cdot k = k^2,$$

于是奇黑格与偶黑格个数的差为

$$g_{奇} - g_{偶} = 2k+1 \geqslant 3.$$

(第二个层次的奇偶性分析.)

但在路线对应的颜色序列中,相邻两个"黑"对应的黑格的奇偶性不同(对角行走位于相邻的不同两行),于是,奇黑格与偶黑格个数至多相差1,这与 $g_{奇} - g_{偶} \geqslant 3$ 矛盾.

综上所述,所有合乎条件的正整数 n 为一切正偶数.

注 如果规定"第一步为直线运动",答案不变.

实际上,当 n 为奇数时,第一步为直线运动的路线也不存在.此时,棋子所走过的格的颜色依次为(以 4 为周期):黑白白黑黑白白黑……或白黑黑白白黑黑白……

上述序列中,相邻两个"黑"对应的黑格的奇偶性不同,于是,奇黑格与偶黑格个数至多相差2,但奇黑格比偶黑格多 $n \geqslant 3$ 个,矛盾.

而 n 为偶数时,合乎条件的路线如图 6.22、图 6.23 所示(分别为 $n=6$ 和 $n=8$ 的情形).

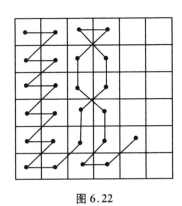

图 6.22 图 6.23

例 3 设 $x_i \geqslant 0$,且 $\sum_{i=1}^{n} x_i^2 + 2\sum_{1 \leqslant k < j \leqslant n} \sqrt{\dfrac{k}{j}} x_k x_j = 1$,求 $\sum_{i=1}^{n} x_i$ 的最大值与最小值.(2001 年全国高中数学联赛试题)

分析与解 此题相当有难度,在当年竞赛中难住了不少选手.其

6 归纳通式

解答的关键是变量替换,但我们感兴趣的是,如何找到合适的变量替换.

尽管问题整体难度很大,但"难中有易":最小值是比较容易求的.实际上,题给等式中它含有"完全平方"的"影子"(等式左边与"完全平方"非常接近).我们知道

$$\sum_{i=1}^{n} x_i^2 + 2\sum_{1 \leqslant k < j \leqslant n} x_k x_j = (\sum_{i=1}^{n} x_i)^2,$$

而题设条件等式中含有

$$\sum_{i=1}^{n} x_i^2 + 2\sum_{1 \leqslant k < j \leqslant n} \sqrt{\frac{k}{j}} x_k x_j,$$

将两者进行比较,一种最大胆的想法是:如果能"去掉"$\sqrt{\frac{k}{j}}$就好了!正是这一近乎天真的想法,使我们找到了解题的突破口.

注意所谓"去掉"$\sqrt{\frac{k}{j}}$,实际上就是将$\sqrt{\frac{k}{j}}$换成"1",我们只需研究 1 与$\sqrt{\frac{k}{j}}$的大小关系(注意求最值可进行放缩变形,而非恒等变形),则可发现$\sqrt{\frac{k}{j}} < 1$(因为求和中限定了 $k < j$).

等号为什么能够成立?该"严格不等式"两边乘以"可能为 0 的非负数"$x_k x_j$,严格不等式变得不严格了.于是

$$(\sum_{i=1}^{n} x_i)^2 = \sum_{i=1}^{n} x_i^2 + 2\sum_{1 \leqslant k < j \leqslant n} x_k x_j$$

$$\geqslant \sum_{i=1}^{n} x_i^2 + 2\sum_{1 \leqslant k < j \leqslant n} \sqrt{\frac{k}{j}} x_k x_j = 1,$$

所以$\sum_{i=1}^{n} x_i \geqslant 1$,当且仅当存在 i,使得 $x_i = 1, x_j = 0 (j \neq i)$ 时,等号成立.

所以，$\sum_{i=1}^{n} x_i$ 的最小值为 1.

如何求最大值？——先从难点突破.

本题的难点是等式中的式子 $\sum_{1 \leqslant k < j \leqslant n} \sqrt{\dfrac{k}{j}} x_k x_j$ 很复杂. 现在，我们不能再"去掉" $\sqrt{\dfrac{k}{j}}$ 了，如何处理 $\sqrt{\dfrac{k}{j}} x_k x_j$ 是解题关键.

我们的第一感觉是：应将 $\sqrt{\dfrac{k}{j}}$ 拆开成 $\dfrac{\sqrt{k}}{\sqrt{j}}$，然后将 $\sqrt{k}$ 配给 x_k，将 $\dfrac{1}{\sqrt{j}}$ 配给 x_j，得到 $(\sqrt{k} x_k)\left(\dfrac{x_j}{\sqrt{j}}\right)$，然后再利用变量替换.

但得到的两个因式不同"型"，不能用统一的变量替换，这有两种修改方案：

方案 1：$(\sqrt{k} x_k)\left(\dfrac{x_j}{\sqrt{j}}\right) = \dfrac{1}{j}(\sqrt{k} x_k)(\sqrt{j} x_j)$.

方案 2：$(\sqrt{k} x_k)\left(\dfrac{x_j}{\sqrt{j}}\right) = k\left(\dfrac{x_k}{\sqrt{k}}\right)\left(\dfrac{x_j}{\sqrt{j}}\right)$.

哪个方案好些？应该是方案 2 好些，因为它经变量替换后系数是整数，由此想到作如下的变量替换：令 $\dfrac{x_k}{\sqrt{k}} = y_k$，即 $x_k = \sqrt{k} y_k$，则条件等式变为

$$\sum_{i=1}^{n} i y_i^2 + 2 \sum_{1 \leqslant k < j \leqslant n} k x_k x_j = 1. \qquad ①$$

解题目标变成：在式 ① 的约束下，求 $\sum_{i=1}^{n} \sqrt{i} y_i$ 的最大值.

如何利用条件式①？尽管条件式①的形式比最初简单多了，但仍比较复杂，我们再看几个特例，来了解它的实际意义. 当 $n = 1$ 时，式①为

$$y_1^2 = 1.$$

6 归纳通式

当 $n=2$ 时,因为 $(k,j)=(1,2)$,于是式①为
$$y_1^2 + 2y_2^2 + 2y_1y_2 = 1, \quad 即 \quad (y_1+y_2)^2 + y_2^2 = 1.$$
当 $n=3$ 时,因为 $(k,j)=(1,2),(1,3),(2,3)$,于是式①为
$$y_1^2 + 2y_2^2 + 3y_3^2 + 2y_1y_2 + 2y_1y_3 + 4y_2y_3 = 1,$$
将其平方项的系数都拆成若干个1的和,得
$$(y_1^2+y_2^2+y_3^2) + (y_2^2+y_3^2) + y_3^2 + 2y_1y_2 + 2y_1y_3 + 4y_2y_3 = 1,$$
$$(y_1^2+y_2^2+y_3^2) + (y_2^2+y_3^2) + y_3^2 + (2y_1y_2 + 2y_1y_3 + 2y_2y_3)$$
$$+ 2y_2y_3 = 1,$$
$$(y_1+y_2+y_3)^2 + (y_2+y_3)^2 + y_3^2 = 1,$$
注意此时目标为求 $\sqrt{1}y_1 + \sqrt{2}y_2 + \sqrt{3}y_3$ 的最大值,由此发现另一个变量替换:令
$$z_1 = y_1+y_2+y_3, \quad z_2 = y_2+y_3, \quad z_3 = y_3,$$
则条件为: $z_1^2+z_2^2+z_3^2 = 1$(条件标准化),注意此时目标变为:求
$$\sqrt{1}y_1 + \sqrt{2}y_2 + \sqrt{3}y_3 = \sqrt{1}(z_1-z_2) + \sqrt{2}(z_2-z_3) + \sqrt{3}z_3$$
$$= \sqrt{1}z_1 + (\sqrt{2}-\sqrt{1})z_2 + (\sqrt{3}-\sqrt{2})z_3$$
的最大值,这利用柯西不等式即可.

一般地(归纳通式),令
$$z_1 = y_1+y_2+\cdots+y_n, \quad z_2 = y_2+y_3+\cdots+y_n, \quad \cdots, \quad z_n = y_n,$$
则条件变成(恒等变形,可略去过程)
$$z_1^2+z_2^2+\cdots+z_n^2 = 1,$$
所以
$$\sum_{i=1}^{n} x_i = \sum_{i=1}^{n} \sqrt{i}y_i = \sum_{i=1}^{n} \sqrt{i}(z_i - z_{i+1})$$
$$= \sum_{i=1}^{n} \sqrt{i}z_i - \sum_{i=1}^{n} \sqrt{i}z_{i+1} \quad (以下"斜并"同类项)$$
$$= \sum_{i=1}^{n} \sqrt{i}z_i - \sum_{i=2}^{n+1} \sqrt{i-1}z_i = \sum_{i=1}^{n} \sqrt{i}z_i - \sum_{i=1}^{n} \sqrt{i-1}z_i$$

$$= \sum_{i=1}^{n}(\sqrt{i}-\sqrt{i-1})z_i,$$

其中规定 $z_{n+1}=0$. 所以

$$(\sum_{i=1}^{n}x_i)^2 = (\sum_{i=1}^{n}(\sqrt{i}-\sqrt{i-1})z_i)^2$$

$$\leqslant \sum_{i=1}^{n}(\sqrt{i}-\sqrt{i-1})^2 \sum_{i=1}^{n}z_i^2$$

$$= \sum_{i=1}^{n}(\sqrt{i}-\sqrt{i-1})^2.$$

由柯西不等式等号成立的条件,可知存在 x_i,使上述不等式等号成立. 实际上,等号成立,当且仅当

$$\frac{z_1^2}{1} = \cdots = \frac{z_k^2}{(\sqrt{k}-\sqrt{k-1})^2} = \cdots = \frac{z_n^2}{(\sqrt{n}-\sqrt{n-1})^2} \quad (\text{等比定理})$$

$$\Leftrightarrow \frac{1}{1+(\sqrt{2}-\sqrt{1})^2+\cdots+(\sqrt{n}-\sqrt{n-1})^2}$$

$$= \frac{z_k^2}{(\sqrt{k}-\sqrt{k-1})^2} \quad (k=1,\cdots,n)$$

$$\Leftrightarrow z_k = \frac{\sqrt{k}-\sqrt{k-1}}{\sqrt{\sum_{k=1}^{n}(\sqrt{k}-\sqrt{k-1})^2}}$$

$$\Leftrightarrow y_k = z_k - z_{k+1} = \frac{2\sqrt{k}-\sqrt{k-1}-\sqrt{k+1}}{\sqrt{\sum_{k=1}^{n}(\sqrt{k}-\sqrt{k-1})^2}}$$

$$\Leftrightarrow x_k = \sqrt{k}y_k = \frac{2k-\sqrt{k^2-k}-\sqrt{k^2+k}}{\sqrt{\sum_{k=1}^{n}(\sqrt{k}-\sqrt{k-1})^2}}.$$

因为 $\sqrt{k}-\sqrt{k-1} \geqslant \sqrt{k+1}-\sqrt{k}$,所以 $z_k \geqslant z_{k+1}$,$y_k = z_k - z_{k+1} \geqslant 0$,故 $x_k = \sqrt{k}y_k \geqslant 0$.

综上所述,$\sum_{i=1}^{n} x_i$ 的最大值为 $\sqrt{\sum_{k=1}^{n}(\sqrt{k}-\sqrt{k-1})^2}$.

例 4 设 $X=\{(x_1,x_2,\cdots,x_n)\mid x_1,x_2,\cdots,x_n\in\mathbf{Z}\}$ 是 n 维空间所有格点的集合,对 X 中任意两个格点 $A(x_1,x_2,\cdots,x_n)$,$B(y_1,y_2,\cdots,y_n)$,当且仅当 $|x_1-y_1|+|x_2-y_2|+\cdots+|x_n-y_n|=1$ 时,称 A 与 B 相邻.对任何格点 A,称 A 与 A 的所有邻点构成的集合为 A 的邻域.求所有的正整数 k,使存在 X 的一个真子集 S,对任何格点 A,在 A 的邻域中恰有 k 个点属于 S.(原创题)

分析与解 从特例开始,考察 2 维空间格点的集合,并考察 $k=1$ 是否合乎要求.

为此,再取一个局部,研究子集 S 的局部特征(从 S 中的一个元素出发,逐步扩充),然后归纳通式.

首先,对任何点 $A\in S$,则 A 的邻点 $Q\notin S$,且 Q 的邻点只有 $A\in S$(否则 Q 有两个邻点属于 S).比如,点 $a\in S$,则它的邻点 1,2,3,4$\notin S$,且 1,2,3,4 的邻点 5,6,7,8,9,10,11,12 除 a 外都不属于 S,从而可取 $b\in S$(图 6.24).

再考察 7 的邻点,有 13$\notin S$,又 8$\notin S$,必有 $c\in S$.

按上述方法,取 $(0,0)\in S$,则可取 $(2,1)\in S$,进一步,取 $(4,2)\in S$……如此下去,可取 $y=\frac{1}{2}x$(x 为偶数)上的点都属于 S(图 6.25).

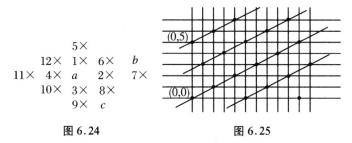

图 6.24   图 6.25

反复上下平移,每次移动 $\frac{5}{2}$ 个单位,依次得到:

$y = \frac{1}{2}x + \frac{5}{2}$ (x 为奇数)上的点都属于 S；

$y = \frac{1}{2}x + 5$ (x 为偶数)上的点都属于 S；

$y = \frac{1}{2}x + \frac{15}{2}$ (x 为奇数)上的点都属于 S……

如此下去,令

$$S = \left\{(x,y) \mid y = \frac{1}{2}x + \frac{5}{2}k (x,k \in \mathbf{Z} \text{且} x,k \text{同奇偶})\right\},$$

则 S 为所求.

上述解法非常直观明了,但不便于推广,比如 $n = 3$ 时,这一方法就不再适应,更不能推广到高维空间,因为高维空间就难于画出相应的图形,我们需要探索一种适合一般情况的解答.

注意到 $y = \frac{1}{2}x + \frac{5}{2}k$ 可改写为

$$x - 2y = -5k \quad (k \in \mathbf{Z}),$$

由对称性(关于 x 轴对称),有

$$x + 2y = 5k \quad (k \in \mathbf{Z})$$

也合乎条件,而

$$x + 2y = 5k \quad (k \in \mathbf{Z}) \iff x + 2y \equiv 0 \,(\mathrm{mod}\ 5).$$

由此可想到,对任意格点 $A(x,y)$,考虑 A 的邻域中的点对应的值 $x + 2y \,(\mathrm{mod}\ 5)$ 有何特征.

我们先考虑 $A(x,y)$ 有多少个邻点,设 (u,v) 是 $A(x,y)$ 的邻点,则 $|x - u| + |y - v| = 1$,但 $|x - u|,|y - v| \in \mathbf{N}$,所以

$$\{|x - u|, |y - v|\} = \{0,1\}.$$

由此可见,对任意格点 $A(x,y)$,它有 4 个邻点:

$$A_1(x - 1, y), \quad A_2(x + 1, y), \quad A_3(x, y - 1), \quad A_4(x, y + 1).$$

对任一格点 $A(x,y)$,称

$$f(x,y) = x + 2y$$

为点 $A(x,y)$ 的特征值,因为 $A(x,y)$ 的邻点为 $A_1(x-1,y)$, $A_2(x+1,y)$, $A_3(x,y-1)$, $A_4(x,y+1)$,所以 A 的邻域中的点对应的特征值分别为

$x+2y$, $x+2y-1$, $x+2y+1$, $x+2y-2$, $x+2y+2$.

注意到它们是 5 个连续的整数,这 5 个特征值构成模 5 的完全剩余系. 于是,令

$$S = \{(x,y) \mid x+2y \equiv 0 \pmod{5}, x,y \in \mathbf{Z}\},$$

则 S 为所求,故 $k=1$ 合乎要求.

由此可求出 2 维空间中所有合乎要求的 k,首先,每一个格点都恰有 4 个邻点,即 A 的邻域中共有 5 个点,从而 $k \leqslant 5$.

又 $k=5$ 时,对任何格点 $A(x,y)$,都有 $A \in S$,于是,$S = X$,与 S 是 X 的真子集矛盾,所以 $k \leqslant 4$.

下面证明:对 $k=1,2,3,4$,令

$$S = \{(x,y) \mid x+2y \equiv t \pmod{5}, x,y \in \mathbf{Z}, t=1,2,\cdots,k\},$$

则 S 是 X 的真子集,且对任何 $A \in X$,在 A 的邻域中都恰有 k 个点属于 S.

实际上,称 $f(x,y) = x+2y$ 为点 $A(x,y)$ 的特征值,因为 $A(x,y)$ 的邻点为 $A_1(x-1,y)$, $A_2(x+1,y)$, $A_3(x,y-1)$, $A_4(x,y+1)$,它们的特征值构成模 5 的完全剩余系,从而其中恰有 k 个点的特征值为 $t(1 \leqslant t \leqslant k)$,即恰有 k 个点属于 S.

将上面的结果稍作推广,对于 3 维空间所有格点的集合 X,我们不难证明,所有合乎要求的 $k=1,2,\cdots,6$.

考察任一格点 $A(x,y,z)$,它的邻点为

$A_1(x-1,y,z)$, $A_2(x+1,y,z)$, $A_3(x,y-1,z)$,
$A_4(x,y+1,z)$, $A_5(x,y,z-1)$, $A_6(x,y,z+1)$.

令 $f(x,y,z) = x+2y+3z$,则

$$f(x-1,y,z) = x+2y+3z-1,$$

$$f(x+1,y,z) = x + 2y + 3z + 1,$$
$$f(x,y-1,z) = x + 2y + 3z - 2,$$
$$f(x,y+1,z) = x + 2y + 3z + 2,$$
$$f(x,y,z-1) = x + 2y + 3z - 3,$$
$$f(x,y,z+1) = x + 2y + 3z + 3.$$

注意到 $0,1 \cdot (\pm 1), 2 \cdot (\pm 1), 3 \cdot (\pm 1)$ 是 7 个连续的整数,从而上述 7 个特征值构成模 7 的完全剩余系,于是,令
$$S = \{(x,y,z) \mid x + 2y + 3z \equiv t \pmod{7}, x,y,z \in \mathbf{Z}, t = 1,2,\cdots,k\},$$
则 S 为所求.

一般地,对 n 维空间的格点集合 X,我们证明,所有合乎要求的正整数 $k = 1, 2, \cdots, 2n$.

首先证明 $k \leqslant 2n$.

实际上,考察任一格点 $A(x_1, x_2, \cdots, x_n)$,它共有 $2n$ 个邻点:
$$(x_1 \pm 1, x_2, \cdots, x_n), (x_1, x_2 \pm 1, \cdots, x_n), \cdots, (x_1, x_2, \cdots, x_n \pm 1),$$
所以 $A(x_1, x_2, \cdots, x_n)$ 的邻域中共有 $2n+1$ 个格点,故 $k \leqslant 2n+1$.

又若 $k = 2n+1$,则对任何格点 $A(x_1, x_2, \cdots, x_n)$,都有 $A \in S$,于是,$S = X$,这与 S 是 X 的真子集矛盾,所以 $k \leqslant 2n$.

反之,我们证明,对每一个 $k = 1, 2, \cdots, 2n$,令
$$S = \{(x_1, x_2, \cdots, x_n) \mid x_1 + 2x_2 + \cdots + nx_n \equiv t \pmod{2n+1},$$
$$x_1, x_2, \cdots, x_n \in \mathbf{Z}, t = 1, 2, \cdots, k\},$$
则 S 是合乎要求的真子集.

实际上,定义
$$f(A) = f(x_1, x_2, \cdots, x_n) = x_1 + 2x_2 + \cdots + nx_n,$$
则 $A(x_1, x_2, \cdots, x_n)$ 的邻域中 $2n+1$ 个格点对应的函数值分别为
$$f(A), f(A) \pm 1, f(A) \pm 2, \cdots, f(A) \pm n,$$

它们构成模 $2n+1$ 的完系,于是,$A(x_1,x_2,\cdots,x_n)$ 的邻域中恰有 k 个点的特征值为 $t(1\leqslant t\leqslant k)$,即恰有 k 个点属于 S,故 S 合乎要求.

在有些问题中,其"通式"是比较隐蔽的,需要对特例中有关对象的表现形式进行改造,才能使之表现出共同的结构特征.

例 5 平面上给定了 $n(n\geqslant 2)$ 条直线,其中任何两条不平行,任何三条不共点,它们把平面划分为若干区域,试在每一个区域内填一个绝对值不大于 n 的非零整数,使任一直线同一侧所有区域中各数之和为零.

分析与解 先研究特殊情况:当 $n=2$ 时,本质上只有一种构造:填 1 和 -1.

当 $n=3$ 时,设各区域所填的数为 a,b,c,d,e,f,g(图 6.26). 由两条红线"外侧"各数求和,有 $e+b+g=0=e+c+f$,得
$$b+g=c+f.$$
再由水平红线两侧各数求和,有 $e+b+g=c+f+a+d$,结合上式,得
$$e=a+d.$$
同理,$f=a+b,g=c+a$,于是,所有可能的构造如图 6.27 所示.

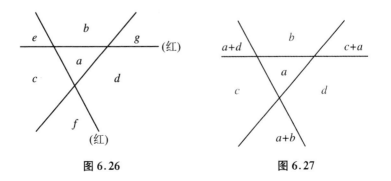

图 6.26　　　　　图 6.27

为了使构造简单,令"地位平行"区域中的数相等:取 $b=c=d=x$(图 6.28),则由水平红线两侧各数求和,有 $2a+3x=0$,即 $2a=-3x$,于是 x 为偶数.

特别地,取 $x=-2$,得到如图 6.29 所示构造.

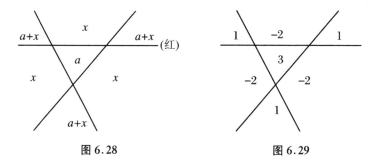

图 6.28　　　　　　图 6.29

由于这两个"代表"构造的原始形式,还难以直接迁移到一般问题之中,因此,我们要研究这两个"代表"是否有某种共同特征.

将 $n=3$ 中的填数向 $n=2$ 中的填数(± 1)靠拢:可将其中的数"-2""3"都分别换成 2 个"-1"和 3 个"1",得到图 6.30,由此即可发现它们的共同特征:每两条直线相交划分出四个区域,将其中两个对顶角区域填数 1,而另外两个对顶角区域都填数 -1.

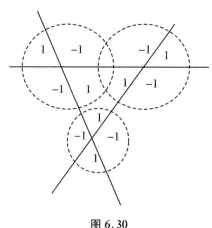

图 6.30

6 归纳通式

现在还要解决这样的问题:即各区域内所填数之和不为零且绝对值不大于 n.

要使各区域内所填数之和不为零,一个充分条件是每个区域内所填数都同号,由此想到对区域2-染色,使有公共边界的两个区域都异色.这是不难办到的(见5.1节例1).

这样,在每个交点处的两组对顶角中分别填 1,-1,使红色对顶角中填数 1,蓝色对顶角中填数 -1,则每个区域中都至少填了一个数,且同一个区域所填的数同号,从而同一个区域所填的数的和不为 0(图 6.31).

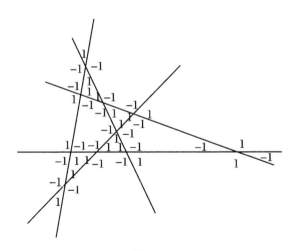

图 6.31

对任何一条直线,它的同一侧中,每个交点处的 1,-1 总是成对出现,从而 1 和 -1 的个数相等,所以它的同一侧各数之和为 0.注意到一个区域至多为 n 边形(n 条直线交成),从而至多有 n 个顶点,所以至多填了 n 个数.将同一区域中的填数相加,其和作为该区域中的填数,此和的绝对值不大于 n,则得到的填数合乎条件,比如,图 6.32 表示的是 5 条直线划分平面的填数情形.

综上所述,命题获证.

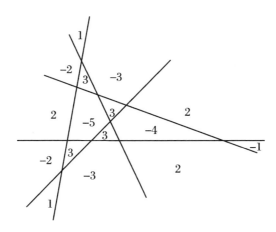

图 6.32

例 6 岛上住着 n 个本地人,他们中每两个人要么是朋友,要么是敌人.一天,首领要求每位居民(包括首领自己)按以下原则自己做一条石头项链:每两个朋友间,他们的项链上至少有一块石头相同;每两个敌人间,他们的项链上没有相同的石头(一条项链上可以无石头).求证:要完成首领的命令,需要 $\left[\dfrac{n^2}{4}\right]$ 种不同的石头,而石头种数少于 $\left[\dfrac{n^2}{4}\right]$ 时,此命令可能无法实现.(2002 年克罗地亚国家数学竞赛试题)

分析与解 当 $n=1$ 时,结论显然成立.

设 $n>1$,记需要的不同石头种数的最小值为 S_n.

当 $n=2$ 时,设两个人为 A,B,如果 A,B 是敌人,则 $S_2=0$;如果 A,B 是朋友,则 $S_2=1$,结论成立.

当 $n=3$ 时,设三个人为 A,B,C,如果 A,B,C 两两是敌人,则 $S_3=0$;如果 A,B,C 两两是朋友,则 $S_3=1$;如果 A,B,C 中有一个二人组是朋友,另两个二人组是敌人,则两个为朋友的人组需

6 归纳通式

要 1 块石头,此时 $S_3=1$;如果 A,B,C 中有一个二人组是敌人,另两个二人组是朋友,则两个为朋友的二人组需要 2 个不同的石头,否则,3 人拥有同一块石头,但其中有两个人是敌人,矛盾,此时 $S_3=2$,结论成立.

由此发现一个有用的规律:如果 3 个人中有一个二人组是敌人,另两个二人组是朋友,则两个为朋友的二人组需要 2 块不同的石头.

再考虑 $n=4$ 的情形,设四个人为 A,B,C,D,如果为朋友的二人组不多于 4,则 $S_4 \leqslant 4$.

如果为朋友的二人组为 5,另一个二人组为敌人,不妨设 A,B 为敌人,则 ACD 是朋友三角形,设他们拥有共同的石头"1";BCD 是朋友三角形,设他们拥有共同的石头"2".此时 A,B,C,D 的项链分别为 $\{1\},\{2\},\{1,2\},\{1,2\}$,合乎条件,得 $S_4=2$.如果 A,B,C,D 两两都是朋友,则 $S_4=1$.

现在考察何时 $S_4=4$.此时,显然有 4 个为朋友的二人组,另两个二人组为敌人.如果为敌人的两个二人组有公共的人,不妨设 A,B 为敌人且 A,C 为敌人,因为 BCD 是朋友三角形,设他们拥有共同的石头 1,再注意到 A,D 是朋友,设他们拥有共同的石头 2,此时 A,B,C,D 的项链分别为 $\{2\},\{1\},\{1\},\{1,2\}$,合乎条件,此时 $S_4=2$.如果为敌人的两个二人组没有公共的人,不妨设 A,B 为敌人且 C,D 为敌人,此时,A,B,C,D 被分为 2 组,每组 2 人,同一组的 2 个人是敌人,而任何不同组的 2 个人都是朋友.此时,每个为朋友的二人组对应一块石头,我们证明:4 个为朋友的二人组对应的石头互不相同.实际上,如果某 2 个为朋友的二人组对应相同的石头,而这 2 个为朋友的二人组至少包含 3 个不同的人,他们拥有公共的石头.但将 3 人归入前述的两组,必有 2 人在同一组,他们应该是敌人,矛盾.于是 $S_4=4$,结论成立.

有上述特例不难发现构造方法:当 n 为奇数时,设 $n=2k+1$,

将 n 个人分成两组,一组 k 人,另一组 $k+1$ 人,令同一组的任何 2 个人都是敌人,而任何不同组的任何 2 个人都是朋友(二部分完全图). 此时,共有 $k(k+1)$ 个为朋友的二人组,每个为朋友的二人组对应一块石头,我们证明:$k(k+1)$ 个为朋友的二人组对应的石头互不相同.

实际上,如果某 2 个为朋友的二人组对应相同的石头,而这 2 个为朋友的二人组至少包含 3 个不同的人,他们拥有公共的石头. 但将 3 人归入前述的两组,必有 2 人在同一组,他们应该是敌人,矛盾.

于是,此时至少需要 $k(k+1) = \left[\dfrac{n^2}{4}\right]$ 块石头.

当 n 为偶数时,设 $n=2k$,类似地,将 n 个人分成两组,每组 k 人,则至少需要 $k^2 = \left[\dfrac{n^2}{4}\right]$ 块石头.

下面证明,$S = \left[\dfrac{n^2}{4}\right]$ 时,可按要求构造项链.

对 n 归纳. 假定 $n=k$ 时结论成立,考虑 $n=k+1$ 的情形,我们来分析增量

$$\Delta_1 = S_{k+1} - S_k = \left[\dfrac{(k+1)^2}{4}\right] - \left[\dfrac{k^2}{4}\right].$$

为了便于计算 Δ,考虑跨度为 2 的归纳. 因为

$$\Delta_2 = S_{k+2} - S_k = \left[\dfrac{(k+2)^2}{4}\right] - \left[\dfrac{k^2}{4}\right] = k+1.$$

新增加 2 人 P,Q 后,考虑原 n 个人与 P,Q 间的关系,任取其中一人 A,我们期望只增加一块石头即可.

如果 P,Q 与 A 都是敌人,则无须增加新石头;如果 A 与 P,Q 中一人是朋友、一人是敌人,则将为朋友的 2 人各增加一块相同新石头;但如果 A 与 P,Q 都是朋友,则增加一块公共的石头,则 P,Q 只能是朋友. 于是,应优化假设:如果 $k+2$ 人中没有朋友,则无须石头;如果 $k+2$ 人中有朋友,设 P,Q 是朋友,则由归纳假设,另 k 个人之

间至多需要 $\left[\dfrac{k^2}{4}\right]$ 块石头.

考察这 k 个人中任意一个人 A,设 A 与 P,Q 构成一个 3 人组,则此 3 人组只需增加一块新石头.

实际上,如果 P,Q 与 A 都是敌人,则无须增加新石头;如果 P,Q 与 A 一人是朋友、一人是敌人,则将为朋友的 2 人各增加一块新石头即可;如果 P,Q 与 A 都是朋友,则每人增加一块新石头即可,于是 k 个人至多增加 k 块石头,又 P,Q 之间至多需要一块石头,所以 $k+2$ 人至多需要 $\left[\dfrac{k^2}{4}\right]+k+1=\left[\dfrac{(k+2)^2}{4}\right]$ 块石头.

综上所述,命题获证.

习 题 6

1. 对任何正整数 n,求证:$N_n = \underbrace{11\cdots1}_{n-1 \text{个} 1}\underbrace{22\cdots2}_{n \text{个} 2}5$ 是平方数.

2. 设 $a_1 = p+q$,$a_2 = \dfrac{p^3-q^3}{p-q}$,$a_n = (p+q)a_{n-1} - pqa_{n-2}$,求 a_n.

3. 若函数 $f(x) = \dfrac{x}{\sqrt{1+x^2}}$,且 $f^{(n)}(x) = \underbrace{f(f(f\cdots f(x)))}_{n \text{个}}$,求 $f^{(99)}(1)$.(2009 年全国高中数学联赛试题)

4. 已知函数满足 $f\left(\dfrac{x+2y}{3}\right) = \dfrac{f(x)+2f(y)}{3}$,$\forall x,y \in \mathbf{R}$,且 $f(1)=1$,$f(4)=7$,求 $f(2\,014)$.(2014 年北约自主招生联考数学理科试题)

5. 求方程 $||\cdots|||x|-1|-2|\cdots|-2\,011| = 2\,011$ 的解.(2011 年全国高中数学联赛广东省预赛试题)

6. 若 n 是大于 2 的正整数,求 $\dfrac{1}{n+1} + \dfrac{1}{n+2} + \cdots + \dfrac{1}{2n}$ 的最小

值.(2011年全国高中数学联赛广东省预赛试题)

7. 给定不为3的倍数的正整数 c,设数列 $\{x_n\}$ 满足 $x_1 = c$,且 $x_n = x_{n-1} + \left[\dfrac{2x_{n-1} - n - 2}{n}\right] + 1 (n = 2, 3, \cdots)$,其中 $[x]$ 表示不大于 x 的最大整数,求数列 $\{x_n\}$ 的通项公式.

8. 设
$$f_1(x) = \begin{cases} x & (x \in \mathbf{Q}), \\ \dfrac{1}{x} & (x \notin \mathbf{Q}), \end{cases}$$
对大于1的正整数 n,定义 $f_n(x) = f_1(f_{n-1}(x))$,对一切正整数 n,求 $f_n(x)$ 的解析式.(原创题)

9. 设等差数列 $\{a_n\}$ 的首项为 a,公差为 d,定义 $S_n^{(0)} = a_n$, $S_n^{(k)} = S_1^{(k-1)} + S_2^{(k-1)} + \cdots + S_n^{(k-1)}$ $(k > 0)$,试用 a, d, n 表示 $S_n^{(m)}$.(原创题)

10. 设 p 是给定的正整数,数列 $\{a_n\}(n = 0, 1, 2, \cdots)$ 满足:对任何两个不相等的自然数 m, n,都有 $a_m + a_n - a_{m+n} = p$.

(1) 设 $m_1, m_2, \cdots, m_{100}$ 是100个两两互不相等的自然数,求 $a_{m_1} + a_{m_2} + \cdots + a_{m_{100}} - a_{m_1 + m_2 + \cdots + m_{100}}$.

(2) 是否存在合乎题设条件的数列 $\{a_n\}$,使 $a_p = 2p$?并证明你的结论.

(3) 试证:合乎题设条件的数列 $\{a_n\}$ 有无数个.

(原创题)

11. 设 $f : \mathbf{N}^* \to \mathbf{N}^*$,满足:

(1) $f(2) = 2$;

(2) $f(mn) = f(m)f(n)$;

(3) $m > n$ 时,$f(m) > f(n)$.

求 $f(n)$.

12. 设 a, b, c 为正整数,对给定的正整数 p,如果 $a \times b \times c$ 长

方体棋盘的一条对角线 l 至少穿过 p 个 $1\times1\times1$ 的方格,求 $a+b+c$ 的最小值.(原创题)

13. 设 $X=\{(x_1,x_2,\cdots,x_n)\mid x_1,x_2,\cdots,x_n\in \mathbf{Z}\}$ 是 n 维空间所有格点的集合,对 X 中任意两个格点 $A(x_1,x_2,\cdots,x_n)$,$B(y_1,y_2,\cdots,y_n)$,当且仅当 $|x_1-y_1|+|x_2-y_2|+\cdots+|x_n-y_n|=1$ 时,称 A 与 B 相邻.今对格点定义如下一种"平移运动":每一个格点平移一步可以达到它的一个邻点.对 X 中任意两个格点 A,B,如果从 A 通过"平移运动"到达 B 至少需要经过 n 步,则称 A,B 的"平移距离"为 n,记为 $|A-B|=n$.对以下各种情况,分别求出 r 的最小值,可将 X 中的点染 r 种颜色,使得:

(1) 对任何两个同色的格点 A,B,有 $|A-B|\geqslant 2$;

(2) 对任何两个同色的格点 A,B,有 $|A-B|\geqslant 3$.

(原创题)

14. 设 $i^2=-1$,证明:$A=\prod_{k=1}^{n-1}\left(2\cot\dfrac{\pi}{n}-\cot\dfrac{k\pi}{n}+i\right)$ 为纯虚数.

15. 在黑板上写下数 1 和 2,可以用下述方式补充一些数:如果黑板上有数 a,b,则可以补充数 $ab+a+b$.问:有限次补充以后,能否使黑板上得到数 12 131?

16. 将边长为正整数 m,n 的矩形划分成若干个边长为正整数的正方形,每个正方形的边均平行于矩形的边,求正方形边长之和的最小值.(2001 年全国高中数学联赛试题)

17. 设 n 是大于 2 的自然数,又 $a_1<a_2<a_3<\cdots<a_k$ 是小于 n 且与 n 互质的全体自然数.求证:这 k 个自然数中一定有一个为质数.

18. 如果存在 n 个整数 $a_1,a_2,\cdots,a_n$,满足:

(1) $a_1a_2\cdots a_n=n$;

(2) $a_1+a_2+\cdots+a_n=0$.

求正整数 n 的所有可能取值.(原创题)

19. 方程 $x_1 + x_2 + x_3 + \cdots + x_{n-1} + x_n = x_1 x_2 x_3 \cdots x_{n-1} x_n$ 是否一定有正整数解？为什么？

20. 连续自然数 $1,2,3,\cdots,8899$ 排成一列.从 1 开始,留 1 划掉 2 和 3,留 4 划掉 5 和 6……这么转圈划下去,最后留下的是哪个数？

21. 有 1 000 个学生坐成一圈,依次编号为 $1,2,3,\cdots,1\,000$.现在进行 1,2 报数:1 号学生报 1 后立即离开,2 号学生报 2 并留下,3 号学生报 1 后立即离开,4 号学生报 2 并留下……学生们依次交替报 1 或 2,凡报 1 的学生立即离开,报 2 的学生留下,如此进行下去,直到最后还剩下一个人.问:这个学生的编号是几号？

22. 对自然数 n,其约数的个数用 $A(n)$ 来表示.例如当 $n = 6$ 时,因为 6 有 4 个约数:1,2,3,6,所以 $A(6) = 4$.已知 $a_1, a_2, \cdots, a_{10}$ 是 10 个互不相同的质数,又 x 为 $a_1, a_2, \cdots, a_{10}$ 的积,求 $A(x)$.

23. 给定正整数 $n \geq 2$,设 $x_1, x_2, \cdots, x_n$ 中都是正整数,且满足 $x_1 + x_2 + \cdots + x_n = x_1 x_2 \cdots x_n$,求 $x_1, x_2, \cdots, x_n (n \geq 2)$ 中最大者的最大值.

24. 将 2 012 个点分布在一个圆的圆周上,每个点标上 +1 或 -1,一个点称为"好点",如果从这点开始,依任一方向绕圆周前进到任何一点时,所经过的各数的和都是正的.求证:如果标有 -1 的点数不多于 670,则圆周上至少有一个好点.

25. 设 $a_1, a_2, \cdots, a_n$ 是正整数 $1, 2, \cdots, n$ 的任一排列,$f(n)$ 是下述排列的个数,它们满足条件:

(1) $a_1 = 1$;

(2) $|a_i - a_{i+1}| \leq 2 (i = 1, 2, \cdots, n-1)$.

试问 $f(1996)$ 能否被 3 整除？(1996 年加拿大数学奥林匹克试题)

26. 给定 $n \in \mathbf{N}, S(n) = \left\{ z \,\middle|\, \left(z + \dfrac{1}{z}\right)^n = 2^{n-1}\left(z^n + \dfrac{1}{z^n}\right), |z| = \right.$

$1, z \in \mathbf{C}\}$.

(1) 对 $2 \leqslant n \leqslant 5$, 求 $S(n)$;

(2) 对 $n \geqslant 6$, 求 $|S(n)|$.

27. 设 $f(1)=1, f(2)=2, f(3)=3$. 对 $k \geqslant 4, f(k)$ 由下述条件确定:

(1) $f(k)=f(k-1)$;

(2) $f(k)=f(k-2)+f(k-3)$.

但其中(1)不允许连续使用两次. 求证: $f(n) \geqslant 2^{\frac{n-2}{3}}$.

28. 函数 $f(x)$ 定义在非负整数集合上, 满足:
$$f(0)=1, \quad f(1)=0,$$
$$f(2n)=2f(n)+1, \quad f(2n+1)=f(2n)-1.$$
求最小的正整数 n, 使得
$$f(n)=2^r+1.$$

29. 桌上放有 n 根火柴, 甲、乙二人轮流从中取走火柴. 甲先取, 第一次可取走至多 $n-1$ 根火柴, 此后每人每次至少取走 1 根火柴, 但是不超过对方刚才取走火柴数目的 2 倍. 取得最后一根火柴者获胜. 问: 当 $n=100$ 时, 甲是否有获胜策略? 请详细说明理由. (2010 年全国高中数学联赛安徽赛区预赛试题)

30. 在一个圆内接正 $2n$ 边形($n \geqslant 2$)的每一个顶点上各有一只青蛙. 某个时刻, 它们都从原来的位置同时跳到与之相邻的某个顶点上(允许一个顶点有多只青蛙), 则称为一种跳法. 试求 n 的所有可能值, 使得对该 $2n$ 边形, 存在一种跳法, 跳完后有青蛙的任何两个不同的顶点的连线都不通过圆心. (2003 年 IMO 中国国家集训队测试试题)

31. 设 $a, b, c, d \in \mathbf{Z}$, 令 $k=2(b^2+a^2d-abc)$, 又 $y_0=a^2$, $y_1=b^2, y_{n+1}=(c^2-2d)y_n-d^2y_{n-1}+kd^n$. 求证: 对一切自然

n, y_n 为平方数.

32. 设 $f: \mathbf{N} \times \mathbf{N} \to \mathbf{N}$, 且对任何 $x, y \in \mathbf{N}$, 有

(1) $f(x, y) = f(y, x)$;

(2) $f(x, x) = x$;

(3) 若 $y > x$, 则 $(y - x) f(x, y) = y f(x, y - x)$.

求 $f(x, y)$. (《美国数学月刊》1990 年 3 月号问题 3300)

33. 将 $X = \{1^2, 2^2, 3^2, \cdots, 10\ 000^2\}$ 划分为两个子集 A, B, 使 $|A| = |B|$ 且 $S(A) = S(B)$.

34. 求证:存在无穷多个自然数 n, 使 $1, 2, 3, \cdots, 3n$ 可以排成 $3 \times n$ 数表:

$$\begin{array}{cccc} a_1, & a_2, & \cdots, & a_n \\ b_1, & b_2, & \cdots, & b_n \\ c_1, & c_2, & \cdots, & c_n \end{array}$$

满足:

(1) $a_1 + a_2 + \cdots + a_n = b_1 + b_2 + \cdots + b_n = c_1 + c_2 + \cdots + c_n$ 且为 6 的倍数;

(2) $a_1 + b_1 + c_1 = a_2 + b_2 + c_2 = \cdots = a_n + b_n + c_n$ 且为 6 的倍数.

(1997 年 CMO 试题)

35. 求证:$1, 2, 3, \cdots, 3n$ 可以排成 $3 \times n$ 数表:

$$\begin{array}{cccc} a_1, & a_2, & \cdots, & a_n \\ b_1, & b_2, & \cdots, & b_n \\ c_1, & c_2, & \cdots, & c_n \end{array}$$

满足:

(1) $a_1 + a_2 + \cdots + a_n = b_1 + b_2 + \cdots + b_n = c_1 + c_2 + \cdots + c_n$ 且为 6 的倍数.

(2) $a_1 + b_1 + c_1 = a_2 + b_2 + c_2 = \cdots = a_n + b_n + c_n$ 且为 6 的倍

6 归纳通式

数的一切自然数 n 为 $n = 12k + 9(k \in \mathbf{N})$.

36. 设 n, r 是给定的正整数,在一次舞会上,有 n 个女孩 G_1, $G_2, \cdots, G_n$ 和 $2n - 1$ 个男孩 $B_1, B_2, \cdots, B_{2n-1}$,其中对 $i = 1, 2, \cdots, n$,女孩 G_i 认识男孩 $B_1, B_2, \cdots, B_{2i-1}$,但不认识其他男孩. 现让其中 r 个男孩邀请 r 个女孩跳舞,使每对舞伴中的女孩都认识和她跳舞的男孩,有多少种方法?(1998 年捷克和斯洛伐克数学竞赛题)

37. 求所有正整数集上到实数集的函数 f,使得:
(1) 对任意 $n \geqslant 1, f(n+1) \geqslant f(n)$;
(2) 对任意 $m, n, (m, n) = 1$,有 $f(mn) = f(m)f(n)$.

(2003 年中国国家集训队选拔考试试题)

习题 6 解答

1. 当 $n = 1$ 时,$N_1 = 25 = 5^2$;当 $n = 2$ 时,$N_2 = 1\,225 = 35^2$;当 $n = 3$ 时,$N_3 = 112\,225 = 335^2$. 由此可归纳:$N_n = (\underbrace{33\cdots35}_{n-1\text{个}3})^2$.

实际上

$$N_n = \underbrace{11\cdots1}_{n-1\text{个}1}\underbrace{22\cdots2}_{n\text{个}2}5 = \underbrace{11\cdots1}_{n-1\text{个}1} \times 10^{n+1} + 20 \times \underbrace{11\cdots1}_{n\text{个}1} + 5$$

$$= \frac{1}{9}(10^{n-1} - 1) \times 10^{n+1} + 20 \times \frac{1}{9}(10^n - 1) + 5$$

$$= \frac{1}{9} \cdot 10^{2n} + \frac{1}{9} \cdot 10^{n+1} + \frac{25}{9} = \frac{1}{9} \cdot (10^n + 5)^2$$

$$= \left(\frac{10^n + 5}{3}\right)^2.$$

而

$$\frac{10^n + 5}{3} = \frac{(10^n - 1) + 6}{3} = \frac{10^n - 1}{3} + 2 = \underbrace{33\cdots3}_{n\text{个}3} + 2 = \underbrace{33\cdots35}_{n-1\text{个}3},$$

所以命题获证.

2. 由题意

$$a_1 = p + q = \frac{p^2 - q^2}{p - q}, \quad a_2 = \frac{p^3 - q^3}{p - q},$$

$$a_3 = (p+q)a_2 - pqa_1 = (p+q) \cdot \frac{p^3 - q^3}{p-q} - pq \cdot \frac{p^2 - q^2}{p-q}$$

$$= \frac{p^4 - q^4}{p-q}.$$

设 $a_{k-1} = \frac{p^k - q^k}{p-q}, a_k = \frac{p^{k+1} - q^{k+1}}{p-q}$,则

$$a_{k+1} = (p+q)a_k - pqa_{k-1} = (p+q) \cdot \frac{p^{k+1} - q^{k+1}}{p-q} - pq \cdot \frac{p^k - q^k}{p-q}$$

$$= \frac{p^{k+2} - q^{k+2}}{p-q}.$$

故 $a_n = \frac{p^{n+1} - q^{n+1}}{p-q}$.

3. $\frac{1}{10}$.

易知

$$f^{(1)}(x) = f(x) = \frac{x}{\sqrt{1+x^2}},$$

$$f^{(2)}(x) = f(f(x)) = \frac{x}{\sqrt{1+2x^2}},$$

$$\cdots.$$

由数学归纳法可证明:$f^{(99)}(x) = \frac{x}{\sqrt{1+99x^2}}$,故 $f^{(99)}(1) = \frac{1}{10}$.

4. 从特例开始:

$$f(2) = f\left(\frac{4+2 \times 1}{3}\right) = \frac{f(4) + 2f(1)}{3} = 3,$$

$$f(3) = f\left(\frac{1+2 \times 4}{3}\right) = \frac{f(1) + 2f(7)}{3} = 5,$$

6 归纳通式

$$f(5) = 3f\left(\frac{5+2\times 2}{3}\right) - 2f(2) = 3f(3) - 2f(2) = 9,$$

$$f(6) = 3f\left(\frac{6+2\times 3}{3}\right) - 2f(3) = 3f(4) - 2f(3) = 11.$$

下面用数学归纳法证明 $f(n) = 2n - 1(n \in \mathbf{N}^*)$：

(1) 当 $n \leqslant 6(n \in \mathbf{N}^*)$ 时，由上面所述有 $f(n) = 2n - 1$ 成立.

(2) 假设 $n \leqslant k(n, k \in \mathbf{N}^*)$ 时有 $f(n) = 2n - 1$，则当 $n = k + 1$ 时(不妨设 $k \geqslant 6$)，则在题给关系式中令 $x = k + 1$，为利用归纳假设，需要 $x + 2y \leqslant k, 3 \mid x + 2y$，于是取 $y = k - 5$，有

$$f(k+1) = 3f\left(\frac{(k+1) + 2(k-5)}{3}\right) - 2f(k-5)$$

$$= 3f(k-3) - 2f(k-5)$$

$$= 3(2(k-3) - 1) - 2(2(k-5) - 1) = 2(k+1) - 1.$$

等式成立. 由(1)和(2)知 $f(n) = 2n - 1(n \in \mathbf{N}^*)$ 成立. 故 $f(2\,014) = 4\,027$.

5. 共 4 个解，$x = \pm \dfrac{n(n-1)}{2}$ 或 $\pm \dfrac{n(n+3)}{2}$.

方程 $||x|-1|=1$ 的所有解为 $x = 0$ 或 ± 2；

方程 $|||x|-1|-2|=2$ 的所有解为 $x = \pm 1$ 或 ± 5；

方程 $||||x|-1|-2|-3|=3$ 的所有解为 $x = \pm 3$ 或 ± 9；

方程 $|||||x|-1|-2|-3|-4|=4$ 的所有解为 $x = \pm 6$ 或 ± 14；

方程 $||||||x|-1|-2|-3|-4|-5|=5$ 的所有解为 $x = \pm 10$ 或 ± 20；

一般地，方程 $||\cdots|||x|-1|-2|\cdots|-n|=n(n \geqslant 2)$ 的所有解为

$$x = \pm \frac{n(n-1)}{2} \quad \text{或} \quad \pm \frac{n(n+3)}{2}.$$

6. 当 $n=3$ 时,$\dfrac{1}{4}+\dfrac{1}{5}+\dfrac{1}{6}=\dfrac{37}{60}$. 假设 $n=k(k\geqslant 3)$ 时,有

$$\dfrac{1}{k+1}+\dfrac{1}{k+2}+\cdots+\dfrac{1}{2k}\geqslant \dfrac{37}{60},$$

则当 $n=k+1$ 时,有

$$\dfrac{1}{k+2}+\dfrac{1}{k+3}+\cdots+\dfrac{1}{2k}+\dfrac{1}{2k+1}+\dfrac{1}{2k+2}$$

$$=\dfrac{1}{k+1}+\dfrac{1}{k+2}+\cdots+\dfrac{1}{2k}+\dfrac{1}{2k+1}+\dfrac{1}{2k+2}-\dfrac{1}{k+1}$$

$$=\dfrac{1}{k+1}+\dfrac{1}{k+2}+\cdots+\dfrac{1}{2k}+\dfrac{1}{2k+1}+\dfrac{1}{2k+2}$$

$$>\dfrac{1}{k+1}+\dfrac{1}{k+2}+\cdots+\dfrac{1}{2k}\geqslant \dfrac{37}{60},$$

因此,所求最小值为 $\dfrac{37}{60}$.

7. 分两种情况.

(1) $c\equiv 1\pmod 3$,设 $c=3k+1$,则 $x_1=3k+1$.

容易求得 $x_2=6k+1,x_3=10k+1,x_4=15k+1$,归纳通式,我们猜想:

$$x_n=\dfrac{1}{2}(n+1)(n+2)k+1.$$

实际上,假设 $x_{n-1}=\dfrac{1}{2}n(n+1)k+1$,则

$$\left[\dfrac{2x_{n-1}-n-2}{n}\right]=\left[\dfrac{n(n+1)k-n}{n}\right]=(n+1)k-1,$$

于是

$$x_n=\dfrac{1}{2}n(n+1)k+1+1+(n+1)k-1$$

$$=\dfrac{1}{2}(n+1)(n+2)k+1.$$

此时

$$x_n = \frac{1}{2}(n+1)(n+2)k + 1 \quad (n \geqslant 1).$$

(2) $c \equiv 2 \pmod{3}$,设 $c = 3k+2$,则 $x_1 = 3k+2$.

容易求得 $x_2 = 6k+3, x_3 = 10k+4, x_4 = 15k+5$,归纳通式,我们猜想:

$$x_n = \frac{1}{2}(n+1)(n+2)k + n + 1.$$

实际上,假设 $x_{n-1} = \frac{1}{2}n(n+1)k + n(n \geqslant 2)$,则

$$\left[\frac{2x_{n-1} - n - 2}{n}\right] = \left[\frac{n(n+1)k + n - 2}{n}\right]$$
$$= \left[(n+1)k + 1 - \frac{2}{n}\right] = (n+1)k,$$

于是

$$x_n = \frac{1}{2}n(n+1)k + n + 1 + (n+1)k$$
$$= \frac{1}{2}(n+1)(n+2)k + n + 1.$$

此时

$$x_n = \frac{1}{2}(n+1)(n+2)k + n + 1 \quad (n \geqslant 1).$$

8. 当 $x \in \mathbf{Q}$ 时,$f_2(x) = f_1(f_1(x)) = f_1(x) = x$;

当 $x \notin \mathbf{Q}$ 时,$f_2(x) = f_1(f_1(x)) = f_1\left(\frac{1}{x}\right) = \frac{1}{\frac{1}{x}} = x$.

所以,对一切实数 x,有 $f_2(x) = x$.

由此可知,对一切正整数 k,有 $f_{2k}(x) = x$;$f_{2k-1}(x) = f_1(x) = \frac{1}{x}$.

综上所述,$f_n(x) = \begin{cases} x & (x \in \mathbf{Q}), \\ x^{(-1)^n} & (x \notin \mathbf{Q}). \end{cases}$

9. $C_{n+m-1}^{m} a_1 + C_{n+m-1}^{m+1} d$.

$$S_n^{(1)} = a_1 + a_2 + \cdots + a_n = C_n^1 a_1 + C_n^2 d,$$
$$S_n^{(2)} = S_1^{(1)} + S_2^{(1)} + \cdots + S_n^{(1)}$$
$$= (C_1^1 + C_2^1 + \cdots + C_n^1) a_1 + (C_2^2 + C_3^2 + \cdots + C_n^2) d$$
$$= C_{n+1}^2 a_1 + C_{n+1}^3 d,$$

用数学归纳法容易证明:$S_n^{(m)} = C_{n+m-1}^m a_1 + C_{n+m-1}^{m+1} d.$

10. (1) 取 $m=0, n=1$,则 $m \neq n$,由条件,有 $a_0 + a_1 - a_{0+1} = p$,所以 $a_0 = p$.

考虑一般情况:对任何正整数 n 及 n 个两两互不相等的自然数 $m_1, m_2, \cdots, m_n$,求 $a_{m_1} + a_{m_2} + \cdots + a_{m_n} - a_{m_1 + m_2 + \cdots + m_n}.$

研究特例,当 $n=2$ 时,由条件,有 $a_{m_1} + a_{m_2} - a_{m_1 + m_2} = p.$

当 $n=3$ 时,对任意 3 个两两互不相等的自然数 m_1, m_2, m_3,不妨设 $m_1 < m_2 < m_3$,则由条件,有

$$a_{m_1} + a_{m_2} - a_{m_1 + m_2} = p, \quad 即 \quad a_{m_1} + a_{m_2} = p + a_{m_1 + m_2},$$

于是

$$a_{m_1} + a_{m_2} + a_{m_3} - a_{m_1 + m_2 + m_3} = p + a_{m_1 + m_2} + a_{m_3} - a_{m_1 + m_2 + m_3}.$$

但此时注意,并不能由条件得到 $a_{m_1 + m_2} + a_{m_3} - a_{m_1 + m_2 + m_3} = p$,这是因为 $m_1 + m_2$ 与 m_3 未必互异.

修改:先对 $a_{m_1} + a_{m_2} + a_{m_3}$ 的后两项利用题给条件,有

$$a_{m_2} + a_{m_3} - a_{m_2 + m_3} = p, \quad 即 \quad a_{m_2} + a_{m_3} = p + a_{m_2 + m_3},$$

于是

$$a_{m_1} + a_{m_2} + a_{m_3} - a_{m_1 + m_2 + m_3} = a_{m_1} + (p + a_{m_2 + m_3}) - a_{m_1 + m_2 + m_3}$$
$$= p + a_{m_1} + a_{m_2 + m_3} - a_{m_1 + m_2 + m_3}.$$

因为 $m_1 < m_2 < m_3$,所以 $m_1 < m_2 + m_3$,故由题给条件,有

$$a_{m_1} + a_{m_2 + m_3} - a_{m_1 + m_2 + m_3} = p,$$

代入上式,得

$$a_{m_1} + a_{m_2} + a_{m_3} - a_{m_1 + m_2 + m_3} = p + p = 2p.$$

由此猜想:对任何正整数 n 及 n 个两两互不相等的自然数 $m_1,$

$m_2, \cdots, m_n$,有
$$a_{m_1} + a_{m_2} + \cdots + a_{m_n} - a_{m_1+m_2+\cdots+m_n} = (n-1)p.$$
对 n 归纳. 当 $n=1,2,3$ 时,结论已经成立.

设 $n=k(k \geqslant 3)$ 时结论成立,那么,当 $n=k+1$ 时,设 $k+1$ 个两两互不相等的自然数为 $m_1, m_2, \cdots, m_{k+1}$,其中 $m_1 < m_2 < \cdots < m_{k+1}$,由归纳假设,有
$$a_{m_2} + a_{m_3} + \cdots + a_{m_{k+1}} - a_{m_2+m_3+\cdots+m_{k+1}} = (k-1)p,$$
即
$$a_{m_2} + a_{m_3} + \cdots + a_{m_{k+1}} = (k-1)p + a_{m_2+m_3+\cdots+m_{k+1}},$$
所以
$$a_{m_1} + a_{m_2} + \cdots + a_{m_{k+1}} - a_{m_1+m_2+\cdots+m_{k+1}}$$
$$= a_{m_1} + (k-1)p + a_{m_2+m_3+\cdots+m_{k+1}} - a_{m_1+m_2+\cdots+m_{k+1}}$$
$$= (k-1)p + a_{m_1} + a_{m_2+m_3+\cdots+m_{k+1}} - a_{m_1+m_2+\cdots+m_{k+1}}.$$

因为 $0 \leqslant m_1 < m_2 < \cdots < m_{k+1}$,所以 $m_1 < m_2 + m_3 + \cdots + m_{k+1}$,于是 m_1 与 $m_2 + m_3 + \cdots + m_{k+1}$ 互异,所以由条件,有
$$a_{m_1} + a_{m_2+m_3+\cdots+m_{k+1}} - a_{m_1+m_2+\cdots+m_{k+1}} = p,$$
所以
$$a_{m_1} + a_{m_2} + \cdots + a_{m_{k+1}} - a_{m_1+m_2+\cdots+m_{k+1}}$$
$$= (k-1)p + p = kp.$$
故 $n=k+1$ 时结论成立.

故对所有正整数 n 及 n 个两两互不相等的自然数 $m_1, m_2, \cdots, m_n$,有
$$a_{m_1} + a_{m_2} + \cdots + a_{m_n} - a_{m_1+m_2+\cdots+m_n} = (n-1)p.$$
取 $n=100$,得
$$a_{m_1} + a_{m_2} + \cdots + a_{m_{100}} - a_{m_1+m_2+\cdots+m_{100}} = 100p - p = 99p.$$

(2) 要使 $a_p = 2p$,一个充分条件是 $a_n = 2n(n=0,1,2,\cdots)$,但

此时的数列不合乎条件.

修改：$a_p = 2p$，即 $a_p = p + p$，于是，一个充分条件是 $a_n = n + p$ ($n = 0, 1, 2, \cdots$)，容易验证此时的数列合乎条件.

实际上，对任何两个不相等的自然数 m, n，有
$$a_m + a_n - a_{m+n} = (m + p) + (n + p) - (m + n + p)$$
$$= m + n - (m + n) + p = p.$$

故存在合乎题设条件的数列 $\{a_n\}$，使 $a_p = 2p$.

(3) 由(2)可知，取 $a_n = n + p (n = 0, 1, 2, \cdots)$，则 $\{a_n\}$ 是合乎条件的数列.

进一步发现，取 $a_n = 2n + p (n = 0, 1, 2, \cdots)$，则 $\{a_n\}$ 也是合乎条件的数列.

由此想到，令 $a_n = kn + p (n = 0, 1, 2, \cdots)$，其中 k 为任意取定的自然数，则这样定义的数列 $\{a_n\}$ 合乎条件.

实际上，对任何两个不相等的自然数 m, n，有
$$a_m + a_n - a_{m+n} = (km + p) + (kn + p) - (k(m + n) + p)$$
$$= km + kn - k(m + n) + p = p.$$

故合乎题设条件的数列 $\{a_n\}$ 有无数个.

11. 在(2)中令 $m = n = 1$，得 $f(1) = f(1)f(1)$，又 $f(1) \in \mathbf{N}^*$，所以 $f(1) = 1$.

在(2)中令 $m = 1, n = 3$，得 $f(3) = f(1)f(3)$，恒等式，无效！

在(2)中令 $m = n = 3$，得 $f(9) = f(3)f(3)$，但 $f(9)$ 未知！

暂时跳过 $f(3)$，看看 $f(4)$. 在(2)中令 $m = n = 2$，得 $f(4) = f(2) \cdot f(2) = 4$. 由于 $4 = f(4) > f(3) > f(2) = 2$，且 $f(3) \in \mathbf{N}^*$，所以 $f(3) = 3$.

于是可猜想 $f(n) = n$. 设结论对小于 n 的正整数成立，即 $f(1) = 1, f(2) = 2, \cdots, f(n-1) = n-1$，考察 $f(n)$，其中 $n > 1$.

如果 n 为偶数，设 $n = 2k$，则 $f(n) = f(2k) = f(2)f(k) = $

$2f(k)$. 因为 $k<n$, 由归纳假设, $f(k)=k$, 所以 $f(n)=2f(k)=2k=n$, 结论成立.

如果 n 为奇数, 设 $n=2k+1(k\geq 1)$, 则 $f(n+1)=f(2k+2)=f(2)f(k+1)=2f(k+1)$. 因为 $k<2k=n-1$, 所以 $k+1<n$, 由归纳假设, $f(k+1)=k+1$, 所以 $f(n+1)=2f(k+1)=2(k+1)=n+1$. 又由归纳假设, $f(n-1)=n-1$, 所以 $n-1=f(n-1)<f(n)<f(n+1)=n+1$, 而 $f(n)\in \mathbf{N}^*$, 所以 $f(n)=n$, 结论成立.

综上所述, 对一切正整数 n, 有 $f(n)=n$.

12. 由 6.1 节例 4 的结论, 对角线 l 共穿过 $a+b+c-(a,b)-(b,c)-(c,a)+(a,b,c)$ 个 $1\times 1\times 1$ 的方格. 依题意

$$a+b+c-(a,b)-(b,c)-(c,a)+(a,b,c)\geq p.$$

于是

$$p\leq a+b+c-(a,b)-(b,c)-(c,a)+(a,b,c)$$
$$\leq a+b+c-(a,b)-(b,c)-(c,a)+(a,b)$$
$$=a+b+c-(b,c)-(c,a)\leq a+b+c-2,$$

所以 $a+b+c\geq p+2$. 等号在 $a+b+c=p+2$, 且 $(a,b)=(b,c)=(c,a)=1$ 时成立.

取 $a=b=1, c=p$, 则 $a+b+c-(a,b)-(b,c)-(c,a)+(a,b,c)=p$, 即对角线 l 穿过 p 个 $1\times 1\times 1$ 的方格, 故 $a+b+c$ 的最小值为 $p+2$.

13. 考察任意两个格点 $A(x_1,x_2,\cdots,x_n), B(y_1,y_2,\cdots,y_n)$, A 平移一步, 只能使其坐标的某一个分量增加或减少 1, 于是, 要使 A 的第 i 个分量变得与 B 的第 i 个分量相同, 则至少要经过 $|x_i-y_i|$ 步, 于是

$$|A-B|=|x_1-y_1|+|x_2-y_2|+\cdots+|x_n-y_n|.$$

(1) 显然 $r\geq 2$, 其次, 令 $M_i=\{(x_1,x_2,\cdots,x_n)\mid x_1+x_2+\cdots+x_n\equiv i \pmod 2, x_1,x_2,\cdots,x_n\in \mathbf{Z}\}(i=1,2)$, 将 M_1 中的点染红色,

M_2 中的点染蓝色,则染色合乎要求.

实际上,对任意两个格点 $A(x_1, x_2, \cdots, x_n), B(y_1, y_2, \cdots, y_n)$, 如果 $|A - B| = 1$,则 $|x_1 - y_1| + |x_2 - y_2| + \cdots + |x_n - y_n| = 1$,于是

$$(x_1 + x_2 + \cdots + x_n) - (y_1 + y_2 + \cdots + y_n)$$
$$= (x_1 - y_1) + (x_2 - y_2) + \cdots + (x_n - y_n)$$
$$\equiv |x_1 - y_1| + |x_2 - y_2| + \cdots + |x_n - y_n| \equiv 1 \pmod{2},$$

故 A, B 不同色.所以,r 的最小值为 2.

(2) 考察任意一个格点 $A_0(x_1, x_2, \cdots, x_n)$,它的所有邻点为 $A_i(x_1, x_2, \cdots, x_{i-1}, x_i + 1, x_{i+1}, \cdots, x_n)$,$A_{n+i}(x_1, x_2, \cdots, x_{i-1}, x_i - 1, x_{i+1}, \cdots, x_n)(i = 1, 2, \cdots, n)$.

如果 $r < 2n + 1$,则上述 $2n + 1$ 个点 $A_0, A_1, A_2, \cdots, A_{2n}$ 中至少有两个点同色,设 A_i, A_j 同色.

如果 i, j 中有一个为 0,则 $|A_i - A_j| = 1$,矛盾.

如果 i, j 都不为 0,则 A_i, A_j 与 A_0 的平移距离都为 1,所以 $|A_i - A_j| = 2$,矛盾.

所以 $r \geqslant 2n + 1$.

对任意格点 $A(x_1, x_2, \cdots, x_n)$,定义 $f(A) = f(x_1, x_2, \cdots, x_n) = x_1 + 2x_2 + \cdots + nx_n$,则 $A(x_1, x_2, \cdots, x_n)$ 的邻域中 $2n + 1$ 个格点对应的函数值分别为 $f(A), f(A) \pm 1, f(A) \pm 2, \cdots, f(A) \pm n$,它们构成模 $2n + 1$ 的完系. $(*)$

于是,当 $r = 2n + 1$ 时,取 $M_i = \{(x_1, x_2, \cdots, x_n) \mid x_1 + 2x_2 + \cdots + nx_n \equiv i \pmod{2n+1}, x_1, x_2, \cdots, x_n \in \mathbf{Z}\}(i = 1, 2, \cdots, 2n+1)$,将 M_i 中的点染第 i 种颜色,则染色合乎要求.

实际上,设 A, B 是 M_i 中的任意两个点,则 $f(A) \equiv f(B) \pmod{2n+1}$.

如果 $|A - B| = 1$,则 B 是 A 的邻点,由 $(*)$ 可知,$f(A) \neq f(B) \pmod{2n+1}$,矛盾.

6 归纳通式

如果 $|A-B|=2$,则存在点 C,使 A,B 都是 C 的邻点,由 ($*$) 可知,$f(A) \neq f(B) \pmod{2n+1}$,矛盾.

故 $|A-B| \geqslant 2$,所以,r 的最小值为 $2n+1$.

注 我们还可进一步考虑,求 r 的最小值,对任何两个同色的格点 A,B,有 $|A-B| \geqslant k$(k 是给定的大于 1 的整数).

14. 注意 $2\cot \dfrac{\pi}{n} + i$ 为常数,令 $2\cot \dfrac{\pi}{n} + i = x$,则 $A = f_n(x)$

$$= \prod_{k=1}^{n-1}\left(x - \cot \frac{k\pi}{n}\right).$$

研究特例,发现通式:当 $n=2$ 时,$f_2(x) = x - \cot \dfrac{\pi}{2} = x$,期望它用含 i 的对称式表示,以利用二项对偶式. 因为 $(x+i)^2 - (x-i)^2 = 4i \cdot x$,于是

$$f_2(x) = \frac{1}{4i}((x+i)^2 - (x-i)^2) = \frac{i}{4}((x-i)^2 - (x+i)^2),$$

类似地,可得

$$f_3(x) = \left(x - \cot \frac{\pi}{3}\right)\left(x - \cot \frac{2\pi}{3}\right) = x^2 - \frac{1}{3}$$
$$= \frac{i}{6}((x-i)^3 - (x+i)^3).$$

一般地,若 $i^2 = -1$,则

$$\prod_{k=1}^{n-1}\left(x - \cot \frac{k\pi}{n}\right) = \frac{i}{2n}((x-i)^n - (x+i)^n). \quad ①$$

因为 $P(x) = \dfrac{i}{2n}((x-i)^n - (x+i)^n)$ 的首项系数为 $\dfrac{i}{2n} \cdot (C_n^1(-i) - C_n^1 i) = 1$,且是一个 $n-1$ 次多项式,只需证明它有 $n-1$ 个根 $x = \cot \dfrac{k\pi}{n}$ ($1 \leqslant k \leqslant n-1$).

当 $x = \cot \dfrac{k\pi}{n}$ ($1 \leqslant k \leqslant n-1$) 时,有

$$(x+\mathrm{i})^n = \left(\cot\frac{k\pi}{n}+\mathrm{i}\right)^n = \left(\csc\frac{k\pi}{n}\right)^n \cdot \left(\cos\frac{k\pi}{n}+\mathrm{i}\sin\frac{k\pi}{n}\right)^n$$

$$= \left(\csc\frac{k\pi}{n}\right)^n \cdot \left(\left(\cos\frac{\pi}{n}+\mathrm{i}\sin\frac{\pi}{n}\right)^n\right)^k = \left(\csc\frac{k\pi}{n}\right)^n \cdot (-1)^k$$

$$= \left(\csc\frac{k\pi}{n}\right)^n \cdot \left(\cos\frac{k\pi}{n}-\mathrm{i}\sin\frac{k\pi}{n}\right)^n = (x-\mathrm{i})^n,$$

所以 $P\left(\cot\frac{k\pi}{n}\right)=0$.

由因式定理式①成立,在式①中令 $x=2\cot\frac{\pi}{n}+\mathrm{i}$,得

$$A = \prod_{k=1}^{n-1}\left(2\cot\frac{\pi}{n}-\cot\frac{k\pi}{n}+\mathrm{i}\right)$$

$$= \frac{\mathrm{i}}{2n}\left(\left(2\cot\frac{\pi}{n}\right)^n - \left(2\cot\frac{\pi}{n}+2\mathrm{i}\right)^n\right)$$

$$= \frac{2^{n-1}\mathrm{i}}{n}\left(\left(\cot\frac{\pi}{n}\right)^n - \left(\cot\frac{\pi}{n}+\mathrm{i}\right)^n\right)$$

$$= \frac{2^{n-1}\mathrm{i}}{n}\left(\csc\frac{\pi}{n}\right)^n\left(\left(\cos\frac{\pi}{n}\right)^n - \left(\cos\frac{\pi}{n}+\mathrm{i}\sin\frac{\pi}{n}\right)^n\right)$$

$$= \frac{2^{n-1}\mathrm{i}}{n}\left(\csc\frac{\pi}{n}\right)^n\left(\left(\cos\frac{\pi}{n}\right)^n - (\cos\pi+\mathrm{i}\sin\pi)\right)$$

$$= \frac{2^{n-1}\mathrm{i}}{n}\left(\csc\frac{\pi}{n}\right)^n\left(\left(\cos\frac{\pi}{n}\right)^{n+1}\right)$$

$$= \frac{2^{n-1}\mathrm{i}}{n}\left(\left(\cot\frac{\pi}{n}\right)^n + \left(\csc\frac{\pi}{n}\right)^n\right),$$

故 A 为纯虚数.

15. 因为 $ab+a+b=(a+1)(b+1)-1$,试验后可归纳通式,发现黑板上的数都是 $2^m 3^n - 1$ 的形式.

实际上,设 $a=2^p 3^q - 1$, $b=2^s 3^t - 1$,则 $ab+a+b=(a+1) \cdot (b+1)-1 = 2^{p+s} 3^{q+t} - 1$,是 $2^m 3^n - 1$ 的形式. 但 $12131+1 = 2^2 3^2 \cdot 337$ 不是 $2^m 3^n$ 的形式.所以操作目标不能实现.

16. 记所求最小值为 $f(m,n)$,我们证明

$$f(m,n) = m + n - (m,n). \qquad ①$$

其中 (m,n) 表示 m 和 n 的最大公约数.

事实上,不妨没 $m \geqslant n$.

(1) 对 m 归纳可以证明存在一种合乎题意的分法,使所得正方形边长之和恰为 $m + n - (m,n)$.

当 $m = 1$ 时,命题显然成立.

假设当 $m \leqslant k$ 时,结论成立($k \geqslant 1$). 当 $m = k + 1$ 时,若 $n = k + 1$,则命题显然成立.

若 $n < k + 1$,从矩形 $ABCD$ 中切去正方形 AA_1D_1D(图 6.33),由归纳假设矩形 A_1BCD_1 有一种分法使得所得正方形边长之和恰为 $m - n + n - (m-n, n) = m - (m,n)$,于是原矩形 $ABCD$ 有一种分法使得所得正方形边长之和为 $m + n - (m,n)$.

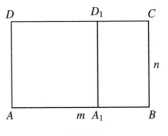

图 6.33

(2) 对 m 归纳,可以证明式①成立,由(1),只需 $f(m,n) \geqslant m + n - (m,n)$.

当 $m = 1$ 时,由于 $n = 1$,显然 $f(m,n) = m + n - (m,n)$.

假设当 $m \leqslant k$ 时,对任意 $1 \leqslant n \leqslant m$ 有 $f(m,n) \geqslant m + n - (m,n)$,则结合(1),有 $f(m,n) = m + n - (m,n)$.

若 $m = k + 1$,当 $n = k + 1$ 时显然 $f(m,n) = k + 1 = m + n - (m,n)$.

当 $1 \leqslant n \leqslant k$ 时,设矩形 $ABCD$ 按要求分成了 p 个正方形,其边长分别为 $a_1, a_2, \cdots, a_p$.

不妨设 $a_1 \geqslant a_2 \geqslant \cdots \geqslant a_p$,显然 $a_1 = n$ 或 $a_1 < n$.

若 $a_1 < n$,则在 AD 与 BC 之间的与 AD 平行的任一直线至少穿过两个分成的正方形(或其边界). 于是 $a_1 + a_2 + \cdots + a_p$ 不小于 AB

与 CD 之和.

所以
$$a_1 + a_2 + \cdots + a_p \geqslant 2m > m + n - (m, n).$$

若 $a_1 = n$,则一个边长分别为 $m - n$ 和 n 的矩形可按题目要求分成边长分别为 $a_2, \cdots, a_p$ 的正方形,由归纳假设,有
$$a_2 + \cdots + a_p \geqslant m - n + n - (m - n, n) = m - (m, n),$$
从而
$$a_1 + a_2 + \cdots + a_p \geqslant m + n - (m, n),$$
于是当 $m = k + 1$ 时,$f(m, n) \geqslant m + n - (m, n)$.

再由(1)可知 $f(m, n) = m + n - (m, n)$.

17. 当 $n = 3$ 时,$a_1 = 1, a_2 = 2$,此时 $a_2 = 2$ 为质数.

当 $n = 4$ 时,$a_1 = 1, a_2 = 3$,此时 $a_2 = 3$ 为质数.

当 $n = 5$ 时,$a_1 = 1, a_2 = 2, a_3 = 3, a_4 = 4$,此时 $a_2 = 2$ 为质数.

当 $n = 6$ 时,$a_1 = 1, a_2 = 5$,此时 $a_2 = 5$ 为质数.

当 $n = 7$ 时,$a_1 = 1, a_2 = 2, a_3 = 3, a_4 = 4, a_5 = 5, a_6 = 6$,此时 $a_2 = 2$ 为质数.

当 $n = 8$ 时,$a_1 = 1, a_2 = 3, a_3 = 5, a_4 = 7$,此时 $a_2 = 3$ 为质数.

猜想:对一切 n,a_2 为质数.

反设 $a_2 = xy(x, y > 1)$,那么 $a_1 < x < a_2 < n$. 因为 $(a_2, n) = 1$,所以 $(x, n) = 1$,即 x 也是一个与 n 互质的自然数,这与"$a_1 < a_2 < a_3 < \cdots < a_k$ 是小于 n 且与 n 互质的全体自然数"矛盾.

18. 先证 $4 \mid n$.

若 n 为奇数,则由(1)可知,$a_1, a_2, \cdots, a_n$ 都是奇数,于是 $a_1 + a_2 + \cdots + a_n$ 是奇数个奇数相加,不可能为 0,与(2)矛盾. 所以 n 是偶数.

由(2)知,$a_1, a_2, \cdots, a_n$ 中有偶数个奇数,而 n 为偶数,所以 $a_1, a_2, \cdots, a_n$ 中有偶数个偶数. 又前面证得 $a_1, a_2, \cdots, a_n$ 中至少

6 归纳通式

有一个偶数,所以 $a_1, a_2, \cdots, a_n$ 中至少有两个是偶数,再由(1)可知,$4 \mid n$.

当 $n = 4$ 时,$4 = 2 \cdot 2 = -2 \cdot 2 \cdot 1 \cdot (-1)$,$-2 + 2 + 1 + (-1) = 0$.

当 $n = 8$ 时,$8 = 2 \cdot 4 = 2 \cdot 4 \cdot (-1)^6$,$2 + 4 - 1 - 1 - 1 - 1 - 1 - 1 = 0$.

当 $n = 12$ 时,$12 = -2 \cdot 6 \cdot (-1) = -2 \cdot 6 \cdot 1^3 \cdot (-1)^7$,$-2 + 6 + 3 - 7 = 0$.

当 $n = 16$ 时,$16 = 2 \cdot 8 = 2 \cdot 8 \cdot 1^2 \cdot (-1)^{12}$,$2 + 8 + 2 - 12 = 0$.

一般地,当 $n = 8k (k \in \mathbf{N}^*)$ 时,$n = 8k = 2 \cdot 4k = 2 \cdot 4k \cdot 1^p(-1)^q$,其中 $p + q = 8k - 2$,且 q 为偶数.

由 $2 + 4k + p - q = 0$,得 $p = 2k - 2$,$q = 6k$,于是
$n = 8k = 2 \cdot 4k \cdot 1^{2k-2}(-1)^{6k}$, $2 + 4k + (2k - 2) - 6k = 0$,
合乎条件.

当 $n = 8k + 4(k \in \mathbf{N}^*)$ 时,$n = 8k + 4 = -2 \cdot (4k + 2) \cdot (-1)$
$= -2 \cdot (4k + 2) \cdot 1^p(-1)^q$,其中 $p + q = 8k + 2$,且 q 为奇数.

由 $-2 + 4k + 2 + p - q = 0$,得 $p = 2k + 1$,$q = 6k + 1$,于是
$$n = 8k + 4 = -2 \cdot (4k + 2) \cdot 1^{2k+1}(-1)^{6k+1},$$
$$-2 + 4k + 2 + (2k + 1) - (6k + 1) = 0,$$
合乎条件.

综上所述,$n = 4k$(k 为任意正整数).

19. 当 $n = 2$ 时,方程 $x_1 + x_2 = x_1 x_2$ 有一个自然数解:$x_1 = 2, x_2 = 2$;

当 $n = 3$ 时,方程 $x_1 + x_2 + x_3 = x_1 x_2 x_3$ 有一个自然数解:$x_1 = 1, x_2 = 2, x_3 = 3$;

当 $n = 4$ 时,方程 $x_1 + x_2 + x_3 + x_4 = x_1 x_2 x_3 x_4$ 有一个自然数解:$x_1 = 1, x_2 = 1, x_3 = 2, x_4 = 4$.

一般地,方程 $x_1 + x_2 + x_3 + \cdots + x_{n-1} + x_n = x_1 x_2 x_3 \cdots x_{n-1} x_n$ 有一个自然数解:$x_1 = 1, x_2 = 1, \cdots, x_{n-2} = 1, x_{n-1} = 2, x_n = n$.

20. 3 508.

通过初值试验,发现:当有 3^n 个数时,留下的数是 1 号.

小于 8 899 的形如 3^n 的数是 $3^8 = 6 561$,故从 1 号开始按规则划数,划了 $8 899 - 6 561 = 2 338$(个)数后,还剩下 6 561 个数. 下一个要划掉的数是 $2 388 \div 2 \times 3 + 1 = 3 507$,故最后留下的就是 3 508.

21. 976.

通过初值试验,发现:如果有 2^n 个人,那么报完第 1 圈后,剩下的是 2 的倍数号;报完第 2 圈后,剩下的是 2^2 的倍数号……报完第 n 圈后,剩下的是 2^n 的倍数号,此时,只剩下一人,是 2^n 号.

如果有 $2^n + d (1 \leqslant d < 2^n)$ 人,那么当有 d 人退出圈子后还剩下 2^n 人. 因为下一个该退出去的是 $2d + 1$ 号,所以此时的第 $2d + 1$ 号相当于 2^n 人时的第 1 号,而 $2d$ 号相当于 2^n 人时的第 2^n 号,所以最后剩下的是第 $2d$ 号.

由 $1 000 = 2^9 + 488$ 知,最后剩下的学生的编号是 $488 \times 2 = 976$.

22. 1 024.

质数 a_1 有 2 个约数:1 和 a,从而 $A(a_1) = 2$.

2 个质数 a_1, a_2 的积有 4 个约数:$1, a_1, a_2, a_1 a_2$,从而 $A(a_1 \times a_2) = 4 = 2^2$.

3 个质数 a_1, a_2, a_3 的积有 8 个约数:$1, a_1, a_2, a_3, a_1 a_2, a_2 a_3, a_3 a_1, a_1 a_2 a_3$,从而 $A(a_1 \times a_2 \times a_3) = 8 = 2^3$……如此下去,10 个质数 $a_1, a_2, \cdots, a_{10}$ 的积的约数个数为 $A(x) = 2^{10} = 1 024$.

23. $x_1, x_2, \cdots, x_n$ 中最大者的最大值为 n.

当 $n = 2$ 时,$x_1 + x_2 = x_1 x_2$,不妨设 $x_1 \leqslant x_2$,若 $x_1 = 1$,则 $1 + x_2 = x_2$,矛盾,因此 $x_1 \geqslant 2$. 所以 $x_1 + x_2 = x_1 x_2 \geqslant 2 x_2$,但 $x_1 x_2 = x_1 + x_2 \leqslant x_2 + x_2 = 2 x_2$,所以不等式等号成立,故 $x_1 = x_2$. 于是,由 $x_1 + x_2$

$= x_1 x_2$,得 $2x_2 = x_2^2$,所以 $x_2 = 2$,故 x_1, x_2 中最大者的最大值为 2. 而当 $n=3$ 时,类似得 x_1, x_2, x_3 中最大者的最大值为 3,由此可猜想,对一般情况,$x_1, x_2, \cdots, x_n$ 中最大者的最大值为 n.

由对称性,不妨设 $x_1 \leqslant x_2 \leqslant \cdots \leqslant x_n$,下面先证明 $x_n \leqslant n$.

易知 $x_{n-1} \geqslant 2$,否则 $x_1 = x_2 = \cdots = x_{n-1} = 1$,于是,由条件有 $1 + 1 + \cdots + 1 + x_n = x_n$,矛盾.

于是

$$x_n = \frac{x_1 + x_2 + \cdots + x_{n-1}}{x_1 x_2 \cdots x_{n-1} - 1}$$

$$\leqslant \frac{x_1 x_2 \cdots x_{n-2} + \cdots + x_1 x_2 \cdots x_{n-2} + x_1 x_2 \cdots x_{n-1} x_{n-1}}{x_1 x_2 \cdots x_{n-1} - 1}$$

$$= \frac{(n - 2 + x_{n-1}) x_1 x_2 \cdots x_{n-2}}{x_1 x_2 \cdots x_{n-1} - 1}$$

$$\leqslant \frac{(n - 2 + x_{n-1}) x_1 x_2 \cdots x_{n-2}}{x_1 x_2 \cdots x_{n-1} - x_1 x_2 \cdots x_{n-2}}$$

$$= \frac{n - 2 + x_{n-1}}{x_{n-1} - 1} = 1 + \frac{n-1}{x_{n-1} - 1} \leqslant n.$$

又当 $x_1 = x_2 = \cdots = x_{n-2} = 1, x_{n-1} = 2$ 时,由 $x_1 + x_2 + \cdots + x_n = x_1 x_2 \cdots x_n$,得 $x_n = n$,故 $x_1, x_2, \cdots, x_n$ 中最大者的最大值为 n.

24. 对于圆周上 n 个点,先考察 $n = 1, 2, 3, 4, 5, 6, 7, 8$ 的情形,可发现一般性的结论:对于圆周上 $3n + 2$ 个点,如果标有 -1 的点数不多于 n,则圆周上至少有一个好点. 证明如下:

(1) 当 $n = 1$ 时,结论显然成立.

(2) 假设当 $n = k$ 时命题成立,即 $3k + 2$ 个点中有 k 个 -1 时,必有好点.

对 $n = k + 1$,可任取一个 -1,并找出两边距离它最近的两个 $+1$,将这 3 个点一齐去掉,在剩下的 $3k + 2$ 个点中有 k 个 -1,因而一定有好点,记为 P. 现将取出的 3 个点放回原处,因为 P 不是离所取出的 -1

最近的点,因而从 P 出发依圆周两方前进时,必先遇到添回的 $+1$,然后再遇到添回的 -1,故 P 仍是好点。这说明,当 $n=k+1$ 时命题成立.

25. 我们把满足条件(1)和(2)的排列 $a_1,a_2,\cdots,a_n$ 称作 n 项正则排列. 对于 n 个数的正则排列,由于 $a_1=1$,故 $a_2=2$ 或 3.

(1) 若 $a_2=2$,则 $a_2,a_3,\cdots,a_n$(的各项减去 1 后)是 $n-1$ 项的正则排列,其个数为 $f(n-1)$.

(2) 若 $a_2=3,a_3=2$,则必有 $a_4=4$,故 $a_4,a_5,\cdots,a_n$(的各项减去 3 后)是 $n-3$ 项的正则排列,其个数为 $f(n-3)$.

(3) 若 $a_2=3,a_4\geqslant 4$. 设 a_{k+1} 是该排列中第一个出现的偶数,则前 k 个数应是 $1,3,5,\cdots,2k-1$,而 a_{k+1} 是 $2k$ 或 $2k-2$. 因此,a_k 与 a_{k+1} 是相邻整数. 由条件(2),这排列在 a_{k+1} 后面的各数,要么都小于它,要么都大于它. 因为 2 在 a_{k+1} 之后,故 $a_{k+2},\cdots,a_n$ 均比 a_{k+1} 小.

这只有一种可能,即先依递增次序排出所有不大于 n 的正奇数,再接着依递减次序排出不大于 n 的正偶数.

综上所述,有递推关系:$f(n)=f(n-1)+f(n-3)+1(n\geqslant 4)$.

容易算出:$f(1)=1,f(2)=1,f(3)=2,f(4)=4,\cdots$,模 3 的余数依次是

$$1,1,2,1,0,0,2,0,1,1,2,1,\cdots,$$

此数列以 8 为周期. 因为 $1996\equiv 4\pmod 8$,所以 $f(1996)\equiv f(4)\equiv 1\pmod 8$.

故 $f(1996)$ 不能被 3 整除.

26. 设 $z=e^{i\theta}(-\pi\leqslant\theta\leqslant\pi)$,则方程化为 $(e^{i\theta}+e^{-i\theta})^n=2^{n-1}\cdot(e^{in\theta}+e^{-in\theta})$,即 $(2\cos\theta)^n=2^{n-1}(2\cos n\theta)$,也即

$$(\cos\theta)^n=2\cos n\theta. \qquad ①$$

当 $n=2$ 时,式①等价于 $(\cos\theta)^2=1$,此时,$S(2)=\{1,-1\}$.

当 $n=3$ 时,式①等价于 $\cos\theta(\cos^2\theta-1)=0$,此时,$S(3)=$

$\{1, -1, i, -i\}$.

当 $n=4$ 时,式①等价于 $(7\cos^2\theta - 1)(\cos^2\theta - 1) = 0$,此时

$$S(4) = \left\{1, -1, i, -i, \pm\sqrt{\frac{1}{7}} \pm \sqrt{\frac{6}{7}}i\right\}.$$

当 $n=5$ 时,式①等价于 $\cos\theta(3\cos^2\theta - 1)(\cos^2\theta - 1) = 0$,此时

$$S(5) = \left\{1, -1, i, -i, \pm\sqrt{\frac{1}{3}} \pm \sqrt{\frac{1}{3}}i\right\}.$$

(2) 由上面所述可知,当 $2 \leqslant n \leqslant 5$ 时,$|S(n)| = 2n - 2$.

我们猜想,对 $n > 1$,都有 $|S(n)| = 2n - 2$.

先证明对 $n > 1$,有 $|S(n)| \leqslant 2n - 2$.

由数学归纳法易证:$\cos n\theta$ 可用 $\cos\theta$ 的 n 次多项式表示出,这样,方程:$\cos^n\theta = \cos n\theta$ 是关于 $\cos\theta$ 的 n 次方程,于是 $\cos\theta$ 最多有 n 个不同的值.

但 $\cos\theta = 1, -1$ 是其中的两个值(因为 $1, -1 \in S(n)$),此外,$\cos\theta$ 至多还有 $n - 2$ 个不同的值,它们对应 $[-\pi, \pi]$ 内 $2(n-2) = 2n - 4$ 个不同的 θ.

又 $1, -1$ 对应 $[-\pi, \pi]$ 内 2 个不同的 θ,即 0 和 π,于是,θ 在 $[-\pi, \pi]$ 内至多有 $(2n-4) + 2 = 2n - 2$ 个不同的值,即 $|S(n)| \leqslant 2n - 2$.

下面证明 $|S(n)| = 2n - 2$.

令

$$f(\cos\theta) = \cos n\theta - (\cos\theta)^n. \qquad ②$$

因为 $f(x)$ 是一个次数不超过 n 的多项式,所以 $f(x)$ 至多有 n 个不同的根.

显然 $x = \cos 0 = 1, x = \cos\pi = -1$ 是 $f(x)$ 的根.

其次,取 $x = \cos\dfrac{k\pi}{n}(k = 1, \cdots, n - 1)$,将 $\theta = \dfrac{k\pi}{n}$ 代入式②,有

$$f\left(\cos\frac{k\pi}{n}\right) = (-1)^n - \left(\cos\frac{k\pi}{n}\right)^n.$$

由于 $0 < \frac{k\pi}{n} < \pi$,所以 $\left|\cos\frac{k\pi}{n}\right| < 1$,所以 $f\left(\cos\frac{k\pi}{n}\right)$ 与 $(-1)^n$ 同号.

这样,$f\left(\cos\frac{\pi}{n}\right),f\left(\cos\frac{2\pi}{n}\right),\cdots,f\left(\cos\frac{(n-1)\pi}{n}\right)$ 的符号依次正负交错.

由 $f(x)$ 的连续性可知,$f(x)$ 在各区间: $\left(f\left(\cos\frac{(k+1)\pi}{n}\right), f\left(\cos\frac{k\pi}{n}\right)\right)(k=1,2,\cdots,n-2)$ 上至少有一个根,得到 $n-2$ 个互异的根,连同前面的 1 和 -1,知 $f(x)$ 至少有 n 个互异的根.

但 $f(x)$ 的次数不超过 n,所以 $f(x)$ 恰有 n 个根.

在这 n 个根中,1 和 -1 都恰对应一个 θ,对于其他任何一个根,都恰对应两个 θ,所以 $|S(n)| = 2n - 2$.

27. 通过观察初值,可发现如下结论:

对给定的 n,若 $f(n)$ 由(1)决定,则 $f(n) \geqslant 2^{\frac{n-2}{3}}$;

若 $f(n)$ 由(2)决定,则 $f(n) \geqslant 2^{\frac{n-1}{3}}$.

下面用数学归纳法证明上述结论.

当 $n = 1, 2, 3$ 时,结论显然成立.

设 $n \leqslant k (k \geqslant 3)$ 时结论成立,那么,当 $n = k+1$ 时:

(ⅰ)若 $f(k+1)$ 由(1)决定,即 $f(k+1) = f(k)$,则 $f(k)$ 只能由(2)决定,由归纳假设,有 $f(k) \geqslant 2^{\frac{k-1}{3}}$,于是

$$f(k+1) = f(k) \geqslant 2^{\frac{k-1}{3}} = 2^{\frac{(k+1)-2}{3}},$$

结论成立.

(ⅱ)若 $f(k+1)$ 由(2)决定,即 $f(k+1) = f(k-1) + f(k-2)$,此时,又有两种情况.

6 归纳通式

当 $f(k-1)$ 由(1)决定时,$f(k-1)=f(k-2)$,则 $f(k-2)$ 只能由(2)决定,由归纳假设,有 $f(k-2) \geqslant 2^{\frac{(k-2)-1}{3}} = 2^{\frac{k-3}{3}}$,于是
$$f(k+1) = f(k-1) + f(k-2) = 2f(k-2) \geqslant 2 \cdot 2^{\frac{k-3}{3}}$$
$$= 2^{\frac{k}{3}} \geqslant 2^{\frac{(k+1)-2}{3}},$$

结论成立.

当 $f(k-1)$ 由(2)决定时,由归纳假设,有 $f(k-1) \geqslant 2^{\frac{(k-1)-1}{3}} = 2^{\frac{k-2}{3}}$.

而 $f(k-2)$ 不管是由(1)决定还是由(2)决定,由归纳假设,都有 $f(k-2) \geqslant 2^{\frac{(k-2)-2}{3}} = 2^{\frac{k-4}{3}}$,于是
$$f(k+1) = f(k-1) + f(k-2) \geqslant 2^{\frac{k-2}{3}} + 2^{\frac{k-4}{3}}$$
$$= 2^{\frac{k-4}{3}}(2^{\frac{2}{3}} + 1) \geqslant 2^{\frac{k-4}{3}}(1+1) = 2^{\frac{k-1}{3}} = 2^{\frac{(k+1)-2}{3}},$$

结论成立.

28. $n_{\min} = 2^{r+1} + 2^r - 2$.

因为 $f(0)=1, f(1)=0, f(2)=1, f(3)=0, f(4)=3, f(5)=2$, $f(6)=1, f(7)=0, f(8)=7, f(9)=6, f(10)=5, \cdots$.

将各数用二进制表示(允许首位为零),则规律明显:

$f(0) = 1$, $f(1) = 0$, $f(10) = 01$, $f(11) = 00$,
$f(100) = 011$, $f(101) = 010$, $f(110) = 001$,
$f(111) = 000$, $f(1000) = 0111$,
$f(1001) = 0110$, $f(1010) = 0101$, $\cdots$.

一般地,$f((a_k a_{k-1} \cdots a_1 a_0)_2) = (b_k b_{k-1} \cdots b_1 b_0)_2$,其中 $a_i = 1 - b_i (i=1,2,\cdots,k)$.

设结论对不大于 n 的自然数成立,令 $n = (a_k a_{k-1} \cdots a_1 a_0)_2 = a_k \cdot 2^k + a_{k-1} \cdot 2^{k-1} + \cdots + a_1 \cdot 2^1 + a_0$,则 $f(n) = f((a_k a_{k-1} \cdots a_1 a_0)_2) = (b_k b_{k-1} \cdots b_1 b_0)_2$. 考察 $n+1$ 的情形.

(1) 若 $a_0 = 0$,则 $n+1 = (a_k a_{k-1} \cdots a_1 1)_2 = a_k \cdot 2^k + a_{k-1} \cdot 2^{k-1} + \cdots + a_1 \cdot 2^1 + 1$ 为奇数,所以由递归关系,有

$$f(n+1) = f(n) - 1 = (b_k b_{k-1} \cdots b_1 b_0)_2 - 1$$
$$= (b_k b_{k-1} \cdots b_1 1)_2 - 1 = (b_k b_{k-1} \cdots b_1 0)_2,$$

结论成立.

(2) 若 $a_k = a_{k-1} = \cdots = a_1 = a_0 = 1$, 即 $n = (11\cdots11)_2 = 2^k + 2^{k-1} + \cdots + 2^1 + 2^0$, 则 $n+1 = 2^k + 2^{k-1} + \cdots + 2^1 + 2^0 + 1 = 2^{k+1} = (100\cdots0)_2$ 为偶数, 此时

$$f(n+1) = 2f\left(\frac{n+1}{2}\right) + 1 = 2f(2^k) + 1 = 2 \cdot (011\cdots1)_2$$
$$= 2 \cdot (2^{k-1} + 2^{k-2} + \cdots + 2^0) + 1$$
$$= 2^k + 2^{k-1} + \cdots + 2^1 + 2^0 = (011\cdots11)_2,$$

结论成立.

(3) 若 $a_0 = 1$, 且 $a_{k-1}, \cdots, a_1, a_0$ 中至少有一个为零, 则设下标最小的满足 $a_i = 0$, 即 $a_{i-1} = a_{i-2} = \cdots = a_1 = a_0 = 1, a_i = 0$, 此时 $n = (a_k a_{k-1} \cdots a_i 11 \cdots 1)_2 (k+1$ 位数$)$, 且

$$n+1 = (a_k a_{k-1} \cdots a_i 11 \cdots 1)_2 + 1$$
$$= (a_k a_{k-1} \cdots a_{i+1} 10 \cdots 0)_2 \quad (k+1 \text{ 位数})$$
$$= a_k \cdot 2^k + a_{k-1} \cdot 2^{k-1} + \cdots + a_{i+1} \cdot 2^{i+1} + 2^i$$

为偶数, 所以

$$f(n+1) = 2f\left(\frac{n+1}{2}\right) + 1$$
$$= 2f(a_k \cdot 2^{k-1} + a_{k-1} \cdot 2^{k-2} + \cdots + a_{i+1} \cdot 2^i + 2^{i-1}) + 1$$
$$= 2f((a_k a_{k-1} \cdots a_{i+1} 10 \cdots 0)_2 (k \text{ 位数})) + 1$$
$$= 2 \cdot (b_k b_{k-1} \cdots b_{i+1} 01 \cdots 1)_2 (k \text{ 位数}) + 1$$
$$= 2 \cdot (b_k \cdot 2^{k-1} + b_{k-1} \cdot 2^{k-2} + \cdots + b_{i+1} \cdot 2^i$$
$$+ 2^{i-2} + 2^{i-3} + \cdots + 2^0) + 1$$
$$= (b_k \cdot 2^k + b_{k-1} \cdot 2^{k-1} + \cdots + b_{i+1} \cdot 2^{i+1}$$
$$+ 2^{i-1} + 2^{i-2} + \cdots + 2^1) + 1$$

$$= (b_k b_{k-1} \cdots b_{i+1} 01 \cdots 1)_2 (k+1 \text{ 位数}),$$

结论成立.

因为 $f(n) = 2^r + 1 = (100\cdots01)_2$($r+1$ 位数,有 $r-1$ 个 0)$= (00\cdots0100\cdots01)_2$(前面添加任意多个 0),所以 $n = (11\cdots1011\cdots10)_2$(前段有任意多个且至少一个 1,后段有 $r-1$ 个 1),故 $n_{\min} = (1011\cdots10)_2$($r+2$ 位数)$= (1011\cdots11)_2$($r+2$ 位数)$-1 = (1100\cdots00)_2$($r+2$ 位数)$-2 = 2^{r+1} + 2^r - 2$.

29. 从特例开始,把所有使得甲没有获胜策略的初始火柴数目 n 从小到大排序为 $n_1, n_2, n_3, \cdots$,不难发现其前 4 项分别为 $2, 3, 5, 8$.

下面我们用数学归纳法证明如下结论:

(1) $\{n_i\}$ 满足 $n_{i+1} = n_i + n_{i-1}$;

(2) 当 $n = n_i$ 时,乙总可取到最后一根火柴,并且乙此时所取的火柴数目 $\leqslant n_{i-1}$;

(3) 当 $n_i < n < n_{i+1}$ 时,甲总可取到最后一根火柴,并且甲此时所取的火柴数目 $\leqslant n_i$.

设 $k = n - n_i (i \geqslant 4)$,注意到 $n_{i-2} < \dfrac{n_i}{2} < n_{i-1}$. 当 $1 \leqslant k < \dfrac{n_i}{2}$ 时,甲第一次时可取 k 根火柴,剩余 $n_i > 2k$ 根火柴,乙无法获胜. 当 $\dfrac{n_i}{2} \leqslant k < n_{i-1}$ 时,$n_{i-2} < k < n_{i-1}$,根据归纳假设,甲可以取到第 k 根火柴,并且甲此时所取的火柴数目 $\leqslant n_{i-2}$,剩余 $n_i > 2n_{i-2}$ 根火柴,乙无法获胜. 当 $k = n_{i-1}$ 时,设甲第一次时取走 m 根火柴,若 $m \geqslant k$,则乙可取走所有剩下的火柴;若 $m < k$,则根据归纳假设,乙总可以取到第 k 根火柴,并且乙此时所取的火柴数目 $\leqslant n_{i-2}$,剩余 $n_i > 2n_{i-2}$ 根火柴,甲无法获胜. 综上可知,$n_{i+1} = n_i + n_{i-1}$. 因为 100 不在数列 $\{n_i\}$,所以当 $n = 100$ 时,甲有获胜策略.

30. 先试验 $n = 2, 3, 4, 5, 6, 7, 8$,发现只有 $n = 2, 6$ 存在合乎条件的跳法. 由此,可猜想本题的答案为 $n \equiv 2 \pmod{4}$.

先对 $n \equiv 2 \pmod{4}$ 构造一种跳法:设 $n = 4k+2, 2n = 8k+4$,将这 $2n$ 只青蛙按顺时针方向依次编号为 $1, 2, \cdots, 8k+4$,对编号为 j 的青蛙,若 $j \equiv 1, 2 \pmod{4}$,则该青蛙向顺时针方向跳;若 $j \equiv 3, 4 \pmod{4}$,则该青蛙向逆时针方向跳.

依据此规则,跳完后仅有 $2, 6, \cdots, 8k+2; 3, 7, \cdots, 8k+3$ 编号的顶点有青蛙,这时没有两个差值是 $n = 4k+2$,所以任何有青蛙顶点的连线不过圆心.

另一方面,证明 $n \not\equiv 2 \pmod{4}$ 时,存在合乎条件的跳法.

设青蛙按顺时针方向编号为 $1, 2, \cdots, n, \cdots, 2n$,若所有青蛙均按顺时针方向(或逆时针方向)跳动,则仅是整体上的旋转,必有两只青蛙的顶点连线过圆心,所以必有一只青蛙逆时针(或顺时针)跳动.

设青蛙 l 按逆时针跳,那么编号 $l+n-2$ 的青蛙不可能顺时针跳,它只能逆时针跳,同理,编号为 $l+m(n-2)$ 的青蛙均逆时针跳动 $(m = 1, 2, \cdots)$.

(ⅰ) 若 n 为奇数,则 $(n-2, 2n) = 1$,所以 $l + m(n-2)$ $(m = 1, 2, \cdots)$ 遍历 $2n$ 之完全剩余系,这导出所有青蛙均向逆时针跳动,从而必有青蛙的两顶点连线过圆心;

(ⅱ) 若 $n \equiv 0 \pmod{4}$,则 $(n-2, 2n) = 2$,这表明 $l + m(n-2)$ 遍历 $2n$ 所有与 l 同奇偶剩余 $l, l+2, \cdots, l+8k$,这时 l 与 $l+4k$ 均逆时针跳动,故跳完后有青蛙顶点的连线过圆心.

综上所述,所求的 n 为 $n \equiv 2 \pmod{4}$.

31. $y_0 = a^2, y_1 = b^2, y_2 = (bc - ad)^2 = (c\sqrt{y_1} \pm d\sqrt{y_0})^2, y_3 = (c(bc-ad) - bd)^2 = (c\sqrt{y_2} \pm d\sqrt{y_1})^2$.

由此猜想

$$y_n = (c\sqrt{y_{n-1}} \pm d\sqrt{y_{n-2}})^2 \quad (n \geqslant 2). \qquad ①$$

下面证明式①成立.

令 $x_0 = a$, $x_1 = b$, $x_2 = bc - ad$, $x_3 = c(bc - ad) - bd$, $x_n = cx_{n-1} - dx_{n-2}$.

我们期望利用数学归纳法证明：$y_n = x_n^2$.

由于 $y_0 = x_0^2$, $y_1 = x_1^2$, $y_2 = x_2^2$, 从而 $\{y_n\}$ 与 $\{x_n^2\}$ 的初值（前两项）相同, 从而只需证明 $\{y_n\}$ 与 $\{x_n^2\}$ 满足相同的递归关系, 即证

$$x_{n+1}^2 = (c^2 - 2d)x_n^2 - d^2 x_{n-1}^2 + kd^n. \quad ②$$

对 n 归纳. 当 $n = 1$ 时, 有

$(c^2 - 2d)x_1^2 - d^2 x_0^2 + kd$
$= (c^2 - 2d)b^2 - d^2 a^2 + 2(b^2 - a^2 d - abc)d$
$= b^2 c^2 - 2abcd + a^2 d^2 = (bc - ad)^2 = x_2^2$,

结论成立.

设结论对 $n-1$ 成立, 考察自然数 n, 利用 $x_{n+1} = cx_n - dx_{n-1}$, 知

式② $\iff (cx_n - dx_{n-1})^2 = (c^2 - 2d)x_n^2 - d^2 x_{n-1}^2 + kd^n$

$\iff 2x_n^2 = 2cx_n x_{n-1} - 2dx_{n-1}^2 + kd^{n-1}$

$\iff x_n^2 = x_n(2cx_{n-1} - x_n) - 2dx_{n-1}^2 + kd^{n-1}$

$\iff x_n^2 - (cx_{n-1} - dx_{n-2})(2cx_{n-1} - cx_{n-1} + dx_{n-2})$
$\qquad - 2dx_{n-1}^2 + kd^{n-1}$

$\iff c^2 x_{n-1}^2 - d^2 x_{n-2}^2 - 2dx_{n-1}^2 + kd^{n-1} = x_n^2$

$\iff x_n^2 = (c^2 - 2d)x_{n-1}^2 - d^2 x_{n-2}^2 + kd^{n-1}$.

由归纳假设, 上式成立, 从而式②成立.

最后, 注意到 x_0, x_1 为整数, 由式②知, 对一切自然数 n, x_n 为整数, 所以, 对一切自然数 n, $y_n = x_n^2$ 为平方数.

32. 我们先试验初值. 显然 $f(1,1) = 1$. 又 $(2-1)f(1,2) = 2f(1, 2-1) = 2f(1,1)$, 于是, $f(1,2) = 2$.

同样, $(3-1)f(1,3) = 3f(1, 3-1) = 3f(1,2) = 3 \cdot 2$, 于是, $f(1,3) = 3$.

设 $f(1,k-1)=k-1$, 那么,同样有 $(k-1)f(1,k)=kf(1,k-1)=kf(1,k-1)=k(k-1)$, 于是, $f(1,k)=k$. 所以,对一切正整数 n, 有 $f(1,n)=n$.

由 $(3-2)f(2,3)=3f(2,3-2)=3f(2,1)=6$, 得 $f(2,3)=6$.

由 $(4-2)f(2,4)=4f(2,4-2)=4f(2,2)=8$, 得 $f(2,4)=4$.

由 $(6-4)f(4,6)=6f(4,6-4)=6f(4,2)=24$, 得 $f(4,6)=12$.

由此猜想, $f(x,y)=[x,y]$. 首先,容易验证 $f(x,y)=[x,y]$ 合乎条件;其次,我们证明合乎条件的函数是唯一的. 设 f_1, f_2 是两个不同的函数,那么,存在 $s,t\in \mathbf{N}$, 使 $f_1(s,t)\neq f_2(s,t)$. 考察极端元: 取这样的 s,t 中使乘积 st 最小的一对 s,t, 由(2), $s\neq t$.

不妨设 $s<t$, 于是 $f_1(s,t)=\dfrac{tf_1(s,t-s)}{t-s}$, $f_2(s,t)=\dfrac{tf_2(s,t-s)}{t-s}$. 由此可知, $f_1(s,t-s)\neq f_2(s,t-s)$. 所以, $s,t-s$ 亦是合乎条件的一对数. 但 $s(t-s)<st$, 与 st 最小矛盾,命题获证.

另解 设 $y>x$, 将(3)变为 $\dfrac{f(x,y)}{y}=\dfrac{f(x,y-x)}{y-x}$, 即

$$\dfrac{f(x,y)}{xy}=\dfrac{f(x,y-x)}{x(y-x)}. \qquad ①$$

令 $(x,y)=d$, 则 $x=dx_1, y=dy_1, (x_1,y_1)=1$, 于是,反复利用式①,有

$$\dfrac{f(x,y)}{xy}=\dfrac{f(dx_1,d(y_1-x_1))}{dx_1\cdot d(y_1-x_1)}=\dfrac{f(dx_2,dy_2)}{dx_2\cdot dy_2}$$
$$=\dfrac{f(dx_2,d(y_2-x_2))}{dx_2\cdot d(y_2-x_2)}=\dfrac{f(d,d)}{d^2}=\dfrac{1}{d}.$$

故 $f(x,y)=\dfrac{xy}{d}=[x,y]$.

33. 对集合 $\{1^2,2^2,3^2,\cdots,n^2\}$, 研究类似的划分. 当 $n=1,2,3,$

6 归纳通式

…,5 时,相应的划分不存在.当 $n=6,7$ 时,因为 6,7 不是 10 000 的因数,即使可划分,也不便推广到原题.当 $n=8$ 时,相应的划分存在: 4 个带下划线的数之和等于另 4 个数之和.

$$\underline{1} \quad 4 \quad 9 \quad \underline{16}$$
$$25 \quad \underline{36} \quad \underline{49} \quad 64$$

当 $n=2\times 8=16$ 时,只需考虑 $9^2,10^2,11^2,\cdots,16^2$ 的划分,我们期望有类似的划分:

$$\underline{81} \quad 100 \quad 121 \quad \underline{144}$$
$$169 \quad \underline{196} \quad \underline{225} \quad 256$$

上述分法可直接求和验证,也可采用技巧性验证:分别验证个位、十位、百位上数字和相等.实际上

$$1+4+6+5 = 0+1+9+6,$$
$$8+4+9+2 = 0+2+6+5+(10),$$
$$0+1+1+2 = 1+1+1+2-(1).$$

一般地,我们有

$$\underline{(n+1)^2} \quad (n+2)^2 \quad (n+3)^2 \quad \underline{(n+4)^2}$$
$$(n+5)^2 \quad \underline{(n+6)^2} \quad \underline{(n+7)^2} \quad (n+8)^2$$

只需验证恒等式

$$(n+1)^2+(n+4)^2+(n+6)^2+(n+7)^2$$
$$=(n+2)^2+(n+3)^2+(n+5)^2+(n+8)^2.$$

令

$$A_k=\{(8k+1)^2,(8k+4)^2,(8k+6)^2,(8k+7)^2\},$$
$$B_k=\{(8k+1)^2,(8k+3)^2,(8k+5)^2,(8k+8)^2\},$$

则 $S(A_k)=S(B_k)$,于是,令 $A=\bigcup_{k=0}^{1249}A_k, B=\bigcup_{k=0}^{1249}B_k$,则 $S(A)=S(B)$,且 $|A|=|B|$,$A\bigcup B=\{1^2,2^2,3^2,\cdots,10\,000^2\}$.

探索:求所有的正整数 n,使 $X=\{1^2,2^2,3^2,\cdots,n^2\}$ 可划分为 2 个

子集 A,B,使 $A\cap B=\varnothing$,且 $S(A)=S(B)$(注意:未必 $|A|=|B|$).

初步结果:由 $S(X)=S(A)+S(B)=2S(A)$,知 $\frac{n(n+1)(2n+1)}{6}=2m$,也即 $n(n+1)(2n+1)=12m$,所以 $4\mid n(n+1)(2n+1)$,而 $(4,2n+1)=1$,所以 $4\mid n(n+1)$.

当 n 为奇数时,$(4,n)=1$,有 $4\mid n+1$,此时 $n=4k-1(k\in\mathbf{N}^*)$;当 n 为偶数时,$(4,n+1)=1$,有 $4\mid n$,此时 $n=4k(k\in\mathbf{N}^*)$.

反之,我们只能证明 $n=8k(k\in\mathbf{N}^*)$ 及 $n=8k-1(k\in\mathbf{N}^*)$ 时存在划分.

由上题,$n=8k(k\in\mathbf{N}^*)$ 时存在划分;而 $n=8k-1(k\in\mathbf{N}^*)$ 时,令 $X'=\{0\}\cup X$,则 $|X'|=8k$,对 X 进行类似的划分即可.

遗留问题:$n=4k$ 及 $n=4k-1$(其中 k 为正奇数)时是否存在划分?

34. 从特殊出发,逐步扩充,得到合乎条件的数表.

其过程如下:

$$\begin{array}{c} 1 \\ 2 \\ 3 \end{array} \longrightarrow \begin{array}{ccc} 1 & 2 & 3 \\ 2 & 3 & 1 \\ 3 & 1 & 2 \end{array} \longrightarrow \begin{array}{ccc} 1 & 2+6 & 3+3 \\ 2 & 2+3 & 1+6 \\ 3 & 3+6 & 1+3 \end{array} \longrightarrow \begin{array}{ccc} 1 & 8 & 6 \\ 5 & 3 & 7 \\ 9 & 4 & 2 \end{array} = \begin{array}{c} A(3) \\ B(3) \\ C(3) \end{array} \text{①}$$

其中 $A(3)=(1,8,6)$,$B(3)=(5,3,7)$,$C(3)=(9,4,2)$ 都是 1×3 的数表.

对任何一个 1×3 的数表 $A=(a,b,c)$,定义 $A+k=(a+k,b+k,c+k)$. 对数表①再进行上述构造过程,有

$$\begin{array}{c} A(3) \\ B(3) \\ C(3) \end{array} \longrightarrow \begin{array}{ccc} A(3) & B(3) & C(3) \\ B(3) & C(3) & A(3) \\ C(3) & A(3) & B(3) \end{array} \longrightarrow \begin{array}{ccc} A(3) & B(3)+18 & C(3)+9 \\ B(3)+9 & C(3) & A(3)+18 \\ C(3)+18 & A(3)+9 & B(3) \end{array}$$

得到如下数表:

1	8	6	23	21	25	18	13	11
14	12	16	9	4	2	19	26	24
27	22	20	10	17	15	5	3	7

由此可知,$n=9$ 合乎条件.

由上面的构造可知,若 n 合乎条件,则 $9n$ 合乎条件,于是对一切自然数 k, $n=9^k$ 合乎条件,命题获证.

35. 首先,设数表中的各数的和为 S,则

$$S = 1+2+\cdots+3n = \frac{3}{2}n(3n+1).$$

注意到每个行和相等,且为 6 的倍数,所以 $\frac{3}{2}n(3n+1) = S = 3\times 6s = 18s$. 所以 $n(3n+1)=12s$, 故 $3\mid n$.

又每个列和相等,且为 6 的倍数,所以 $\frac{3}{2}n(3n+1) = S = n\times 6t = 6nt$. 所以 $3n+1=4t$, 故 $4\mid 3n+1$.

综上所述,$n=12k+9(k\in \mathbf{N})$.

设 $n=12k+9$,先进行如下构造：

1, 2, 3, $\cdots$, $6t+4$, $6t+5$, $6t+6$, $\cdots$, $12t+8$, $12t+9$,
$18t+15$, $\cdots$, $24t+18$, $12t+10$, $12t+11$, $\cdots$, $18t+13$, $18t+14$,
$36t+26$, $\cdots$, $24t+20$, $36t+27$, $36t+25$, $\cdots$, $24t+21$, $24t+19$,

其中第一、第二行省略号表示公差为 1 的等差数列,第三行省略号表示公差为 2 的等差数列.

容易验证,此表中所有列和都是 $54t+42$,能被 6 整除.

而且,第二行的行和为 $6(4t+3)(9t+7) = \frac{S}{3}$,合乎条件,其中 S 是数表中所有数的和.

于是,只需调整第一、第三行中同列的两个数的位置,使每个行和都为 $\frac{S}{3}$.

记第一行各数依次为 $a_1, a_2, \cdots, a_{12t+9}$,第三行各数依次为 $b_1, b_2, \cdots, b_{12t+9}$,令 $c_i = b_i - a_i$.

经计算,知 $c_1 = 36t+25, c_2 = 36t+22, \cdots, c_{6t+4} = 18t+16$,且这 $6t+4$ 个构成公差为 3 的等差数列(Ⅰ).

$c_{6t+5} = 30t+22, c_{6t+6} = 30t+19, \cdots, c_{12t+9} = 12t+10$,这 $6t+5$ 个构成公差为 3 的等差数列(Ⅱ).

注意到上述两个数列的公共部分为 $18t+16, 18t+19, \cdots, 30t+22$,而 $\sum_{i=1}^{12t+9} b_i - \sum_{i=1}^{12t+9} a_i = 2(12+9)^2$,所以只需找到若干个 C_j,使其和为 $(12t+9)^2$.

因 $(36t+25) + \cdots + (18t+16) > (12t+9)^2$,所以在(Ⅰ)中存在 k,使

$(36t+25) + \cdots + k + 3 < (12t+9)^2$
$\leqslant (36t+25) + \cdots + k + 3 + k.$

记上式右端为 P,令 $Q = P - (12t+9)^2$.

若 $3 \mid Q$,则令 $Q' = Q$,

若 $3 \nmid Q$,则令 $Q' = Q + k'$,此处 k' 满足:$3 \mid Q + k'$ 且 $18t+16 \leqslant k' < k$.

注意到 $C_{i+6t+4} - C_i = -(6t+3)$ ($i = 1, 2, \cdots, 6t+4$),设 $Q + k' = (6t+3)u + v$ ($0 \leqslant v < 6t+3, 3 \mid v$),取 t 达到充分大,而 $Q + k' < k + k = 2k$,所以有 $u < \frac{1}{3}(36t+25-k) + 1$.

令 $P' = P - (C_1 + \cdots + C_u) + C_{1+6t+4} + \cdots + C_{u+6t+4}$,又在 P' 中存在 C_r,使 $C_r - v$ 不在 P' 中,但 $C_r - v$ 在(Ⅰ)或(Ⅱ)中,令 $P'' = P' - C_r + C_r - v$ 即可.

36. 记合乎条件的方法数为 $f(n, r)$,从特殊情况开始,显然,$f(1, 1) = 1$.

考察 $f(2, 1)$,此时有 2 个女孩,3 个男孩,G_1 认识男孩 B_1,而

6 归纳通式

G_2 认识男孩 B_1, B_2, B_3. 若 G_1 跳舞,只能是 (G_1, B_1),有 1 种方法,若 G_2 跳舞,可以是 $(G_1, B_i)(i=1,2,3)$,有 3 种方法,所以 $f(2,1) = 4 = 2^2$(分解成连续数的积,以便发现组合数).

再考察 $f(2,2)$,此时有 2 个女孩,3 个男孩,G_1 认识男孩 B_1,而 G_2 认识男孩 B_1, B_2, B_3.显然 G_1, G_2 都跳舞,G_1 有 1 种选法,G_2 在剩下的人中选,有 2 种选法,此时有 2 种方法,所以 $f(2,2) = 2 = \dfrac{2^2}{2}$.

再考察 $f(3,2)$,此时有 3 个女孩,5 个男孩,G_1 认识男孩 B_1,G_2 认识男孩 B_1, B_2, B_3,而 G_3 认识男孩 $B_1, B_2, \cdots, B_5$.

选 2 个女孩跳舞,若 G_1 不跳舞,G_2 有 3 种选法,G_3 在剩下的人中选,有 4 种选法,此时有 12 种方法.若 G_2 不跳舞,G_1 有 1 种选法,G_3 在剩下的人中选,有 4 种选法,此时有 4 种方法.若 G_3 不跳舞,G_1 有 1 种选法,G_2 在前 3 人剩下的人中选,有 2 种选法,此时有 2 种方法.

所以 $f(3,2) = 12 + 4 + 2 = 18 = C_3^2$(尽可能分离出组合数)$\cdot 6 = C_3^2 \cdot 3!$.

类似可得 $f(5,3) = 600 = C_5^3 \cdot 60 = C_5^3 \cdot \left(\dfrac{5!}{2!}\right) = C_5^3 \cdot \dfrac{5!}{(5-3)!}$(用 5,3 表示).

一般地,令 $g(n,r) = C_n^r \cdot \dfrac{n!}{(n-r)!}$,我们证明: $f(n,r) = g(n,r)$.

这只需证明 $f(n,r)$ 与 $g(n,r)$ 满足相同的递归关系和相同的初值.

(1) 如果 G_n 被邀请跳舞,那么还要在 $G_1, G_2, \cdots, G_{n-1}$ 中邀请 $r-1$ 个女孩,先确定这(考察下标小于 n 的)$r-1$ 个女孩的舞伴的方法数,由于这些女孩认识的男孩都在 $B_1, B_2, \cdots, B_{2n-3}$ 中,所以有 $f(n-1, r-1)$ 种方法.

而 G_n 可与剩下的 $2n - 1 - (r-1) = 2n - r$ 个男孩中的任何一个

跳舞,有 $2n-r$ 种选择,于是,此时有 $(2n-r)f(n-1,r-1)$ 种方法.

(2) 如果 G_n 未被邀请跳舞,则在 $G_1,G_2,\cdots,G_{n-1}$ 中邀请 r 个女孩,但这些女孩认识的男孩都在 $B_1,B_2,\cdots,B_{2n-3}$ 中,所以有 $f(n-1,r)$ 种方法.

综合(1)和(2),有 $f(n,r)=f(n-1,r)+(2n-r)f(n-1,r-1)$.

容易验证,$g(n,r)$ 也满足此递归关系,故

$$f(n,r) = C_n^r \cdot \frac{n!}{(n-r)!} = \frac{1}{r!} \cdot \left(\frac{n!}{(n-r)!}\right)^2.$$

37. 显然 $f=0$ 是一个合乎条件的解.

下设 f 不恒为 0,则 $f(1)\neq 0$,否则对任意正整数 n 有 $f(n)=f(1)f(n)=0$,矛盾! 于是得 $f(1)=1$.

由(1)可知 $f(2)\geqslant 1$,有两种情况:

(ⅰ) $f(2)=1$,则可以证

$$f(n) = 1(\forall n). \qquad ①$$

事实上,由(2),有 $f(6)=f(2)f(3)=f(3)$.

记 $f(3)=a$,则 $a\geqslant 1$,由于 $f(3)=f(6)=a$,利用(1)可知 $f(4)=f(5)=a$,再利用(2)对于任何奇数 p 有 $f(2p)=f(2)=f(p)$,于是有 $f(10)=f(5)=a$,再由(1)得 $f(9)=a$,故 $f(18)=a$.

用归纳法可证

$$f(n) = a \quad (\forall n\geqslant 3). \qquad ②$$

事实上,由假设得 $f(3)=a$,若 $3\leqslant n\leqslant m$ 使得 $f(n)=a$,则当 m 为奇数时,由(2)可得 $f(2m)=a$,从而由(1)可知 $f(n)=a(\forall m\leqslant n\leqslant 2m)$.显然 $m+1<2m$,所以 $f(m+1)=a$.

当 m 为偶数时,$3\leqslant m-1$,且 $f(2(m-1))=f(m-1)=a$.

又 $m+1\leqslant 2m-2$,所以 $f(m+1)=a$,这样就完成了归纳证明.

由式②和(2)可得 $a=1$,即 $f=1$,所以式①成立.

(ⅱ) $f(2)>1$.设 $f(2)=2^a$,其中 $a>0$,令 $g(x)=f^{\frac{1}{a}}(x)$,则

6 归纳通式

$g(x)$ 满足(1)和(2)且 $g(1)=1, g(2)=1$. 设 $k \geqslant 2$, 则由(1)得

$$2g(2^{k-1}-1) = g(2)g(2^{k-1}-1) = g(2^k-2)$$
$$\leqslant g(2^k) \leqslant g(2^k+2)$$
$$= g(2)g(2^{k-1}+1) = 2g(2^{k-1}+1).$$

若 $k \geqslant 3$, 则

$$2^2 g(2^{k-2}-1) = 2g(2^{k-1}-2) \leqslant g(2^k) \leqslant 2g(2^{k-1}+2)$$
$$= 2^2 g(2^{k-2}+1).$$

依此类推, 用归纳法得

$$2^{k-1} \leqslant g(2^k) \leqslant 2^{k-1} g(3) \quad (\forall k \geqslant 2). \qquad ③$$

同样对任何 $m \geqslant 3, k \geqslant 2$ 有

$$g^{k-1}(m)g(m-1) \leqslant g(m^k) \leqslant g^{k-1}(m)g(m+1). \qquad ④$$

显然当 $k=1$ 时, 式③、式④也成立. 任取 $m \geqslant 3, k \geqslant 1$ 有 $s \geqslant 1$, 便得 $2^s \leqslant m^k < 2^{s+1}$, 于是有 $s \leqslant k\log_2 m < s+1$, 即

$$k\log_2 m - 1 < s \leqslant k\log_2 m. \qquad ⑤$$

由(1)可知 $g(2^s) \leqslant g(m^k) \leqslant g(2^{s+1})$.

再由式③、式④得

$$\begin{cases} 2^{s-1} \leqslant g^{k-1}(m)g(m+1), \\ g^{k-1}(m)g(m-1) \leqslant 2^{s-1} g(3), \end{cases}$$

即

$$\frac{2^{s-1}}{g(m+1)} \leqslant g^{k-1}(m) \leqslant \frac{2^{s-1} g(3)}{g(m-1)},$$

所以

$$\frac{g(m)}{g(m+1)} \cdot 2^{s-1} \leqslant g^k(m) \leqslant \frac{g(m)g(3)}{g(m-1)} \cdot 2^{s-1}.$$

由式⑤, 得

$$\frac{g(m)}{4g(m+1)} 2k\log_2 m \leqslant g^k(m) \leqslant \frac{g(m)g(3)}{2g(m-1)} 2k\log_2 m,$$

于是

$$\sqrt[k]{\frac{g(m)}{4g(m+1)}}2\log_2 m \leqslant g(m) \leqslant \sqrt[k]{\frac{g(m)g(3)}{g(m-1)}}2\log_2 m,$$

即

$$\sqrt[k]{\frac{g(m)}{4g(m+1)}}m \leqslant g(m) \leqslant \sqrt[k]{\frac{g(m)g(3)}{2g(m-1)}}m.$$

令 $m \to +\infty$ 得 $g(m) = m$，所以 $f(m) = m^a$。

综上所述，我们有 $f = 0$ 或者 $f(n) = n^a (\forall n)$，其中 $a \geqslant 0$ 为常数。

中国科学技术大学出版社中学数学用书

高中数学竞赛教程/严镇军　单壿　苏淳　等
中外数学竞赛/李炯生　王新茂　等
第51—76届莫斯科数学奥林匹克/苏淳　申强
全国历届数学高考题解集/张运筹　侯立勋
中学数学潜能开发/蒋文彬

同中学生谈排列组合/苏淳
趣味的图论问题/单壿
有趣的染色方法/苏淳
组合恒等式/史济怀
集合/冯惠愚
不定方程/单壿　余红兵
概率与期望/单壿
组合几何/单壿
算两次/单壿
几何不等式/单壿
解析几何的技巧/单壿
构造法解题/余红兵
重要不等式/蔡玉书
高等学校过渡教材读本：数学/谢盛刚
有趣的差分方程(第2版)/李克正　李克大
抽屉原则/常庚哲
母函数(第2版)/史济怀
从勾股定理谈起(第2版)/盛立人　严镇军

三角恒等式及其应用(第2版)/张运筹

三角不等式及其应用(第2版)/张运筹

反射与反演(第2版)/严镇军

数列与数集/朱尧辰

同中学生谈博弈/盛立人

趣味数学100题/单墫

向量几何/李乔

面积关系帮你解题(第2版)/张景中

磨光变换/常庚哲

周期数列(第2版)/曹鸿德

微微对偶不等式及其应用(第2版)/张运筹

递推数列/陈泽安

根与系数的关系及其应用(第2版)/毛鸿翔

怎样证明三角恒等式(第2版)/朱尧辰

帮你学几何(第2版)/臧龙光

帮你学集合/张景中

向量、复数与质点/彭翕成

初等数论/王慧兴

漫话数学归纳法(第4版)/苏淳

从特殊性看问题(第4版)/苏淳

凸函数与琴生不等式/黄宣国

国际数学奥林匹克240真题巧解/张运筹

Fibonacci数列/肖果能

数学奥林匹克中的智巧/田廷彦

极值问题的初等解法/朱尧辰

学数学.第1卷/李潜

学数学.第2卷/李潜